普通高等教育电气信息类规划教材

检测技术及仪表

主　编　樊春玲
副主编　赵亚红
参　编　张春堂　战德志
主　审　周以琳

机械工业出版社

本教材主要讲述了检测技术的基础知识、传感器与测量系统的基本原理和构成，重点讲述了对压力、温度、流量、物位、工业分析等五大重要参数的测量技术和相关仪表，同时还分析了测量显示仪表的构成和原理。

本教材可作为石油、石化、化工、化纤、环境等相关高等院校的测控技术与仪器、自动化及相关专业的本科生教材，亦可供有关工程技术人员和仪表技术人员阅读参考。

本书配套授课电子教案，需要的教师可登录 www.cmpedu.com 免费注册、审核通过后下载，或联系编辑索取（QQ：2399929378，电话 010-88379753）。

图书在版编目（CIP）数据

检测技术及仪表/樊春玲主编．—北京：机械工业出版社，2013.12（2025.1 重印）
普通高等教育电气信息类规划教材
ISBN 978-7-111-44938-6

Ⅰ.①检… Ⅱ.①樊… Ⅲ.①自动检测-高等学校-教材 ②检测仪表-高等学校-教材 Ⅳ.①TP274 ②TP216

中国版本图书馆 CIP 数据核字（2013）第 283118 号

机械工业出版社（北京市百万庄大街 22 号 邮政编码 100037）
责任编辑：尚 晨
责任印制：邓 博
北京盛通数码印刷有限公司印刷

2025 年 1 月第 1 版 · 第 6 次印刷
184mm×260mm · 17.75 印张 · 437 千字
标准书号：ISBN 978-7-111-44938-6
定价：49.90 元

电话服务
客服电话：010-88361066
010-88379833
010-68326294

网络服务
机 工 官 网：www.cmpbook.com
机 工 官 博：weibo.com/cmp1952
金 书 网：www.golden-book.com
机工教育服务网：www.cmpedu.com

前　　言

随着工业生产的不断发展，科学技术的突飞猛进，现有的检测理论和测量方法都发生了巨大变化。为了让更多的读者学习检测技术及仪表，笔者根据多年从事检测技术及仪表的教学和研究的经验，深感有必要编写一本简单、实用的检测技术及仪表教材。因此，笔者结合自身体会和经验编写了此书，希望有更多的读者通过对本书的学习可以快速、系统、全面地掌握检测技术及仪表的相关知识内容。

本书力求简单、实用，全书分为7章，具体内容安排如下。

第1章为绪论。主要讲述测量的作用、发展中的检测技术、测量误差的产生分类和处理，以及检测技术基础知识。

第2章为压力测量。主要讲述压力的基本概念与检测方法，并分别详细阐述了液柱式压力计、弹性式压力检测仪表、电气式压力检测仪表，以及压力检测仪表的选择、校验和安装，最后给出压力测量实例。

第3章为温度测量。主要讲述温标及温度检测方法，重点讲述了热电偶测温、热电阻测温、其他接触式温度检测仪表、非接触式温度检测仪表，以及温度检测仪表的选用与安装，最后给出温度测量实例。

第4章为流量测量。主要讲述了流量检测中的基本概念和主要检测方法，并分别讲述了容积式流量计、节流式流量计、靶式流量计、浮子式流量计、电磁式流量计等流量计的工作原理和结构特点，最后给出流量计测量实例。

第5章为物位测量。主要讲述了浮力式液位计、静压式液位计、电容式液位计以及非接触式物位测量的工作原理和结构特点，最后给出了物位测量实例。

第6章为工业分析仪表。主要讲述了热导式气体分析仪、氧量分析仪、pH值的自动测量、湿度的自动测量和密度的自动测量方法和典型仪表。

第7章为测量显示仪表。重点讲解了动圈式模拟式显示仪表和数字式显示仪表的工作原理和结构特点，并简述了微机化检测仪表和最新的检测技术。

本书由樊春玲担任主编，赵亚红副主编，张春堂、战德志参加了编写，周以琳主审。第1章和第4章由樊春玲编写；第2章和第3章由赵亚红编写；第5章和第7章由张春堂编写；第6章由战德志编写。

在本书的编写过程中得到了青岛科技大学相关部门的领导和同事们的支持，陈秀霆、赵慧超、丁玉环、李浩杰、郑彩霞、王迎迎等对书稿进行了资料整理、文字校对以及绘图工作。在此，对上述提到的机构和人员以及对本书中所引用的参考文献的作者一并表示真诚的感谢。

本书配有电子课件，读者可到 www. cmpedu. com 下载。

由于水平有限，书中难免有疏漏之处，恳请广大读者给予批评指正。

编　者

目　录

第1章 绪 论

检测技术和测量仪表在人类不断认识自然和改造自然的过程中起着举足轻重、不容忽视的作用。无论在日常生活中还是在工程、医学、科学实验中，几乎人类在认识和改造自然的各个环节都离不开检测技术的应用。各种各样的测量仪表就像人的视觉、嗅觉、味觉、触觉一样在不断地帮助人们认识和感知世界，可以说如果在当今世界没有检测技术和仪表的存在，人类社会就很难发展和生存。各种新的设备、新的工艺过程的研究与产生，都是与各种参数的检测有着密切关系。随着工业生产的不断发展，科学技术的突飞猛进，对检测技术和仪表提出了许多新的要求，而新的检测技术和仪表的出现又进一步推动了科学技术的发展，所以检测技术的发展程度决定了科学技术的水平，即检测技术及仪表是衡量现代科学技术水平高低的一个标志。

一切科学都建立在精确的数据上，无论是自然科学还是人文科学，都是如此。而精确的数据获取依靠的就是测量。正如著名科学家钱学森曾说过："信息技术包括测量技术、计算机技术和通信技术。测量技术是关键和基础"。

近20年来，我国自动检测技术有了长足的进步和发展。检测仪表和自动化系统广泛应用于炼油、化工、冶金、电力、电子、轻工、纺织、食品加工等行业。据悉，宝山钢铁集团的技术装备投资中，三分之一的经费用于购置仪器和自控系统。即使在原来认为可以土法生产的制酒工业，今天也需要通过精密的仪器仪表来严格测控各个生产流程，才能创造世界品牌。

精密的仪器仪表的应用是现代生产从粗放型经营转变为集约型经营必须采取的措施，是改造传统工业必备的手段，也是让产品具备竞争力、打入国际市场的必由之路。只有检测技术的不断发展才能促进我国各行各业自动化技术的进步以及科学实验的进步。然而和发达国家相比，我们还有很大的差距，可谓任重而道远。

1.1 发展中的测量技术

1. 科学技术发展突飞猛进

当今在激光技术、远红外技术、半导体集成技术、超导技术、同位素技术、超声技术、光纤技术、微波技术、仿生技术等方面新的研究成果不断涌现，科学技术的发展呈现突飞猛进的状态。

这些科学技术的飞速发展都离不开测量技术，同时它们的发展也进一步促进了各种测量工具和测量理论的发展。随着信息论的深入研究、基础数学研究的新成果以及各种新算法的提出对测量理论的提升作用是显而易见的。尤其要指出的是，计算机和网络技术的普及与提高更让现代检测技术如虎添翼。

2. 测量领域的扩展以及测量准确度的提高

检测技术发展的新成果主要表现在两个方面。一是大大提高了被测参数的准确度。如现代宇航陀螺仪制造，误差可控制在“纳米级”以内。超大规模集成电路内部线路间距、物理光栅的刻划，其误差控制级别要求更高。检测技术的新发展为被测参数实现超高准确度测量提供了技术保证。二是极大地扩展了测量的对象和领域。在传统工业、农业、商务物流以及科学实验中，大型的复杂对象面临多输入参数和多输出参数的综合测量与控制，这离不开新型测量工具和现代测量理论的支持。此外，航空、航天、遥感遥测、海洋开发、环境保护、现代化战争的演习等，都离不开新型检测技术的支持。

3. 测量系统的变革趋势

近年来，基于新型检测理论和检测技术而开发研制的测量系统或新型仪器仪表广泛采用高新科学技术研究的成果、跨学科的综合设计、高精尖的制造技术以及严格的科学管理，从而使得测量系统或仪器仪表领域发生了根本性的变革——现代仪器仪表产品已成为典型的高科技产品。它完全突破了传统的光、机、电的框架，向着计算机化、网络化、智能化、多功能化的方向阔步前进。

纵观历史，剖析现状，展望未来，我们可以预见：传统的仪器仪表将仍然朝着高性能、高准确度、高灵敏、高稳定、高可靠、高环境适应和长寿命的“六高一长”的方向发展；新型的仪器仪表则将朝着微型化、集成化、电子化、数字化、多功能化、智能化、网络化、计算机化、综合自动化、光机电一体化、家庭化、个人化、无维护化以及组装生产自动化、规模化的方向发展。

总之，随着微电子技术、计算机技术、软件技术、网络技术的高速发展及其在仪器仪表中的应用，仪器仪表结构将不断发生新的质的变化。冲破传统思维方式，发展新的测量理论已是测量系统技术革命的大势所趋。

1.2 测量误差

在对各种生产过程的参数进行测量时，总会包括有能量形式的一次或多次转换过程，以及测量单位的比较过程。如果这些过程是在理想的环境、条件下进行，即假设一切影响因素都不存在，则检测结果将是十分准确的。但是这种理想的环境和条件实际上是不存在的，例如用检测元件对被测变量进行测量时，势必伴随着各种形式的转换原理，但这种转换往往不是十分准确，而是某种程度的近似，所以总是存在一定的转换误差；还有检测元件进行实际测量时，其实际工作条件往往偏离设计时的工作状态，因而测量值会产生附加误差，同时有些检测元件经过一段时间的使用，会产生磨损，也会产生检测误差。除上述原因外，检测元件的安装位置、方法，以及被测对象，测量者本身，都不同程度地受到本身和周围各种因素的影响，而使检测产生误差，这样就会产生各种类型的误差，它们对检测系统的影响又是各不相同的，下面就误差产生的原因、分类及其处理方法分别予以讨论。

1.2.1 误差的产生分类

1. 按误差出现的规律分类

(1) 系统误差

按一定规律（如线性、多项式、周期性等函数规律）变化的误差，或是指在相同测量条件下，对同一参数进行多次重复测量时所出现的数值大小和符号都相同的误差称为系统误差，前者称为变值误差（规律误差），后者为恒值误差。引起系统误差的原因是检测元件转换原理不十分准确；仪表本身材料、零部件、工艺上的缺陷；测试工作中使用仪表的方法不正确；测量者有不良的读数习惯等。因为系统误差有一定的规律，它可归结为一个或几个因素的函数，只要找出其影响因素，引入相应的校正值，该系统误差就可以消除或减小；而对于恒值的系统误差，可以通过仪表零点加以调整。

在我国最新制定的国家计量技术规范 JFF 1001-2011《通用计量术语及定义技术规范》中，系统误差的定义是：在重复测量中保持不变或按可预见方式变化的测量误差的分量。可用对同一被测量进行无限多次重复测量所得结果的平均值 $\bar{y}$ 与被测量的真值 y_0 之差来表示，即

$$\varepsilon = \bar{y} - y_0 \tag{1-1}$$

$$\bar{y} = \lim_{n\to\infty} \frac{1}{n}\sum_{i=1}^{n} y_i \tag{1-2}$$

系统误差表明了测量结果偏离真值或实际值的程度。系统误差越小，测量就越准确。所以，系统误差经常用来表征测量准确度的高低。由于实际工作中，重复测量只能进行有限次，所以，系统误差也只能是一个近似的估计值。

（2）随机误差

在相同测量条件下（指在测量环境、测量人员、测量技术和测量仪器都相同的条件下）重复多次对同一参数进行测量时，每次的测量结果彼此仍不完全相同，每一个测量值与被测变量的真实值之间或多或少仍然存在着误差。其数值大小和性质都不固定，难以估计，这样的误差，称为随机误差。随机误差是由于测量过程中许多独立的、微小的偶然因素所引起的综合结果。就单次测量而言，随机误差的数值大小和符号难以预测，但在多次的重复测量时，其总体服从一定的统计规律。从随机误差的统计规律中可了解它的分布特性。随机误差既不能用实验方法消除，也不能修正。但可从理论上估计其对检测结果的影响。

在我国最新制定的国家计量技术规范 JFF 1001-2011《通用计量术语及定义技术规范》中，随机误差的定义是：在重复测量中按不可预见方式变化的测量误差的分量。可用测量结果 y_i 与在重复条件下对同一被测量进行无限多次测量所得结果的平均值 $\bar{y}$ 之差，即

$$\delta_i = y_i - \bar{y} \tag{1-3}$$

式中，$\bar{y}$ 按照公式（1-2）来计算。

随机误差是测量值与数学期望之差，表明了测量结果的弥散性，它经常用来表征测量精确度的高低，随机误差越小，精确度越高。因为在实际工作中，不可能进行无限多次测量，只能进行有限次测量，因此，实际计算出的随机误差也只是一个近似的估计值。

（3）粗大误差

在相同的条件下，多次重复测量同一值时，明显地歪曲了测量结果的误差，称为粗大误差。粗大误差是由于疏忽大意、操作不当或测量条件的超常变化而引起的。含有粗大误差的测量值称为坏值，所有的坏值都应去除，但不是凭主观随便去除，必须科学地舍弃。正确的实验结果不应该包含粗大误差。

2. 按误差表示方法分类

（1）绝对误差

设仪表的输出即示值为 y，真值为 y_0，则测量误差 Δy 为

$$\Delta dy = y - y_0 \tag{1-4}$$

即测量误差是测量结果减去被测量的真值。被测量的真值一般是无法直接测量到的，一般用“约定真值”或“相对真值”来代替。约定真值是一个接近真值的值，它与真值之差可忽略不计。实际测量中以在没有系统误差的情况下，足够多次测量值的平均值作为约定真值。相对真值是指用准确度等级更高的仪器作为标准仪器来测量被测量，它的示值可作为低一级仪表的真值（相对真值有时称为标准值）。

绝对误差是有正、负号并有量纲的。误差 Δy 越小，表明测量结果 y 逼近被测量的真值 y_0 的程度越高。我们将 Δy 称为绝对误差，它的单位和被测量一样，注意它不是误差的绝对值。

（2）相对误差

为了能够反映测量工作的精细程度，常用测量误差除以被测量的真值，即用相对误差来表示。相对误差具有正号或负号，无量纲，用% 表示。

实际相对误差

$$\delta_{实} = \frac{\Delta y}{y_0} \times 100\% \tag{1-5}$$

标称相对误差（示值相对出差）

$$\delta_{标} = \frac{\Delta y}{y} \times 100\% \tag{1-6}$$

引用误差（相对百分误差）

$$\delta_{引} = \frac{\Delta y}{量程} \times 100\% \text{或} \delta_{引} = \frac{y - y_0}{标尺上限值 - 标尺下限值} \times 100\% \tag{1-7}$$

式（1-5）中，y_0 为真值，指被测量的实际值，客观存在的那个量。常常用准确度等级更高的仪表测量所获得的值来代表它。式（1-6）中，y 是被测量的标称值（即示值）。为了减少测量中的示值相对误差，在选择仪器仪表的量程时，应该使被测参数尽量接近满度值至少一半以上，这样示值相对误差会比较小。引用误差为仪表的绝对误差与仪表量程之比的百分数表示。在自动化仪表中，通常用最大引用误差来定义仪表准确度等级。

3. 按使用时工作条件分类

（1）基本误差

基本误差也称固有误差，是指仪表在规定条件下使用所存在的误差。它是由仪表本身的内部特性和制作质量等方面的缺陷造成的。任何仪表都存在基本误差，只是其大小不同而已。

（2）附加误差

附加误差是指测量仪表在非标准条件时所增加的误差。非标准条件下工作的测量仪表的误差，必然会比标准条件下的基本误差要大一些，这个增加的部分就是附加误差。它主要是由于外界因素的变化所造成的增加的误差。因此，测量仪表实际使用与检定、校准时的环境条件不同时，它必然会增加误差，这就是附加误差。如经常出现的温度附加误差、压力附加误差等。当测量仪表在静态条件下检定、校准，而在实际动态条件下使用时，也会带来附加误差。

4. 按误差的状态分类

（1）静态（稳态）误差

当被测量处于稳定不变时的测量误差。

（2）动态误差

当被测量处于变化过程中，检测所产生的瞬时误差。

1.2.2 测量误差的处理

1. 系统误差的处理

系统误差是指在重复性条件下，对同一被测量进行无限多次测量所得到测量结果的平均值与被测量真值之差。平均值是消除了随机误差之后的真值的最佳估算值，它与被测量真值之间的差值就是系统误差。系统误差是固定的或按一定规律变化的，可以对其进行修正。但是由于系统误差及其原因不能获知，因此通过修正只能对系统误差作有限程度的补偿，而不能完全排除。例如某些测量仪表由于结构上存在问题而引起的测量误差就属于系统误差。

系统误差的表现形式大致可分为：

1）恒定误差。恒定的系统误差也称为不变的系统误差。在测量过程中，误差的符号和大小是固定不变的，例如仪表的零点没校准好，即指针偏离零点，这样的仪表在使用时所造成的误差就是恒定误差。

2）线性变化的系统误差。随着某些因素（如测量次数或测量时间）的变化，误差值也成比例增加或减少。例如用一把米尺测量教室的长和宽，若该尺比标准的长度差 1 mm，则在测量过程中每进行一次测量就产生 1 mm 的绝对误差，被测的距离愈长，测量的“一米”次数愈多，则产生的误差愈大，呈线性增长。

3）周期性变化的系统误差。周期性变化的系统误差的符号与数值按周期性变化。例如指针式仪表，指针未能装在刻度盘中心而产生的误差。这种误差的符号由正变到负，数值也由大到小到零后再变大，重复地变化。

4）变化规律复杂的系统误差。这种误差出现的规律，无法用简单的数学解析式表示出来。例如，电流表指针偏转角和偏转力矩不能严格保持线性关系，而表盘刻度仍采用均匀刻度，这样形成的误差变化规律非常复杂。

为了消除和减弱系统误差的影响，首先要能够发现测量数据中存在的系统误差。检验方法有很多，下面只介绍两种简单的判断方法。

1）实验对比法。要发现与确定恒定的系统误差的最好方法是用更高一级准确度的标准仪表对其进行检定，也就是用标准仪表和被检验的仪表同测一个恒定的量。设用标准表以及用被检验仪表重复测量某一稳定量的次数都是 n 次，则可以得到标准表的一系列示值 T_i 和被检表的一系列示值 x_i，由此可得到系统误差 Q 为

$$Q = \bar{x} - \bar{T} = \frac{1}{n}\sum_{i=1}^{n} x_i - \frac{1}{n}\sum_{i=1}^{n} T_i \tag{1-8}$$

用这种方法，不仅能发现测量中是否存在系统误差，而且能给出系统误差的数值。有时，因测量准确度高或被测参数复杂，难以找到高一级准确度的仪表提供标准量。此时，可用相同准确度的其他仪表进行比对，若测量结果有明显差异，表明二者之间存在有系统误差，但还说明不了哪个仪表存在系统误差。有时，也可以通过改变测量方法来判断是否存在系统误差。

2）残差校核法。设一组测量值为 x_1，x_2，…，x_n，计算求其残差 v_1，v_2，…，v_n，残差计算公式为

$$v_i = x_i - \bar{x} \tag{1-9}$$

然后，按测量次序的先后进行排列，把残差分为前后数目相等的两部分各为 k 次，$k=\frac{n}{2}$，求这两部分残差之和的差值

$$\Delta=\sum_{i=1}^{k}v_i-\sum_{i=n-k+1}^{n}v_i \tag{1-10}$$

若 Δ 显著不为零，则测量中含有线性规律变化的系统误差。这是判断系统误差是否存在的判据，也称为马利克夫判据。

在测量中，系统误差的存在对测量结果有很大影响，所以一旦发现存在系统误差时，要尽量找出原因。先从产生系统误差的根源（测量人员、测量设备、测量方法、测量条件4个环节）上进行深入分析研究，找出原因，从而设法消除、减少系统误差。另外，还可以采用对测量结果修正的方法，或改进测量方法，以削弱系统误差的影响。

1）修正值法。对所使用的测量器具和仪表进行校订，确定其示值与计量标准的差异，然后将这个数值给以相反的符号，修正测量结果。对于固定的或变化很小的系统误差，并且被修正的系统误差远大于其随机误差时，采用修正值的方法，可以提高测量准确度。

2）改进测量方法。常用的方法有替代法、异号法、补偿法和抵消法等。替代法也称为置换法。例如用电桥测量电阻时（如图1-1所示），由于各桥臂自身的恒定系统误差的影响，而使被测电阻 R_x 产生误差。所谓替代法就是完成对被测量 R_x 测量后，不改变测量条件，立即用一个标准电阻箱 R_n 代替 R_x 进行同样测量。调整标准电阻箱 R_n 并使测量仪表的指示不变（维持原测量状态），则此标准电阻箱的读数 R_n 值即为 R_x 的值，$R_x=R_n$，从而消除了各桥臂误差的影响。

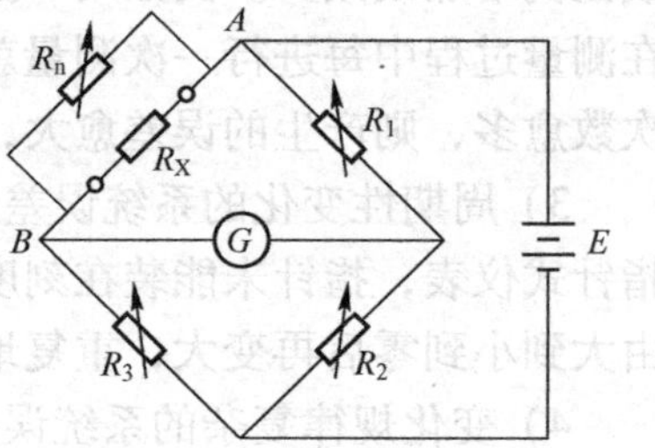

图1-1 替代法示意图

2. 随机误差的处理与测量不确定度的表示

(1) 随机误差的处理

随机误差的特点是其数值和符号就其个体而言是以随机方式出现的，但就其总体而言是服从统计规律的。对同一被测量进行无限多次重复性测量时，所出现的随机误差大多数是服从正态分布的。

设在重复条件下对某一个量 x 进行无限多次测量，得到一系列测得值 x_1，x_2，…，x_n，则各个测得值出现的概率密度分布可由下列正态分布的概率密度函数来表达

$$f(x)=\frac{1}{\sigma\sqrt{2\pi}}e^{\frac{-(x-L)^2}{2\sigma^2}} \tag{1-11}$$

式中，L 为真值。如果令误差为 $\delta=x-L$，则上式可改写为

$$f(\delta)=\frac{1}{\sigma\sqrt{2\pi}}e^{\frac{-\delta^2}{2\sigma^2}} \tag{1-12}$$

式中，σ 称为标准偏差，是对一个被测量进行无限多次测量时，所得的随机误差的均方根值，也称均方根误差，即

$$\sigma = \lim_{n\to\infty}\sqrt{\frac{1}{n}\sum_{i=1}^{n}(x-L)^2} = \lim_{n\to\infty}\sqrt{\frac{1}{n}\sum_{i=1}^{n}\delta i^2} \tag{1-13}$$

函数$f(\delta)$的曲线可参见图1-2，称为正态分布的随机误差。

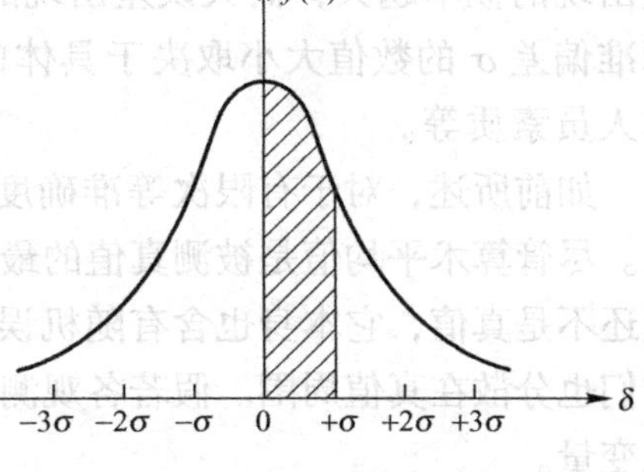

图1-2　正态分布曲线

由图1-2不难看出，正态分布的随机误差具有4个特性：绝对值相等的正、负误差出现的概率相同（对称性）；绝对值很大的误差出现的概率接近于零，即误差的绝对值有一定的实际界限（有界性）；绝对值小的误差出现的概率大，而绝对值大的误差出现的概率小（单峰性）；由于随机误差具有对称性，在叠加时有正负抵消的作用，即具有抵偿性。即在$n\to\infty$时，有

$$\lim_{n\to\infty}\sum_{i=1}^{n}\delta i = 0 \tag{1-14}$$

当测量次数无限多时，误差的算术平均值更趋近于零。

$$\lim_{n\to\infty}\frac{1}{n}\sum_{i=1}^{n}\delta i = 0 \tag{1-15}$$

假设在无系统误差及粗大误差的前提下，对某一被测量进行测量次数为n的等准确度测量（等准确度测量是指在相同条件下，用相同的仪器和方法，由同一测量者以同样细心的程度进行多次测量），得到有限多个数据x_1，x_2，...，x_n。通常把这些测量数据的算术平均值$\bar{x}$作为被测量真值L的最佳估值，即

$$\bar{x} = \frac{1}{n}\sum_{i=1}^{n}x_i \tag{1-16}$$

其理由有如下两点。

第一，利用式（1-14）、式（1-15）两个公式可以证明，当测量次数$n\to\infty$时，各测量结果的算术平均值$\bar{x}$（即测量值的数学期望）等于被测量的真值L，即

$$\bar{x} = \lim_{n\to\infty}\frac{1}{n}\sum_{i=1}^{n}x_i = L \tag{1-17}$$

第二，虽然n不可能无穷大，即$\bar{x}$不可能就是真值，但可以证明，以算术平均值代替真值作为测量结果，其残差的平方和可达到最小值。设v为残差［计算见式（1-9）］，有

$$\sum_{i=1}^{n}(x_i-\bar{x})^2 = \sum_{i=1}^{n}v_i^2 = \min \tag{1-18}$$

以上两点理由告诉我们一个事实，即$\bar{x}$是最接近于被测量的真值。

理论上是对一个被测量进行无限多次测量时，所得的随机误差的均方根为σ。但在实际测量中，只能做到有限次测量，而真值要用约定真值，即用它的最佳估计值——多次测得值的算术平均值$\bar{x}$来代替。所以在很多情况下是无法用式（1-13）来计算σ的。数学家贝塞尔为此推导出标准偏差σ的估算公式，即

$$\sigma = \sqrt{\frac{1}{n-1}\sum_{i=1}^{n}(x_i-\bar{x})^2} = \sqrt{\frac{1}{n-1}\sum_{i=1}^{n}v_i^2} \tag{1-19}$$

由标准偏差的定义可知，标准偏差 σ 的大小表征了 x_i 的弥散性，确切地说是表征了它们在真值周围的分散性。由图 1–3 可以看出，σ 越小，分布曲线越尖锐，意味着小误差出现的概率越大，而大误差出现的概率越小，表明测量的准确度高，测量值分散性小。标准偏差 σ 的数值大小取决于具体的测量条件，即仪器仪表的准确度、测量环境以及操作人员素质等。

如前所述，对于有限次等准确度测量，可以用有限个测量值的算术平均值作为测量结果。尽管算术平均值是被测真值的最佳估计值，但由于实际的测量次数有限，算术平均值毕竟还不是真值，它本身也含有随机误差，即如果分几组来测量某一参数，那么就有几个 $\bar{x}$，它们也分散在真值周围。假若各观测值遵循正态分布，则算术平均值也是遵循正态分布的随机变量。

算术平均值在真值周围的弥散程度可用算术平均值的标准偏差 $\sigma_{\bar{x}}$ 来表征。可以证明，算术平均值的标准偏差为

$$\sigma_{\bar{x}} = \frac{\sigma}{\sqrt{n}} \tag{1–20}$$

式中，$\sigma_{\bar{x}}$ 为算术平均值的标准偏差（亦称为测量结果的标准偏差）；σ 为单次测量的标准偏差（可用“贝塞尔”公式（1–19）来计算）；n 为单次测量的次数。

由式（1–20）可以看出，算术平均值的标准偏差 $\sigma_{\bar{x}}$ 比单次测量的标准偏差 σ 小 $\sqrt{n}$ 倍。因此，只要 $n \geqslant 2$，$\bar{x}$ 围绕在真值周围的弥散程度远小于单次的测量值 x_i，这也再一次验证了用 $\bar{x}$ 作为测量结果将比某单次测量值 x_i 具有更高的准确度。测量次数 n 越多，$\sigma_{\bar{x}}$ 越小，测量结果的准确度也越高。但是由于 $\sigma_{\bar{x}}$ 与测量次数 n 的二次方根成反比，故准确度的提高速率随着 n 的增加而越来越慢，如图 1–4 所示。

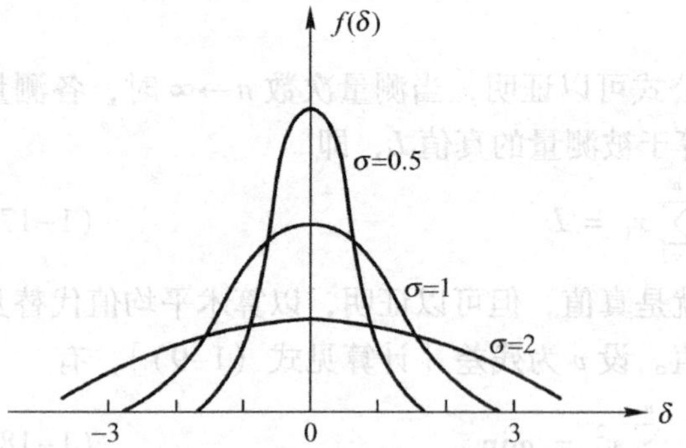

图 1–3　σ 的大小表征了 x_i 的弥散性图

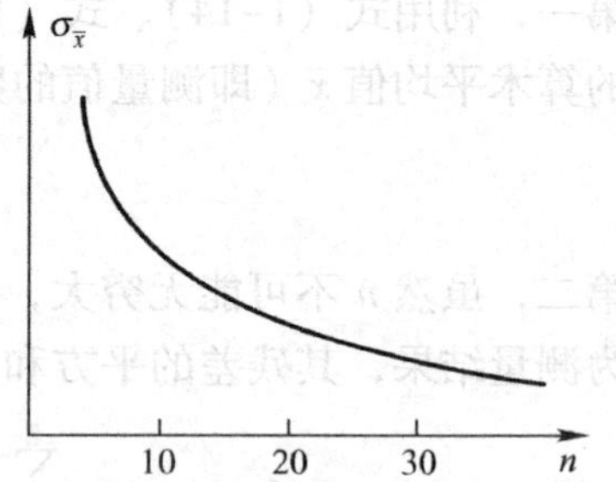

图 1–4　算数平均值的标准偏差与测量次数 n 的关系

因此，在实际测量中，一般取 n 为 10 ~ 30 次即可，考虑到计算机使用二进制，n 可取 8、16 或 32。有时次数如过多，容易引起操作人员的疲劳，随机误差反而增大。即使特别准确的测量也很少超过 100 次。

【例 1–1】　甲、乙两人分别用不同的方法对同一电感进行多次测量，结果如下（均无系统误差及粗大误差）。

甲 x_{ai}（mH）：1.28，1.31，1.27，1.26，1.19，1.25

乙 x_{bi}（mH）：1.19，1.23，1.22，1.24，1.25，1.20

试根据测量数据对他们的测量结果进行粗略评价。

解：按式（1-16）分别计算两组算术平均值，得

$$\bar{x}_a = 1.26\text{mH}$$

$$\bar{x}_b = 1.22\text{mH}$$

按式（1-19）分别计算两组测量数据的单次测量的标准偏差 σ

$$\sigma_a = \sqrt{0.0016} = 0.04$$

$$\sigma_b = \sqrt{0.00054} = 0.023$$

按式（1-20）分别计算两组测量数据的算术平均值的标准偏差

$$\sigma_{\bar{x}_a} = \frac{1}{\sqrt{6}} \times \sqrt{0.0016} = 0.0163$$

$$\sigma_{\bar{x}_b} = \frac{1}{\sqrt{6}} \times \sqrt{0.00054} = 0.0095$$

可见两人测量次数虽相同，但算术平均值甲的标准偏差 $\sigma_{\bar{x}}$ 相差较大，乙的标准偏差要小，表明乙所进行的测量器准确度高于甲。

（2）测量结果的置信度

在依据有限次测量结果计算出被测量真值的最佳估计值和标准偏差的估计值后，还需进一步评价这些估计值可信赖的程度即置信度。

随机误差的“置信度”通常用随机误差落于某一区间（称“置信区间”）的概率（称“置信概率”）来表示。随机误差 δ 在给定区间 $[-a, a]$ 的置信概率为

$$P_k = P\{|\delta| \leqslant a\} \tag{1-21}$$

由于随机误差 δ 在某一区间出现的概率与标准差 σ 的大小有关，所以常常把区间范围 a 取以 σ 的倍数，即

$$a = k\sigma \tag{1-22}$$

式中，k 为置信系数。

对于正态分布的随机误差，在区间 $[-k\sigma, k\sigma]$ 出现的概率为

$$P_k = P\{|\delta| \leqslant k\sigma\} = \int_{-k\sigma}^{+k\sigma} f(\delta)\,\mathrm{d}\delta \tag{1-23}$$

当置信系数 k 为已知常数时，便可以求出概率。例如：区间 $[-\infty, +\infty]$ 的概率为100%；$[-1\sigma, +1\sigma]$ 区间的概率为68.26%；$[-2\sigma, +2\sigma]$ 和 $[-3\sigma, +3\sigma]$ 区间的概率分别为95.44%和99.73%。由于在区间 $[-3\sigma, +3\sigma]$ 的误差出现的概率已经达到99.73%，只有0.27%的误差可能超出这个范围，在某些测量中，已经算是微乎其微了，所以习惯上认为 3σ 是极限误差。所以超出这个范围 $[-3\sigma, +3\sigma]$ 的误差属于粗大误差，应该剔除。

表1-1列出了置信系数 k 取不同数值时，正态分布下的置信概率 P_k 的数值。

表 1-1　正态分布下置信概率数据表

k	P_k	k	P_k	k	P_k	k	P_k
0	0.00000	0.8	0.57629	1.7	0.91087	2.6	0.99068
0.1	0.07966	0.9	0.63188	1.8	0.92814	2.7	0.99307
0.2	0.15852	1.0	0.68269	1.9	0.94257	2.8	0.99489
0.3	0.23585	1.1	0.72867	2.0	0.95450	2.9	0.99627
0.4	0.31084	1.2	0.76986	2.1	0.96427	3.0	0.99730
0.5	0.38293	1.3	0.80640	2.2	0.97219	3.5	0.999535
0.6	0.45194	1.4	0.83849	2.3	0.97855	4.0	0.999937
0.6745	0.50000	1.5	0.86639	2.4	0.98361	5.0	0.999999
0.7	0.51607	1.6	0.89040	2.5	0.98758	∞	1.000000

严格地讲，正态分布只适用于测量次数非常多时（25 次以上）的情况，在测量数据较少时，通常采用 t 分布来计算置信概率。关于 t 分布本书不详细展开了，至于工程测量中经常用到的“格鲁布斯准则”是以小样本测量数据和“t”分布为理论基础用数理统计方法推导得出的，具体使用可参见后面的“粗大误差的处理”内容。

关于测量结果的数字表示方法，目前尚无统一规定。比较常见的表示方法是在观测值或多次观测结果的算术平均值后加上相应的误差限。如前所述，误差限通常用标准差表示，也可用其他误差形式表示。同一测量如果采用不同的置信概率 P_k，测量结果的误差限也不同。因此，应该在相同的置信水平下，来比较测量的准确程度才有意义。下面介绍一种常用的表示方法，它们都是以系统误差已被消除为前提条件的。

1）对某被测参数测量 n 次（建议 n 不小于 25），获得 n 个测量值 x_i。

2）利用式（1-16）计算 $\bar{x}$，按式（1-19）计算本次测量的标准偏差 σ。

3）给出置信系数 k，确定在相应置信概率 P_k 下的测量值数据范围：$\bar{x} \pm k\sigma$。

4）剔除误差。检查上述 n 个测量值 x_i 有否落在该范围 $\bar{x} \pm k\sigma$ 之外。如有，应剔除。剔除之后重新计算 $\bar{x}$ 和标准偏差 σ，重新计算置信区间：$\bar{x} \pm k\sigma$。直到没有数据要被剔除后做下一步。当测量次数 n 小于 20 时，剔除粗大误差一般不能采用本方法，而应采用“格鲁布斯”准则，参见后面的“粗大误差的处理”内容。

5）按式（1-20）计算算术平均值的标准偏差 $\sigma_{\bar{x}}$。

6）写出测量结果，其表达式为 $x = \bar{x} \pm k\sigma_{\bar{x}}$。

3. 粗大误差的处理

由于实验人员在读取或记录数据时疏忽大意，或者由于不能正确地使用仪表、测量方案错误以及测量仪表受干扰或失控等原因，测量误差明显地超出正常测量条件下的预期范围，是异常值，有可能含有粗大误差。如果这些异常值确实是坏值，应该剔除，否则测量结果会被严重歪曲。

（1）粗大误差的判别

当在测量数据中发现某个测量数据可能是异常数据时，一般不要不加分析就轻易将该数据直接从测量记录中剔除，最好能分析出该数据出现的主观原因。判断粗大误差可以从定性分析和定量判断两方面来考虑。

1）定性分析。定性分析就是对测量环境、测量条件、测量设备、测量步骤进行分析，看是否有某种外部条件或测量设备本身存在突变或瞬时破坏；测量操作是否有差错或等准确度测量构成中是否存在其他可能引发粗大误差的因素；也可由同一操作者或另换有经验的操作者再次重复进行前面的（等准确度）测量，然后再将两组测量数据进行分析比较，或者由不同测量仪器在同等条件下获得的结果进行比较，以分析该异常数据的出现是否“异常”，进而判定该数据是否为粗大误差。这种判断属于定性判断，无严格的规则，应细致和谨慎地实施。

2）定量判断。定量判断就是以统计学原理和误差理论等相关专业知识为依据，对测量数据中的异常值的“异常程度”进行定量计算，以确定该异常值是否为应剔除的坏值。这里所谓的定量计算是相对上面的定性分析而言，它是建立在等准确度测量符合一定的分布规律和置信概率基础上的，因此并不是绝对的。

下面介绍两种工程上常用的粗大误差判断准则。这两种准则的基本原理都是认为正常的测量值绝大多数都落在置信区间内，即在置信区间内取值的概率（称为置信概率）P 接近于1，而在置信区间以外取值的概率接近于0。因此可以把位于置信区间之外的测量数据当作异常数据，即为包含有粗大误差的数据。它所对应的测量值就是坏值，应予以舍弃。

（2）拉依达准则

拉依达准则是在测量误差符合标准误差正态分布即重复测量次数较多的前提下得出的。当置信系数 $k=3$ 时，置信概率为 $P=99.73\%$，而测量值落于区间 $[\bar{x}-3\sigma, \bar{x}+3\sigma]$ 之外的概率，即“超差概率”α 仅为 0.27% $(\alpha=1-P)$。

设被测量多次测量值为 x_1，x_2，…，x_n，计算其平均值 $\bar{x}$、残差 $v_i=x_i-\bar{x}$，并按贝塞尔公式（1-19）计算出标准偏差 σ。如果某个测量值 x_k 的残差 v_k 满足下式

$$|v_k|>3\sigma \tag{1-24}$$

则认为该测量值 x_k 是含有粗大误差的坏值，应剔除。然后重新计算标准偏差，再进行检验，直到判定无粗大误差为止。

拉依达准则比较简便，但当测量次数 $n\leqslant10$ 时，即使存在粗大误差也可能判别不出来。当 $n\leqslant20$ 时，采用基于正态分布的拉依达准则，其可靠性将变差。因此测量次数达30次以上时才较为适宜，至少要25次。在测量次数较少时，拉依达准则几乎不适用。

（3）格鲁布斯准则

值得注意的是一般实际工程中等准确度测量次数大都较少，测量误差分布往往和标准正态分布相差较大。因此须采用格鲁布斯准则。

格鲁布斯准则是以小样本测量数据和“t 分布”为理论基础用数理统计方法推导得出的。理论上比较严谨，具有明确的概率意义，通常被认为是实际工程应用中判断粗大误差比较好的准则。

设对被测量进行多次测量得到 x_1，x_2，…，x_n 计算出其平均值为 $\bar{x}$、残差 $v_i=x_i-\bar{x}$ 并按贝塞尔公式计算出标准偏差 σ。如果某个测得值 x_k 的残差 v_k 满足下式

$$|v_k|>\lambda(\alpha,n)\sigma \tag{1-25}$$

时，则认为该测得值 x_k 是含有粗差的坏值，应剔除。并重新计算标准偏差，再进行检验，直到判定无粗大误差为止。

λ（α, n）为格鲁布斯系数，由表1-2给出，表中n为测量次数，α为“超差概率”（α=1−P）。

表1-2 格鲁布斯 λ（α, n）数值表

n	α=0.01	α=0.05	n	α=0.01	α=0.05	n	α=0.01	α=0.05
3	1.15	1.15	12	2.55	2.29	21	2.91	2.58
4	1.49	1.46	13	2.61	2.33	22	2.94	2.60
5	1.75	1.67	14	2.66	2.37	23	2.96	2.62
6	1.94	1.82	15	2.70	2.41	24	2.99	2.64
7	2.10	1.94	16	2.74	2.44	25	3.01	2.66
8	2.22	2.03	17	2.78	2.47	30	3.10	2.74
9	2.32	2.11	18	2.82	2.50	35	3.18	2.81
10	2.41	2.18	19	2.85	2.53	40	3.24	2.87
11	2.48	2.24	20	2.88	2.56	50	3.34	2.96

格鲁布斯准则理论推导严密，是在n较小时就能很好地判别出粗大误差的一个准则，所以应用相当广泛。

【例1-2】 测量某个温度7次，单位℃。温度数据T_i见表1-3，试判断有无粗大误差。

表1-3 数据表

i	T_i	v_i^2	v_i^2	i	T_i	v_i^2	v_i^2
1	10.3	−0.2	0.04	5	11.5	1.0	1
2	10.4	−0.1	0.01	6	10.4	−0.1	0.01
3	10.2	−0.3	0.09	7	10.3	−0.2	0.04
4	10.4	−0.1	0.01				

解： 1）求均值$\overline{T}$=10.5；再用“贝塞尔”公式（1-19）来估算标准偏差，即

$$\sigma=\sqrt{\frac{1}{n-1}\sum_{i=1}^{n}(T_i-\overline{T})^2}=\sqrt{\frac{1}{n-1}\sum_{i=1}^{n}v_i^2}=0.45$$

2）取置信概率$P=0.95$，则$\alpha=1-P=0.05$，$n=7$，由表2-2中可查出λ（α, n）=1.94。

3）利用公式（1-25）求$|v_k|>\lambda$（α, n）$\sigma=1.94\times0.45=0.873$。

4）查温度数据T_i，第5个数据即$i=5$，$T_5=11.5$，$|v_5|>1.0>0.873$，该温度值是粗大误差，应剔除。

1.3 检测技术基础

1.3.1 检测的基本概念

1. 检测

检测就是用专门的技术工具，靠实验和计算找到被测量的值。一般说来，其检测的目的

是希望能在有限的时间内尽可能正确地收集被测对象的未知信息，以便能掌握被测对象的参数，进而控制和管理生产过程。

检测通常包括两个过程：一是能量形式的一次或多次转换过程；二是将被测参数与相应的测量单位进行比较的过程。前者一般应包括检测（敏感）元件、变换（转换器）、信号处理和信号传输四个部分；后者一般应包括测量电路及显示装置两部分，如图 1–5 所示。

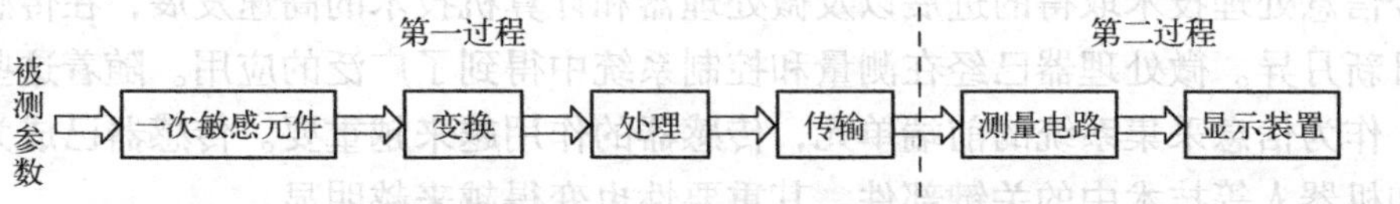

图 1–5　检测的两个过程

一般说来，一个检测系统，除被测对象外，共包括上述的两个过程和六个部分。这就是检测的全过程。但是具体到某一个实际检测系统而言，一般说来两个过程是必不可少的。但不一定都包含六个部分，但其中一次敏感元件和显示装置是构成检测系统所必需包含的。

以玻璃水银温度计测量水温为例。其中：水银是敏感元件，玻璃上的标准刻度即为显示装置。这个检测过程包括两个阶段：一是水银受热，水银柱升高，从而将感知的热能转换成水银柱位能的过程，这就是能量形式的一次转换。温度读数，则是拿水银柱高度与玻璃上标准温度刻度进行比较的过程，这也就是测量的第二过程。所以我们说，一个测量系统的两个过程中传感器、显示装置两个部分是不可缺少的。以上举例是在一个测量装置中同时包含了两个测量过程和几个测量部分的实例，但在工业实际中，更多的还是应用几个独立的测量部分，构成一个测量系统，来实现对某一过程参数的检测。

2. 传感器与测量系统的组成

（1）传感器的构成

在测量过程中一般都会用到传感器，或选用相应的变送器等。国家标准是这样定义“传感器”的：能感受规定的被测量并按照一定的规律转换成可用输出信号的器件或装置。通常由敏感元件和转换元件组成，如图 1–6 所示。

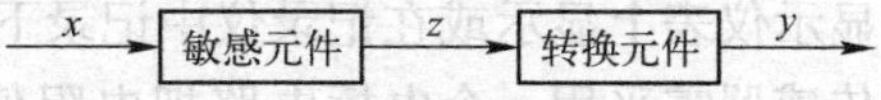

图 1–6　传感器的构成

一般传感器是指借助敏感元件接受某一物理量形式的信息 x，并按一定规律将它转换成同种或另一种物理量形式信息 y 的器件或装置。输出 y 和输入 x 之间有确切的函数关系，即

$$y = f(x) \tag{1–26}$$

图 1–6 中，敏感元件对被测参数 x 敏感，它的输出设为 z，z 有可能是一种不易处理的物理量形式，不一定能被后续的线路所利用。此时就必须在敏感元件后配一相应的转换元件，该转换元件的输出一定是易于处理的、能被后继线路所利用的信号。

易于处理的、能被后继线路所利用的信号形式有很多种类，其中电量信号（例如电压、电流、电阻等）是人类最为熟悉的信号形式。电量信号具有精度高、动态响应快、易于运算放大、远距离传送以及和计算机接口等许多其他信号所没有的优点。所以我们往往有目的地选用或研发能输出电信号的转换元件来和敏感元件配合，从而让传感器输出 y 成为电信号。

当以测量为目的，以一定准确度把被测量转换为与之有确定关系的、易于处理的电量信号输出时，又常常称之为“非电量电测”。

如果进一步对此输出信号进行处理，转换成标准统一信号（例如：直流4～20mA或1～5V或其他国家标准规定的信号等）时，此时的传感器一般称为变送器。变送器是输出为标准信号的传感器。

当今信息处理技术取得的进展以及微处理器和计算机技术的高速发展，在传感器的开发方面也日新月异。微处理器已经在测量和控制系统中得到了广泛的应用。随着这些系统能力的增强，作为信息采集系统的前端单元，传感器的作用越来越重要。传感器已成为自动化控制系统和机器人等技术中的关键部件，其重要性也变得越来越明显。

(2) 自动测量系统（检测仪表）的组成

在现代的自动测量系统（检测仪表）中，它的各个组成部分可以先借助“信息流的过程”来粗线条地划分。一般可以分为：信息的获得、信息的转换和信息的显示三部分。

因此作为一个完整的自动测量系统，至少应包括传感器（信息的获得）、测量电路（信息的运算、放大、处理和转换）和显示装置（信息的显示）三个基本组成部分。它们之间的关系可用图1-7来表示。

图1-7 自动测量系统的组成

传感器是一个获取被测量的装置，是一种获得信息的手段。因此它获得信息的正确与否，关系到整个测量系统的准确度。如果传感器的误差很大，后面的测量电路、显示装置的准确度再高也难以提高整个测量系统的准确度，因此传感器在自动测量系统中占有重要的地位。

测量电路的作用是把传感器的输出信号（往往是电信号）放大、处理或转换使信号能在显示仪表上显示或在记录仪中记录下来。测量电路的种类常由传感器的类型而定，如电阻式传感器需采用一个电桥电路把电阻值变换成电流或电压输出，所以它属于信号的转换部分。为了能驱动显示仪表工作或记录机构运动，对测量电路的输出信号有一定的要求，所以在测量电路中一般还带有放大器将信号加以放大。

电阻式应变传感器把被测量“应变”转换为电阻变化，电阻直接就是电量，显然该传感器将敏感元件和转换元件合二为一。电阻虽然属电量，但不能像热电偶产生的热电动势那样可以直接被电压显示仪表所接受。这就需要用某种电路将传感器转换出来的电量进行变换和处理，使之成为便于显示、记录、传输或处理的电信号。接在传感器后面具有这种功能的电路，被称之为测量电路或传感器接口电路。例如，电阻应变片后面往往接一个电桥，这个电桥就是一个“测量电路”，可将电阻变化转换为电压变化，供后继的电压显示仪表显示。

测量的目的是使人们了解要测的数值，所以必须要有显示装置，这就是信息的显示。显示的方式，目前常用的有三类：模拟显示、数字显示和图像显示。模拟显示就是利用指针的偏转对刻度标尺的相对位置来表示读数；数字显示是直接用数字来表示读数，例如物理实验课上用的数字电压表、数字电流表或数字频率计。图像显示是用屏幕显示读数或者被测参数变化的二维曲线图。在测量过程中，有时不仅要读出被测参数的数值，而且还要了解它的变化过程。尤其是动态过程的变化，根本无法用普通的显示仪表来指示，那么就要把信号送至记录仪自动记录下来。传统的自动记录仪有笔式记录仪（如电平记录仪、x－y 函数记录仪、电子电位差计、光线示波器等）以及磁带记录仪等。记录仪起记录信号的作用，在信息流过程中，它仍然属于信息的显示。

由图 1-7 可知，传感器只不过是检测系统（检测仪表）的一部分，而绝非全部。因此光有传感器知识还不能使用和设计检测系统。为了适应今后从事相关的工程测量工作，我们不仅要学习检测的基础理论与传感器的工作原理，也要学习检测系统（检测仪表）的一些具有共性的通用原理和应用。在工程上往往称传感器、变送器为“一次仪表”，检测系统或检测仪表叫“二次仪表”。各种检测仪表的用途、名称、型号、性能虽然各不相同，但差别仅在于仪表的前端即配用的传感器和测量线路有所不同，传感器以后的仪器部分及其设计方法基本上都是相同的。

3. 测量方法及其分类

一般所说的测量，其含义是用实验方法去确定一个参数的量值。量值包括“数值”和“单位”两个含义，缺一不可。测量就是通过实验，把一个被测参数的量值（被测量）和作为比较单位的另一个量值（标准）进行比较，确定出被测量的大小和单位。所以测量是以确定量值为目的的一组操作。通过测量可以掌握被测对象的真实状态，测量是认识客观量值的唯一手段。

在测量中，把作为测量对象的特定量，也就是需要确定量值的量，称为被测量。由测量所得到的赋予被测量的值称为测量结果。如果测量结果是一次测量的量值，也称为测量值。

(1) 按测量值获得的方法分类

按数据获得的形式，可将测量分为直接测量、间接测量和组合测量三种方法。

1) 直接测量。把被测量与作为测量标准的量直接进行比较，得到被测量的大小和单位。并可用下式表示

$$y = x \tag{1-27}$$

式中，y 为被测量的量值；x 作为标准的器具所给出的量值。

直接测量的特点是简便，例如用米尺量出一根铜管的长度。

2) 间接测量。被测量不直接测量出来，是通过与它有一定函数关系的其他量的测量来确定。设被测量为 y，影响测量结果 y 的影响量 x_i，则可写出测量模型为

$$y = f(x_1, x_2, \cdots, x_n) \tag{1-28}$$

例如，要确定功率 P 值，则可按公式 $P = I^2R$ 求得。式中，I 是电流，R 是电阻值，电阻值与温度 t 有确切的函数关系 $R = R_0\ [1 + \alpha\ (t - t_0)]$。显然在系数 α 是常数的情况下，只要通过对电流 I、电阻 R_0 以及温度 t 的测量，就能确定出功率 P，即

$$P = f(I, R_0, t) \tag{1-29}$$

3) 组合测量。有时候不少参数是无法用直接测量或间接测量来获取的，比如金属材料的热膨胀系数 α 和 β。为此可以利用直接测量或间接测量这两种方法测量其他的一些参数，然后用求解方程的方法求出 α 和 β。

金属材料的热膨胀有如下公式：

$$Lx = L_0(1+\alpha t+\beta t^2) \tag{1-30}$$

在 $t=0℃$，测得 L_0；$t=t_1$时，测得 Lt_1；同理 $t=t_2$时测得 Lt_2。

可得以下联立方程组：

$$Lt_1 = L_0(1+\alpha t_1+\beta t_1^2) \tag{1-31}$$

$$Lt_2 = L0(1+\alpha t2+\beta t_2^2) \tag{1-32}$$

建立联立方程组后再求解联立方程可得系数 α 和 β 的量值，这就是组合测量方法。

(2) 按测量工具来分类

按测量工具来分可分偏差法、零位法和微差法三种。

1) 偏差法。在测量过程中，用仪表指针的位移（即偏差）来表示被测量的大小。这种测量方法，不是把标准量具装在测量仪表内部，而是通过被测量对检测元件的作用，使仪表指针产生偏移，仪表的刻度标尺是通过标准器具的标定确定的。这种测量方法简单快速，但其测量准确度受到标尺的准确度影响，一般不是很高。偏差法是最基本的方法。在工厂和实验室里有大量的数据是通过各种测量仪表用偏差法来获得测量值的。指针式电压表、电流表、弹簧秤、游标卡尺等都是偏差法来获得测量值的工具。

2) 零位法。又称补偿式或平衡式测量法。在测量过程中，被测量与已知标准量进行比较，并调节标准量使之与被测量相等，通过达到天平平衡时指零仪表的指针回到零来确定被测量与已知的标准量相等。这种测量方法的准确度一般比偏差法要高许多，其误差主要受标准量误差的影响。一个典型的例子就是用天平称物，砝码就是标准量。它的缺点是每次测量要花很长时间。

3) 微差法。综合了偏差法和零位法的优点，将被测量的标准量与已知的标准量进行比较，得到基准值，再用偏差式测量方法测出指针偏离零值的差值。实际上是测量被检测量与已知量的差值。因为此差值很小，即使差值测量的准确度不高，但整体测量结果仍可以达到较高的准确度。仍用天平称物为例，先增减砝码，在指针回零的过程中，一旦指针已落在零值左右的刻度之内，就不再调节砝码了。然后在获知砝码基准值的基础上再根据指针的偏差进行修正（加或减），就能获得准确的数值。

1.3.2 测量系统或仪表的基本技术性能和术语

仪表的基本性能，是指评定仪表品质的几个质量指标。测量仪表的性能指标包括：静态性能、动态性能、可靠性和经济性等。本书主要讨论静态性能中常用的技术性能和术语以及简单的动态性能指标。

1. 静态性能

静态性能主要包括准确度、稳定性、线性度、变差、灵敏度等。

(1) 测量范围和量程

测量范围是指测量仪表按规定的准确度进行测量的被测变量的范围。也就是说，在这个测量范围内（从最小值到最大值），测量仪表能保证达到规定的准确度。

测量范围的最小值和最大值分别称为测量下限和测量上限，简称下限和上限。仪表的量程用来表示其测量范围的大小，是其测量上限值与下限值的代数差，即量程 = 测量上限值 - 测量下限值，给出仪表的测量范围便知上下限及量程，反之只给出仪表的量程，却无法确定其上下限及测量范围。例如，一台温度测量仪表如测量范围为 0 ~ 100℃时，量程为 100℃；

测量范围为30～100℃时，量程为70℃；测量范围为－30～100℃时，量程为130℃。

（2）准确度（准确度）

准确度是描述仪表的示值与真值之间的一致程度。任何检测过程都存在着误差，因此在用检测仪表对过程参数进行检测时，不仅需要知道仪表的指示值，还应该知道该指示值接近参数真实值的准确程度，以便估计该仪表指示值的误差大小。所以就用仪表准确度这个参量来描述仪表指示值接近真值的准确程度。

那么如何定义仪表的准确度呢？一般人们习惯用仪表的基本误差的最大引用误差作为判断仪表准确度等级的尺度。基本误差一般是由线性度、变差、不完全平衡误差（仪表可动部分的重心与转轴不平衡）、刻度误差和调整误差等组成。基本误差的大小直接反映了该测量仪表的准确度。

最大引用误差公式为

$$\delta_{max}=\frac{\Delta_{max}}{量程}\times 100\% \text{或} \delta_{max}=\frac{x_{max}-x_0}{标尺上限值-标尺下限值}\times 100\% \tag{1-33}$$

式中，δ_{max}表示仪表的最大引用误差。

引用误差的大小既与仪表的绝对误差有关，还与仪表的测量范围有关。对于用零作为仪表刻度始点的仪表，量程即为仪表的刻度上限值。对于多档仪表，“引用相对误差”需要按每档的量程不同而各自计算。另外，在量程范围里不同的测量点上，绝对误差Δ不会完全相同，故引用误差δ也不会处处相同。取最大的绝对误差，便可求出最大的引用误差。

举例：

【例1-3】 一台测量仪表，其标尺范围为0～400℃。已知绝对误差最大值$\Delta t_m=5℃$。求其引用误差。

$$\delta_{max}=\frac{5}{400-0}\times 100\%=1.25\%$$

【例1-4】 另一台测量仪表，标尺范围为0～200℃。已知绝对误差最大值$\Delta t_m=5℃$。求其引用误差。

$$\delta_{max}=\frac{5}{200}\times 100\%=2.5\%$$

以上两例可以看出，在相同的绝对误差条件下，其量程大的仪表引用误差小，而量程小的仪表引用误差大。

一般我们用仪表的最大引用误差的大小作为判断仪表准确度的尺度。例如：一台仪表的最大引用误差为0.45%，则我们就说该仪表的准确度为0.5级。由此可以看到，最大引用误差δ_{max}只能用来作为判断仪表准确度的尺度，而不能直接用引用误差的大小来表示仪表的准确度，因为仪表的准确度等级国家是有统一规定的。

《仪表的准确度等级（仪表准确度等级）》是指仪表在规定的工作条件下，允许的最大相对百分误差。按照我国的自动化仪表准确度等级有下列几种：0.005、0.02、0.05、0.1、0.2、0.5、1.0、1.5、2.5、4.0等。所谓1级表，即指该表的最大引用误差为：$0.5\%<\delta_{max}\leqslant 1\%$。

一般工业仪表等级为0.5～4.0级。准确度等级通常都用一定的形式标志在仪表的刻度尺上。如1.0级表，就在数字1.0外加一个圆圈或三角形，如Ⓘ1.0或△1.0。表示这台仪表的相对误差小于等于1%。一般都标注在仪表的表盘上。准确度的表达通常是以仪表最大引用误差去掉百分号的数字，向上归整的相应准确度等级来表达。

需要强调指出的是：前例中的 $\delta_{max}=1.25\%$，其仪表准确度等级即为1.5级。$\delta_{max}=2.5\%$，其仪表准确度等级即为2.5级。同样的绝对误差，量程范围大的仪表其准确度等级高，量程范围小的仪表其准确度低。这里必须说明，仪表的准确度大小是由仪表的最大绝对误差和量程两个因素决定的。决不可一听某台仪表的准确度高，就认为一定是一台绝对误差很小的仪表。还应该看其量程。应该说，一台测量范围很大，而绝对误差很小的仪表才是一台难得的仪表。

(3) 非线性误差

对于理论上具有线性刻度特性的仪表，往往由于各种因素的影响，会使仪表的实际特性偏离其理论的线性特性。非线性误差又叫线性度，是表征仪表的实际特性偏离理论的线性特性的程度。由此所产生的误差即称为非线性误差。如图1-8所示。

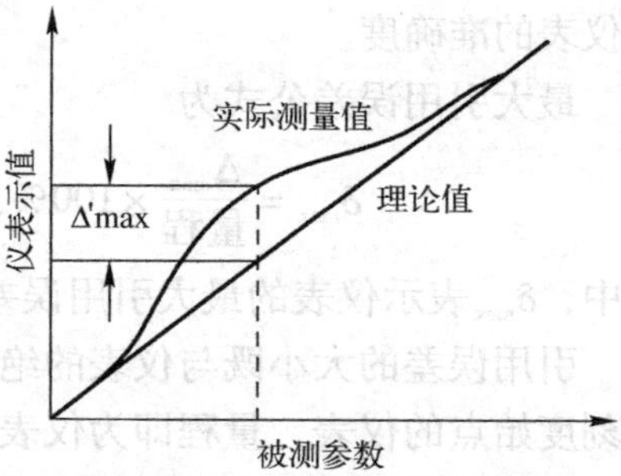

图1-8　非线性误差示意图

其中：仪表校验曲线与理论直线之间的最大误差，即称为仪表的非线性误差的绝对误差。仪表的非线性误差用实测输入输出特性曲线与理想拟合直线之间的最大偏差与量程之比的百分数表示，即

$$非线性误差=\frac{\Delta'_{max}}{标尺上限值-标尺下限值}\times100\% \tag{1-34}$$

非线性误差亦属于仪表的基本误差，它亦是决定仪表准确度等级的因素之一。虽然具有线性特性的仪表或检测系统最受用户欢迎，但实际上，由于各种因素的影响，测量系统输入与输出之间很难做到完全的线性。

(4) 死区

死区又称仪表的不灵敏区。测量仪表在测量范围的起点处，输入量的变化不致引起该仪表输出量有任何可察觉的变化的有限区间称为死区。产生死区的原因主要是仪表内部元件间的摩擦和间隙。在仪表设计中，死区的存在，也有其积极的一面，它可以防止输入量的极微小变化引起响应的变化。

(5) 变差

变差也称回差。是指仪表在外界条件不变的条件下，其正向特性（即被测参数由小到大变化）和反向特性（即被测参数由大到小变化）不一致的程度，如图1-9所示。

即相同的被测参数，在仪表正反行程测量中所得到的示值不等。两者之差则为变差的绝对值 $\Delta''max$。而变差的大小一般也是用其最大绝对误差与仪表量程之比的百分数表示，即

$$变差=\frac{\Delta''max}{标尺上限值-标尺下限值}\times100\% \tag{1-35}$$

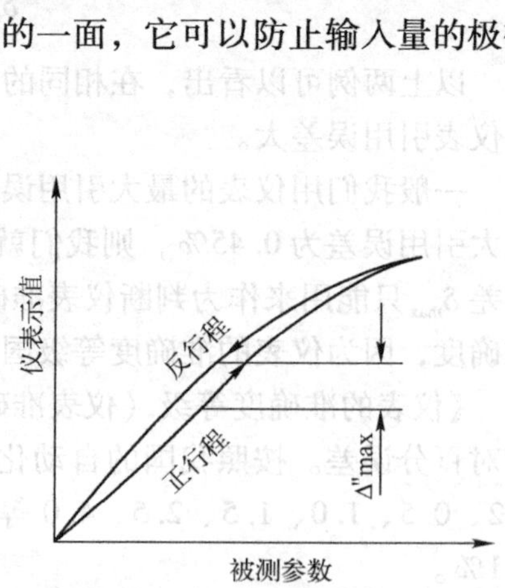

图1-9　变差示意图

变差亦属于基本误差，它亦是决定仪表准确度等级的

因素之一。引起仪表变差的原因多是由于仪表传动机构的间隙，运动部件的摩擦，弹性元件的弹性滞后等影响因素引起的。故在仪表设计时，应在取材上、加工精度上给以较多考虑，以尽量减少变差。变差包括滞环和死区的因素。

（6）灵敏度

灵敏度是表征测量仪表对被测参数变化反应的灵敏程度。定义为测量仪表响应的变化除以对应的输入激励的变化。

$$s=\frac{dy}{dx} \tag{1-36}$$

也即是仪表静态输入输出特性曲线（即静态特性曲线）上各点的斜率。式中，dy 为测量仪表的响应变化；dx 为对应的输入激励的变化。

对于线性特性的仪表，其灵敏度 s 为一常数，一般希望仪表的灵敏度 s 大些为好。仪表的灵敏度 s 可用增加环节的放大倍数来提高，但仪表的灵敏度高并不说明仪表的准确度高。有可能仪表的灵敏度很高，而准确度却不高。为了防止出现这种虚假现象，通常规定：仪表标尺的最小分格值不能小于仪表允许误差的绝对值。

2. 动态特性

上面所介绍的描述仪表准确度的引用误差、线性度、变差，以及仪表的灵敏度等，都是表征仪表静态特性的一些参量，所涉及到的误差都属于仪表的静态误差。但是由于仪表本身有惯性、滞后、阻尼等方面的影响，所以在测量随时间变化的参数时，就必须了解仪表的动态特性。一般仪表的动态特性多是用微分方程或传递函数来描述的。其动态特性曲线如图 1-10 所示。

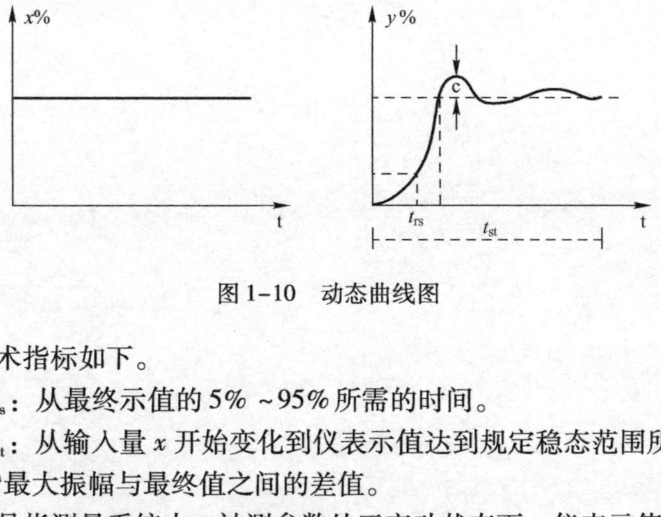

图 1-10　动态曲线图

常用的几个技术指标如下。

1）上升时间 t_{rs}：从最终示值的 5% ~95% 所需的时间。

2）响应时间 t_{st}：从输入量 x 开始变化到仪表示值达到规定稳态范围所需的时间。

3）过冲量 c 指最大振幅与最终值之间的差值。

所谓动态误差是指测量系统中，被测参数处于变动状态下，仪表示值与被测参数实际值之间的差异。一般希望上升时间 t_{rs} 越小越好（表现为反应快），响应时间 t_{st} 越小越好，（即测量时间短），过冲量 c 越小越好（表现为准）。

可以想象对于动态特性缓慢的仪表，用于测量快速变化的信号，必然会带来明显的动态测量误差。另外还应注意到，对测频率较大的信号，则必须要考虑仪表的频率特性，一般希望仪表的频响特性越宽越好。

思考题和习题

1.1　什么是传感器？什么是检测仪表？二者有什么区别和联系？

1.2　什么是真值？什么是约定真值？什么是相对真值？

1.3　阐述误差的分类，以及相应的处理方法。

1.4　在选择仪器仪表的量程时，应该使被测参数尽量接近满度值至少一半以上，为什么？

1.5　一个满度值为 5A，准确度等级为 1.5 级的电流表。检定过程中发现电流表在 2.0A 刻度处的绝对误差最大，且 $\Delta_{max} = +0.08A$。问此电流表准确度等级是否合格？

1.6　测量一个约 80V 的电压，现有两台电压表，一台量程 300V，0.5 级，另一台量程为 100V，1.0 级。问选用哪一台为好？

1.7　一台测量范围为 200～600℃的温度表，检定过程中发现温度表在 450℃刻度处的绝对误差最大，且 $\Delta_{max} = +2.5℃$，问此温度表符合国家准确度等级的哪一级？

1.8　测量某电阻 8 次，获得数据：21.2、21.5、22.2、22.1、20.1、20.9、21.6、21.7，单位欧姆。检查有无粗大误差。如有，请剔除。剔除粗大误差后，给出最后的测量结果。

第2章 压力测量

压力是工业生产过程中重要的工艺参数之一，许多生产过程需要在一定压力条件下进行。在化工生产过程中，压力的大小既影响物料平衡又影响化学反应速度，需要进行压力监控确保生产效率和产品质量。对于压力容器和易燃易爆介质，需要进行压力监控确保生产安全。压力检测是实施压力监控的前提，正确检测压力是保证生产过程良好运行，达到高产、优质、低耗和安全生产的重要环节。

2.1 压力的基本概念与检测方法

2.1.1 压力的定义与单位

1. 压力的定义

在物理学中，均匀且垂直作用于单位面积上的力称为压强，而在工程上称之为压力。其数学表达式为

$$P=\frac{F}{A} \tag{2-1}$$

式中，F 为均匀且垂直的作用力；A 为受力面积；P 为压力。

2. 压力的单位

压力是力与面积的导出量，由于采用的单位制以及使用场合和历史发展状况的不同，压力的单位有很多种。

（1）标准单位

在国际单位制（SI）中，压力的单位为帕斯卡，简称帕，符号为 Pa。即 1N 的力作用于 $1m^2$ 面积上所产生的压力为 1Pa。它是我国的压力法定计量单位。由于单位较小，工程上更多地使用 kPa（千帕）、MPa（兆帕）作为压力单位。

（2）非标准单位

目前工程技术界仍在使用其他非法定压力单位。

1）工程大气压。单位符号为 at，是指 $1\,cm^2$ 面积上均匀垂直作用 1kgf（千克力）所产生的压力。1kgf = 9.80665N。

2）标准大气压。单位符号为 atm，是指在纬度45°海平面上、0℃时的平均大气压力。也是标准重力加速度（$9.80665\,m/s^2$）下、0℃时，760 mmHg 作用于 $1\,cm^2$ 面积上所产生的压力。标准大气压又称物理大气压。

工程大气压和标准大气压两个名词中虽有“大气压”三个字，但并不受大气条件的影响，而是作为计量单位使用的恒定值。

3）约定毫米汞柱。单位符号为 mmHg，是标准重力加速度下、0℃时，1 mm 高的水银柱

作用在 1 cm^2底面上所产生的压力。1mmHg 压力又称 1Torr（托）。

4）约定毫米水柱。单位符号为 mmH_2O，是标准重力加速度下、4℃时，1 mm 高的水柱作用在 1 cm^2底面上所产生的压力。

5）巴。单位符号为 bar，是 10^6dyn（达因）的力作用于 1 cm^2面积上所产生的压力。它曾经用于气象和航空测量技术中。它的千分之一为毫巴，符号为 mbar 或 mb。

以上各压力单位之间的换算关系见表 2-1。使用此表时先从“压力单位”列中找到被转换单位的横行，再从“压力单位”行中找到转换单位的纵列，对应单元格中的数值就是换算系数。

表 2-1　压力单位换算表

压力单位	帕斯卡 /Pa	工程大气压 /at	标准大气压 /atm	约定毫米汞柱 /mmHg	约定毫米水柱 /mmH_2O	巴 /bar
帕斯卡 /Pa	1	1.0197×10^{-5}	9.8692×10^{-6}	0.75006×10^{-2}	1.0197×10^{-1}	1×10^{-5}
工程大气压 /at	0.9807×10^{5}	1	0.9678	0.7356×10^{3}	1×10^{4}	0.9807
标准大气压 /atm	1.0133×10^{5}	1.0332	1	760	1.0332×10^{4}	1.01325
约定毫米汞柱 /mmHg	1.3332×10^{2}	1.3595×10^{-3}	1.3158×10^{-3}	1	1.3595×10	1.3332×10^{-3}
约定毫米水柱 /mmH_2O	9.8067	1×10^{-4}	0.9678×10^{-4}	0.7356×10^{-1}	1	0.9807×10^{-4}
巴/bar	1×10^{5}	1.0197	0.9869	7.5006×10^{2}	1.0197×10^{4}	1

2.1.2　压力的表示与检测方法

1. 压力的表示方法

根据压力的定义，当作用力为零时压力为零，即绝对真空状态。但是在实际工程环境中，往往需要检测相对于周围大气环境的压力，或以某一特定压力为参考点的压力。因此有了不同的压力表示方法，并且有相应的压力检测仪表。

（1）绝对压力

以绝对真空为测量基准点，测得的压力称为绝对压力，一般用符号 P 表示。用来检测绝对压力的仪表有绝对压力表、绝对压力传感器、绝对压力变送器等。

环境大气压是由当地、当时空气柱重力所产生的压力，与海拔和气象条件有关。可以用气压计检测当地大气压，其示值是绝对压力，大气压一般用符号 P_0 表示。

（2）表压力和负压力

表压力和负压力均以大气压作为测量参考点，检测的压力是绝对压力与大气压之差，一般用符号 p 表示。有下列关系

$$p = P - P_0 \tag{2-2}$$

1）表压力或表压。当被测压力大于大气压时，其绝对压力与大气压的差值为正值，习惯上称为表压力或表压。用来检测表压力的仪表有压力表、压力传感器、压力变送器等。

2）负压或真空度。当被测压力小于大气压时，其绝对压力与大气压之差为负值，习惯

上称为负压力或真空度。其大小表明接近绝对真空的程度。用来检测负压或真空度的仪表称为真空表。

（3）差压力或差压

既不以绝对真空为基准点，也不以大气压为参考点，而是设备或管道中两处压力的差值，称为差压力或差压，一般用符号 Δp 表示。设两处的绝对压力分别为 P_1、P_2，相应的表压或负压分别为 p_1、p_2，则 P_2 与 P_1 的差压力 Δp 为

$$\Delta p = P_2 - P_1 = p_2 - p_1 \tag{2-3}$$

差压力既是绝对压力之差，也是表压力或负压力之差。

在工业生产过程中有时以差压力为工艺参数，且差压力还可以作为检测流体流量或液位的间接手段。用来检测差压力的仪表有差压表、差压传感器、差压变送器等。

绝对压力、表压力、负压（真空度）、差压力之间的关系如图 2-1 所示。

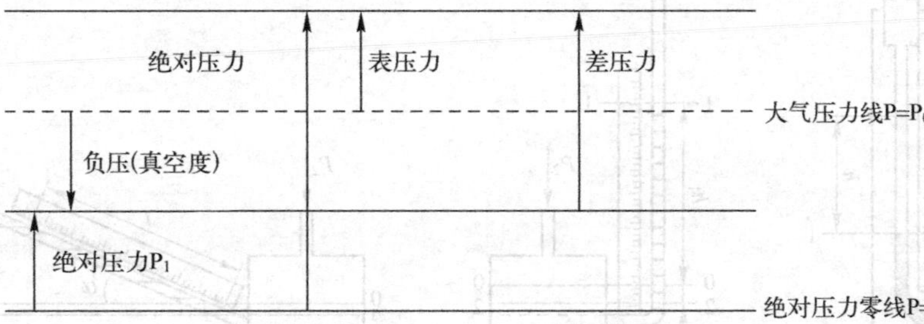

图 2-1　几种压力表示方法之间的关系

由于各种生产设备和压力检测仪表通常处于大气之中，本身承受大气压，所以工程上大多习惯用表压或负压来表示被测压力的大小，同样一般压力检测仪表所指示的压力值大多是表压或负压。因此，以后所提压力如果无特殊说明均指表压力或负压力。

2. 压力的检测方法

压力的检测就其测量原理而言，一是根据压力的定义式直接测量单位面积上所受力的大小来检测压力；二是利用压力敏感元件受压后的各种物理效应来检测压力。压力的检测方法很多，按照敏感元件特性和转换原理的不同主要有三种。

（1）液柱法检测压力

根据流体静力学原理，将被测压力转变为工作液的液柱高度（差）来检测压力，常用的有玻璃 U 形管、单管和斜管等液柱式压力计。

（2）弹性形变法检测压力

根据弹性敏感元件受力形变原理，将被测压力转变为弹性元件的位移，并通过机械传动放大机构带动指针指示压力。有弹簧管压力表、膜盒压力表、波纹管压力表等弹性式压力检测仪表，以弹簧管压力表最常见。

（3）电测法检测压力

基于非电量的电测技术，将被测压力经压力传感器转变为电量，如电阻、电容、电感、电荷（电压）等，配以相应转换电路和显示装置组成电气式压力检测仪表，实现压力的电测目的。传感器是电测压力仪表的重要组成部分，常用的有电容式、压阻式、霍尔式、电感式等压力传感器。如果转变为标准信号，则称为压力变送器。

2.2 液柱式压力计

液柱式压力计以流体静力学原理为基础，利用工作液体液柱重力所产生的压力与被测压力相平衡，根据液柱的高度确定压力的大小。常用于低表压、低负压或低差压的检测。

2.2.1 液柱式压力计的工作原理

在玻璃U形管、单管或斜管内充以水银或水等工作液体构成液柱式压力计，它们的结构形式如图2-2所示。

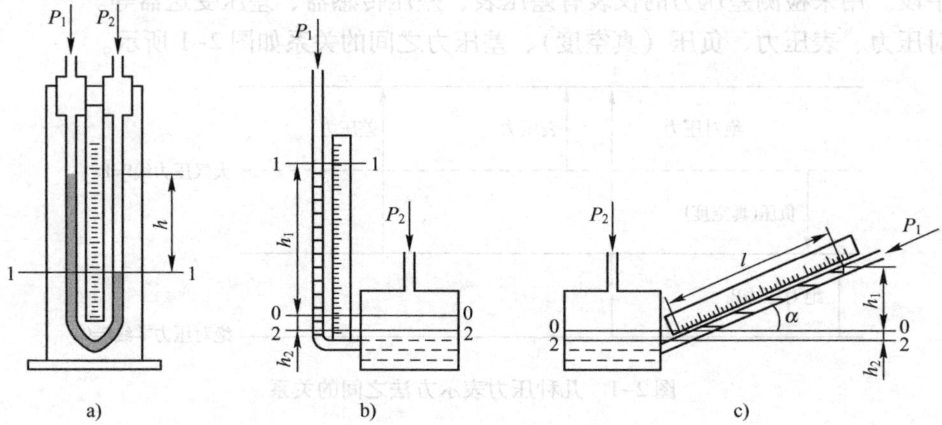

图2-2 液柱式压力计

a) U形管压力计 b) 单管压力计 c) 斜管压力计

1. U形管压力计

在图2-2a所示的玻璃U形管压力计两个端口，分别通入压力P_1、P_2，当$P_2>P_1$且忽略传压介质的影响时，根据流体静力学原理在1-1截面左、右两管的压力处于平衡状态，有下列关系式

$$P_2-P_1=\rho gh \tag{2-4}$$

式中，h为工作液左、右液面高度差；g为当地重力加速度；ρ为工作液密度。

当P_1为大气压时，可以测得P_2的表压；当P_2为大气压时，可以测得P_1的负压或真空度。由于在测取U形管内液柱高度时，需要上、下两次读数，存在两次读数误差，为了减小该误差可使用单管压力计。

2. 单管压力计

单管压力计的结构形式如图2-2b所示。它由一个杯形容器与一根玻璃管组成，即把U形管的一根玻璃管改为大直径的容器，在玻璃管一侧单边读取液柱的高度。

单管压力计的两个端口均通入大气，让工作液的液面处于0-0位置且与0刻度线对齐。两端口分别通入压力P_1、P_2，且$P_2>P_1$，在压力平衡状态下，杯形容器内工作液的液面下降至2-2位置，玻璃管内工作液的液面上升至1-1位置，如果忽略传压介质的影响，在2-2位置液面有下列关系式

$$P_2 - P_1 = (h_1 + h_2)\rho g \tag{2-5}$$

式中，h_1 为玻璃管内工作液上升的高度；h_2 为杯形容器内工作液下降的高度；ρ、g 分别为工作液密度和当地重力加速度。

在 P_1、P_2 作用下，杯形容器中工作液下降的体积等于玻璃管内工作液上升的体积，即 $h_1A_1 = h_2A_2$

$$h_2 = \frac{A_1}{A_2}h_1 \tag{2-6}$$

式中，A_1、A_2 分别为玻璃管和杯形容器的截面积。

将式（2-6）代入式（2-5）得

$$P_2 - P_1 = \left(1 + \frac{A_1}{A_2}\right)\rho g h_1 \tag{2-7}$$

由于 $A_2 \gg A_1$，则

$$P_2 - P_1 \approx \rho g h_1 \tag{2-8}$$

因单管压力计测量时只需一次读数，所以读数误差是 U 形管压力计的一半。同样，单管压力计可以测量表压、负压（真空度）或两个压力的差值。

3. 斜管压力计

对于 U 形管或单管压力计，随着被测压力或差压的减小，读数误差对测量的影响明显增大。对于测量较小压力或差压时，可使用斜管压力计，其结构形式如图 2-2c 所示。实际上是将单管压力计的玻璃管制成有一定倾角的斜管。

斜管压力计的两端口分别通入压力 P_1、P_2，且 $P_2 > P_1$，在 2-2 位置液面压力平衡，如果忽略传压介质的影响，则有下列关系式

$$P_2 - P_1 = l\left(\sin\alpha + \frac{A_1}{A_2}\right)\rho g \tag{2-9}$$

式中，A_1、A_2 分别为斜管和杯形容器的截面积；α、l 分别为斜管的倾角和斜管内工作液的液柱长度；ρ、g 分别为工作液密度和当地重力加速度。

由于 $A_2 \gg A_1$，则

$$P_2 - P_1 = l\rho g\sin\alpha \tag{2-10}$$

斜管中的液柱长度与单管相比放大了 $1/\sin\alpha$ 倍，提高了测量灵敏度。在斜管长度一定的情况下，改变倾角可以改变测量范围。

2.2.2 液柱式压力计的使用

1. 液柱式压力计的测量误差

实际使用中有很多因素影响液柱式压力计的测量准确度，其误差来源主要有以下几方面。

(1) 环境温度变化引起的误差

液柱式压力计由于所处环境温度的变化，会导致标尺长度和工作液密度变化带来测量误差。因为工作液的体胀温度系数比标尺的线胀系数大 1 ~ 2 个数量级，在一般工业测量中主要考虑工作液密度变化对测量的影响，而在准确测量中还应对标尺长度随环境温度变化进行修正。

（2）重力加速度变化引起的误差

重力加速度是影响液柱式压力计测量准确度的因素之一，不同地点、不同海拔的重力加速度存在差异。当对测量精度要求较高时，需要准确测出当地的重力加速度或进行计算修正。

（3）传压介质引起的误差

实际使用中的传压介质一般是被测压力介质，在传压介质密度远小于工作液密度时，一般情况下可以忽略它们对测量的影响。

当传压介质为液体或与压力计两端口连接的引压管高度相差较大时，应该考虑传压介质对工作液的压力作用。若温度变化较大时，还需考虑传压介质密度随温度的变化。

（4）毛细现象引起的误差

毛细现象使工作液表面形成弯月面，不仅引起读数误差还会引起液柱的升降，在微压测量时影响较大。这种误差与工作液的种类和温度、玻璃管内径、内壁洁净程度等因素有关，且难以确定，实际使用时，通常加大玻璃管内径以减小毛细现象对测量的影响，当工作液为酒精时玻璃管直径应不少于3 mm，当工作液为水银时玻璃管直径应不少于8 mm。

（5）安装不当引起的误差

液柱式压力计不垂直安装时将产生附加误差。例如U形管压力计倾斜5°，液柱的高度差将偏大0.38%。

2. 使用中注意的问题

液柱式压力计能否正确使用，直接关系到测量结果的准确性和测量准确度。

（1）正确选择工作液

根据被测介质的性质和测量范围选择工作液。被测介质不能与工作液相溶或发生化学反应。提高工作液的密度可以增加压力测量范围，但是灵敏度下降。当被测压力较高时，应选择密度较大的工作液，如水银；当被测压力较小时，尽可能选择低密度的工作液，以提高检测灵敏度。

（2）正确安装压力计

液柱式压力计应该垂直安装，如果受到现场安装条件的限制不能垂直安装时，应该对液柱读数进行修正。U形管、单管压力计可用下式进行修正

$$h = d\cos\beta \tag{2-11}$$

式中，h 为修正后的液柱高度（差）；d 为修正前的液柱长度读数；β 为压力计刻度尺中心线与铅垂线的夹角。

（3）正确读取数据

如果工作液对玻璃管壁浸润（如水），则液面为下凹的曲面，应读取凹面的最低点；如果工作液对玻璃管壁不浸润（如水银），则液面为上凸的曲面，应读取凸面的最高点。为了减小读数误差，应该平视。

（4）根据需要进行修正

如果工作温度和当地重力加速度偏离设计值时，应该对工作液密度和重力加速度进行修正。工作液密度可以查阅相关手册，当地重力加速度可用下式计算

$$g = \frac{g_0(1 - 0.00265\cos 2\varphi)}{1 + H/(2\mathrm{R})} \tag{2-12}$$

式中，g_0 为标准重力加速度，为 9.80665 m/s^2；φ、H 分别为当地纬度和海拔；R 为地球平

均半径，取 6.371×10^6 m。

当传压介质的密度和两导压管的高度差不能忽略时，需要考虑传压介质本身对工作液产生的压力作用。

3. 液柱式压力计的特点

液柱式压力计结构简单、读数直观、价格低廉，但是一般只能用于就地测量、信号不能远传。可以检测表压、负压（真空度）和差压。由于玻璃管易碎不可能做得很长（最长一般 2 m），只能用作低压测量，若以水为工作液，其测量范围在 0～20 kPa 左右；若以水银为工作液，测量范围可以提高到 0～250 kPa。测量准确度较高，通常在 ±0.02% ～ ±0.15%，高准确度的液柱式压力计可作为标准仪器。但受工作液密度、毛细现象及视差的影响，在准确测量时需要修正。它的使用存在一定的局限性，常用于科学研究和实验研究中的压力检测。

2.3 弹性式压力检测仪表

弹性式压力检测仪表利用弹性敏感元件（以下称弹性元件）的弹性形变特性，在线性（或非线性很小）范围内将压力转变为机械位移，经机械传动放大机构通过指针指示被测压力的大小。

2.3.1 弹性元件

1. 弹性元件的结构与特性

弹性元件是压力检测中最常用的敏感元件。不同结构、不同材料的弹性元件，在同一压力下会产生不同的弹性形变，在弹性限度内表现出不同的输入—输出特性。常用的弹性元件有弹簧管、膜片和波纹管，其结构和特性见表 2-2。

（1）膜片式弹性元件

膜片式弹性元件是一种外缘固定的圆形状弹性膜片，其弹性特性一般用输入压力 P_x 与输出中心位移 x 的关系来表征。根据剖面形状的不同分为平板膜片、波纹膜片和挠性膜片。

1）平板膜片其剖面为平板状，弹性特性为指数关系，可表示为

$$x=k_1^{p_x}-1 \tag{2-13}$$

式中，k_1 为是与平板膜片材料、厚度、面积等有关的常数。

2）波纹膜片是压有环状同心波纹的圆薄片，其剖面有正弦形、锯齿形、梯形等形状。弹性特性也为指数关系，可表示为

$$x=k_2^{p_x}-1 \tag{2-14}$$

式中，k_2 是与波纹膜片材料、形状、厚度、直径及波纹数目、深度等有关的常数。

3）挠性膜片本身几乎没有弹性，只起到隔离被测介质的作用。它需要与测力弹簧配合使用，由固定在挠性膜片上的弹簧弹力来平衡被测压力的作用力，其特性可表示为

$$x=k_3p_x \tag{2-15}$$

式中，k_3 是与挠性膜片的面积和弹簧物性有关的常数。

平板膜片和波纹膜片可由特定金属材料制成，厚度一般为 0.05～0.3 mm。它们的输出位移量比弹簧管小、灵敏度低，线性范围小，更多地在压力传感器或变送器中使用。为了提

高灵敏度，可将两片金属膜片周边对焊成膜盒结构，内充液体（如硅油）作为传压介质并密封，用于检测微小压力。

表 2–2　弹性元件的结构与特性

类　别	名　称	结构示意图	测量范围/kPa 最大	测量范围/kPa 最小	输入输出特性曲线	动态特性 时间常数/s	动态特性 自振频率/Hz
膜片式	平板膜片	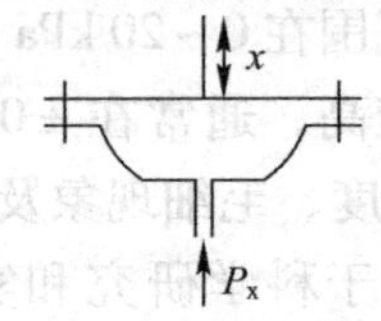	0 ~ 10	$0 \sim 10^5$	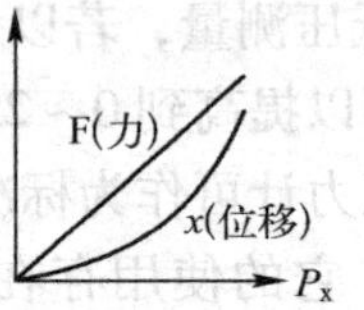	$10^{-5} \sim 10^{-2}$	$10 \sim 10^4$
膜片式	波纹膜片	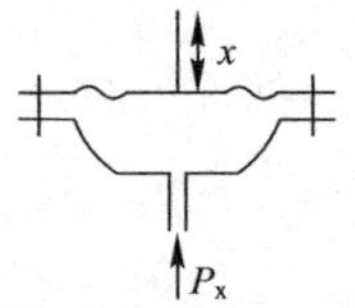	$0 \sim 10^{-3}$	$0 \sim 10^3$	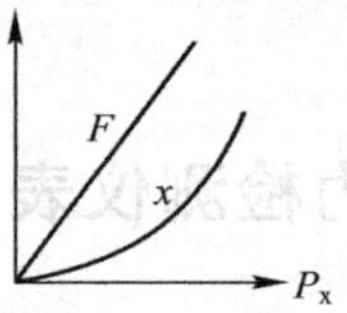	$10^{-2} \sim 10^{-1}$	10 ~ 100
膜片式	挠性膜片	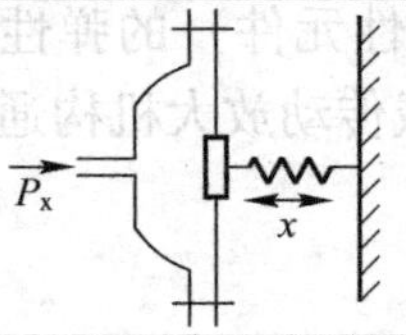	$0 \sim 10^{-5}$	$0 \sim 10^2$	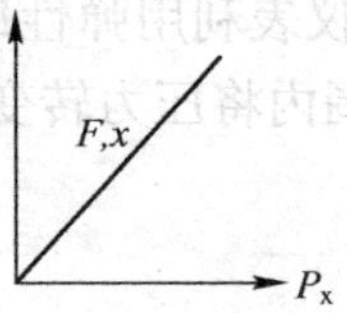	$10^{-2} \sim 1$	1 ~ 100
波纹管式	波纹管	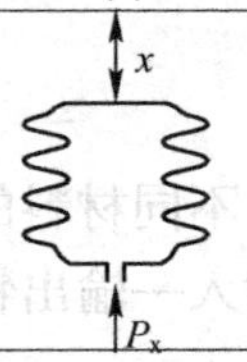	$0 \sim 10^{-3}$	$0 \sim 10^3$	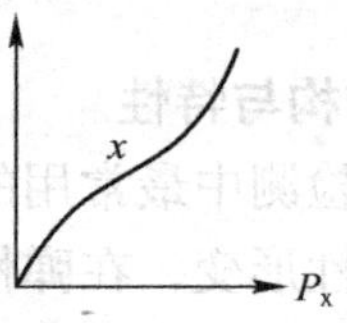	$10^{-2} \sim 10^{-1}$	10 ~ 100
弹簧管式	单圈弹簧管	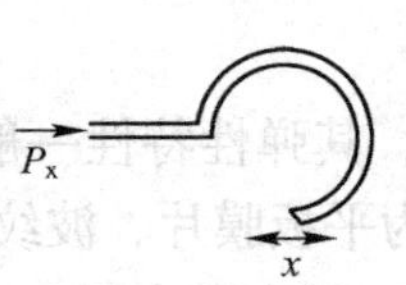	$0 \sim 10^{-1}$	$0 \sim 10^6$	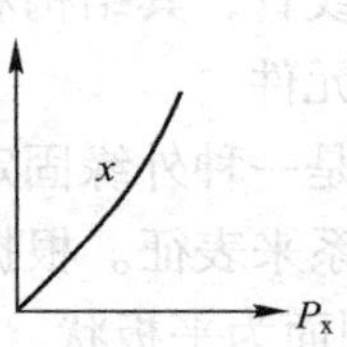	–	100 ~ 1000
弹簧管式	多圈弹簧管	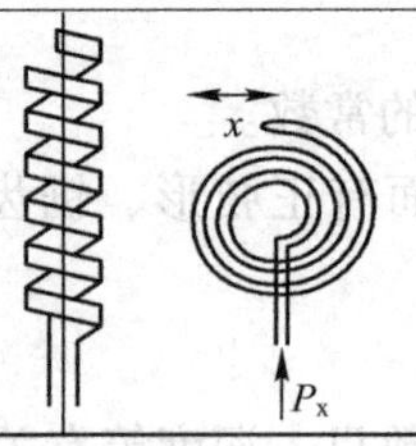	$0 \sim 10^{-2}$	$0 \sim 10^5$	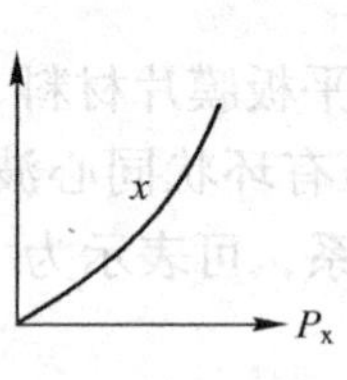	–	10 ~ 100

（2）波纹管式弹性元件

由整片弹性材料加工而成，是一种具有多个等间距的同轴环状波纹、一端封闭的薄壁圆筒。波纹的开口端引入被测压力，在内腔压力作用下，封闭端产生轴向伸缩位移，其特性可表示为

$$x = \frac{1}{k_4}(p + a)^3 + b \tag{2–16}$$

式中，k_4、a、b 是与波纹管材料、结构、波纹数、内径、厚度等有关的常数。

波纹管的输出位移比弹簧管大，灵敏度高（尤其在低压区），但是线性度不如弹簧管。波纹管多用于检测微压和低压，最高不超过1 MPa。

（3）弹簧管式弹性元件

弹簧管是一根弯曲成弧状、具有不等轴截面的金属管子。常见的截面是扁圆形或椭圆形，一端是封闭且处于自由状态的自由端，另一端是开口且处于固定状态的固定端。被测压力从固定端引入内腔，在压力的作用下弹簧管截面趋于圆形，导致自由端向外趋于伸直而产生位移。在自由端位移不大时，其弹性特性可表示为

$$x = k_5 p \tag{2-17}$$

式中，k_5 是与弹簧管材料、几何尺寸、圈数等有关的常数。

单圈弹簧管的中心角一般为270°，为了提高灵敏度可以制成多圈式（中心角远大于360°）。弹簧管可以检测高、中、低表压或负压（真空度），最高可达1000 MPa。

2. 弹性元件的测压原理

尽管各种弹性元件表现出不同的压力－位移特性，有的是指数关系，有的是Π函数关系，但是在一定范围内均呈现线性关系。实际使用中一般限制在线性或非线性很小的区域。

弹性元件在其轴向外力作用下将产生拉伸或收缩位移，根据胡克定律有

$$F = Cx \tag{2-18}$$

式中，F 为弹性元件所受的轴向外力；C 为弹性元件的刚度系数，是与材料、结构、几何尺寸等有关的常数；x 为弹性元件的中心位移。

而弹性元件受到外部压力作用后通过受压面积表现出力的作用，其大小为

$$F = A_e p_x \tag{2-19}$$

式中，A_e 为弹性元件承受压力的有效面积；p_x 为被测压力。

因此被测压力与弹性元件的中心位移之间有下列关系

$$x = \frac{A_e}{C} p \tag{2-20}$$

在位移量很小时，弹性元件的有效面积和刚度系数可视为常数，位移和压力之间呈线性关系。比值 A_e/C 的大小决定了弹性元件的测压范围，比值越小测量范围越大。

3. 影响弹性元件测压性能的因素

弹性元件的测压性能主要取决于它的弹性特性，然而弹性元件材料的性能、加工热处理的不完善以及环境温度的变化等因素将影响弹性元件的基本特性。主要表现在测压灵敏度、不完全弹性和温度效应。

（1）测压灵敏度

弹性元件的测压灵敏度 $S = \mathrm{d}y/\mathrm{d}p$，对于线性元件在测压范围内为常数，对于非线性元件随着被测压力的变化而变化。尽管限制在线性或非线性很小的区域，但是测压灵敏度的稳定性受多种因素的影响。使用中一方面希望灵敏度大一点，另一方面希望灵敏度在测压范围内基本保持不变。

（2）不完全弹性

由于弹性元件的不完全弹性，表现出弹性滞后和弹性后效现象。

1）弹性滞后就是压力增加或减小时弹性元件的形变跟不上压力的变化而存在延迟，表现出对弹性元件加载和卸载的正反行程中，压力－位移曲线并不重合的现象，如图2-3所示。当被测压力由低升至某一压力 p_1 时位移量为 x_1，而由高压降至同一压力 p_1 时位移量为 x_2，出现差值 $\Delta x = x_2 - x_1$。

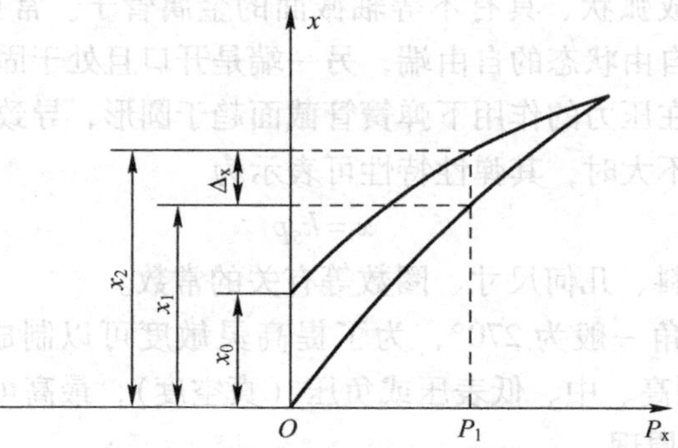

图2-3　弹性滞后与弹性后效现象

2）弹性后效就是在弹性限度内，当作用于弹性元件的压力立即撤消时，它不能立即恢复到原来状态，而存在某一很小的数值（如图2-3中的 x_0），需要一段时间（一般几分钟）后才能完全恢复。弹性后效现象又称为蠕变。

弹性滞后和弹性后效是弹性元件的固有现象，与元件材料及所加压力的最大值有关。显然这种现象的存在会影响测量精度，因此弹性元件应该选用弹性滞后和弹性后效极小的所谓"全弹性"材料。

（3）温度效应

大多数弹性元件在温度变化时弹性性能减弱，有

$$E_t = E_{t_0}(1 + \alpha_E \Delta t) \tag{2-21}$$

式中，E_{t_0}、E_t 为弹性材料在温度为 t_0 和 t 时的弹性模量；α_E 为弹性模量的温度系数；Δt 为温度变化量，$\Delta t = t - t_0$。

弹性元件大多为金属材料，α_E 为负值（如黄铜为 $-4.8 \times 10^{-4}/℃$）。温度的变化导致材料的弹性模量发生变化，随之弹性元件的刚度系数发生改变，引起测量误差。因此弹性元件应该选用温度效应小的所谓"恒弹性"材料。

为了提高弹性元件的测压性能、减小测量误差，不仅要求材料的弹性滞后和弹性后效小、温度效应小，还要保证在测压范围内有良好的线性和一定的灵敏度。采用的材料随被测压力的高低而不同，检测低压时大多采用黄铜、磷青铜或铍青铜合金；检测高压时采用不锈钢或合金钢，如Ni42CrTi、Ni32CrTiAl等。

2.3.2　弹簧管压力表

以不同材料、不同结构的弹性元件为核心，可以制造多种类型和多种测量范围的弹性式压力表。常见的有弹簧管压力表、膜片压力表、膜盒压力表和波纹管压力表，但弹性式压力表只能测量变化缓慢的压力。

1. 弹性式压力表的组成

弹性式压力表一般由弹性元件、机械传动放大机构、指示机构和调整机构组成，如图2-4

所示。

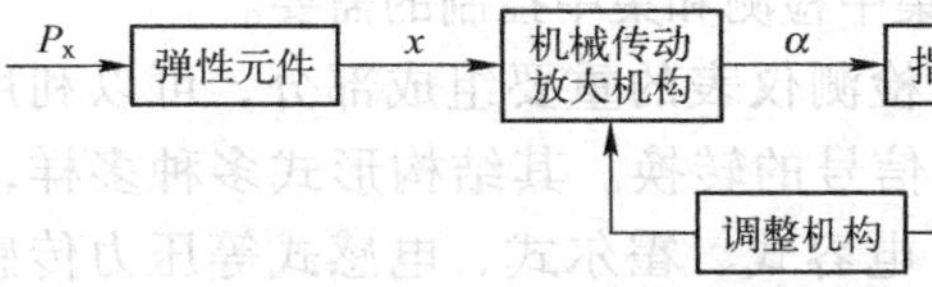

图 2-4　弹性式压力表的组成

弹性元件是弹性式压力表的核心，它能感受被测压力的变化并转变为位移，采用何种材料及结构形式的弹性元件要根据测量要求进行选择和设计。机械传动放大机构将弹性元件输出的微小位移转换为角位移并进行放大。指示机构接受机械传动放大机构的输出信号，通过指针指示被测压力。调整机构用于微调仪表的零点和上限，使得指示准确。应该尽量减小机械传动放大机构和指示机构等活动部件之间的摩擦。

2. 弹簧管压力表

(1) 弹簧管压力表的结构

弹簧管压力表是工业生产中常用的就地直读式压力检测仪表，单圈弹簧管压力表应用最普遍。它的结构如图 2-5 所示。被测压力 p 从接头 9 引入，迫使弹簧管 1 的自由端 B 产生位移（在测量范围内一般不超过 2 ~ 5 mm）；通过拉杆 2 使扇形齿轮 3 偏转，带动中心齿轮 4 转动，指针 5 随着同轴的中心齿轮偏转，在刻度盘上指示被测压力值。游丝 7 用来克服扇形齿轮与中心齿轮啮合间隙产生的变差，改善指针转动的平滑性。改变调整螺钉 8 的位置，可以改变拉杆与扇形齿轮的交合点，改变机械传动的放大倍数，实现压力表量程（上限点）的调整。

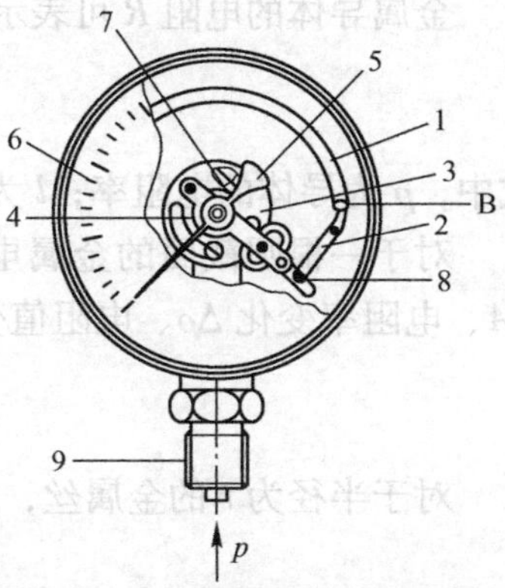

图 2-5　弹簧管压力表的结构
1—弹簧管　2—拉杆　3—扇形齿轮
4—中心齿轮　5—指针　6—面板
7—游丝　8—调零螺钉　9—接头

(2) 弹簧管压力表的特点

弹簧管压力表结构简单、使用方便、价格低廉，测压范围宽，可以从真空到 10^3 MPa，但不能测量差压。普通弹簧管压力表准确度为 1 ~ 4 级，精密弹簧管压力表可达 0.1 级。弹簧管的材料因被测介质的性质、被测压力的高低有所不同。对于普通介质，当 $p \leqslant 20$ MPa 时采用磷铜，当 $p > 20$ MPa 时采用不锈钢或合金钢。对于腐蚀性介质，一方面采用隔离膜或隔离液，另一方面可以采用防腐材料的弹簧管。如测量液氨压力时采用不锈钢弹簧管；测量氧气压力时严禁沾有油脂，确保使用安全。

需要指出，弹性敏感元件不仅可以构成以它为核心的弹性式压力表，还可以与其他转换元件一起构成多种形式的压力传感器，实现压力的电测目的。

2.4　电气式压力检测仪表

电气式压力检测仪表是利用压力传感器将压力经一次或多次转换，转变为电阻、电容、电感、电荷（电压）、频率等形式的信号，配以相应的测量电路输出便于传送的电压、电流信号或标准信号（变送器），由显示装置（显示仪表）指示或记录被测压力的大小。这类检测仪表能够满足自动化生产中集中检测和集中控制的需要。

压力传感器是电气式压力检测仪表的重要组成部分，可以利用某些机械或电气元件的典型物理特性实现压力与电信号的转换。其结构形式多种多样，按照物理原理可分为应变片式、压阻式、压电式、电容式、霍尔式、电感式等压力传感器，可以适用于不同场合。测量电路一般封装在传感器壳体内，以提高抗干扰能力。本部分重点介绍压力传感器。

2.4.1 应变式压力传感器

应变式压力传感器基于金属导体的“应变效应”原理，将被测压力转变为电阻的变化，进而检测压力的大小。

1. 应变效应

金属材料在外力作用下发生机械形变时，几何尺寸的变化引起电阻值的变化，这种现象称为应变效应。

金属导体的电阻 R 可表示为

$$R=\rho\frac{l}{A} \tag{2-22}$$

式中，ρ 为导体的电阻率；l 为导体长度；A 为导体的截面积。

对于一根圆截面的金属电阻丝，当受到轴向拉力 F 作用后拉长了 Δl、截面积减小了 ΔA、电阻率变化 $\Delta\rho$、电阻值变化 ΔR。对式（2-22）全微分且用相对变化量表示

$$\frac{\Delta R}{R}=\frac{\Delta l}{l}-\frac{\Delta A}{A}+\frac{\Delta\rho}{\rho} \tag{2-23}$$

对于半径为 r 的金属丝，截面积为 $A=\pi r^2$，截面积的相对变化量为

$$\frac{\Delta A}{A}=2\frac{\Delta r}{r} \tag{2-24}$$

令 $\Delta l/l$ 为金属丝的轴向应变、$\Delta r/r$ 为径向应变，由材料力学可知金属丝的轴向伸长和径向收缩的关系为

$$\frac{\Delta r}{r}=-\mu\frac{\Delta l}{l}=-\mu\varepsilon \tag{2-25}$$

式中，μ 为是材料的泊松系数，对于大多数金属材料为 0.3～0.5。ε 为轴向应变，工程上定义为应变量。

将式（2-25）代入式（2-24），再代入式（2-23）得

$$\frac{\Delta R}{R}=(1+2\mu)\varepsilon+\frac{\Delta\rho}{\rho} \tag{2-26}$$

对于金属材料而言，电阻率的相对变化量远小于前一项，可以忽略不计。实验表明，金属电阻丝在拉伸比例极限内，电阻值的相对变化量与轴向应变成正比。因此，可以认为金属电阻丝发生机械形变时，电阻的变化是由几何尺寸的改变引起的，可用下式表示

$$\frac{\Delta R}{R}\approx(1+2\mu)\varepsilon=K\varepsilon \tag{2-27}$$

式中，K 称为金属电阻的应变灵敏系数，即单位应变引起电阻的相对变化量。常用金属材料

的K值在2左右，合金材料在2～6之间。

一般把金属材料制成电阻应变片使用，将它粘贴于弹性元件表面，在外力作用下弹性元件的微小形变在其表面产生应变，通过应变片将该应变转换为电阻的变化。应力与应变之间的关系为

$$\sigma = E\varepsilon \tag{2-28}$$

式中，σ为弹性元件受到的应力；E为弹性元件的弹性模量。

因此，可以通过弹性元件将力、压力、力矩、加速度等物理量转变为应变，再通过应变片转换为电阻来检测，制成应变式传感器。

必须指出，应变片的电阻值还随温度变化，一方面金属材料存在电阻温度系数；另一方面弹性元件和应变片电阻材料的线胀系数不相等，温度变化产生的形变也会引起应变片电阻值的变化。因此，在与之配合的测量电路中必须采取温度补偿措施，减小或消除温度变化对测量的影响。

2. 金属电阻应变片的结构与材料

（1）金属电阻应变片的结构

金属电阻应变片的品种繁多、形式多样，常见的有丝式和箔式。它们均由敏感栅、基底、覆盖层（保护层）、引线等组成，其结构形式如图2-6所示。

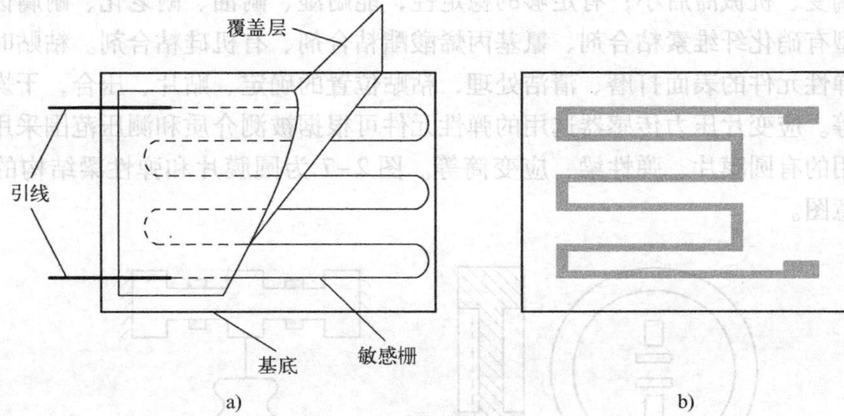

图2-6　电阻应变片的结构

a）丝式　b）箔式

丝式电阻应变片的敏感栅，通常由直径为0.01～0.05 mm（0.025 mm最常见）的合金丝排列成栅栏状，通过粘合剂固定在0.02～0.04 mm厚的纸质或有机树脂的绝缘基底上，上面粘贴起保护作用的覆盖层，电阻丝两端焊接直径为0.15～0.3 mm的低阻镀锡铜导线或其他材料的扁带形引出线。其特点是制作简单、性能稳定、成本低、易于粘贴，但是在弯曲部位形变时横向效应较大即弧段电阻的变化小于等长轴向电阻的变化。

箔式电阻应变片是在绝缘底基上，将厚度为0.003～0.01 mm的合金箔材采用光刻腐蚀工艺，制成各种形状的敏感栅。制作时先将箔材的一面涂上一层薄薄的聚合胶，使它固化为基底；另一面涂上感光胶，采用光刻技术印刷上所需的敏感栅形状，然后在腐蚀剂中将不需要的部分腐蚀去除；再在箔片两端焊出引线。箔式应变片采用先进生产工艺，能保证敏感栅尺寸准确、线条均匀，可以根据实际需要制成任意形状，易于批量生产；金属箔的表面积与

截面积之比较大，散热状况较好，能够承受较大的电流，提高测量电路的灵敏度；而且敏感栅没有弯曲部位，横向效应可以忽略。目前箔式应变片已被广泛应用，基本取代丝式应变片。

（2）金属电阻应变片的材料

敏感栅是电阻应变片的核心，要求材料的电阻应变灵敏系数大，且在较大的应变范围内应保持常数；电阻率大，即在同样长度、同样截面积的金属丝或金属箔中具有较大的电阻初始值；电阻温度系数小，即环境温度变化引起的电阻变化要小；机械强度高且具有良好的机械加工性能，易于加工成细丝或箔片应变片；焊接性能良好，与其他金属材料的接触电动势小。

常用的敏感栅材料有铜镍合金（康铜）、镍铬合金、镍铬铝合金、铁镍铬合金及贵金属（铂、铂钨合金）等。由于康铜的电阻温度系数小，在丝式应变片中大多采用康铜丝。

3. 应变式压力传感器

（1）应变式压力传感器的结构

应变式压力传感器是金属应变片粘贴于弹性元件表面形成的组合体，其中弹性元件是压力敏感元件，应变片是应变-电阻转换元件。对于粘合剂和粘贴方式是否都有严格的要求，是传感器能否用于压力检测的关键因素之一。对于粘合剂，要有一定的粘合强度，能够准确传递应变；蠕变、机械滞后小；有足够的稳定性，能耐湿、耐油、耐老化、耐腐蚀等。常用的粘合剂类型有硝化纤维素粘合剂、氰基丙烯酸酯粘合剂、有机硅粘合剂。粘贴时要符合粘贴工艺，如弹性元件的表面打磨、清洁处理，粘贴位置的确定、贴片、压合，干燥固化、贴片质量检查等。应变片压力传感器选用的弹性元件可根据被测介质和测压范围采用不同的结构形式，常用的有圆膜片、弹性梁、应变筒等。图 2-7 为圆膜片和弹性梁结构的应变式压力传感器示意图。

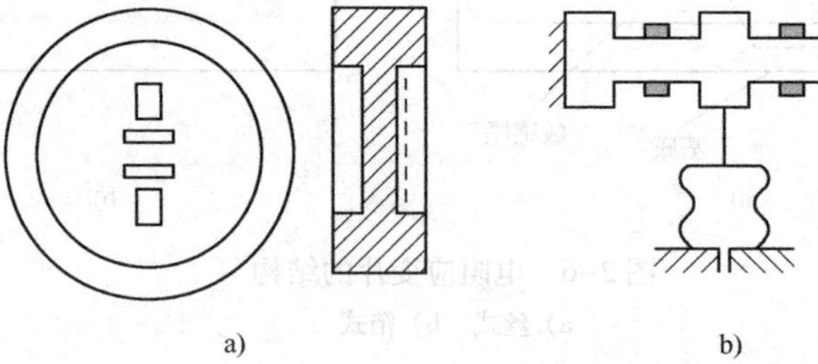

图 2-7　圆膜片、弹性梁结构应变式压力传感器

a）圆膜片　b）弹性梁

以应变筒结构的应变式压力传感器为例介绍其测压原理，如图 2-8a 所示。应变筒 1 的上端与外壳固定，下端与不锈钢密封膜片 3 紧密接触，两应变片分别用粘合剂粘贴于应变筒外壁。R_1 沿应变筒轴向贴放，R_2 沿应变筒径向贴放，要求应变片与筒体之间不会发生滑动现象并保持电气绝缘。当被测压力 p 作用于不锈钢膜片 3 时，使得应变筒作轴向受压变形，沿轴向贴放的 R_1 产生轴向压缩应变其阻值变小；在应变筒受轴向应变的同时，径向产生拉伸形变引起沿径向贴放的 R_2 拉伸应变，其阻值变大。

可以采用电桥测量电路，将应变片电阻的变化转变为与之成比例的电压信号进行远传和

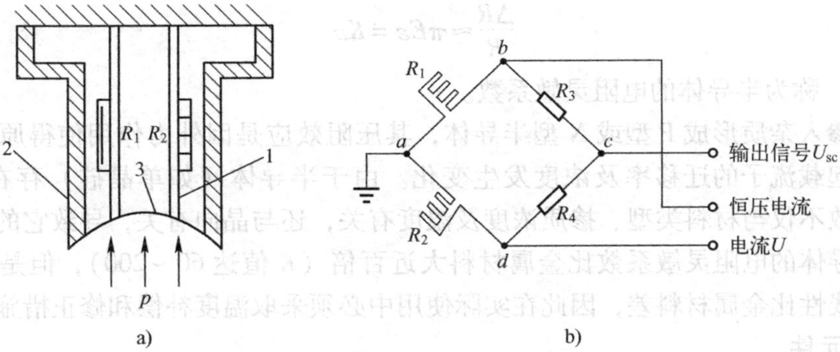

图 2-8　应变筒结构的应变式压力传感器
a）传感器　b）测量电路
1—应变筒　2—外壳　3—密封膜片

标准化处理。测量桥路如图 2-8b 所示，两应变片分别连接在桥路的相邻桥臂上，与 R_3、R_4 固定电阻组成两臂差动电桥。一方面可以提高桥路的输出灵敏度；另一方面可以对应变片电阻随环境温度变化进行补偿，减小环境温度变化对压力测量的影响。为了进一步提高电桥灵敏度或更好地进行温度补偿，可以在应变筒上再增加两片应变片，采用四臂差动电桥测量电路。

（2）应变式压力传感器的特点

应变式压力传感器测压范围宽，可以从几帕到几百兆帕；测量准确度高，最高可达 0.05 级；测量速度快，可适用于静态和动态检测。但缺点是电阻信号变化微弱且受环境温度的影响，抗干扰能力较差，在大应变状态下有较大的非线性。

2.4.2　压阻式压力传感器

压阻式压力传感器基于半导体材料的"压阻效应"原理，将被测压力转变为电阻的变化，进而检测压力的大小。

1. 压阻效应

对半导体材料施加应力，其电阻率发生改变引起电阻的变化，这种现象称为压阻效应。

一个长度为 l、截面积为 A、电阻率为 ρ 的半导体电阻体，在受到外力作用后其电阻的相对变化量同样可表示为

$$\frac{\Delta R}{R}=\frac{\Delta\rho}{\rho}+\frac{\Delta l}{l}-\frac{\Delta A}{A}$$

因为半导体材料几何尺寸变化对电阻相对变化量的影响很小，可以忽略不计，所以电阻的相对变化量主要由电阻率的相对变化量决定。而在半导体单晶沿纵向受力时，电阻率的相对变化量为

$$\frac{\Delta\rho}{\rho}=\pi\sigma=\pi E\varepsilon \qquad (2\text{-}29)$$

式中，π 为半导体材料的压阻系数；ε 为半导体单晶的纵向应变；σ 为半导体材料受到的纵向应力，$\sigma=E\varepsilon$；E 为半导体材料的弹性模量。

于是半导体电阻的相对变化量可表示为

$$\frac{\Delta R}{R} \approx \pi E \varepsilon = K\varepsilon \tag{2-30}$$

式中 $K=\pi E$，称为半导体的电阻灵敏系数。

硅、锗掺入杂质形成 P 型或 N 型半导体，其压阻效应是因外力作用使得原子点阵排列发生改变引起载流子的迁移率及浓度发生变化。由于半导体（如单晶硅）存在各向异性，因此压阻系数不仅与材料类型、掺质浓度及温度有关，还与晶向有关，导致它的电阻灵敏系数不同。半导体的电阻灵敏系数比金属材料大近百倍（K 值达 60～200），但是对温度变化特别敏感且线性比金属材料差，因此在实际使用中必须采取温度补偿和修正措施。

2. 压阻元件

采用半导体材料制成的应变－电阻转换元件作为压阻元件。目前常用的有两种，一种是粘贴式的半导体应变片，另一种是硅杯膜片。以硅杯膜片最常见。

（1）粘贴式半导体应变片

粘贴式半导体应变片是将半导体材料切割加工成薄片或条形状的敏感栅，粘贴在其他材料的基底上并焊上引出线。其使用方法与金属应变片相同。将半导体应变片与弹性元件组合而成的压力传感器也称为应变式压力传感器，但是半导体应变片与金属应变片的应变－电阻转换原理不同，前者主要基于压阻效应，后者主要基于应变效应。

（2）硅杯膜片（扩散硅）

硅杯膜片是一种周边固定在硅杯上的硅膜片，硅杯与硅膜片构成一个整体。硅膜片采用集成电路工艺，在电阻率很高的单晶硅基片上的特定区域，按照一定径向制造扩散电阻。硅膜片在微小形变时具有良好的弹性特性，起到弹性元件的作用，同时硅膜片上的扩散电阻的阻值因压阻效应而发生变化。硅膜片周边采用硅杯固定，圆形硅杯结构多用于小型传感器，方形硅杯结构多用于大尺寸且输出较大的传感器。

一块沿晶向切割的 N 型圆形硅杯膜片的结构如图 2-9 所示。在硅膜片上的不同位置扩散出 4 个阻值相等的 P 型电阻，并沿一定晶向分别在 $0.635r$ 处内外排列。在硅膜片受力产生应变时，产生不同的变化趋势，R_1、R_4 位置产生的应变方向与 R_2、R_3 位置的应变方向相反，而变化量相同。可以根据需要选用不同数量的扩散电阻组成测量桥路，改善传感器的测压性能。

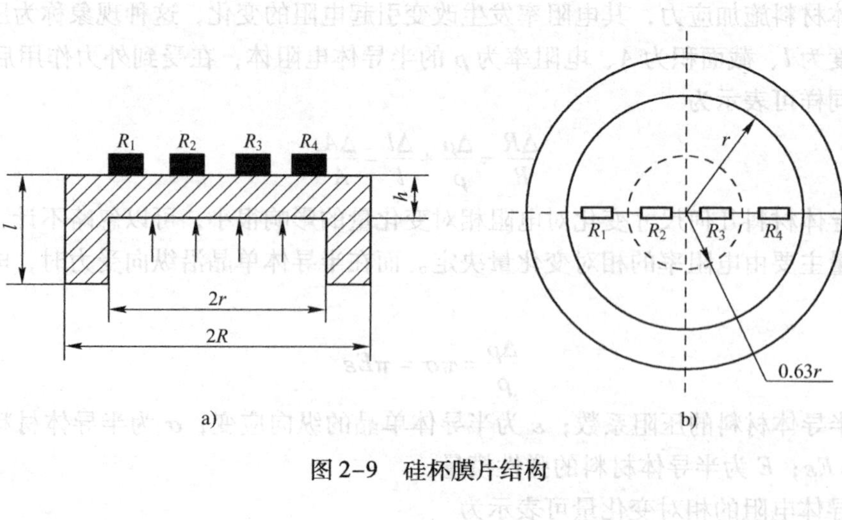

图 2-9　硅杯膜片结构

3. 压阻式压力传感器

（1）压阻式压力传感器结构

压阻式压力传感器主要由固定在硅杯上的硅杯膜片和外壳组成。图 2-10 是典型的压阻式压力传感器结构示意图，硅杯封装在外壳内，硅膜片上的四个扩散电阻接成桥路由引线引出。硅膜片的上下有低压腔和高压腔，高压腔通入被测压力，低压腔与大气相通，检测表压力。也可以分别通入高、低压力，检测差压力。在被测压力或差压作用下，硅膜片产生应变，扩散电阻的阻值随应变而变化。传感器的外形结构因被测介质性质和测压环境而有所不同。由硅杯膜片构成的压力传感器又称为扩散硅压力传感器。

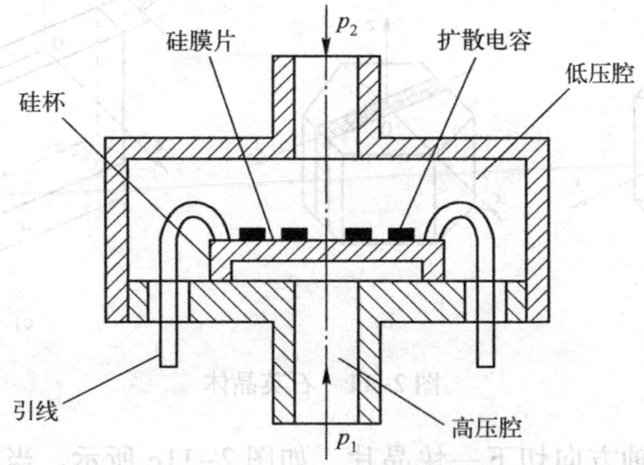

图 2-10　压阻式压力传感器

已经出现的集成压阻式压力传感器（又称固态压力传感器），采用大规模集成电路技术，将扩散电阻、检测放大电路、温度补偿电路乃至电源变换电路和微处理器集成在同一块单晶硅膜片上，兼有信号检测、处理（放大、运算、补偿）、记忆功能，从而大大地提高了传感器的稳定性和测量准确度。

（2）压阻式压力传感器的特点

压阻式压力传感器灵敏度高，它的灵敏系数比金属应变片高 50 ~ 100 倍；频率响应快，不仅能检测静态压力，还能检测动态压力（最高可达 10kHz）；易于小型化和微型化，最小的传感器可小至 $\phi 1.8$ mm，在生物学上可以测量血管内压和颅内压；测压范围很宽，可以低至 10Pa 的微压（用于血压测量）、高至 60 MPa 的高压；工作可靠，测量准确度可达 ±0.2% ~ ±0.02%，高准确度的产品可用于大型飞机大气数据的压力检测或作为标准压力计。目前已经广泛应用于石油、化工、电气等工业领域，是一种比较理想、发展迅速、正在逐渐成为市场主流的压力传感器。

2.4.3　压电式压力传感器

压电式压力传感器基于电材料的“压电效应”原理，即在外力作用下压电材料表面产生电荷，通过测量电路检测电荷量的大小来测量被测压力。

1. 压电效应

某些材料沿一定方向受到外力（压力或拉力）发生形变时，材料内部的电荷分布发生改变，在其相对的两个面上会产生符号相反、绝对值相等的电荷，若将外力撤销则又重新回到不带电状态，这种现象称为压电效应。明显呈现压电效应的功能材料称为压电材料，具有压电效应的器件称为压电元件。

以石英晶体为例说明压电效应。石英（SiO_2）是一种良好的压电晶体，为六棱晶柱且两端呈六棱锥形状，如图 2-11 所示。它有三个互相垂直的晶轴，纵向轴 z 可以由光学方法确定，称光轴或中心轴；经过正六面体棱线且垂直于光轴的 x 轴，称电气轴；与 x 轴和 z 轴垂直（垂直于正六面体棱面）的 y 轴，称机械轴。石英晶体在三个晶轴方向上的物理特性并不相同。

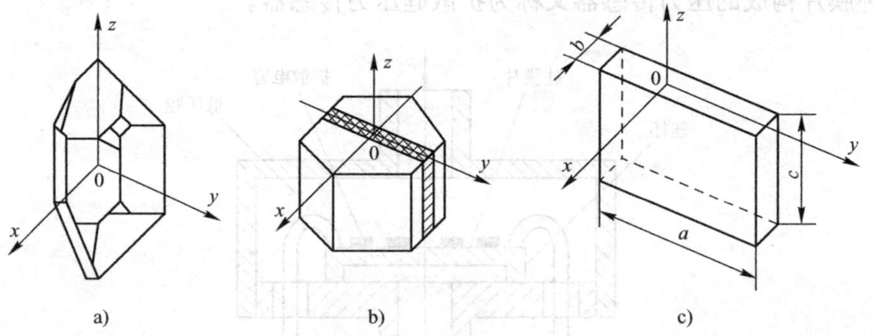

图 2-11　石英晶体

从石英晶体上沿 y 轴方向切下一块晶片，如图 2-11c 所示。当沿 x 轴方向施加作用力 F_x，晶片产生厚度形变，结果在与 x 轴垂直的两面上产生等量异性电荷 Q_x 和 $-Q_x$，其大小为

$$Q_x = k_1 F_x \tag{2-31}$$

式中，k_1 为晶片 x 轴方向受力时的压电系数，对于石英晶体为 2.31×10^{-12} C/N。

当沿 y 轴方向施加作用力 Fy，同样在与 x 轴垂直的两面上产生等量异性电荷 Qy 和 $-Qy$，其大小为

$$Q_y = k_2 \frac{a}{b} F_y \tag{2-32}$$

式中，k_2 为 y 轴方向受力时的压电系数，由于石英轴对称 $k_2 = -k_1$，负号表示与 Q_x 的电荷极性相反；a、b 为晶片的长度和厚度。

当沿 z 轴方向施加力的作用，并不产生压电效应。

由式（2-31）和式（2-32）可知，沿 x 轴即电轴方向受力产生的电荷量与晶片的几何尺寸无关，而沿 y 轴即机械轴方向受力产生的电荷量与晶片的长度和厚度有关。电荷 Q_x 和 Qy 的极性由晶片受拉或受压决定，电荷的极性与受力方向的关系如图 2-12 所示。

使用式（2-31）的方式，即通过晶片在电轴方向受力来检测压力更为方便。设 A_x 为电轴方向晶片的受力面积，被测压力为 p_x，则有

$$Q_x = k_1 A_x p_x \tag{2-33}$$

在已知 k_1、A_x 时，测出 Q_x 就可以检测压力的大小。

2. 压电材料

目前压电传感器常用的压电材料有压电晶体、压电陶瓷和高分子压电材料，它们各有

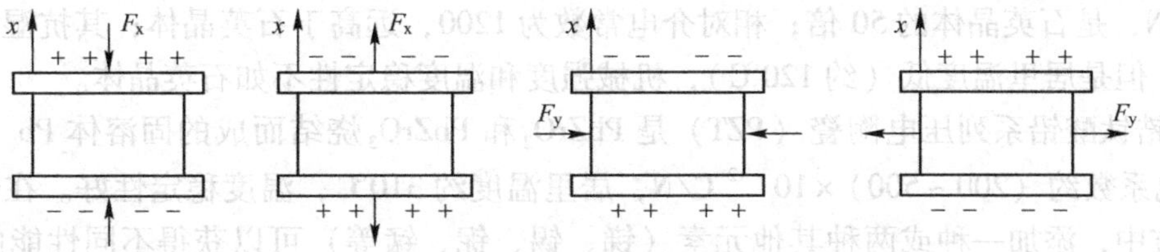

图 2-12　晶片受力后电荷极性与受力方向的关系

特点。

(1) 压电晶体

1) 石英晶体，即 S_iO_2，有天然和人工培育两种，属于单晶结构。最显著的优点是介电常数和压电系数的温度稳定性好，工作温度范围宽；居里温度点达 573℃，即在该温度才完全失去压电特性；机械强度高，可承受 100 MPa 的压力；机械性能稳定，绝缘性能好、迟滞小；重复性好，线性范围宽。但缺点是压电系数小、价格高，故一般用于检测大量值的力或用于准确度高、稳定性要求较高的场合。

2) 铌酸锂晶体，即 $L_iN_bO_2$，在 1965 年通过人工提拉法制成了大晶块。它也是单晶结构，优点是时间稳定性比多晶体结构的压电陶瓷好，也是一种良好的压电材料。居里温度达 1200℃，适用于制作耐高温的传感器。缺点是在力学方面各向异性明显，比石英晶体脆、耐热冲击性差，故在加工和使用中需小心谨慎，避免用力过猛和急冷急热。

(2) 压电陶瓷

压电陶瓷是人工制备的多晶体压电材料，它的压电原理与压电晶体不同，必须经人工极化处理后才具有压电效应。烧结后的压电陶瓷晶粒自发产生的电偶极矩（也称“电畴”）无序排列而相互抵消，因此原始的压电陶瓷并没有压电特性，如图 2-13a 所示。原始压电陶瓷在一定温度范围（100～170℃）内，对两个极化面外加高压电场（1～4 kV/mm）进行人工极化处理，原自发的电偶极矩方向会转向外加电场方向，如图 2-13b 所示。在外加电场撤销后，陶瓷体内保留有很强的剩余极化强度，如图 2-13c 所示，当沿着人工极化方向施加外力时，在垂直于该方向的两个极化面上产生正、负电荷，就具有了压电效应。对于压电陶瓷而言，平行于人工极化方向的轴为 x 轴，垂直于极化方向的轴为 y 轴，不再有 z 轴，这是与压电晶体的不同之处。

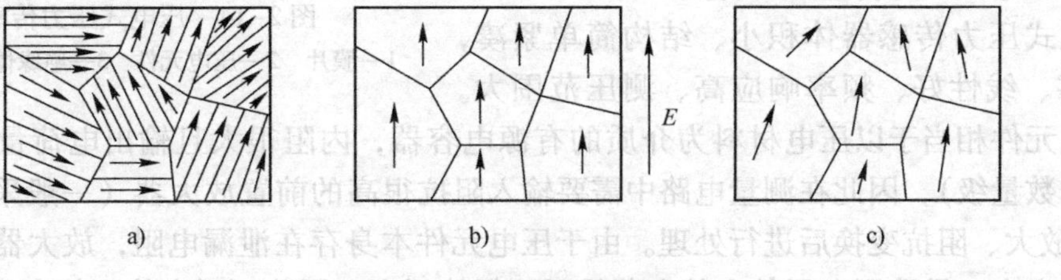

图 2-13　压电陶瓷的极化

a) 未极化　b) 正在极化　c) 极化后

目前压电传感器中应用较多的是钛酸钡和锆钛酸铅压电陶瓷，它们的压电系数远高于压电晶体。

1) 钛酸钡压电陶瓷是 $BaCO_3$ 和 TiO_2 高温下烧结的固溶体 $BaTiO_3$。压电系数为 107 ×

10^{-12}C/N，是石英晶体的50倍；相对介电常数为1200，远高于石英晶体；其抗湿性好，价格便宜。但是居里温度低（约120℃），机械强度和温度稳定性不如石英晶体。

2）锆钛酸铅系列压电陶瓷（PZT）是$PbZrO_2$和$PbZrO_3$烧结而成的固溶体Pb（Zr、Ti）O_3。压电系数约（200~500）×10^{-12} C/N，居里温度约310℃，温度稳定性好。在锆钛酸铅基本配方中，添加一种或两种其他元素（锑、锡、铌、锰等）可以获得不同性能的PZT材料。由于其压电系数大（灵敏度高）、温度稳定性好、价格低，在压电传感器中广泛应用。

（3）高分子压电材料

近年来出现了新型高分子压电材料，主要包括有机压电薄膜、压电半导体等。

1）有机压电薄膜是某些高分子聚合物经延展、拉伸、电场极化处理后形成的具有压电特性的薄膜，如聚二氟乙烯、聚氟乙烯等。具有极高的压电系数，比PZT压电陶瓷高几十倍；在10^{-5} Hz~500 MHz频率范围内具有平坦的响应特性；具有柔软、易加工、机械强度高、耐冲击、面积大等优点，可制成大面积阵列压电元件。为了提高压电性能可以掺入压电陶瓷粉末，制成复合材料。

2）压电半导体是有些材料，如硫化锌、氧化锌、硫化镉、锑化锌和砷化镓等，既具有半导体特性又具有压电特性。可以利用它们的压电特性制作敏感元件，又可以利用它们的半导体特性制作电路器件，二者集于一体形成新型集成压电传感器。

3. 压电式压力传感器

（1）压电式压力传感器的结构

压电材料加工成块状或片状，在能够产生压电电荷的两个工作面上进行金属蒸镀，形成两个金属膜电极构成压电元件。图2-14是一种压电式压力传感器的结构示意图，压电元件夹在弹性膜片和刚性膜片之间，一侧与弹性膜片接触并接地，另一侧经刚性膜片和引线引出电荷量。被测压力均匀作用于弹性膜片，使压电元件受压产生电荷，电荷量经测量电路检测、放大，转换为可以远传且与被测压力成比例的电压或电流信号。

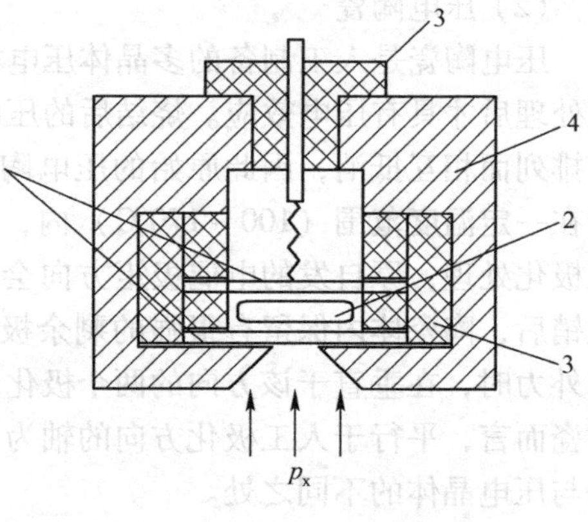

图2-14　压电式压力传感器

1—膜片　2—压电元件　3—绝缘体　4—壳体

（2）压电式压力传感器的特点

压电式压力传感器体积小、结构简单紧凑，工作可靠、线性好、频率响应高、测压范围大。但是压电元件相当于以压电材料为介质的有源电容器，内阻很大且输出电荷量很小（一般是皮库仑数量级），因此在测量电路中需要输入阻抗很高的前置放大器（一般采用电荷放大器），经放大、阻抗变换后进行处理。由于压电元件本身存在泄漏电阻，放大器的输入阻抗不可能无穷大，导致压电元件上的电荷量无法保持不变，因此不适宜检测静态或频率太低的压力。对于变化较快的动态压力，由于交变电荷量变化快，通电量相对较小，故适宜于检测动态压力。

2.4.4　电容式压力传感器

电容式压力传感器基于变电容原理，将弹性敏感元件的受压形变经电容元件转换为电容量的变化，通过测量电路进一步转换为可以远传的电压、电流等信号，实现压力的检测。

1. 电容元件

两平板组成电容器，忽略边缘效应其电容量为

$$C=\frac{\varepsilon A}{d} \tag{2-34}$$

式中，ε 为极板间介质的介电常数，$\varepsilon=\varepsilon_0\varepsilon_r$；$d$、$A$ 分别为极板间的距离和遮盖面积。

当被测量的变化使得式（2-34）中的 d、A、ε 任一参数发生变化，都会引起电容量的改变，因此有变极距、变面积和变介电常数三种基本类型。在压力检测中常用变极距型或变面积型。极板的形状可以是平板形、圆筒形或球面形。

（1）变极距型电容元件

电容元件实际上是各种类型的可变电容器。平板状变极距型电容元件的结构原理如图 2-15所示。当动极板产生位移 x 时，改变极板间的距离 d 或 d_1、d_2，电容量 C 或 C_1、C_2 将发生改变。

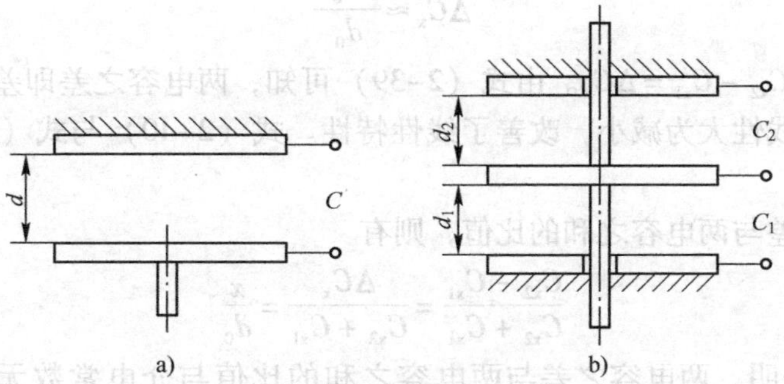

图 2-15　平板状变极距型电容元件

a）单边式　b）差动式

1）单边式变极距型电容元件。图 2-15a 是平板状单边式变极距型电容元件，当 $x=0$ 即动极板处于初始位置时，两极板之间的距离为 d_0，初始电容量为 $C_0=\varepsilon A/d_0$；当 $x\neq 0$ 使动极板上移 x 时，其电容量为 $C_0=\varepsilon A/(d_0-x)$，则电容的变化量 ΔC_x 为

$$\Delta C_x=C_x-C_0=C_0\frac{x}{d-x}=C_0\frac{x}{d_0}\left(\frac{1}{1-x/d_0}\right) \tag{2-35}$$

上式表明电容量与位移之间是非线性关系。由于 $x/d_0\ll 1$，上式按幂级数展开，得

$$\Delta C_x=\frac{C_0x}{d_0}\left[1+\frac{x}{d_0}+\left(\frac{x}{d_0}\right)^2+\left(\frac{x}{d_0}\right)^3+\cdots\right] \tag{2-36}$$

可近似表示为

$$\Delta C_x\approx\frac{C_0x}{d_0} \tag{2-37}$$

2）差动式变极距型电容元件。为了改善单边式变极距型电容元件的非线性，提高灵敏度，可以采用图 2-15b 所示的差动式结构。当 $x=0$ 即动极板处于初始位置时，两极板之间的距离为 $d_1=d_2=d_0$，初始电容量 $C_1=C_2=C_0=\varepsilon A/d_0$；当 $x\neq 0$ 使动极板上移 x 时，$d_1=d_0+x$，$d_2=d_0-x$，此时 $C_1=C_{x1}=\varepsilon A/(d_0+x)$，$C_2=C_{x2}=\varepsilon A/(d_0-x)$。

C_1 的电容变化量 ΔC_{x1} 为

$$\Delta C_{x1}=C_{x1}-C_0=-\frac{\varepsilon A}{d_0}\times\frac{x}{d_0+x}=-\frac{C_0 x}{d_0}\left(\frac{1}{1+x/d_0}\right)$$

由于 $x/d_0 \ll 1$，按幂级数展开，得

$$\Delta C_{x1}=-\frac{C_0 x}{d_0}\left[1-\frac{x}{d_0}+\left(\frac{x}{d_0}\right)^2-\left(\frac{x}{d_0}\right)^3+\left(\frac{x}{d_0}\right)^4-\cdots\right] \tag{2-38}$$

C_2 的电容变化量 ΔC_{x2} 为

$$\Delta C_{x2}=C_{x2}-C_0=\frac{\varepsilon A}{d_0}\times\frac{x}{d_0-x}=\frac{C_0 x}{d_0}\left(\frac{1}{1-x/d_0}\right)$$

按幂级数展开，为式（2-36）。

于是，差动变极距电容的总变化量 ΔC_x 为

$$\Delta C_x=\Delta C_{x2}-\Delta C_{x1}=\frac{2C_0 x}{d_0}\left[1+\left(\frac{x}{d_0}\right)^2+\left(\frac{x}{d_0}\right)^4+\cdots\right] \tag{2-39}$$

可近似地表示为

$$\Delta C_x \approx \frac{2C_0 x}{d_0} \tag{2-40}$$

而两电容之差 $C_{x2}-C_{x1}=\Delta C_x$。由式（2-39）可知，两电容之差即差动电容的总变化量中不含奇次项，非线性大为减小，改善了线性特性。式（2-40）与式（2-37）相比，灵敏度提高了一倍。

若取两电容之差与两电容之和的比值，则有

$$\frac{C_{x2}-C_{x1}}{C_{x2}+C_{x1}}=\frac{\Delta C_x}{C_{x2}+C_{x1}}=\frac{x}{d_0} \tag{2-41}$$

式（2-41）表明，两电容之差与两电容之和的比值与介电常数无关，大大减小了 ε 随温度变化对测量的影响；d_0 越小差动电容的相对变化量越大即灵敏度越高。因此差动结构在变极距型电容传感器中得到广泛应用，为了便于制造常采用平板－球面形电容元件。

（2）变面积型电容元件

圆筒状变面积型电容元件的结构原理如图 2-16 所示。当中间的动极板产生位移 x 时，定极板与动极板之间的遮盖面积发生改变，引起电容量 C 或 C_1、C_2 的变化。

筒形电容器的电容量为

$$C=\frac{2\pi l\varepsilon}{\ln(r_2/r_1)} \tag{2-42}$$

式中，ε 为极板间介质的介电常数，$\varepsilon=\varepsilon_0\varepsilon_r$；$l$ 为外圆筒与内圆柱的遮盖长度；r_2、r_1 分别为外圆筒和内圆柱的半径。

图 2-16a 是圆筒状单边式变面积型电容元件的结构原理示意图，当 $x=0$ 即动极板处于初始位置时，外圆筒与内圆柱的遮盖长度为 l_0，则初始电容量 C_0 为

$$C_0=\frac{2\pi l_0\varepsilon}{\ln(r_2/r_1)} \tag{2-43}$$

当 $x\neq 0$ 使动极板上移 x 时，此时 C_x 为

$$C_x=\frac{2\pi(l_0+x)\varepsilon}{\ln(r_2/r_1)} \tag{2-44}$$

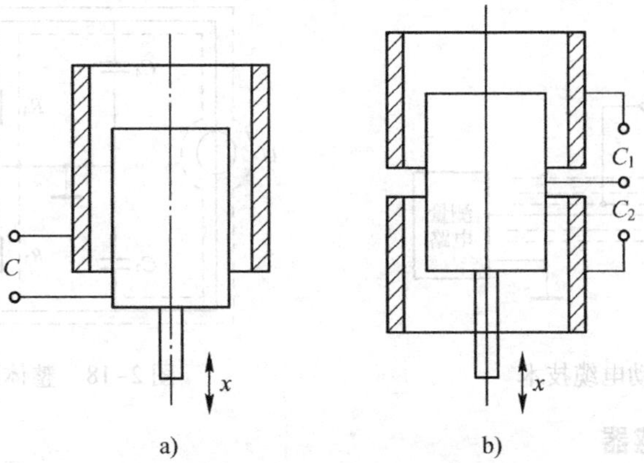

图 2-16　圆筒状变面积型电容元件

a）单边式　b）差动式

则电容的变化量 ΔC_x 为

$$\Delta C_x = C_X - C_0 = \frac{2\pi\varepsilon}{\ln(r_2/r_1)}x = \frac{C_0}{l_0}x \tag{2-45}$$

上式表明电容的变化量与位移成正比，为了提高灵敏度可采用 2-16b 差动结构。

2. 影响电容元件性能的因素

影响电容元件性能的因素主要是温度和寄生电容。

（1）温度对电容元件性能的影响

温度变化会引起电容元件几何尺寸的变化，使电容器电极之间的间隙和面积发生改变，导致电容量的变化而产生测量误差。为了减小这种误差，应该选择线胀系数和体胀系数小且性能稳定的材料，如近年来采用陶瓷、石英等材料且在其表面喷镀金、银薄膜作为电容元件的电极。

温度变化还会引起电容元件极板间介质介电常数的变化，尤其是液体介质影响较大，导致电容量的变化带来测量误差。一般采用差动电容形式，且在电容检测电路中采取温度补偿措施加以解决。

（2）寄生电容对电容元件性能的影响

电容元件除了极板间的电容之外，极板还可能与周围物体之间产生寄生电容。由于电容元件本身的电容量很小，寄生电容的存在不可忽视。为了减小和消除寄生电容的影响，常采用“驱动电缆技术”和“屏蔽接地技术”。

1）驱动电缆技术，又称为“双屏蔽等电位传输技术”，即电容元件与测量电路之间的连接电缆采用内外双层屏蔽，而且内屏蔽层与信号传输线通过 1∶1 放大器实现等电位，以消除引线与屏蔽层之间的寄生电容，如图 2-17 所示。

2）屏蔽接地技术，是将电容元件和引出线进行屏蔽且良好接地，这是经常采用的抗干扰措施。为了提高抗干扰效果，可以采用整体屏蔽接地措施，即把电容元件、测量电路及它们之间的连接导线放在同一壳体内，选择正确的接地点将壳体接地，如图 2-18 所示。整体屏蔽接地技术应用较为广泛，屏蔽效果较好。

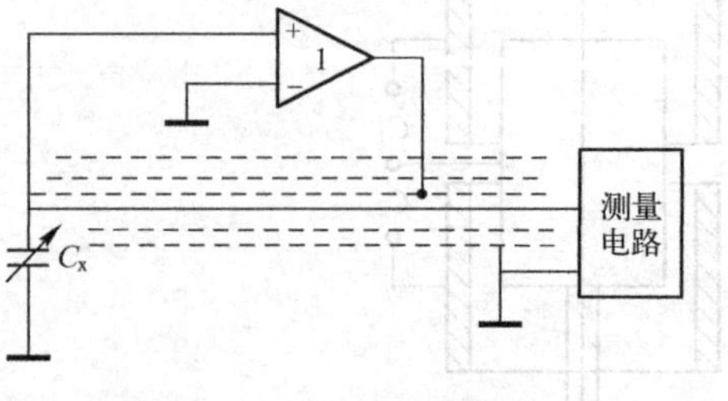

图 2–17　驱动电缆技术

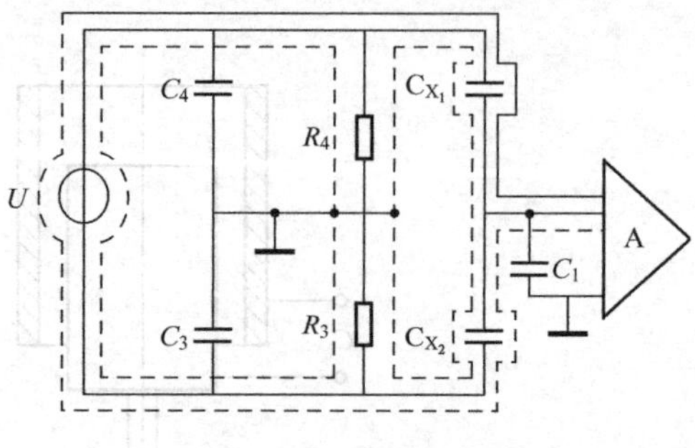

图 2–18　整体屏蔽接地技术

3. 电容式压力传感器

电容式压力传感器由弹性敏感元件与电容元件组成，大多采用变极距型和变面积型。

（1）变极距型电容式差压传感器

一种典型的变极距型电容式差压传感器的核心部分如图 2–19 所示。将左右对称的不锈钢基座 2 和 3 的外侧加工成环状波纹沟槽，并焊上隔离膜片 1 和 4。基座内有玻璃层 5 和 8，基座和玻璃层中央开有导压孔。玻璃层内表面磨制成球形凹面，除边缘部分蒸镀金属薄膜 6 和 9，作为两电容的固定电极并由引线引出。在左右对称的两个球形凹面中间夹入并焊接金属平板测量膜片 7，且作为可动电极。测量膜片将左右分隔成两室，故有两室结构之称。

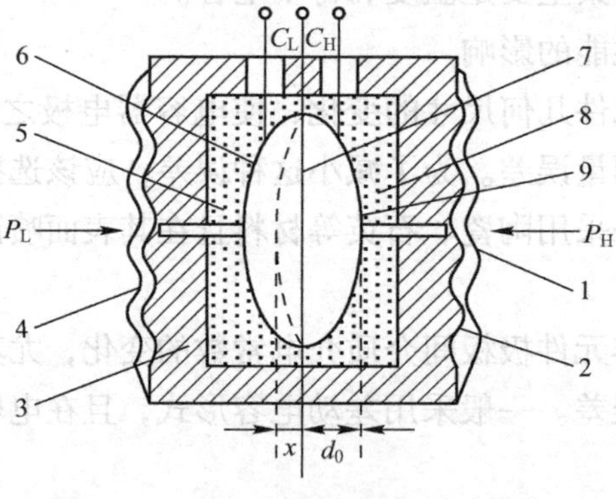

图 2–19　变极距型电容式差压传感器

1、4—隔离膜片　2、3—不锈钢基座　5、8—玻璃层　6、9—蒸镀金属薄膜　7—测量膜片

在测量膜片的左右两室充满硅油，当左右隔离膜片分别承受低压 p_L 和高压 p_H 时，硅油的不可压缩性和流动性将差压 $\Delta p = p_H - p_L$ 传递到测量膜片两侧。当 $\Delta p = 0$ 时，测量膜片处于中间平衡位置且十分平整，两边的电容量完全相等即 $C_H = C_L$，电容差值为零。当 $\Delta p > 0$ 时，测量膜片产生挠曲变形，动极板与高压侧定极板之间的距离增加，而与低压侧定极板之间的距离减小，使得 $C_H < C_L$，$C_L - C_H > 0$，且随着 Δp 的增大而增大。

中间的测量膜片与两个固定电极构成平板 – 球面差动电容器，由于在测量范围内测量膜片位移量很小，如果不考虑边缘电场的影响，可近似地看成平板电容器，根据式（2–41）可知

$$\frac{C_L - C_H}{C_H + C_L} = \frac{x}{d_0} \tag{2-46}$$

测量膜片的位移 x 与输入差压 Δp 之间的关系可表示为

$$x = K_1 \Delta p \tag{2-47}$$

则

$$\frac{C_L - C_H}{C_H + C_L} = \frac{K_1}{d_0}\Delta p = K\Delta p \tag{2-48}$$

式中，K 是与电容器材料、结构有关的常数。式（2-48）表明，测得 C_L、C_H，可以得到与差压成正比的差动电容的相对变化量。

变极距型电容差压传感器检测灵敏度高、线性好，并大大减小了介电常数受温度影响的不稳定性；可以检测差压、表压，测量范围可达 0～70 MPa；精度高，一般在 0.2～0.5 级，最高可达 0.05 级；结构简单、坚实，耐冲击、抗振性能好，有过压保护功能，适应性强、工作可靠，在工程中得到广泛应用。尽管性能优良、使用方便，但是制造难度较大，对零件的加工要求很高。

（2）变面积型电容式压力传感器

一种典型的变面积型电容式压力压传感器的结构原理如图 2-20 所示。被测压力作用于金属膜片 1（测量膜片），通过中心柱 2、支撑弹簧 3 使可动电极 4 随金属膜片的中心位移上下动作。可动电极 4 和固定电极 5 都是由金属材质切削加工而成的同心多层圆筒结构，断面呈梳齿状，两电极交错重叠部分的面积决定了电容量的大小，如图 2-20b 所示。

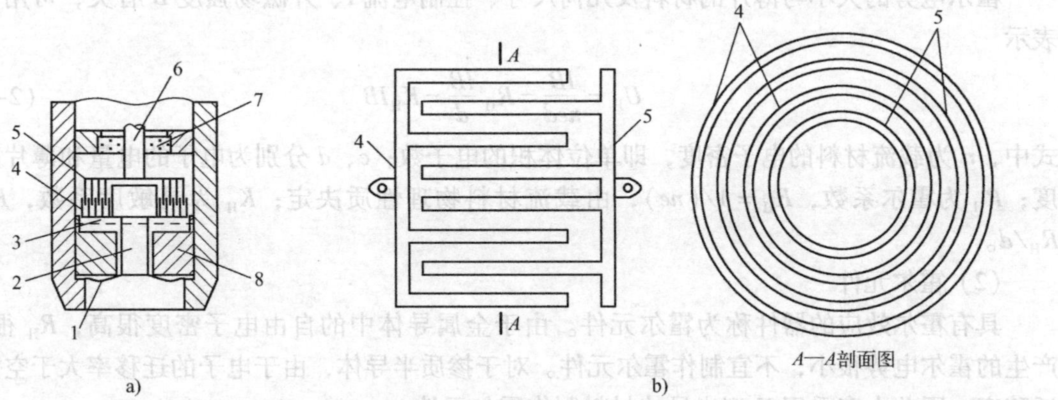

图 2-20　变面积型电容式压力传感器

1—金属膜片　2，6—中心柱　3—支撑弹簧　4—可动电极　5—固定电极　7—绝缘支架　8—挡块

固定电极 5 的中心柱 6 与外壳有绝缘支架 7，可动电极 4 与外壳相通，电容量的变化由中心柱 6 引至测量线路。测量线路与传感器安装在同一外壳内，整体小巧紧凑。此传感器可使用软线悬挂在被测介质中，也可以螺纹或法兰安装在容器壁上，使用方便。

金属膜片为不锈钢材质或加镀金层，具有一定的防腐能力。外壳为塑料或不锈钢材质。为了保护膜片上承受过大的压力而不至于损坏，在金属膜片的背面有带纹表面的档块 8，在被测压力过高时使得膜片贴紧挡块，免于形变过大。其背面是无防腐能力的封闭空间，可视为恒定大气压，因此限于测量表压。测量准确度一般在 0.2～0.5 级。

2.4.5 霍尔式压力传感器

霍尔式压力传感器基于“霍尔效应”原理，利用弹性敏感元件将压力转变为位移，经霍尔元件转换为霍尔电势，实现压力－位移－电势的转换。通过测量电路把霍尔电势进一步转换为可以远传的电压或电流等信号，实现压力的检测。

1. 霍尔效应与霍尔元件

（1）霍尔效应

置于磁场中的静止载流导体，当电流方向与磁场方向不一致时，载流导体上平行于电流和磁场方向的两个面之间产生电动势，这种现象称为霍尔效应，该电势称为霍尔电势。

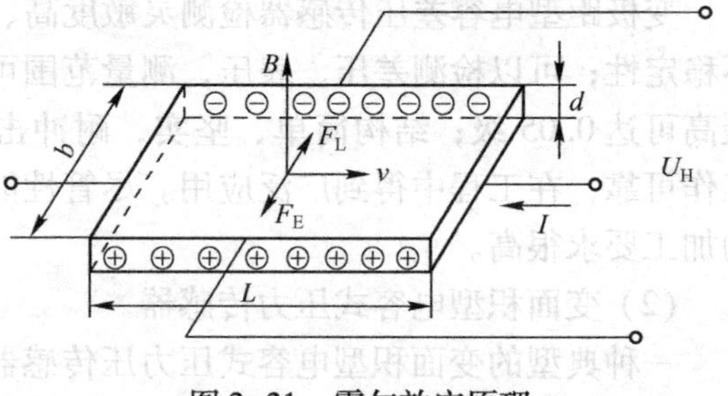

图 2-21　霍尔效应原理

如图 2－21 所示的金属或半导体薄片，垂直放置于磁感应强度为 B 的磁场中，在两端通以控制电流 I，薄片内电子沿着与电流相反的方向运动。由于受到磁场的作用，电子运动的轨迹发生偏转，使得平行于控制电流和磁场方向的一侧端面上因电子累积带负电，而另一侧端面因电子的减少带正电，两侧断面之间形成电场 E_H，该电场又阻止电子的继续偏转。当作用于电子的电场力 F_E 与洛仑兹力 F_L 相等时，电子的累积达到动态平衡状态，此时两侧端面上的电场稳定下来，其电势差就是霍尔电势 U_H。

霍尔电势的大小与薄片的材料及几何尺寸、控制电流 I、外磁场强度 B 有关，可用下式表示

$$U_H = \frac{IB}{ned} = R_H \frac{IB}{d} = K_H IB \tag{2-49}$$

式中，n 为载流材料的电子密度，即单位体积的电子数；e、d 分别为电子的电量和薄片的厚度；R_H 为霍尔系数，$R_H = 1/(ne)$，由载流材料物理性质决定；K_H 为灵敏度系数，$K_H = R_H/d$。

（2）霍尔元件

具有霍尔效应的器件称为霍尔元件。由于金属导体中的自由电子密度很高，R_H 很小，产生的霍尔电势很小，不宜制作霍尔元件。对于掺质半导体，由于电子的迁移率大于空穴的迁移率，因此大多采用 N 型半导体材料制作霍尔元件。

霍尔元件的灵敏度系数表示在单位控制电流和单位磁场强度下输出空载时的霍尔电势，它与霍尔元件的材料和厚度有关。厚度越薄灵敏度越大，但是在考虑灵敏度的同时必须兼顾元件的强度和内阻，其厚度一般在 0.1～0.2 mm，薄型在 1 μm 左右。

在霍尔元件的材料和几何尺寸确定之后，R_H 为常数，理论上 U_H 与 I、B 的乘积成正比。事实上在控制电流恒定的条件下，U_H 与 B 在一定范围内（一般 $B<0.5\text{T}$）保持较好的线性关系；在磁场强度 B 与环境温度一定时，U_H 与 I 之间维持良好的线性关系，但是控制电流 I 的大小与霍尔元件的几何尺寸有关，尺寸越大 I 可以越大，一般为 3～20 mA（几何尺寸大的可达数百毫安）。若磁场强度 B 与霍尔元件的夹角为 α 时，则有

$$U_H = K_H IB\cos\alpha \tag{2-50}$$

目前常用的霍尔元件材料大多为锗、硅、锑化铟和砷化铟等，几何尺寸大多是长宽比为2∶1的长方形。在长度方向的两侧端面焊有一组控制电极及电流输入引线（通常为红色），在宽度方向的两侧端面焊有一组霍尔电极及电势输出引线（通常为绿色）。霍尔元件的壳体采用非导磁金属、陶瓷或环氧树脂封装。

2. 霍尔元件的基本特性参数

（1）额定控制电流与最大控制电流

当霍尔元件在空气中产生10℃升温时，对应的控制电流为额定控制电流。以元件允许的最大升温为限制时，对应的控制电流为最大控制电流。由于霍尔电势随控制电流线性增加，所以使用中希望有尽可能大的控制电流，但是不能超过最大控制电流。如果改善散热条件，可以适当提高控制电流。

（2）输入电阻和输出电阻

霍尔元件控制电极之间的电阻称输入电阻，霍尔电极之间的电阻称输出电阻。这两个参数值是在磁场强度为零、环境温度在20±5℃时的条件下给出的。事实上由于磁阻效应和半导体的温度效应，其输入电阻和输出电阻随外磁场强度和环境温度变化。

（3）不等位电势

在霍尔元件的控制电流为额定电流、外磁场强度为零时，空载情况下存在的霍尔电势（理论上为零，而事实上不一定为零）称不等位电势。受工艺条件的限制，存在霍尔元件的材料不均匀、霍尔电极位置不对称或不在同一等电位面、电极焊接不良等现象，而产生不等位电势。不等位电势越小，霍尔元件的性能越好。

不等位电势客观存在，且与霍尔电势在同一数量级。在要求较高的场合，需要外接不等位电势补偿电路或采取其他补偿措施，以减小或消除不等位电势对测量的影响。

（4）寄生直流电势

在霍尔元件通以交流控制电流而不加外磁场时，霍尔电极的输出除了交流不等位电势外，还存在直流电势，该直流电势称寄生直流电势。由于霍尔元件的控制电极及霍尔电极与霍尔元件材料的焊接是金属与半导体的连接（非欧姆接触），在外加交变控制电流时产生整流效应，两对电极之间各自建立直流电势；两霍尔电极的焊点大小不一造成两电极电热容量的差异，导致两者的散热状况不同，在两电极间产生温差电势。寄生直流电势在1 mV以下，是霍尔电势产生温漂的原因之一。

（5）霍尔电势的温度系数

在一定磁场强度和控制电流下，温度每升高1℃霍尔电势的相对变化量称为霍尔温度系数。由于霍尔元件是半导体材料制成的，其载流子浓度、迁移率、电阻率、霍尔系数等度随环境温度变化，导致霍尔电势的变化造成温度误差。为了减小温度误差，除了选用霍尔温度系数小的霍尔元件外，还应该采用温度补偿电路或恒温措施。以削弱环境温度变化对霍尔元件输出特性的影响。

3. 霍尔式压力传感器

若保持霍尔元件的控制电流不变，霍尔元件置于一个均匀梯度的磁场中可以检测位移量，如图2-22所示。霍尔元件沿x方向移动，则输出霍尔电势为

$$U_H = Kx \tag{2-51}$$

式中，K为位移灵敏度系数；x为偏离中心位置（磁场强度为零）的位移量。

霍尔电势的极性表示位移的方向，磁场梯度越大灵敏度越高，磁场梯度越均匀线性越好。任何非电量只要能转变为位移，均可采用霍尔元件进行检测。

（1）霍尔式压力传感器结构

霍尔式压力传感器由两部分组成，一是弹性敏感元件，用来感受被测压力；另一部分是霍尔元件和磁路系统。一种霍尔式压力传感器的结构原理如图2-23所示，被测压力p由弹簧管1的固定端引入，自由端与霍尔元件2刚性连接。霍尔元件上下垂直放置两对磁极，产生均匀梯度的线性磁场。当$p=0$时，霍尔元件处于两对磁极之间的平衡位置，磁场强度为零，霍尔电势为零。当$p\neq 0$时，弹簧管自由端产生位移，带动霍尔元件偏离平衡位置，产生与位移成线性关系的霍尔电势，从而实现压力-位移-霍尔电势的转换。

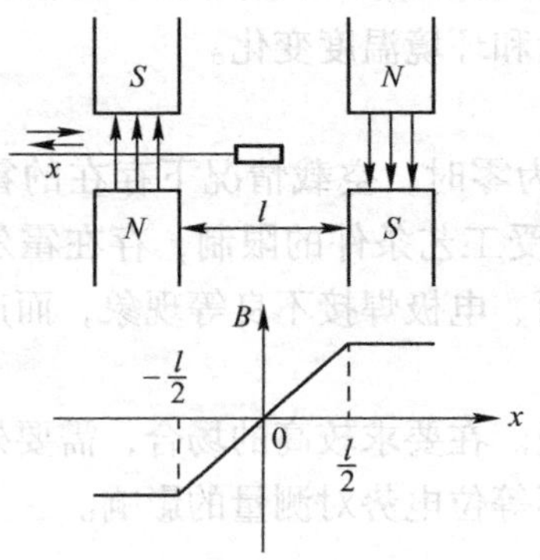

图2-22 霍尔式位移检测效应原理

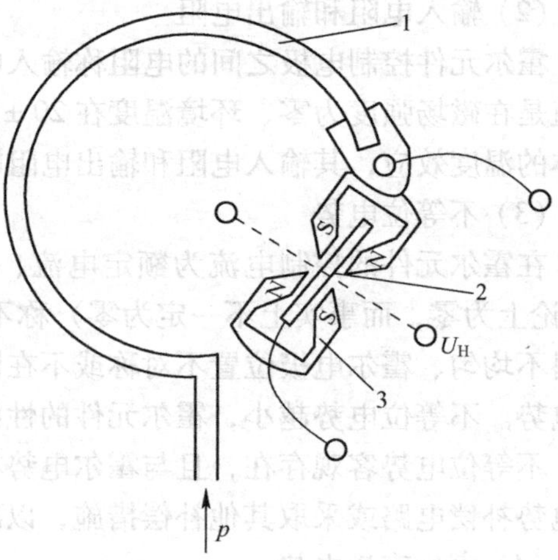

图2-23 霍尔式压力传感器
1—弹簧管 2—霍尔元件 3—磁极

霍尔式压力传感器输出的霍尔电势一般为mV信号，实际使用中需要测量电路进行放大。

（2）霍尔式压力传感器特点

霍尔式压力传感器结构简单、体积小、灵敏度较高；由于它是弹性元件与霍尔元件的组合体，动态特性主要由弹性元件的性能决定。但是信号转换效率低、温度影响大，在测量准确度要求较高的场合必须进行不等位电势和温度补偿。

2.4.6 其他压力传感器

1. 电感式压力传感器

电感式压力传感器，利用弹性敏感元件将被测压力转变为位移，再采用电磁感应原理将位移转换为线圈的自感或互感的变化，实现压力-位移-电感的转换。通过测量电路把电感进一步转换为可以远传的电压或电流等信号，实现压力的检测。

（1）差动自感式压力传感器

图2-24是一种差动自感式压力传感器的结构原理图。它由弹簧管和差动式自感转换器组成，弹簧管1的自由端与衔铁2刚性连接，铁芯5、6固定。当被测压力$p=0$时，衔铁处

于中心位置，上下线圈的电感量相同，流过 Z_{L1} 的电流 i_{L1} 与 i_{L2} 大小相等方向相反，输出电压为零。当被测压力变化时，弹簧管的自由端带动衔铁上下移动，改变气隙宽度使得线圈 3 和线圈 4 的电感量发生大小相等、符号相反的变化（一个电感量增加，而另一个电感量减少）即差动变化，这种自感的变化经桥路输出交变电压，电压的大小和相位取决于位移的大小和方向，经后续电路的处理送显示装置（或显示仪表）显示被测压力的大小，调零螺钉用于调整传感器的机械零点。

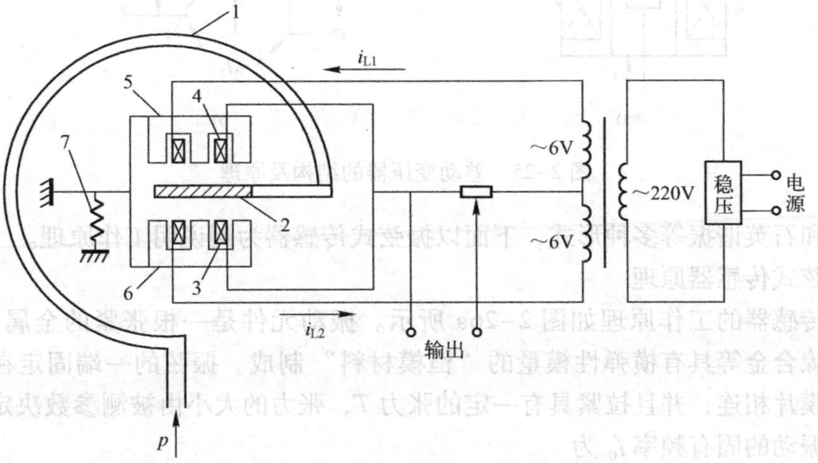

图 2-24　差动自感式压力传感器

1—弹簧管　2—衔铁　3，4—线圈　5，6—铁芯　7—调零螺钉

（2）差动互感式压力传感器

互感式传感器是根据差动变压器原理将位移转换为线圈互感量的变化，图 2-25a 是目前采用较多的线管式差动变压器结构图。它由一个一次线圈、两个二次线圈和铁芯组成，一次线圈作为激励（相当于变压器一次侧），两个二次线圈完全对称形成变压器副边。一次侧与二次侧之间为非闭合回路，互感系数随衔铁移动而变化。差动变压器的原理如图 2-25b 所示，两个二次线圈反相串联，当一次线圈通以适当频率的激励电压 u_p 时，两个二次线圈分别产生感应电压 u_1 和 u_2，其大小取决于铁芯的位置。当 $x=0$ 时铁芯处于中心位置，u_1 与 u_2 的大小相等方向相反，输出电压 u_o 为零；当 $x\neq 0$ 而偏离中间位置向上（或向下）位移时，互感 M_1（或 M_2）增大，输出电压 u_o 的大小和相位由位移的大小和方向决定。

理想情况下，铁心处于中间位置时输出电压为零，但由于两个二次线圈不可能完全对称、激励电压中含有高次谐波，使得输出电压中存在零点残余电压，一般在数十毫伏以下。必须在测量电路中采取措施消除残余电压对测量的影响。差动变压器可以测量 1 ~ 100 mm 的机械位移，它具有结构简单、准确度高、性能可靠等优点。不仅可以与弹性感压元件组合成压力传感器，还可以测量液位、流量等工艺参数。

2. 谐振式压力传感器

谐振式压力传感器又称为频率式压力传感器，它依靠弹性元件或与弹性元件相连的振动元件将被测压力转换为谐振频率，经测量电路转换为脉冲频率信号进行远传。这种传感器适合与数字电路配合使用，组成高准确度的测量、控制系统。根据谐振原理的不同，有振弦、

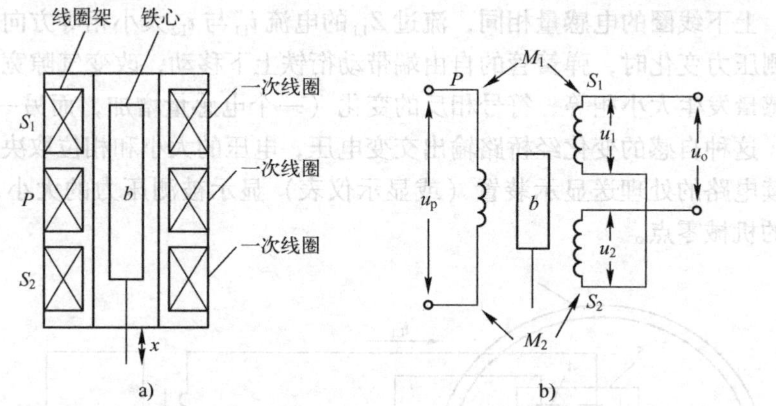

图 2-25　差动变压器的结构及原理

振膜、振筒和石英谐振等多种形式，下面以振弦式传感器为例说明工作原理。

（1）振弦式传感器原理

振弦式传感器的工作原理如图 2-26a 所示。振动元件是一根张紧的金属丝，称振弦。它采用如铁镍合金等具有横弹性模量的“恒模材料”制成。振弦的一端固定在支承上，另一端与测量膜片相连，并且拉紧具有一定的张力 T，张力的大小由被测参数决定。在激励作用下，振弦振动的固有频率 f_0 为

$$f_0=\frac{1}{2l}\sqrt{\frac{T}{\rho}} \tag{2-52}$$

式中，l、ρ 分别为振弦的有效长度和线密度；T 为振弦的张力。

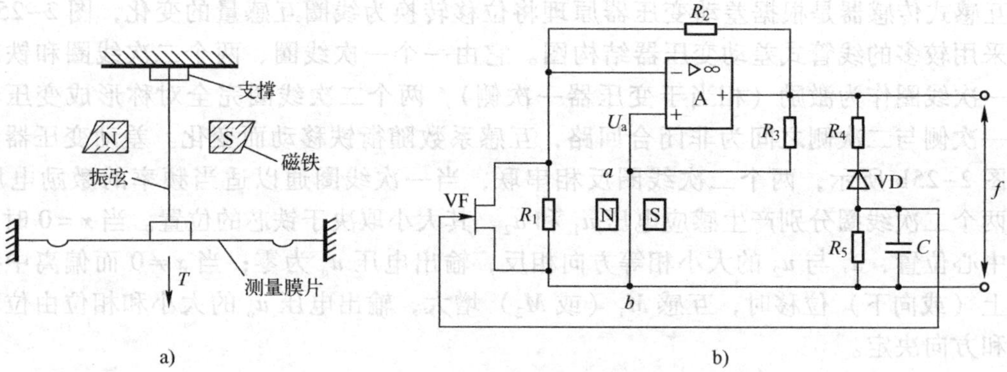

图 2-26　振弦式传感器工作原理
a）原理　b）一种测量电路

在 l、ρ 一定的情况下，振弦的振动频率由 T 决定。由于振弦位于磁场中，振动时切割磁力线产生感应电动势，由测量电路检测电动势的频率测得张力的大小，经后续电路的信号处理输出可以远传的电压或电流信号。

振弦的振动依靠电磁力的作用来产生和维持。图 2-26b 是振弦式传感器的一种测量电路，起到起振、维持振动和输出与振弦固有频率相同的电信号的作用。振弦置于磁场中，电路通电瞬间振弦通以窄脉冲电流，受到垂直于磁力线的作用力，激发它作固有频率的振动。

振动后振弦切割磁力线产生的电动势经放大器 A 放大后，又经 R_3 把一部分电流反馈到振弦上，以克服空气阻尼的自振衰减而连续振动。放大器的输出电压同时经 R_4、VD、R_5、C 组成的半波整流电路控制场效应管 VF 的栅极电位，改变源栅极之间的等效电阻（相当于 R_1 的阻值）改变反馈系数，达到稳定输出电压信号振幅的目的。

（2）振弦式压力传感器

将压力或差压转变为振弦式传感器中振弦的张力，可以制成压力传感器。图 2-27 是一种振弦式压力传感器的基本结构原理图。振弦密封于保护管 6 中，右端固定在帽状固定件 9 上，左端与膜片 1 相连，保护管由支座固定。低压力作用在膜片 1 上，高压力作用在膜片 8 上，两膜片与基座之间充有硅油，并经传压通道相通。保护管 6 中并无硅油，对振弦的振动无妨碍。在低压膜片内侧有初始张力的弹簧片，使得保护管内的振弦具有初始张力。永久磁铁（图中的 N、S）的磁极安装在保护管外，振弦和保护管的线胀系数相近，以减小温度引起的误差。保护管两端与支座之间装有绝缘衬垫，以便振弦两端引出信号线。

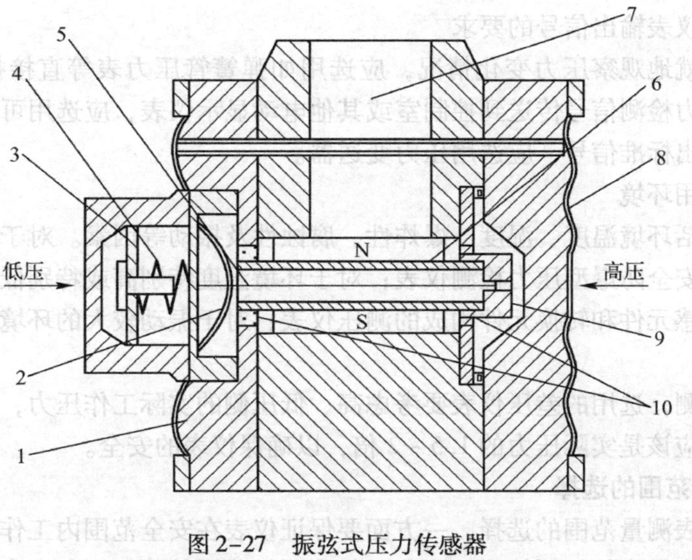

图 2-27　振弦式压力传感器

1，8—膜片　2—初始张力弹簧片　3—垫圈　4—过载保护弹簧　5—振弦　6—保护管　7—传压通道　9—固定件　10—绝缘衬垫

当施加差压时，硅油自传压通道挤向低压膜片，离开低压侧底座增加振弦的张力，提高谐振频率，差压变化使得振弦的振动频率相应改变。传感器具有过载保护装置，过压时垫圈 3 中央的过载保护弹簧压缩产生反作用力，使振弦张力不再增大，高压侧膜片将紧贴于基座上有效地防止过载损坏膜片。

2.5　压力检测仪表的选择、校验和安装

只有正确选择和使用仪表、合理组成压力检测系统，才能保证测量结果的可靠和生产安全。

2.5.1 压力检测仪表的选择

压力检测仪表（包括压力传感器、变送器）的选择，要根据生产过程要求的工艺指标、压力的大小、允许误差、介质的性质等因素，结合各类检测仪表的特点，本着经济、合理的原则选择仪表的类型、测量范围和准确度等级。

1. 仪表类型的选择

压力检测仪表类型的选择主要从被测介质的性质、对仪表输出信号的要求及使用环境条件三方面综合考虑。

（1）考虑被测介质的性质

被测介质的性质包括温度、黏度、腐蚀性、易燃易爆性、脏污程度等。对于没有腐蚀性的水、汽、油等介质，可选用普通测压仪表；对于腐蚀性强的介质，选择耐腐蚀（耐酸、耐硫）测压仪表。对于炔、稀、氨及含氨介质，应该选择氨用测压仪表；对于氧气应选择氧气测压仪表。对于黏稠、易凝、易结晶的介质，宜选用法兰式结构的压力传感器或变送器等。

（2）考虑对仪表输出信号的要求

对于只需要就地观察压力变化情况，应选用如弹簧管压力表等直接指示型压力检测仪表；如需要将压力检测信号传送到控制室或其他电动显示仪表，应选用可以远传的压力传感器；如果需要输出标准信号，应选用压力变送器。

（3）考虑使用环境

环境条件包括环境温度、湿度、爆炸性、腐蚀性及振动等因素。对于易燃易爆环境，应该选择隔爆型或安全防爆型压力检测仪表；对于环境温度特别高或特别低的环境，应该选择温度系数小的敏感元件和转换元件构成的测压仪表；对于振动较大的环境，应选用抗振性能好的测压仪表。

对于差压检测，选用的差压仪表要考虑高、低压侧的实际工作压力，即静压力，仪表能够承受的静压力应该是实际压力的1.5~2倍，以确保仪表的安全。

2. 仪表测量范围的选择

压力检测仪表测量范围的选择，一方面要保证仪表在安全范围内工作，另一方面要考虑被测压力可能发生异常的超压情形，因此对仪表测量范围的选择要留有余地。但是仪表的量程又不宜过大，否则在满足同一允许误差要求时需要选择更高准确度等级的测压仪表而不经济。

（1）测量范围的选择原则

根据国家相关规定，检测比较稳定的压力时，最大工作压力不应超过仪表测量上限值的2/3；检测波动较大或脉动压力时，最大工作压力不应超过仪表测量上限值的1/2；检测高压时，最大工作压力不应超过仪表测量上限值的3/5。为了保证仪表输入输出之间的线性关系，保证测量准确度和灵敏度，一般被测压力的最小工作压力不应低于仪表量程的1/3。在最大工作压力和最小工作压力不能同时满足上述要求时，仪表测量范围应首先满足最大工作压力条件。

（2）测量范围的确定

根据被测压力的最大工作压力，依据上述原则计算仪表的上限值，但是不能以计算值直接作为仪表的上限值，必须在国家规定生产的标准系列中选取，一般所选仪表的上限值大于（最接近）或等于计算的上限值。选择仪表的测量范围后，一般要满足最小工作压力不低于仪表量程的1/3要求。

目前我国生产的压力（差压）检测仪表测量范围的规定系列有 -0.1 ~ 0 MPa，-0.1 ~ 0.06 MPa，0 ~ 0.15 MPa；(0 ~ 1.0、1.6、2.5、4.0、6.0) × 10^n kPa（n 为整数或零）。选择时可查阅生产厂家的产品目录。

3. 仪表准确度等级的选择

（1）准确度等级的选择原则

压力检测仪表准确度等级的选择主要根据生产过程中允许的最大绝对误差来确定，即仪表的基本误差应不超过被测压力允许的最大绝对误差。在确定仪表准确度等级时要考虑经济性，不必盲目追求高准确度。一般在满足生产要求的情况下，尽可能选用准确度等级低、价廉耐用的测压仪表，以免造成不必要的投资浪费。

（2）准确度等级的确定方法

根据生产过程中允许的最大绝对误差和已经选定仪表的测量范围，计算出仪表允许的最大引用误差，在国家规定的准确度等级系列中确定仪表的准确度等级。所选仪表准确度等级加上“±”、“%”符号后，应小于（最接近）或等于工艺允许的最大引用误差。

【例2-1】 有一压力容器，工作压力比较平稳，其范围为0.4 ~ 0.6 MPa。要求选用弹簧管压力表，测量误差不大于被测压力的4%，试确定仪表的测量范围和准确度等级。

解： 1）由题意可知被测压力比较平稳，设弹簧管压力表的上限值为 p_1，根据最大工作压力条件应该满足

$$p_1 \geqslant \frac{2}{3} p_{max} = 0.9\ \text{MPa}$$

根据仪表的测量范围系列，可选0 ~ 1.0 MPa，此时仪表的量程为1 MPa，最小工作压力

$$p_{min} = 0.4 > \frac{1}{3}\ \text{MPa}$$

满足最小工作压力的条件。因此选择0 ~ 1.0 MPa的弹簧管压力表。

2）由题意可知被测压力允许的最大绝对误差为

$$\Delta_{max} = \pm 0.4 \times 4\%\ \text{MPa} = \pm 0.016\ \text{MPa}$$

要求所选仪表的最大引用误差为

$$\delta_{max} = \pm \frac{0.016}{1.0 - 0} \times 100\% = \pm 1.6\%$$

根据仪表准确度等级系列，可选1.5级的压力表。该仪表的基本误差为 ±1.0 × 1.5% MPa = ±0.015 MPa，小于工艺允许的最大绝对误差 ±0.016 MPa，满足工艺要求。

因此，选择0 ~ 1.0 MPa、1.5级的弹簧管压力表。

【例2-2】 某一反应器的最大工作压力为0.6 MPa，允许的最大绝对误差为 ±0.02 MPa。现用测量范围为0 ~ 1.6 MPa，准确度等级为1.5级的压力检测仪表进行测量，问能否满足

工艺上的误差要求？若采用一只测量范围为0～1.0 MPa，准确度等级为1.5级的压力表，问能否符合误差要求？说明理由。

解：1）对于测量范围0～1.6 MPa、1.5级的测压仪表，基本误差为

$$\Delta = \pm 1.6 \times 1.5\% \text{ MPa} = \pm 0.024 \text{ MPa}$$

超过了工艺上允许的最大绝对误差，故不符合工艺上的误差要求。

2）对于测量范围0～1.0 MPa、1.5级的测压仪表，基本误差为

$$\Delta = \pm 1.0 \times 1.5\% \text{ MPa} = \pm 0.015 \text{ MPa}$$

显然，满足工艺允许的最大绝对误差要求。

2.5.2 压力检测仪表的校验

压力检测仪表出厂前需要检定，符合国家标准后方可出厂；购进的新表因运输等原因可能造成仪表的基本误差增大，使用前需要校验；使用中的仪表因压力检测元件的疲劳、传动机构的磨损及腐蚀、电子元件的老化等原因造成仪表准确度的下降，同样需要定期校验。国家（或行业、地方）对各种类型的压力仪表，制定了相应的检定规程，作为法定计量部门和生产厂家进行仪表检定的依据。校验是使用单位对检定规程中的部分或全部项目的检查，一般主要校验仪表的准确度等级，准确度等级不合格的仪表允许降级使用，但必须更换准确度等级标志。

1. 校验方法

压力检测仪表的校验通常采用比较法，即在相同条件、同一压力下将被校表的示值与标准表示值或标准压力值进行比较，检查被校表的相关技术指标是否符合要求，作出合格或不合格的结论。无论是弹性式压力表还是各种压力传感器、变送器均可使用比较法进行校验。

对于工业用被校压力表，在它的测量范围内至少均匀选择5个检定点（包括上限点和下限点）。对于标准压力表的选择，一是它的最大绝对误差不超过被校表的1/3，这种情况下标准表的误差相对于被校表来说才可以忽略，其示值可作为真值；而标准表的测量上限应比被校表大一档，防止校验过程中出现误操作损坏标准表。

将被校表示值与标准表示值的比较方法多用于校验工业用压力检测仪表（0.5级以下），由于能够选择到标准表且操作比较方便。将被校表示值与标准压力值比较的方法，主要用于校验0.25级以上准确度的压力检测仪表，当然也可以校验工业用压力检测仪表。

2. 活塞式压力校验装置

常用的压力检测仪表校验装置有活塞式压力计和压力表校验器。一种活塞式压力计的结构原理如图2-28所示，由压力发生部分和测量部分组成。

（1）压力发生部分

压力发生部分包括螺旋压力发生器4和工作液5。当打开针形进油阀阀杆11，旋转手轮7使得由丝杠8连接的工作活塞9的容积增大，在大气压力作用下油杯10中的工作液通过管路流向螺旋压力发生器。关闭油杯上的针型阀门d，组成一个密闭的体系，旋转手轮带动丝杠拉伸或挤压工作活塞改变体系的压力，通过液压传动传给被校压力表和测量活塞。校验6 MPa以下的压力表采用变压器油作为工作液，6 MPa以上采用蓖麻油。

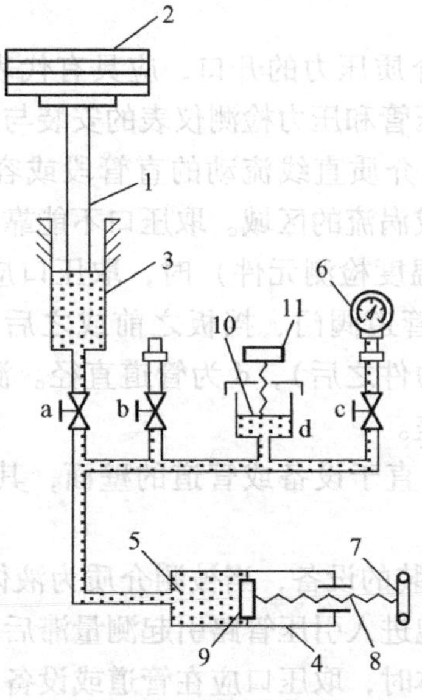

图2-28 活塞式压力计

a，b，c—切断阀 d—进油阀 1—测量活塞 2—荷重砝码 3—活塞筒 4—螺旋压力发生器 5—工作液 6—被校压力表 7—手轮 8—丝杠 9—工作活塞 10—油杯 11—针形进油阀阀杆

（2）测量部分

测量部分包括测量活塞1、荷重砝码2和活塞筒3。测量活塞的下端承受螺旋压力发生器产生的压力 p 的作用而浮起，测量活塞的托盘上可加荷重砝码，让测量活塞在指定高度（它的下端面与被校表的压力引入口处于同一水平位置）且可以旋转，此时测量活塞及荷重砝码的重量与 p 所产生向上的力相等，有下列关系：

$$pA=(m_0+m)g \tag{2-53}$$

式中，A 为测量活塞的截面积；m_0 为测量活塞（包括托盘）的质量；m 为所加荷重砝码的质量；g 为重力加速度。

测量部分实际上是基于重力平衡原理的活塞式压力计，因此而得名。可以准确地由平衡时的测量活塞和所加荷重砝码的质量得到压力的标准值，测量准确度可达0.01%。根据测量表压还是负压有两种不同的类型，测量负压的活塞式压力计结构比较复杂。

使用活塞式压力计测量部分，主要用于校验0.25级以上准确度的压力表。如果不使用它的测量部分来校验一般用工业压力检测仪表（0.5级以下），可以在b阀门上安装标准压力表，需要关闭阀门a。目前有不带测量部分而专用于一般工业用压力表的校验装置，称为压力表校验器。

2.5.3 压力检测仪表的安装

到目前为止压力检测仪表都是接触式测量，即需要把被测压力传递到检测仪表的引压口。因此一个完整的压力检测系统应该包括取压口、引压管、压力检测仪表及一些附件，各部分安装正确与否直接影响测量结果的准确性和仪表的使用寿命。

1. 取压口的选择

取压口是被测对象上引出介质压力的开口，应具有代表性，能真正反映被测压力的变化。在选择时要尽可能方便引压管和压力检测仪表的安装与维护，同时应遵循以下原则。

1）取压口应该选择在被测介质直线流动的直管段或容器的壁面，避免处于管道的弯曲、分叉、死角或其他容易形成涡流的区域。取压口不能靠近有局部阻力或干扰介质流动的位置，当管道中有突出物（如温度检测元件）时，取压口应在它的前方，否则要保持一定的直管段长度；如果取压口在管道阀门、挡板之前或之后，其与阻力件的距离应大于2d（在阻力件之前）或3d（在阻力件之后），d为管道直径。测量差压时，两取压口应保持在同一水平面，避免产生系统误差。

2）取压口开孔的轴线应垂直于设备或管道的壁面，其内端面应与设备或管道内壁平齐，不应有毛刺和突出物。

3）对于水平管道和水平安装的设备，当被测介质为液体时，取压口应在管道或设备横断面的下侧，以免介质中的气泡进入引压管路引起测量滞后，但不宜在最底部以防止沉积物堵塞取压口。当被测介质为气体时，取压口应在管道或设备横断面的上侧，以免气体中析出液体进入引压管路产生测量误差。

2. 引压管的铺设

引压管是连接取压口与测压仪表压力引入口的管路。引压管路的铺设应保证压力传递的实时性、可靠性和准确性，要注意以下几点。

1）一般工业测量中为了减少管路阻力引起的测量延迟，引压管的总长度不应超过60 m，测量高温介质时不得小于3 m。引压管路越长、介质黏度越大或杂质越多，引压管内径应越大，一般在6～10 mm。

2）水平铺设的引压管应保持1:10～1:20的倾斜度。当被测介质为液体时，应从引压管到仪表的方向向下倾斜，防止引压管中积存气体；当被测介质为气体时，则向上倾斜以防止引压管中存积液体。

3）被测介质为易冷凝、易结晶、易凝固流体时，引压管应有保温伴热措施。

4）取压口与测压仪表之间，应在靠近取压口的引压管路上安装切断阀，以备检修测压仪表和引压管路时使用。

3. 压力检测仪表的安装

1）压力检测仪表应安装在易于观察和检修的地方，力求避免振动和高温的影响。

2）检测蒸汽的压力时应加装凝液管或冷凝器，防止高温蒸汽直接与检测仪表的敏感元件接触，如图2-29a所示。检测腐蚀、高粘度、有结晶等介质的压力时，应加装充有中性介质的隔离罐，如图2-29b所示。隔离罐中的隔离液应选择沸点高、凝固点低、化学物理性能稳定的液体，如甘油、乙醇等。总之，针对被测介质的具体情况（高温、低温、腐蚀、脏污、结晶、黏稠、沉淀等），应采取相应的防热、防冻、防腐和防堵等措施。

3）压力检测仪表的安装高度尽量与取压口相同或相近。如果安装取压口和仪表的压力引入口不在同一高度，引压管路中传压介质的静压力将产生附加误差，可以通过测压仪表的零点调整或计算进行修正。如图2-29c所示，压力检测仪表检测的压力高于被测管道中的实际压力，可以将仪表示值减去取压口到仪表压力引入口的一段液柱压力。

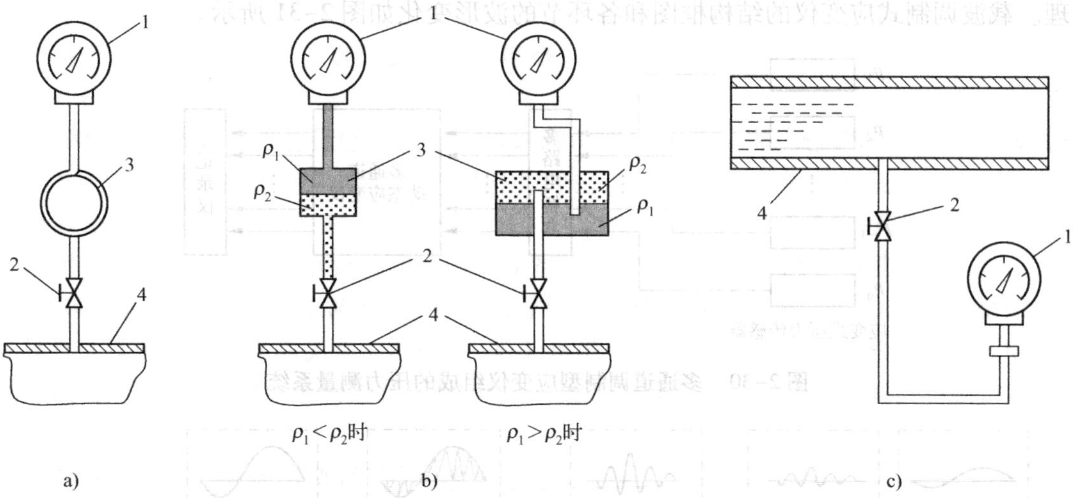

图 2-29　压力检测仪表的安装

a）测量蒸汽时　b）测量有腐蚀性介质时　c）压力表与取压点不在同一高度

1—压力表　2—切断阀　3—隔离阀　4—生产设备　ρ_1，ρ_2—隔离液和被测介质的密度

4）压力检测仪表的引入口的连接处要加密封垫片，以防泄漏。低于 80℃及 2MPa 以下压力时，一般采用石棉板或铝垫片；温度或压力更高时，采用退火紫铜或铝垫片；检测乙炔、氨介质压力时，则不能采用铜质垫片。

2.6　压力测量实例

通过前面的介绍，已经了解压力的主要检测方法和测压原理，其中电测法在工业生产中得到广泛应用。电气式压力检测系统一般由压力传感器、测量电路和显示装置组成。传感器感受被测压力的变化，经一次或多次转换为电量（如电阻、电容、电感、电荷等）的变化；测量电路对传感器的输出信号进行检测、放大、运算（如补偿、线性化）等处理，输出便于远传的电压、电流信号；显示装置指示或记录被测压力的数值。测量电路的种类和构成由传感器的类型以及检测系统而定，有的组装在传感器内部，有的独立于传感器和显示装置之外，有的与显示装置一起构成显示仪表。本节以应变式压力传感器和电容式压力传感器组成的测压系统为例，简述测压系统的构成及工作原理。

2.6.1　应变式压力测量系统

1. 系统组成

该系统由应变式压力传感器、多通道动态应变仪和记录仪组成，如图 2-30 所示，可以测量多路压力。应变式压力传感器将压力的变化转变为电阻的变化，经电桥转换为相应的电压信号再经动态应变仪加工处理，由记录仪记录。多路电桥盒与多通道动态应变仪配套使用，属于多通道动态应变仪的组成部分。

2. 应变仪结构框图及各环节的波形

该测量系统中采用交流应变电桥进行电阻－电压转换，使用载波调制式应变仪进行信号

度。CS2001 的默认增益为 −4（负号代表反相放大），R_1和 R_2的关系为 $R_2=4R_1$，例如可取为 $R_1=1.4\,\text{k}\Omega$、$R_2=5.6\,\text{k}\Omega$，允许 ±10% 的偏差。

3）失调电压调整。通过给 OFADJ 引脚提供一个偏置电压，即可调整输出端的失调电压。失调电压的调整范围为 0 ~ ±1 V（以 AGND 为参考端）。产生偏置电压的简单方法是在 U_{DD}和 U_{SS}之间接一只电位器，中间触点接 OFADJ 引脚。如果不需要调整，可将引脚 OFADJ 与 AGND 相连。

4）带宽调整。可以通过 U_M、CF 引脚之间外接电容 C_F设定 CS2001 内部一阶低通滤波器的上限频率。令带宽为 Δf_c（单位 Hz），则有

$$\Delta f_c=\frac{f_s}{8.7\times\left[(37+\frac{C_F}{C_0})-1\right]} \tag{2-56}$$

式中，f_s为内部环路的时钟频率，当 $U_{DD}-U_{SS}=5\,\text{V}$、环境温度为 25℃时，$f_s=57\,\text{kHz}$；$C_0$为传感器的标称电容量，通常认为 $C_1=C_2=C_0$，单位 pF。

（2）CS2001 芯片的典型应用

CS2001 的典型电路如图 2−33 所示。其中图 2−33b 为采用 ±2.5 V 的双电源与 CS2001 电源端子的接线图，图 2−33c 为采用 +5 V 单电源与 CS2001 电源端子的接线图，C_3、C_4为去耦电容。图 2−33a 中，C_F为调整带宽的电容，R_P为失调电压调整电位器，R_1、R_2为调整增益的电阻，输出电压从 U_O、AGND 引出。

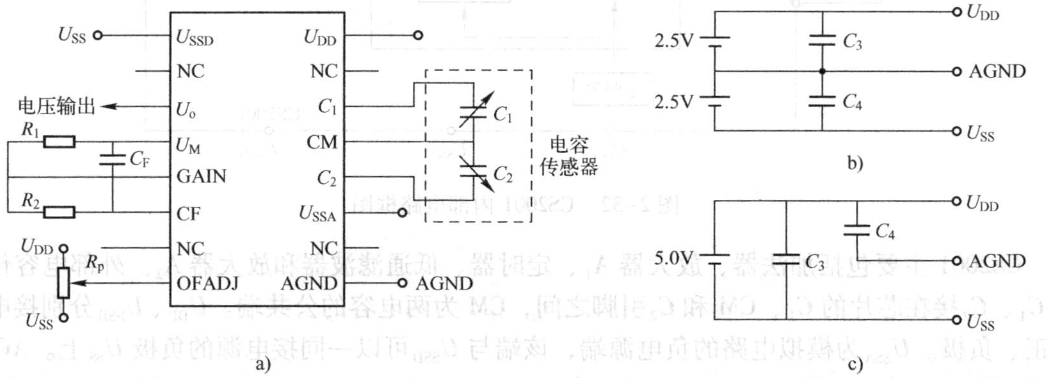

图 2−33　CS2001 典型电路

a）典型应用电路　b）双电源供电　c）单电源供电

2. 数值显示

将测量电路输出的电压信号输入到 A/D 转换器，A/D 转换值再送显示电路由显示器显示；也可以送数字电压表，显示相应的压力值。但需要注意测量电路的输出电压与 A/D 转换器或数字电压表的输入范围相匹配，否则需要对测量电路输出电压进一步处理，使得指示值与被测压力值一致。

随着电子技术的发展，单片机在检测仪表中得到广泛应用，可以利用软件对 A/D 转换值进行数据处理，如非线性补偿、标度变换等。

思考题与习题

2.1　什么是压力？表压、负压（真空度）与绝对压力有何关系？

2.2　某密闭容器顶部和底部的压力分别为 $-50\ \text{kPa}$ 和 $300\ \text{kPa}$，求该容器底部和顶部的绝对压力及差压。

2.3　压力的检测方法有哪几种？它们分别基于什么原理检测压力？

2.4　为什么液柱式斜管压力计能提高测压灵敏度？

2.5　液柱式压力计在使用中应注意哪些问题？适用于什么场合？

2.6　常用的弹性感压元件有哪几类？各有什么特点？

2.7　简述影响弹性元件测压性能的因素，说明弹性元件材料的选择原则。

2.8　简述弹簧管压力表的工作原理及各组成部分的作用。

2.9　什么是金属导体的电阻应变效应？应变片由哪几部分构成？各部分有何作用？

2.10　简述应变式压力传感器的原理，说明金属应变片与半导体应变片工作原理的区别。

2.11　应变式或压阻式压力传感器，在测量电路中为什么常用差动电桥检测电路？

2.12　硅杯膜片压阻元件在结构上有何特点？集成压阻式压力传感器为什么有广泛的应用前景？

2.13　什么是压电效应？石英晶体与压电陶瓷的压电机理有何不同？

2.14　压电式压力传感器适用于什么场合？为什么？

2.15　电容式压力传感器中的电容元件通常采用哪两种结构形式？简述其原理。

2.16　为什么变极距型差动电容元件能减少非线性误差？

2.17　影响电容式压力传感器测压性能的因素有哪些？可以采用哪些措施减小它们的影响？

2.18　已知球－平面电容式差压变送器的输出电流

$$I=\frac{C_L-C_H}{C_L+C_H}I_C$$

式中，I_C 为恒流源。传感器的结构原理如习题图 2-18 所示，中间的平板测量膜片为动电极，两侧的球面形电极为固定电极。测量膜片的位移 x 与差压成正比即

$$x=k_y(p_H-p_L)$$

式中，k_y 为比例系数。试证明变送器的输出电流 I 与差压 $\Delta p=p_H-p_L$ 之间成正比（球面－平面电容器忽略边缘效应可近似为平板电容器）。

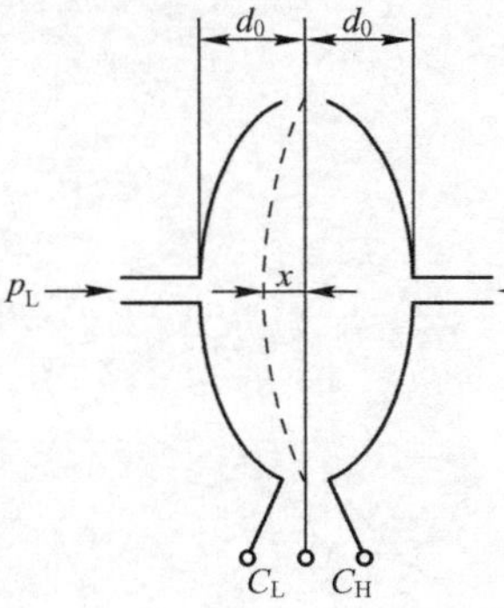

图 2-34　题 2.18 图

2.19　什么是霍尔效应？为什么不采用金属导体制作霍尔元件？

2.20　霍尔元件基本特性参数有哪些？与霍尔式压力传感器配合使用的测量电路应考虑哪些问题？

2.21　自感式和互感式压力传感器在测量原理上有何不同？为什么大多采用差动结构？

2.22　某空气压缩机的压力缓冲器，工作压力波动较大，其工作压力范围为 1.1 ~

1.6 MPa，准备选择就地指示的弹簧管压力表，要求测量误差不超过罐内压力的 ±5%。请选择压力表的测量范围和准确度等级。

2.23　有一只测量范围为 0 ~ 1.6 MPa、1.5 级的压力检测仪表，校验数据如下：

行程方向	正行程校验					反行程校验				
被校表示值/MPa	0.0	0.4	0.8	1.2	1.6	1.6	1.2	0.8	0.4	0.0
标准表示值/MPa	0.000	0.385	0.790	1.210	1.595	1.595	1.215	0.810	0.405	0.000

问这只被校表的基本误差是否合格？并说明理由。有一储罐的工作压力为 0.8 ~ 1.0 MPa，要求测量误差不大于罐内压力的 ±4%，问这只被校表能否用于该罐的压力测量？并说明理由。

2.24　压力检测仪表的安装应注意哪些问题？

2.25　用某一压力检测仪表测量水蒸气管道内的压力，引压管路不采用伴热保温措施，问取压口应在管道横截面的哪一部位？为什么？压力表低于管道安装，已知取压口和仪表引压口的标高为 6 m 和 1.6 m，水蒸气冷凝水的密度为 966 $kg \cdot m^{-3}$，当地重力加速度为 9.8 $m \cdot s^{-2}$，若以表示值为 0.7 MPa，求水蒸气管道内的实际压力。

第3章 温度测量

温度是国际单位制中7个基本物理量之一，自然界中任何物理化学过程都与温度有关。在国民经济各领域，如电力、化工、机械、冶金、农业，乃至国防、航空等，温度的检测与控制均占有重要地位。

3.1 温标及温度检测方法

温度是表征物体或系统冷热程度的物理量。从分子物理学角度来看，它与大量分子的平均动能相联系，反映物体内部分子无规则运动的剧烈程度；从能量角度来看，它是描述不同自由度之间能量分配状态的物理量，是决定一个系统是否与其他系统处于热平衡状态的宏观性质。

3.1.1 温标与温标的传递

1. 温标

为了保证温度量值的统一和准确，必须建立衡量温度高低的标准尺度，即温度数值化的标尺，简称为温标。它主要包括两方面，一是给出温度数值化的规则和方法，如温度的起点（零点）、温度固定点；二是给出温度的测量单位。随着人们认识的深入，温标在不断发展和完善。

（1）经验温标

借助于某种物质的物理量与温度之间的关系，用经验方法或经验公式所确定的温标称为经验温标，历史上影响较大的有华氏温标、列氏温标和摄氏温标。

1）华氏温标。华氏温标最先由德国物理学家华特海伦（Fahrenheit）在1714年提出，将氯化铵、冰和水混合物的平衡温度定为0度，人体的温度定为100度；两温度固定点之间进行100等分，并以水银体积随温度变化的性质制作了华氏温度计。后来经过修正，规定在标准大气压下水的冰点为32度、沸点为212度；两温度固定点之间进行180等分，每1等分为1华氏温度，单位用符号℉表示。华氏温度在我国早已淘汰，目前欧美国家在商业及日常生活中经常使用。

2）列氏温标。列氏温标规定，在标准大气压下水的冰点为0度、沸点为80度，两温度固定点之间进行80等分，每1等分为1列氏度，单位用符号°R表示。该温标由法国物理学家列奥米尔（Reaumur）于1731年提出，并用水和酒精的混合液（1/5的水）制作了列氏温度计。当时在欧洲有很大影响，后来被摄氏温标所取代，但是目前还有少数国家仍在沿用列氏温度。

3）摄氏温标。摄氏温标规定，在标准大气压下水的冰点为0度、沸点为100度；两温度固定点之间进行100等分，每1等分为1摄氏度，单位用符号℃表示。该温标由瑞典天文学家摄尔西斯（Celsius）提出，并利用水银随温度升高体积膨胀原理制成了摄氏温度计。虽然摄氏温标不是国际统一规定的温标，但是世界上绝大多数国家仍在使用摄氏温度，它只是与国际实用温标相对应的习惯用法。目前摄氏温度是我国工业温度检测中通用的计量单位。

摄氏、华氏、列氏温度之间有下列换算关系

$$C=\frac{5}{9}(F-32)=\frac{5}{4}R \tag{3-1}$$

式中，C 为摄氏温度值；F 为华氏温度值；R 为列氏温度值。

由式（3-1）可见，采用不同的经验温标所确定的温度数值不同；各种经验温标都是以特定液体受热膨胀的性质建立温标和制作温度计，具有一定的任意性，并不能保证世界各国所采用的温度单位完全一致；经验温标的温度固定点少、测温范围窄，不能满足科学发展需要。因此经验温标难以统一，都不是国际规定的统一温标。

（2）热力学温标

1848年热力学第二定律创始人开尔文（Kelvin），首先提出将温度数值与理想热机的效率相联系，以卡诺循环的热量交换作为测量温度的依据，建立一种与测温介质无关（不与某一特定温度计相联系）的热力学温标，又称开尔文温标。

根据热力学第二定律（卡诺定理），如果温度为 T_1 的热源与温度为 T_2 的冷源之间实现卡诺循环，则有下列关系

$$\frac{T_1}{T_2}=\frac{Q_1}{Q_2} \tag{3-2}$$

式中，Q_1 为温度为 T_1 热源传递给卡诺热机的热量；Q_2 为卡诺热机递给温度为 T_2 冷源的热量。

在式（3-2）中如果规定某一条件，就可以通过卡诺循环中传递的热量来确定温度。热力学温标规定，水的三相点（固、液、气三相并存）的温度值为273.16；取1/273.16为1度，单位为开尔文，用符号K表示。于是形成了完整的热力学温标，如果式（3-2）中的 T_2 为水的三相点温度，则有

$$T=273.16\frac{Q_1}{Q_2} \tag{3-3}$$

显然，基于热力学第二定律的热力学温标与实现它的工作介质无关，只与传递的热量有关。因此不会因为选用测温介质的不同引起温标的差异，所以热力学温标确定的热力学温度成为世界公认的理想温度数值。但是热力学第二定律中实现卡诺循环的理想热机并不存在，所以热力学温标是一种科学的理想温标，难以实现。

（3）国际温标

为了解决国际上温度标准的统一和实际应用问题，1927年第七届国际计量大会协商决定，建立一种既能体现热力学温度（即保持一定的准确性），又能方便使用、容易实现的国

际实用温标（IPTS），简称为国际温标（ITS）。确立了国际温标的三个原则，一是尽可能地接近热力学温标；二是温标复现的准确度高，确保世界各国温度量值的统一；三是用于复现温标的基准温度计性能稳定、使用方便。

国际温标由三部分组成（即国际温标的三要素），一是定义了某些纯物质各相（态）可以复现的温度固定点，作为温标的基准点；二是规定了不同温区的基准仪器；三是确定了相邻温度固定点之间的内插公式，建立基准仪器示值与国际温标数值之间的关系。随着科学技术的发展，温度固定点数值与基准仪器的准确度越来越高，内插公式的准确度也在不断提高，因此国际温标在不断更新和完善。自 1927 年以来已经多次修改，相继有 ITS－48、ITS－68、ITS－90，但是国际温标的基本原则和建立方法一直保持不变。

根据国际温标的规定，热力学温度是基本温度，用符号 T 表示；基本单位为开尔文，用符号 K 表示，1 K 等于水三相点的 1/273. 16。并规定可以同时使用国际摄氏温度，用符号 t 表示；单位为摄氏度，用符号℃表示；将比水三相点温度低 0. 01 K（即在标准大气压下水的冰点）的温度数值定义为摄氏 0 度，摄氏温度与热力学温度之间的关系为

$$t = T - 273.15 \tag{3-4}$$

这里的摄氏温度与原始的摄氏温度不同，它与国际温标相对应，每一摄氏度与每一开尔文的量值相同。

ITS－90 是 1989 年 9 月由国际计量委员会（CIPM）批准的新温标。定义的固定温度点增多，由 ITS－68 的 11 个增加到 17 个；温标的温度范围进一步扩大，下限温度由 ITS－68 的 13. 81 K 下延至 0. 65 K，上限温度延伸到单色辐射的普朗克定律实际可以测得的最高温度；取消了不确定度较大的铂铑－铂热电偶基准温度计，以准确度更高的铂电阻基准温度计取代；对整个温标范围划分的四区段、基准温度计和内插公式进行了修改和补充。我国自 1994 年 1 月 1 日全面实行 ITS－90。

2. 温标的传递

采用国际温标的国家大多有一个研究机构按照国际温标的要求，建立温标定义的温度固定点及一整套基准温度计复现国际温标。通过一整套标定系统，定期将基准温度计的数值逐级传递到实际使用中的各种测温仪表，这就是温标的传递。

我国由国家技术监督局负责建立国家基准器来复现国际温标，并逐级向各省、市、区计量机构及厂矿企业进行温标传递。按照测温准确度的差别和用途温度计量仪表有三类。

（1）基准温度计

以现代科学水平所能达到的最高准确度来复现和保存国际温标数值的温度计称为基准温度计。分为国家基准和工作基准，均保存在中国计量科学研究院。国家基准温度计一般不使用，工作基准温度计由国家基准复制而来，用于一级标准温度计的标定对比。

（2）标准温度计

以限定准确度等级进行温度量值传递的温度计称为标准温度计，根据准确度等级的不同分为一级标准温度计和二级标准温度计。一级标准温度计保存在省、市级计量部门，主要用于二级标准温度计的定期标定对比；二级标准温度计保存在一般应用单位（县市级计量机构及大型工业温度仪表生产企业），用于工业温度仪表的检定对比。标准温度计一般不允许做其他应用。

(3) 工业温度计

工农业生产和科学研究测试中使用的一般温度测量仪表称为工业温度计。工业温度检测仪表又分为若干个准确度等级。各种工业温度计出厂前均按温标传递系统的要求进行检定，符合要求的方可出厂。使用中的温度检测仪表需要定期检定或校验。

3.1.2 温度检测的方法

温度的高低反映了物体的冷热程度，是物体大量分子平均动能的量度，因此温度不能直接测量，只能借助于冷热不同物体之间的热交换（对流、传导、辐射）以及物体某些物理性质随温度变化的特性进行间接测量。根据温度检测仪表的检测元件是否与被测介质或被测物体接触，分为接触式测温和非接触式测温两大类。

1. 接触式测温

任意两个温度不同的物体相接触，一定产生热交换现象，热量由高温物体传向低温物体，直至热平衡为止，达到热平衡状态时二者温度相等。接触式测温仪表利用这一原理，将温度检测元件与被测介质或物体相接触并进行热交换，通过测量感温元件的某一物理量，得到被测介质或物体的温度数值。为了保证准确测量，感温元件的特定物理量必须连续、单值地随温度变化，并有良好的复现性。

接触式温度检测仪表根据原理的不同，主要有基于物体受热体积膨胀或长度伸缩的膨胀式温度检测仪表（如玻璃管水银温度计、压力温度计、双金属温度计）；基于热电效应以及PN结温度特性的热电式温度检测仪表（如热电偶温度计、集成温度传感器）；基于金属导体或半导体的电阻值随温度变化的电阻式温度检测仪表。

接触式温度检测仪表具有直观、简单、可靠、准确度高的优点，得到了广泛应用。但是由于检测元件与被测介质必须充分热交换，需要一定的时间才能达到热平衡，会存在一定的测量滞后，如果接触不良会带来较大的测量误差；对于热容量较小的被测对象，因传热破坏被测物体的原有温度场；测量上限受到感温元件耐热性能的限制，不能用于很高温度的检测，且高温和腐蚀性介质对感温元件的性能和寿命产生不利影响；对运动状态的固体测温困难较大。

2. 非接触式测温

非接触式测温是利用物体的热辐射特性与温度之间的对应关系，通过被测物体与检测元件之间的热辐射作用进行测温，主要有光学高温计（即亮度温度计）、全辐射温度计、比色温度计等。

非接触式测温的主要优点是检测元件不与被测物体接触，而是通过被测物体的热辐射与检测元件进行热交换，不会破坏被测对象的温度场；可以测量高温、腐蚀、有毒、移动物体及液体或固体的表面温度，还可以通过扫描方法测量物体的表面温度分布；滞后小（可达1ms）、测温速度快，理论上不受温度上限的限制。但是由于受到物体辐射发射率（黑度系数）、物体与检测元件的距离、烟尘和水蒸气等其他介质的影响，其测温准确度不高（一般在±1%以下），常用于检测1000℃以上的高温。

各种温度检测仪表有各自的特点和测温范围，其类型、原理、性能及特点详见表3-1。

表 3-1　主要温度检测仪表的分类、性能及特点

测温方式	类别与典型仪表		测温原理	测温范围/℃	准确度范围	特　点
接触式	膨胀式	玻璃管液体温度计	液体受热膨胀，体积量随温度变化	−200~600，一般−80~600	0.1~2.5	结构简单、读数方便；水银温度计准确度高；信号不能远传，易损
		压力温度计	气（汽）体、液体在定容条件下，压力随温度变化	0~600，一般0~300	1.0~2.5	结构简单可靠，远传距离小于50 m；准确度低，受环境温度影响较大
		双金属温度计	固体热膨胀形变量随温度变化	−100~600，一般−80~600	1.0~2.5	结构紧凑、牢固可靠，读数方便；准确度较低，信号不能远传
	电阻式	金属热电阻	金属导体电阻值随温度变化	−258~1200，一般−100~600	0.1~0.5	准确度高、便于远传；需外加激励；必须注意环境温度的影响
		半导体热敏电阻	半导体电阻值随温度变化	−50~300	0.5~2.0	灵敏度高、体积小、响应快、线性差、互换性较差；需注意环境温度的影响
	热电式	热电偶	热电效应	−269~2800，一般−200~1600	0.2~1.0	测温范围大、准确度高、信号便于远传；需冷端温度补偿；低温测量准确度较差
		集成温度传感器	PN结的温度效应	−50~150	0.5~1.0	体积小、结构简单、价格低廉；灵敏度高、线性好、响应快、互换性好
非接触式	热辐射	光学高温计 光电温度计	物体单色辐射强度及亮度随温度变化	200~3200，一般600~2400	1.0~1.5	不干扰温度场、响应快、测温范围大、可测运动物体的温度；受被测物体辐射发射率及外界环境因素的影响，引起测量误差；标定困难
		全辐射温度计	物体全辐射能量随温度变化	100~3200，一般400~2000	1.5	
		比色温度计	物体在两个波长的光谱辐射亮度之比随温度变化	400~3200，一般400~2000	1.0	

3.2　热电偶测温

热电偶是工业生产和科研领域应用极为广泛的接触式温度检测元件，以热电效应为基础，将被测温度的变化转变为热电势输出。它结构简单、使用方便、性能稳定、工作可靠，测温准确度较高；测温范围宽，可以检测−200~1600℃，特殊热电偶可测至2800℃的高温或4 K的低温；信号便于远传、自动记录和集中控制。

3.2.1　热电偶测温原理

1. 热电效应

热电偶测温基于1821年塞贝克（Seebeck）发现的热电效应原理。将两种不同材料的导体A、B连接成如图3-1所示的闭合回路，如果两接点的温度不同（$t \neq t_0$），则在该回

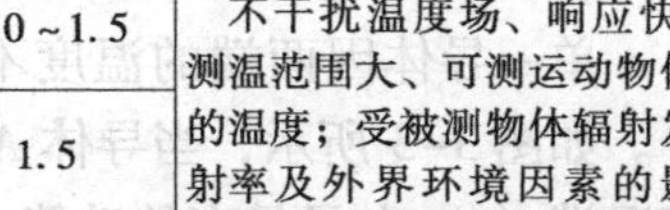

图3-1　热电效应

路内产生热电动势简称为热电势，这种物理现象称为热电效应。材料 A、B 称为热电极，两个热电极的组合称为热电偶。两接点中，一端称为热端（也称工作端或测量端），测温时置于热源中感受被测温度的变化；另一端称为冷端（也称自由端或参比端）。热电偶回路的热电势由接触电势和温差电势组成，热电势的大小与两种热电极材料的性质和两端温度有关。

（1）接触电势

两种不同材料的导体由于电子密度不同，在接触面上产生的电势称为接触电势，也称珀尔贴（Peltier）电势。自由电子密度为 N_A 和 N_B 的两种导体 A、B 相互接触时，会产生电子扩散现象，如图 3-2 所示，其电子的扩散速率与两种导体的自由电子密度有关并与接触区的温度成正比。设 $N_A > N_B$，则在接触面上单位时间内由 A 扩散到 B 的电子数必然多于由 B 扩散到 A 的电子数，使导体 A 失去电子带正电，导体 B 得到电子带负电，在接触面上形成由 A 指向 B 的静电场。该电场又阻碍电子的继续扩散，同时加速电子向相反的方向运动，最后达到动态平衡，在接触区产生稳定的电位差即接触电势，计作 $e_{AB}(t)$，其大小可表示为

$$e_{AB}(t) = \frac{kT}{e}\ln\frac{N_A}{N_B} \tag{3-5}$$

式中，k 为波尔兹曼常数，为 1.38×10^{-23} J/K；e 为电子电荷量，为 1.6×10^{-9} C；t、Tt 为接触面（点）的温度，℃；T 对应的绝对温度，K；N_A、N_B 为在温度为 t℃时导体 A 和导体 B 的电子密度。

接触电势只与两导体材料的性质和接触点温度有关。当两导体的材料一定时，则接触电势仅与接触点的温度有关，温度越高接触电势越大。

（2）温差电势

单一导体因两端的温度不同而产生的电势称为温差电势，也称汤姆逊（Thomson）电势。如图 3-3 所示，当导体 A 两端温度不同，由于存在温度梯度，改变了电子的能量分布。高温端（t）电子具有的动能大于低温端（t_0）电子的动能，单位时间内从高温端扩散到低温端的电子数多于从低温端扩散到高温端的电子数，使高温端失去电子带正电，低温端获得电子带负电，形成由高温端指向低温端的静电场，同时加速低温端电子向高温端迁移，最后达到动态平衡，在高、低温端产生稳定的电位差即温差电势，计作 $e_A(t,t_0)$，其大小可表示为

$$e_A(t,t_0) = \int_{t_0}^{t}\sigma_A \mathrm{d}t \tag{3-6}$$

式中，σ_A 为导体 A 的汤姆逊系数，它表示两端温差为 1℃时产生的温差电势，当材料一定时它是一个常数。

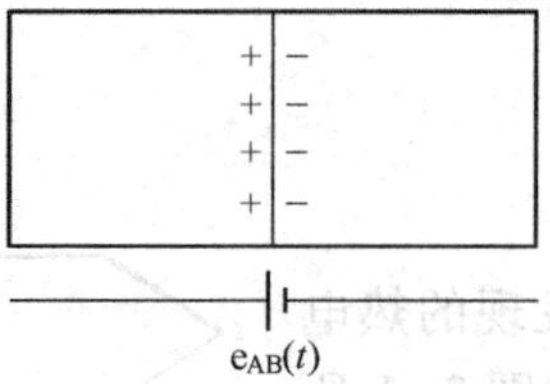

图 3-2　接触电势

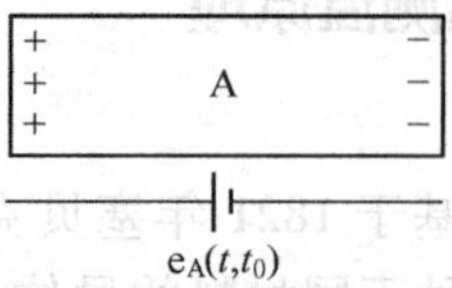

图 3-3　温差电势

由式（3-6）可知，温差电势的大小与导体材料的性质和两端的温度有关，而与导体的长度、截面积及沿导体长度方向上的温度分布无关。当导体材料一定时，只与导体两端温度有关。

（3）回路热电势

如图 3-4 所示，由 A、B 组成的热电偶闭合回路，当 $t>t_0$、$N_A>N_B$ 时，回路中包含两个接触电势 $e_{AB}(t)$、$e_{AB}(t_0)$，和两个温差电势 $e_A(t,t_0)$、$e_B(t,t_0)$。则回路总的热电势 $E_{AB}(t,t_0)$为

$$E_{AB}(t,t_0) = e_{AB}(t) - e_{AB}(t_0) + [e_B(t,t_0) - e_A(t,t_0)]$$

$$= \frac{kT}{e}\ln\frac{N_{At}}{N_{Bt}} - \frac{kT_0}{e}\ln\frac{N_{At_0}}{N_{Bt_0}} + \int_{t_0}^{t}(\sigma_B - \sigma_A)dt \tag{3-7}$$

式中，N_{At}、N_{At_0}为导体 A 在端点温度为 t 和 t_0 时的电子密度；N_{Bt}、N_{Bt_0}为导体 B 在端点温度为 t 和 t_0 时的电子密度；σ_A、σ_B 为导体 A 和 B 的汤姆逊系数。

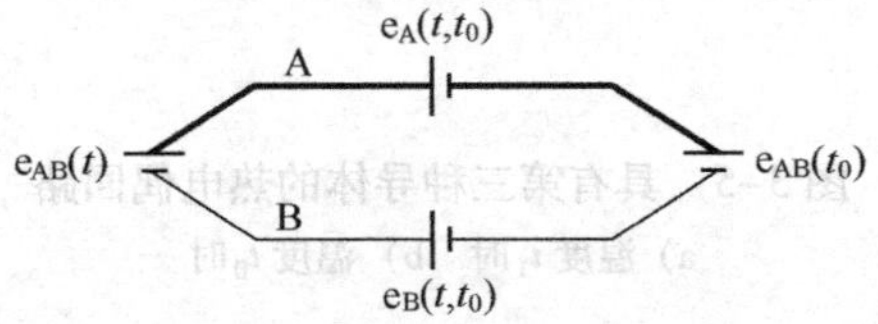

图 3-4　热电偶回路的总电势

式中下标 AB 的顺序表示热电势的方向，由于单一导体的温差电势远远小于接触电势，因此回路总电势 $E_{AB}(t,t_0)$的方向取决于 $e_{AB}(t)$的方向。A 表示正极（电子密度大的材料），B 表示负极（电子密度小的材料）；t 表示热端温度，t_0 表示冷端温度。如果下标的顺序改变，则热电势前面的符号应随之改变，即

$$e_{AB}(t) = -e_{BA}(t) \tag{3-8}$$

$$E_{AB}(t,t_0) = -E_{BA}(t,t_0) = -E_{AB}(t_0,t) \tag{3-9}$$

由式（3-7）可以得出热电偶回路的几点重要结论如下。

1）如果组成热电偶的两个热电极材料相同，无论两端点的温度是否相等，回路总电势为零。因此热电偶必须采用不同的材料作为热电极。

2）如果热电偶的两端点温度相等，尽管两热电极材料不同，回路总电势也为零。

3）热电偶回路总电势值与两热电极的材料和两端点温度有关，而与热电极的粗细和中间温度无关。两种不同材料组成的热电偶，在材料确定且冷端温度恒定时，回路热电势是热端温度的单值函数，这就是热电偶测温的理论依据。

2. 热电偶基本定律

（1）中间导线定律

图 3-4 所示的热电偶回路，将温度转变为热电势，为了测量热电势必然要引入第三种导体的导线与显示仪表（或变送器）构成闭合回路，且第三种导体的引入又有了新的接点，如图 3-5 所示。那么第三种导体的引入会不会影响原有热电势呢？

对于图 3-5a 的情形，暂不考虑显示仪表，回路的总电势为

$$E_{ABC}(t,t_1,t_0) = e_{AB}(t) + e_B(t,t_1) + e_{BC}(t_1) + e_C(t_1,t_1) + e_{CB}(t_1) + e_B(t_1,t_0) + e_{BA}(t_0) + e_A(t_0,t) \tag{3-10}$$

根据温差电势和接触电势的定义

$$e_c(t_1,t_1)=0,\ e_{BA}(t_0)=-e_{AB}(t_0),\ e_{BC}(t_1)=-e_{CB}(t_1)$$

$$e_B(t,t_1)+e_B(t_1,t_0)=e_B(t,t_0)$$

因此式（3-10）可整理为

$$E_{ABC}(t,t_1,t_0)=e_{AB}(t)+e_B(t,t_0)-e_{AB}(t_0)-e_A(t,t_0)=E_{AB}(t,t_0) \tag{3-11}$$

可见式（3-11）与式（3-7）完全相同。说明对于图3-5a的情形，只要第三种导体两个连接点的温度保持相同（均为t_1），不会改变原有的热电势。同理可以证明图3-5b的情形，只有保证第三种导体两连接点的温度相同（均为t_0），回路的总电势保持不变。

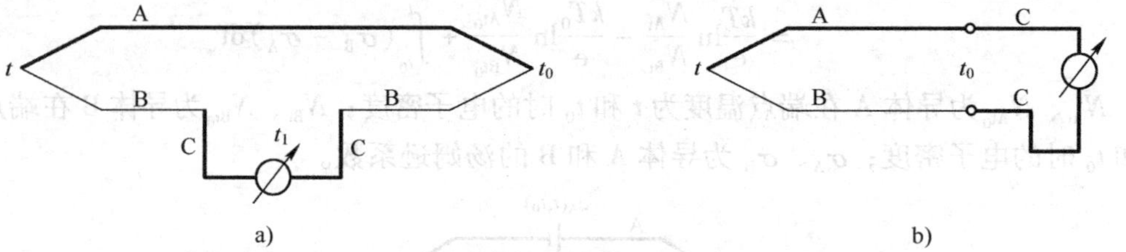

图3-5　具有第三种导体的热电偶回路

a）温度t_1时　b）温度t_0时

可以得出结论，在导体A、B组成的热电偶回路中接入第三种导体，只要第三种导体的两端点温度相等，则第三种导体的引入不会影响热电偶的热电势，即回路总电势与第三种导体无关，这就是热电偶的中间导线定律。根据此定律，如果在回路中引入多种其他导体只要保证它们各自两端的温度相同，均不会影响原热电偶的热电势，在回路中可以方便地连接各种导线、显示仪表或变送器。

（2）中间温度定律

如图3-6所示的热电偶回路，两端温度分别为t、t_0，如果中间有某一温度t_n，则热电势

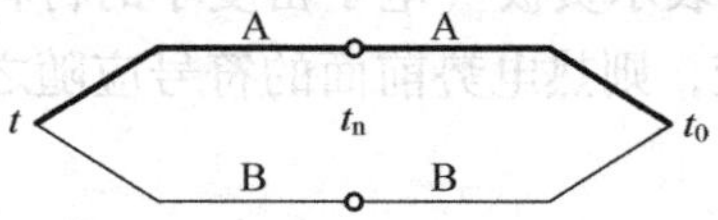

图3-6　中间温度定律

$$\begin{aligned}E_{AB}(t,t_0)&=e_{AB}(t)+e_B(t,t_n)+e_B(t_n,t_0)-e_{AB}(t_0)-e_A(t_n,t_0)-e_A(t,t_n)\\&=[e_{AB}(t)-e_{AB}(t_n)+e_B(t,t_n)-e_A(t,t_n)]\\&\quad+[e_{AB}(t_n)-e_{AB}(t_0)+e_B(t_n,t_0)-e_B(t_n,t_0)]\\&=E_{AB}(t,t_n)+E_{AB}(t_n,t_0)\end{aligned} \tag{3-12}$$

上式表明，在热电偶两端温度为t、t_0时的热电势等于该热电偶在两端温度为t、t_n和t_n、t_0时的热电势之和，这就是热电偶中间温度定律。

在热电偶两电极材料确定的情况下，热电势是两端温度t、t_0的二元函数，要将对应各种（t，t_0）温度下的热电势-温度关系列成表格难以实现。热电偶中间温度定律为制定分度表提供了理论依据，只要给出冷端温度为0℃时热电势与热端温度t之间的对应关系，就可以根据式（3-12）求得不同冷端温度时的热电势，即

$$E_{AB}(t,t_0)=E_{AB}(t,0)+E_{AB}(0,t_0)=E_{AB}(t,0)-E_{AB}(t_0,0) \tag{3-13}$$

根据热电偶中间温度定律，可以解决热电偶回路热电极的中间连接问题，如图3-7所示。如果A′与A、B′与B在（t_n，t_0）内热电特性相同，则回路热电势为

$$E_{ABB'A'}(t,t_n,t_0)=E_{AB}(t,t_n)+E_{A'B'}(t_n,t_0)=E_{AB}(t,t_0) \tag{3-14}$$

因此在实际测温中按照现场情况，可以连接在（t_n，t_0）范围内热电特性相同且廉价的 A'、B'，起到延长热电极的作用，以适应不同的安装要求。

(3) 标准电极定律

如果导体 A、B 分别与第三种导体 C 组成热电偶，它们的热端温度均为 t，冷端温度均为 t_0，则由 A、B 导体组成的热电偶产生的热电势等于 A、C 热电偶和 C、B 热电偶的热电势之和，即

$$E_{AB}(t,t_0)=E_{AC}(t,t_0)+E_{CB}(t,t_0) \tag{3-15}$$

这一定律称为热电偶的标准电极定律。

三种导体分别组成的热电偶如图 3-8 所示。对于 A、B 组成的热电偶有

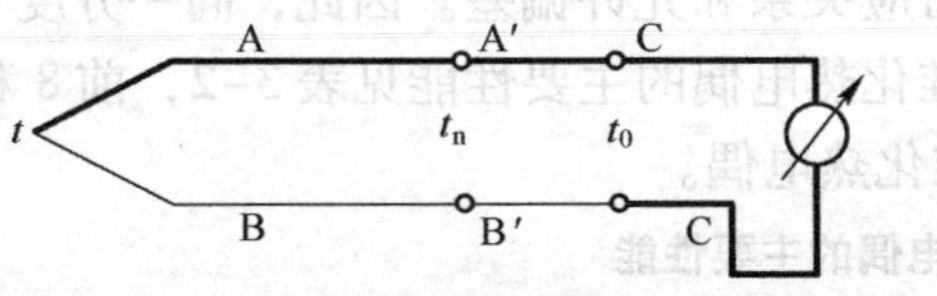

图 3-7　中间温度回路

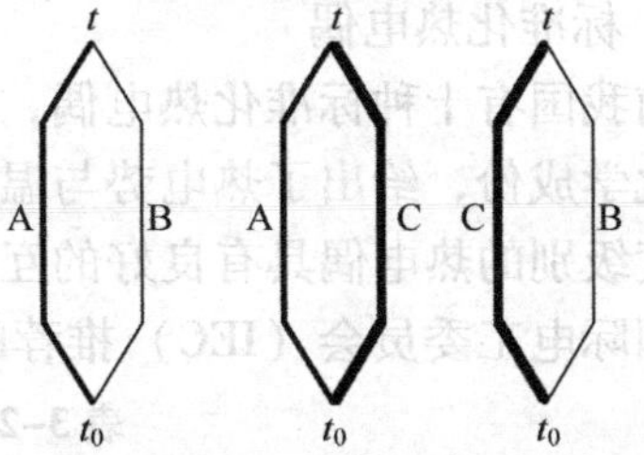

图 3-8　三种导体分别组成的热电偶

$$E_{AB}(t,t_0) = e_{AB}(t) - e_{AB}(t_0) + \int_{t_0}^{t}(\sigma_B - \sigma_A)dt$$

对于 A、C 组成的热电偶有

$$E_{AC}(t,t_0) = e_{AC}(t) - e_{AC}(t_0) + \int_{t_0}^{t}(\sigma_C - \sigma_A)dt$$

对于 C、B 组成的热电偶有

$$E_{CB}(t,t_0) = e_{CB}(t) - e_{CB}(t_0) + \int_{t_0}^{t}(\sigma_B - \sigma_C)dt$$

所以 $E_{AC}(t,t_0)+E_{CB}(t,t_0)$

$$= \frac{kt}{e}\ln\frac{N_{At}}{N_{Ct}} - \frac{kt_0}{e}\ln\frac{N_{At_0}}{N_{Ct_0}} + \frac{kt}{e}\ln\frac{N_{Ct}}{N_{Bt}} - \frac{kt_0}{e}\ln\frac{N_{Ct_0}}{N_{Bt_0}} + \int_{t_0}^{t}(\sigma_B - \sigma_A)dt$$

$$= \frac{kt}{e}\ln\frac{N_{At}}{N_{Bt}} - \frac{kt_0}{e}\ln\frac{N_{At_0}}{N_{Bt_0}} + \int_{t_0}^{t}(\sigma_B - \sigma_A)dt$$

$$= e_{AB}(t) - e_{AB}(t_0) + \int_{t_0}^{t}(\sigma_B - \sigma_A)dt$$

$$= E_{AB}(t,t_0)$$

导体 C 称为标准电极，因金属铂材料容易提纯、物理化学性能稳定、熔点高，因此常用纯铂丝作为标准电极。热电偶的标准电极定律大大简化了热电偶的选配工作，只要知道某些材料与标准电极组成热电偶的热电势，就可以根据式（3-15）计算出任何两种材料组成热电偶的热电势。

3.2.2　热电偶的材料与结构

1. 热电偶的材料

理论上任何两种不同材料的导体均可以组成热电偶，但是作为实用的热电偶温度检测元

件，为了保证测温准确度，对组成热电偶的电极材料需要严格选择。

（1）对热电极材料的要求

对组成热电偶的热电极材料应该满足一定的要求。热电极的物理化学性能稳定，即在测温范围内的热电特性不随时间变化；电导率高，电阻温度系数小；所组成热电偶的热电势随温度的变化率大（灵敏度高），且在测温范围内尽可能为线性关系；材质均匀、机械强度高，柔性好、易于加工成丝；复现性好，即同种材料制成的热电偶其热电特性相同，便于批量生产和互换。

但完全满足上述所有要求的材料很难找到，一般根据不同测温范围选用适当的热电极材料。在我国工业温度检测中使用的热电偶分为标准化热电偶和非标准化热电偶。

（2）标准化热电偶

目前我国有十种标准化热电偶，国家对它们制定了统一标准，规定了各热电偶的热电极材料及化学成份，给出了热电势与温度之间的对应关系和允许偏差。因此，同一分度号、同一准确度级别的热电偶具有良好的互换性。标准化热电偶的主要性能见表3-2，前8种是我国采用国际电工委员会（IEC）推荐的国际标准化热电偶。

表3-2　标准化热电偶的主要性能

热电偶名称	分度号	允许偏差/℃			测量范围/℃		使用环境
		Ⅰ级	Ⅱ级	Ⅲ级	长期	短期	
铂铑$_{10}$—铂	S	0~1100，±1；1100~1600，1+(t−1100)0.3%	0~600，±1.5；600~1600，±0.25%t	—	0~1350	1600	O、N
铂铑$_{13}$—铂	R				0~1400	1600	
铂铑$_{30}$—铂铑$_{6}$	B	—	600~1700，±0.25%t	600~800，±4；600~1700，±0.5%t	0~1600	1800	
镍铬—镍硅	K	−40~375，±1.5；375~1000，±0.4%t	−40~333，±2.5；333~1200，±0.75%t	−167~40，±2.5；−200~−167，±1.5% $\lvert t\rvert$	−200~1100	1300	
镍铬硅—镍硅	N				−200~1200	1300	
镍铬—康铜	E	−40~375，±1.5；375~800，±0.4%t	−40~333，±2.5；333~900，±0.75%t	−167~40，±2.5；−200~−167，±1.5% $\lvert t\rvert$	−200~750	870	
铁—康铜	J	−40~375，±1.5；375~750，±0.4%t	−40~333，±2.5；333~750，±0.75%t	—	−40~700	750	O、N、R、V
铜—康铜	T	−40~125，±0.5；125~350，±0.4%t	−40~133，±1；133~350，±0.75%t	−67~40，±1；−200~−67，±1.5% $\lvert t\rvert$	−200~300	350	
钨铼$_{3}$—钨铼$_{25}$	WRe_3—WRe_{25}	—	—	0~400，±4；400~2300，±1%t	0~2000	2300	N、V
钨铼$_{5}$—钨铼$_{26}$	WRe_5—WRe_{26}						

说明：使用环境 O—为氧化性介质，N—为中性介质，R—为还原性介质，V—为真空；

热电偶名称中的电极材料，前者为正极，后者为负极。

1）铂铑$_{10}$—铂热电偶（S）。它是以铂铑$_{10}$（铂90%，铑10%）合金为正极、纯铂为负极构成的贵金属热电偶，分度号为S。这两种金属都容易提纯，物理化学性能稳定；复现性好，测量准确度高；耐高温且不易氧化，适宜在氧化性或中性介质中使用；测温范围宽，可在0～1350℃范围内长期使用，短期可达到1600℃。在所有热电偶中它的测量准确度最高，常用于温度的精密检测。它的主要缺点是热电势较小（温度灵敏度低），热电特性的非线性较大；在高温还原性介质中（如氢气、一氧化碳等）容易被侵蚀和污染变质，改变原有热电特性。

2）铂铑$_{30}$—铂铑$_6$热电偶（B）。它是以铂铑$_{30}$（铂70%，铑30%）合金为正极、铂铑$_6$（铂94%，铑6%）合金为负极构成的贵金属热电偶，是一种典型的高温热电偶，分度号为B。它的热电特性在高温下更稳定；适宜在氧化性或中性介质中使用，真空中可短暂使用；测温范围宽，可在0～1600℃范围内长期使用，短期可达到1800℃。它的主要缺点是热电势较小，在所有标准化热电偶中灵敏度最低，一般不在200℃以下使用，冷端在100℃以下时可以不进行冷端温度补偿；在高温还原性介质中，容易被侵蚀和污染变质。

3）镍铬—镍硅热电偶（K）。这种热电偶以正极为90%的镍、9%～10%的铬、0.4%的硅，负极为97%的镍、2%～3%的硅构成，分度号为K，属于廉价金属热电偶。因正负极均含有镍，故抗氧化性、抗腐蚀性较好，在500℃以下可用于氧化性和还原性介质，500℃以上宜在氧化性介质和中性介质中使用；热电势大（温度灵敏度高），比S分度号热电偶高出3～4倍，热电特性近似为线性；测温范围较宽，可在－200～1000℃范围内长期使用，短期可达到1300℃。它的主要缺点是500℃以上在还原性介质中以及在硫及硫化物中易被侵蚀变质，因此必须在气密性更好的保护套管中工作。虽然测温准确度偏低，但完全可以满足工业测量要求，是工业生产中最常用的热电偶。

4）镍铬—康铜热电偶（E）。这种电偶正极材料与K分度号热电偶的正极相同，负极为康铜（56%的铜和44%的镍）即铜镍合金，分度号为E，属于廉价金属热电偶。使用条件同K分度号热电偶，它的显著特点是在所有标准化热电偶中它的热电势最大（灵敏度最高），如E(100,0)＝6.319 mV，是铂铑－铂热电偶的十倍左右）、热电特性的线性最好；价格低廉，可用于中、低温检测，可在－200～750℃范围内长期使用，短期可至870℃；在湿度较大的环境中，比其他热电偶耐腐蚀。

5）钨铼$_5$—钨铼$_{26}$、钨铼$_3$—钨铼$_{25}$热电偶（WRe_5—WRe_{26}、WRe_3—WRe_{25}）。它们属于钨铼系列热电偶，是目前较好的超高温廉价热电偶，其热电极是配比不同的钨铼合金，熔点可达3300℃。在非氧化性介质中化学稳定性好、热电势较大（灵敏度较高）、价格便宜。但在高温下极易氧化变脆，材质的均匀性好，再现性较差。可在干燥氢气、惰性气体、中性介质和真空中使用，不宜在还原性介质、潮湿的氢气和氧化性介质中使用。主要用于检测1600℃以上的高温，测量上限可达2800℃（短期可达3000℃），但是高于2300℃时数据分散，最好在2000℃以下使用。

几种常见标准化热电偶的热电特性曲线如图3-9所示，热电势与温度之间为非线性关系。经实验已经将各种标准化热电偶在冷端（参比端）为0℃时，热电势与热端温度（测量端）之间的对应关系列成表格，即通常所说的分度表，部分热电偶的分度表见本书附录A。热电势与温度之间的关系也可以用函数式表示，称参考函数。各标准热电偶与ITS－90对应的分度表和参考函数由国际电工委员会（IEC）、国际计量委员会和包括中国在内的国际权威科研机构共同合作完成。

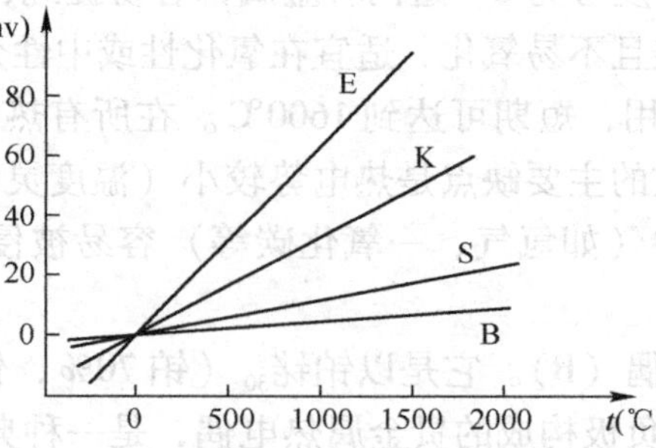

图 3-9　常见热电偶特性曲线

（3）非标准化热电偶

非标准化热电偶无论在使用范围还是数量上均不及标准化热电偶，但在某些特殊场合（如超高温、超低温、高真空度）具有某些优良特性，由于目前还没有达到标准化程度，一般没有统一的分度表。

1）铱铑$_{40}$—铱热电偶。该热电偶属于贵金属热电偶，可在中性介质和真空中长期使用，但不宜用于还原性介质。在氧化性介质中将缩短寿命，但它是目前唯一能在氧化性介质中测到2000℃高温的热电偶，因此成为宇航火箭技术中重要的温度检测工具。在2000℃时的热电势为10.753 mV，虽然热电势小但线性好。

2）镍铬—金铁热电偶。它是一种极为理想的低温、超低温热电偶。对于标准化热电偶，虽然有的已经分度到一定的低温，但是低温下灵敏度迅速下降，并且不能在液氢、液氮等介质中使用。镍铬－金铁热电偶可在2～273 K范围内使用，灵敏度在13～22 uV之间，测温误差可以达到±0.5 K。

3）非金属热电偶。传统热电偶的热电极是单一金属或合金材料，在某些特殊场合有局限性。钨的熔点最高，也只有3422℃，而在3000℃以上由于热电极之间的绝缘材料不易解决；大多数金属材料在1500℃以上与碳起化学反应。因此难以解决高温含碳环境下的测温问题。为了克服金属热电偶的缺点，长期以来人们重视非金属材料热电偶的研究。有些非金属热电偶的热电势远大于金属热电偶，在熔点下性能很稳定，有可能在某些范围内替代贵重金属；有些非金属热电偶在碳氛围中性能稳定，可以在恶劣环境下工作。主要缺点是复现性差、机械强度较低，实际使用中受到很大限制。

近几年来对非金属热电极材料的研究取得了新进展，国外已经定型并投入生产的非金属热电偶主要有以下几种。一是石墨－碳化钛热电偶，它在含碳和中性介质的环境中可以测到2000℃的高温，误差在±(0.1～1.5)%t之内。二是WSi_2-MoSi_2热电偶，在含碳、中性和还原性介质中可以测到2500℃。三是碳化硼－石墨热电偶，它的硬度大、耐磨、耐高温、抗氧化；化学性能稳定，与酸、碱均不起作用；在600～2000℃范围内线性好、热电势大（是钨铼热电偶的19倍）。国内外正在研究非金属热电偶的材料以解决耐火材料生产、钢水温度的连续测定，全气冷石墨反应堆中的高温检测等技术问题。

2. 热电偶的结构

热电偶的结构、类型较多，目前应用最为广泛的是普通型热电偶和铠装型热电偶。

(1) 普通热电偶

普通热电偶主要用于检测气体、蒸汽、液体等介质的温度。按照安装形式可分为固定螺纹连接、固定法兰连接、活动法兰连接等多种，但基本组成大体一致，如图 3-10 所示。通常由热电极、绝缘套管、保护套管和接线盒四部分组成。

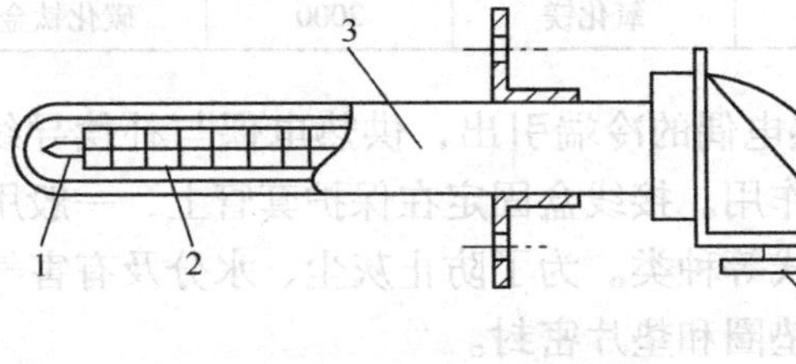

图 3-10　普通热电偶结构

1—热电极；2—绝缘套管；3—保护套管；4—接线盒

1）热电极。两种不同材料的热电极一端用电弧焊或气焊等方法焊接在一起构成热电偶温度敏感元件，如图 3-11 所示。焊接的一端作为热端（工作端），感受被测温度的变化，未焊接的一端引至接线盒。热电极的直径由材料的价格、机械强度、电导率及测温范围决定。贵金属热电极的直径大多为 0.3～0.65 mm，普通金属热电极一般为 0.5～3.2 mm。长度由使用、安装条件和插入深度决定，一般为 350～2000 mm，其中 350 mm 最常用。

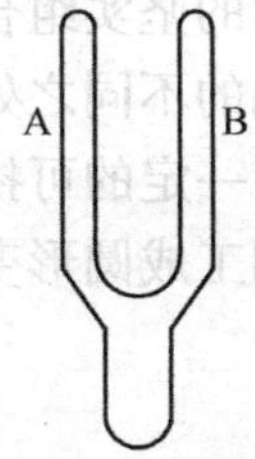

图 3-11　热电偶

2）绝缘套管。绝缘套管也称为绝缘子，用于热电偶两个热电极之间以及热电极与外部保护套管之间的电气绝缘。其材料的选用要根据使用温度范围和绝缘性能而定，同时不能与电极材料有化学反应，常用的几种绝缘材料见表 3-3。最常用的是高温陶瓷和氧化铝，一般制成圆柱形、长度为 20 mm 的单孔、双孔和四孔结构，可以串接使用。

表 3-3　常用绝缘材料

材 料 名 称	长期使用温度上限/℃	材 料 名 称	长期使用温度上限/℃
天然橡胶	60～80	石英	1100
聚乙烯	80	陶瓷	1200
聚四氟乙烯	250	氧化铝	1600
玻璃和玻璃纤维	400	氧化镁	2000

3）保护套管。实际使用的热电极不能与被测介质直接接触，避免腐蚀污染及机械损伤，而是在热电极套上绝缘套管后装入保护套管内。保护套管所选用的材质一般根据测温范围、插入深度、被测介质的性质以及测温时间常数等因素决定。其材料应具有耐高温、耐腐蚀、气密性好、机械强度高、热导率高等性能。保护套管的常用材料见表 3-4，分金属、非金属和金属陶瓷三类，其中金属材料中的不锈钢最常用。

表 3-4　热电偶常用保护套管材料

金 属 材 料	耐温/℃	非金属材料	耐温/℃	金 属 陶 瓷	耐温/℃
铜	350	石英	1100	AT_{230}基金属陶瓷	1400

（续）

金 属 材 料	耐温/℃	非金属材料	耐温/℃	金 属 陶 瓷	耐温/℃
20#碳钢	600	高温陶瓷	1300	ZrO_2基金属陶瓷	2200
1Cr18Ni9Ti 不锈钢	900	高纯氧化铝	1800	MgO 基金属陶瓷	2000
镍铬合金	1200	氧化镁	2000	碳化钛金属陶瓷	1000

4）接线盒。接线盒将热电偶的冷端引出，供热电偶与补偿导线或其他导线连接使用，兼有密封和保护接线端子的作用。接线盒固定在保护套管上，一般用铝合金制成，分为防溅式、防水式、防爆式、插座式等种类。为了防止灰尘、水分及有害气体侵入保护套管内，接线盒的出线孔和面盖均采用垫圈和垫片密封。

（2）铠装热电偶

铠装热电偶是由热电极、绝缘材料和金属套管三者经整体复合拉伸工艺加工而成的可以弯曲的坚实组合体，它的结构形式和外表与普通型热电偶相仿，如图 3-12 所示。与普通热电偶的不同之处在于热电极与保护套管之间用高纯度氧化铝或氧化镁粉末填实，三位一体；具有一定的可挠性，一般情况下最小弯曲半径为直径的 5 倍。为了满足特殊场合的需要，可以加工成圆形变截面或扁形变截面。套管材料一般采用不锈钢或镍基高温合金。

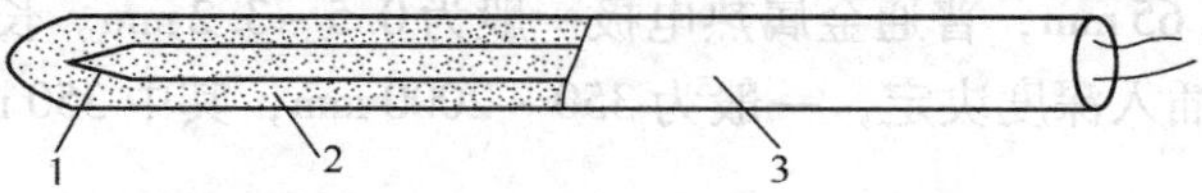

图 3-12 铠装热电偶结构

1—热电极 2—绝缘材料 3—金属套管

目前国产铠装热电偶的外径在 0.5 ~ 8 mm 之间，热电极直径为 0.1 ~ 1.3 mm，热电极有单丝、双丝、四丝等种类。套管壁厚为 0.075 ~ 1 mm，长度可任意截取或选购，最长可达 500 m。铠装热电偶的测量端有接壳式、绝缘式、露端式等形式，如图 3-13 所示，可根据需要选用。露端式响应速度快，安全可靠的绝缘式最常见。铠装热电偶的冷端可以用接线盒或其他形式的接插件与外部连接。

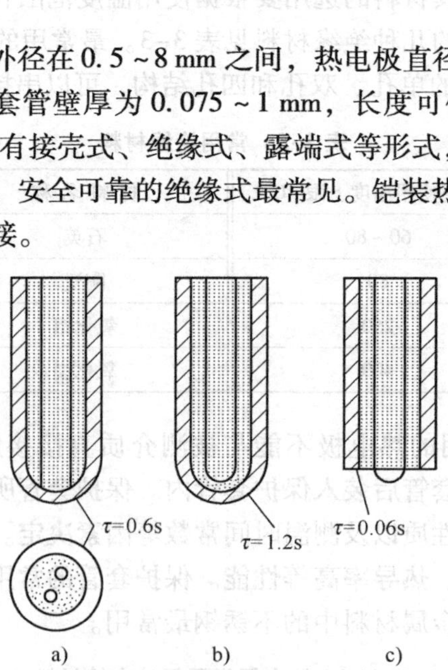

图 3-13 铠装热电偶测量端形式

a）接壳 b）绝缘 c）露端

铠装热电偶的主要特点是动态特性好（测量端热容量小）；耐压、耐震动、耐冲击；挠性好，能弯曲；结构小型化，便于特殊应用。因此，它更适用于温度变化频繁、热容量较小以及结构复杂的被测对象的温度检测，应用比较普遍。

（3）薄膜热电偶

薄膜热电偶采用真空蒸镀等制造工艺，将两种热电极材料蒸镀到厚度为 0.2 mm 的绝缘基板上，形成一层 3 ~ 6 μm 的金属膜，其上再蒸镀一层二氧化硅绝缘保护膜，构成薄膜状热电偶，如图 3-14 所示。基板由云母或浸渍酚醛的塑料等制成，基板尺寸一般为 60 mm × 6 mm × 0.2 mm。热电极有镍铬－镍硅、铜－康铜等种类。

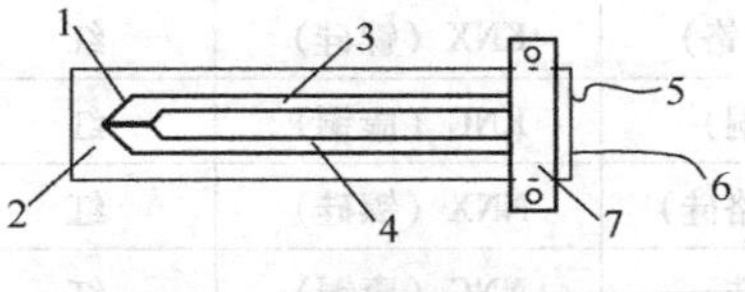

图 3-14　薄膜热电偶

1—热端　2—绝缘基板　3，4—热电极　5，6—引出线　7—接头夹具

使用时将绝缘基板用粘合剂贴附于物体表面，由于热容量极小，时间常数 $\tau \leqslant 0.01$ s（普通热电偶在 10 ~ 240 s，铠装热电偶在 0.06 ~ 6.2 s），因此多用于检测快速变化的物体表面温度。但是使用温度受到粘合剂和绝缘基板材料性能的限制，只适用于 -200 ~ 300℃ 的温度检测。

3.2.3　热电偶冷端温度的处理

由热电偶的测温原理可知，在热电极材料确定且冷端温度恒定时，热电势与热端温度之间为单值函数关系。标准化热电偶的分度表在冷端为 0℃ 时给出，且与之配合使用的显示仪表根据分度表转换为温度值，如果热电偶冷端不是 0℃ 又不采取适当的处理措施，将会产生很大的测量误差。实际使用中安装在被测对象上的热电偶，冷端难以保证 0℃ 且随环境温度变化，因此必须根据不同使用条件及测量准确度要求采取不同的处理方法。

1. 补偿导线法

（1）补偿导线

由于热电偶的接线盒与温度检测点之间长度有限，一般 350 mm 左右（铠装热电偶除外），冷端温度会受到被测对象温度及环境温度的影响。如果让热电偶的冷端远离被测对象处于温度稳定的地方，可以避免工况温度变化对测量的影响，但是热电偶需要做的很长且不便于敷设，对于贵重金属热电偶也不经济。为了解决这一问题，工程上采用专用导线即补偿导线将热电偶的冷端延长至温度稳定的地方（如控制室或显示仪表处），如图 3-15 所示。只要价廉的补偿导线在一定温度范围内（一般 0 ~ 100℃）与热电极具有相同的热电特性，即 $E_{AB}(t'_0, t_0) = E_{A'B'}(t'_0, t_0)$，根据热电偶中间温度定律可知

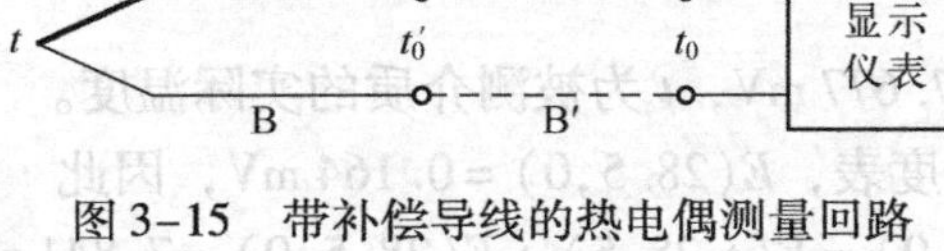

图 3-15　带补偿导线的热电偶测量回路

$$E_{AB}(t,t'_0)+E_{A'B'}(t'_0,t_0)=E_{AB}(t,t_0)$$

热电势的大小与 t'_0 无关，只与 t、t_0 有关，相当于热电偶的冷端延长至 t_0 处。

（2）补偿导线材料

根据补偿导线的国家标准，不同分度号的热电偶配用不同的补偿导线，见表3-5。

表3-5　常用热电偶的补偿导线

热电偶分度号	补偿导线型号	补偿导线的线芯材料		绝缘层颜色		100℃时允许偏差/℃	
		正极	负极	正极	负极	A级	B极
S，R	SC	SPC（铜）	SNC（铜镍）	红	绿	±3	±5
K	KX	KPX（镍铬）	KNX（镍硅）	红	黑	±1.5	±2.5
	KC	KPC（铜）	KNC（康铜）	红	蓝	±1.5	±2.5
N	NX	NPX（镍铬硅）	NNX（镍硅）	红	深灰	±1.5	±2.5
	NC	NPC（铁）	NNC（康铜）	红	浅灰	±1.5	±2.5
E	EX	EPX（镍铬）	ENX（康铜）	红	棕	±1.5	±2.5
J	JX	JPX（铁）	JNX（康铜）	红	紫	±1.5	±2.5
T	TX	TPX（铜）	TNX（康铜）	红	白	±0.5	±1.0

补偿导线型号的第一个字母与配用热电偶的分度号相对应。型号的第二个字母为“X”或“C”，“X”表示延伸型补偿导线，其材料与热电偶的电极材料相同，适用于廉价热电偶；“C”表示补偿型补偿导线，其材料与热电偶的电极材料不同，常用于重金属热电偶。无论延伸型还是补偿型补偿导线，它们的热电特性不可能与热电偶完全相同，总是存在一定的误差。根据准确度分为精密级（A）和普通级（B），表3-5中列出了100℃时的允许偏差。尽管配接同一分度号热电偶的延伸型和补偿型补偿导线的允许偏差相同，但是在高于100℃时延伸型比补偿型的误差要小得多。

（3）使用中注意的问题

补偿导线只能在规定温度范围内使用，一般在0～100℃范围内与配接热电偶的热电特性相近；不同分度号的热电偶必须配接相对应的补偿导线，且注意正负极性；热点偶与补偿导线的两个连接点必须保持同一温度。补偿导线只起到延长热电偶冷端的作用，并不能补偿延长后冷端温度的变化，当冷端温度不是0℃或变化时还应采取其他补偿措施。

2. 计算修正法

当热电偶冷端温度不是0℃而是 t_0℃时，测得热电偶回路的热电势 $E(t,t_0)$，根据热电偶中间温度定律可用下式修正

$$E(t,0)=E(t,t_0)+E(t_0,0) \tag{3-16}$$

式中 $E(t_0,0)$ 为修正项，可从分度表得到。计算 $E(t,0)$ 后再通过分度表查得实际温度 t。查分度表时，在1℃范围内采用线性插值法。

【例3-1】 分度号为S的热电偶，冷端温度 $t_0=28.5$℃，测得热电势为7.677 mV，求被测介质的实际温度。

解：已知 $E(t,28.5)=7.677$ mV，t 为被测介质的实际温度。

查S分度号热电偶的分度表，$E(28.5,0)=0.164$ mV，因此

$$E(t,0)=E(t,28.5)+E(28.5,0)=7.841\ \text{mV}$$

再查S分度号热电偶的分度表，得 $t=845.3$℃。

需要注意，使用计算修正法来补偿热电偶冷端温度变化对测量的影响，只适用于实验室或临时性测温，对于工业现场的连续测量并不适用。

3. 冰点法

为了准确测量，可以把经补偿导线延长的热电偶冷端置于冰水混合物的容器内（$t_0=0$℃），测得热电势就是 $E(t,0)$，如图3-16所示。为了避免冰水导电引起短路，必须把两接点分别置于两只玻璃试管内，并加入导热性能好的绝缘油，再浸入同一保温瓶或冰点槽中。需要经常检查连接线路，防止导线之间短路，并不断向保温瓶或冰点槽中补充适量的冰屑，保证冰水两相共存。

冰点法一般在实验室的准确测量中使用。由于需要保持冰水两相共存而使用不便，因此在一般工业测量中并不采用。

4. 仪表零点修正法

如果热电偶冷端温度比较恒定，且与之配接的显示仪表零点调整比较方便（如内部不带冷度温度自动补偿的动圈式显示仪表），可以采用仪表零点修正法进行冷端温度补偿。若冷端温度 t_0 已知，在断开热电偶回路后将仪表的机械零点调至 t_0 处，相当于事先输入了 $E(t_0,0)$ 热电势，接入热电偶后显示仪表显示热端温度。

这种补偿方法有局限性，对于非线性严重的热电偶测量误差仍然较大，冷端温度变化后需要重新调整仪表的零点。因此在冷端温度变化频繁时，这种方法不宜采用。

5. 自动补偿法

热电偶冷端温度往往随时间和所处的环境而变化，为了准确测量可以在显示仪表外部或内部采取自动冷端温度补偿电路，对于微机化仪表也可以采用硬件和软件相结合的方法进行自动补偿。

（1）补偿电路法

自动补偿电路一般采用不平衡电桥，如图3-17所示。电桥中 R_1、R_2、R_3 为不随环境温度变化的固定电阻，R_{cu}感受热电偶冷端温度 t_0 的变化，R_s 为限流电阻。当 $t_0=0$℃时，电桥处于平衡状态即 $U_{ab}=0$；当 $t_0\neq0$℃时，使得桥路输出的 $U_{ab}=E(t_0,0)$，这样输入到显示

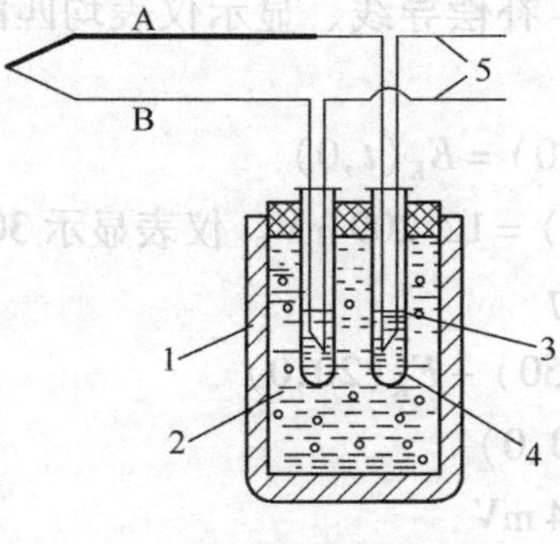

图3-16　冰点法

1—保温瓶　2—冰水混合物　3—试管

4—绝缘油　5—连接仪表的一般导线

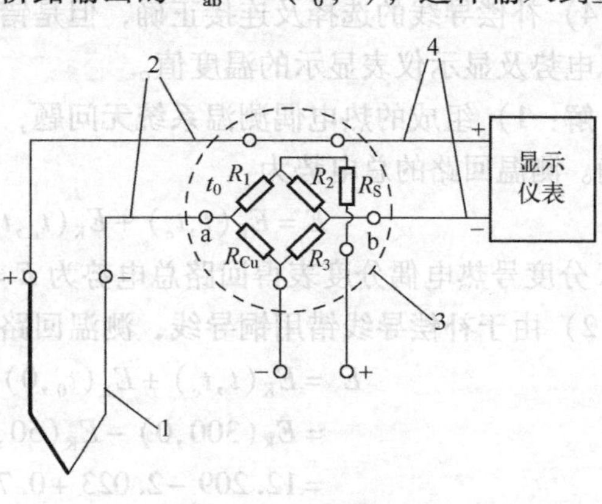

图3-17　补偿电桥

1—热电偶　2—补偿导线　3—电桥

4—一般连接导线

仪表的热电势为$E(t,t_0)+E(t_0,0)=E(t,0)$。在冷端温度t_0下降时，$E(t,t_0)$增加，而R_{cu}减小使得U_{ab}减小；在t_0上升时，$E(t,t_0)$下降，而R_{cu}增大使得U_{ab}增大。桥路的输出电压U_{ab}随t_0而变化，自动补偿热电偶冷端温度变化引起的热电势的变化量。由于不同分度号热电偶的热电特性不同即$E(t_0,0)$不同，需要的补偿量并不相同，因此补偿电桥的桥臂电阻及R_s不同。

需要指出，补偿电桥的平衡点温度一般是0℃，但也可以是其他温度。当冷端温度t_0变化时，输出的电压U_{ab}与$E(t_0,0)$并不完全一致，只在平衡点温度和计算点温度才能完全补偿；如果补偿电桥在显示仪表内部，应该将补偿导线接至仪表接线端子，R_{cu}在接线端子处感受热电偶冷端温度的变化。

【例3-2】 某一热电偶测温系统，如图3-18所示。使用的热电分度号为K，L_1、L_2为相应的补偿导线，由内部带有补偿电桥（平衡点温度为0℃）的显示仪表显示被测温度。设$t=300℃$、$t_c=50℃$、$t_0=20℃$，补偿电桥的误差可以忽略不计。K型热电偶的分度表见本书附录A。

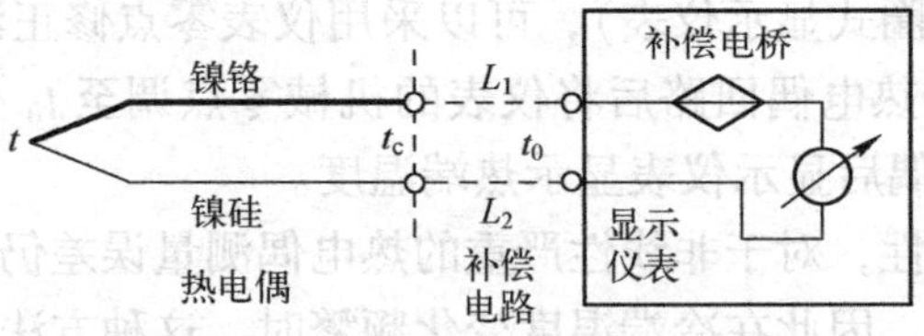

图3-18 某一热电偶测温系统

1）补偿导线的选择与连接正确，显示仪表与热电偶相匹配，求测温回路总电势及显示仪表显示的温度值。

2）显示仪表与热电偶相匹配，但两根补偿导线错用铜导线，求测温回路总电势及显示仪表显示的温度值。

3）显示仪表与热电偶相匹配，补偿导线选择正确但是与热点偶连接时极性接反，求测温回路总电势及显示仪表显示的温度值。

4）补偿导线的选择及连接正确，但是错用配接E分度号热电偶的显示仪表，求测温回路总电势及显示仪表显示的温度值。

解： 1）组成的热电偶测温系统无问题，即热电偶、补偿导线、显示仪表均匹配且连接正确。测温回路的总电势为

$$E=E_K(t,t_c)+E_K(t_c,t_0)+E_K(t_0,0)=E_K(t,0)$$

查K分度号热电偶分度表得回路总电势为$E=E_K(300,0)=12.209\text{ mV}$。仪表显示300℃。

2）由于补偿导线错用铜导线，测温回路的总电势为

$$\begin{aligned}E&=E_K(t,t_c)+E_K(t_0,0)=E_K(300,50)+E_K(20,0)\\&=E_K(300,0)-E_K(50,0)+E_K(20,0)\\&=12.209-2.023+0.798=10.984\text{ mV}\end{aligned}$$

根据该电势值，查K分度号热电偶分度表可知仪表的显示值为270.5℃。

3）因补偿导线接反，测温回路的总电势为

$$E=E_K(t,t_c)-E_K(t_c,t_0)+E_K(t_0,0)=E_K(300,50)-E_K(50,20)+E_K(20,0)$$

$$=E_K(300,0)-2E_K(50,0)+2E_K(20,0)$$
$$=12.209-2\times2.023+2\times0.798=9.759\text{ mV}$$

根据该电势值，查 K 分度号热电偶分度表得仪表的显示值为 240.3℃。

4）因错用配接 E 分度号的显示仪表，显然内部补偿电桥电势为 $E_E(t_0,0)$，于是测温回路的总电势为

$$E=E_K(t,t_c)+E_K(t_c,t_0)+E_E(t_0,0)=E_K(300,50)+E_K(50,20)+E_E(20,0)$$
$$=E_K(300,0)-E_K(20,0)+E_E(20,0)$$
$$=12.209-0.798+1.192=12.603\text{ mV}$$

根据该电势值，查 E 分度号热电偶的分度表可知仪表的显示值为 188.9℃。

通过该例题可知，在热电偶组成的测温系统中补偿导线用错、接错或显示仪表与热电偶不匹配将导致错误的测量结果。

（2）软件处理法

基于单片机的微机化显示仪表或计算机检测系统与热电偶配接测温，不必全靠硬件电路进行热电偶冷端温度的自动补偿，如果采用软件与硬件相结合的方法会达到更好的补偿效果。通过检测热电偶冷端温度 t_0（例如采用价格低廉的集成温度传感器），在采集热电偶热电势后，按照计算公式设计程序自动加上冷端温度对应的 $E(t_0,0)$ 值。这种方法除了热电偶信号输入通道之外，还应有冷端温度信号输入通道。如果利用多支热电偶对多点温度进行检测，可以使用相应的补偿导线将各热电偶的冷端延长至多通道显示仪表的接线端子处，仪表内部只需一只冷端温度传感器和一个修正 t_0 变化的输入通道，冷端的集中利于提高多点温度巡检速度。

以上介绍了热电偶冷端温度的多种处理方法，在实际应用中往往结合使用。其中补偿导线法是最基本的，补偿导线与冷端温度自动补偿法是最常用的。

3.2.4 热电偶测温线路及误差分析

1. 热电偶测温线路

热电偶测温系统由热电偶、连接导线（补偿导线或一般导线）、显示仪表等组成。实际测温中有多种连接方式，应根据不同需要采用正确、方便的测量线路。

（1）典型测温线路

目前工业用热电偶所配用的温度显示仪表，大多带有冷端温度自动补偿功能，因此测量某点温度的典型线路如图 3-19 所示。

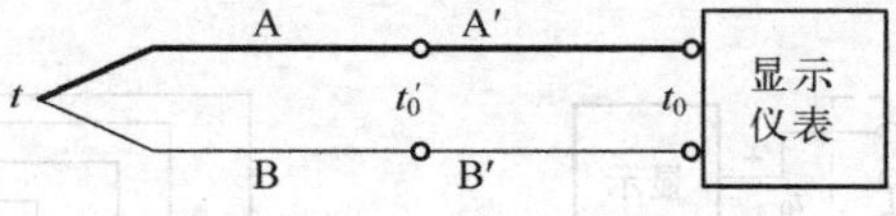

图 3-19　热电偶测温系统典型线路

补偿导线将热电偶的冷端延长至显示仪表的接线端子，使得冷端与显示仪表的温度补偿装置处于同一温度 t_0，实现自动补偿，仪表显示热电偶的热端温度。如果显示仪表不带自动补偿功能，则需要采取上节介绍的方法对热电偶的冷端温度进行处理。

使用中必须注意热电偶、补偿导线、显示仪表的匹配即与热电偶的分度号一致。随着电

子技术和计算机的发展，智能化的温度显示仪表已经得到广泛应用，它不仅能够对热电偶冷端温度自动补偿，而且可以与大多数标准化热电偶配套测温，当改变热电偶分度号时只需对仪表简单设置即可使用。

（2）两点温差的测量线路

用两支同分度号的热电偶，同极性相连的反向串接方式（差动形式）可以测量两处的温差，如图 3-20a 所示。热电偶回路的总电势为

$$E = E(t_1, t_0) - E(t_2, t_0) = E(t_1, t_2) \tag{3-17}$$

采用这种方法测量两点温度之差应该注意两点，一是两支热电偶的冷端温度必须相同；二是热电偶的热电特性必须接近线性，否则会造成较大测量误差，如图 3-20b 所示。如果是线性不好的热电偶，则在不同温度范围内实际温差相同而电势差不同。

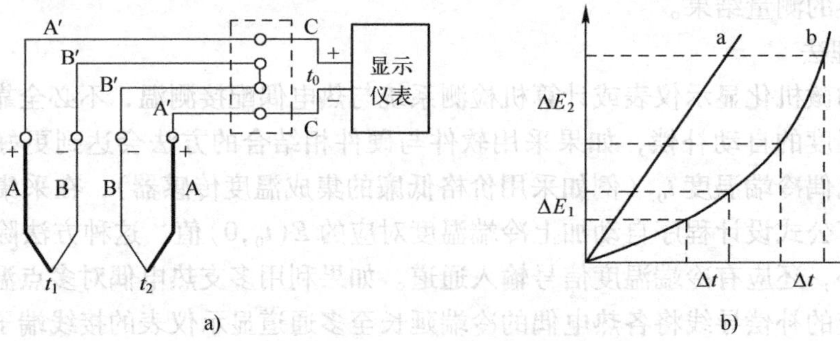

图 3-20　两点温差的测量线路

a）测量电路　b）线性误差

（3）多点温度之和的测量线路

多支同分度号的热电偶，依次正负极性相连的正向串接方式可以测量多点温度之和。两点温度之和的测量线路如图 3-21 所示，输入到显示仪表的热电势为

$$E = E(t_1, t_0) + E(t_2, t_0) \tag{3-18}$$

此连接方式的最大优点是输出热电势较大，在测量低温或温度变化很小时可以用多支热电偶测量同一温度，以获得较大的热电势或提高灵敏度。显然热电偶的热电特性必须接近线性，否则会造成较大误差；如果其中一支热电偶断路，则测温系统将不能正常工作。

（4）平均温度的测量线路

将多支同分度号热电偶的正极和负极分别连接在一起的并接方式，可以测量多点的平均温度。测量三点温度平均值的测量线路如图 3-22 所示，输出至显示仪表的热电势为

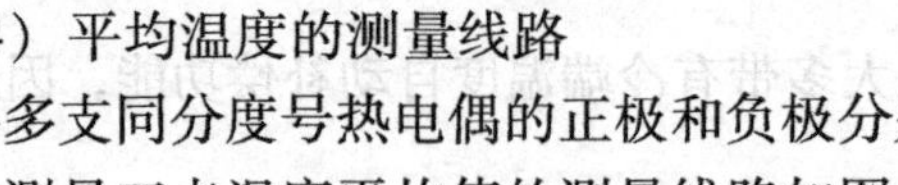

图 3-21　两点温度之和的测量线路

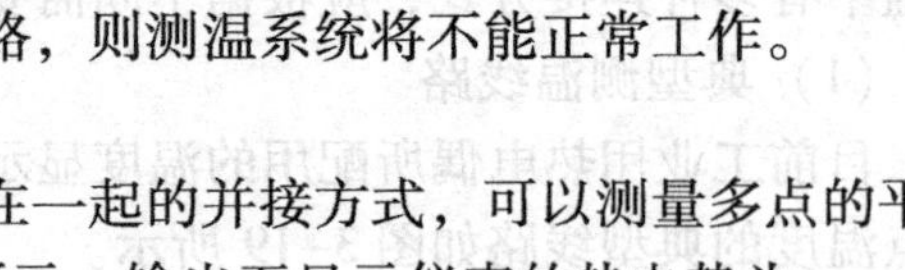

图 3-22　三点温度平均值的测量线路

$$E=\frac{1}{3}[E(t_1,t_0)+E(t_2,t_0)+E(t_3,t_0)] \tag{3-19}$$

如果三支热电偶均工作在线性区，显示仪表将显示三个温度测量点的平均温度。在每支热电偶中分别串接较大的均衡电阻，以减小热电偶在 t_1、t_2 和 t_3 不等时其热电偶内阻不同对测量的影响。

使用热电偶并联线路测量多点平均温度，显示仪表的分度和单独配接一只热电偶时相同，但是当有一支热电偶断路时系统照常工作而不容易发现。

2. 热电偶测温系统误差分析

对于图 3-19 所示的热电偶典型测温系统，误差来源于多方面。

（1）热电偶本身的误差

由于热电偶电极材料的材质不够均匀，尽管出厂时符合允许偏差要求，但是与分度表之间总是存在误差；热电偶在使用过程中因腐蚀、污染等因素，可能导致热电特性的变化产生测量误差；在严重污染或发生不可逆的时效时，热电偶的热电特性严重偏离标准分度会引起很大的测量误差，甚至不能使用。

各种标准化热电偶，不仅特性不同，而且抗沾污能力、抗时效、耐高温等方面存在差别，在使用过程中应多加注意，需要对热电偶进行定期检查和校验。

（2）热交换引起的误差

实际使用的热电偶有保护套管，其热端一般不与被测介质直接接触，而是经保护套管和间接介质与被测介质进行热交换，热电极及保护套管向周围介质散发热量存在热损失，导致被测介质与热电偶之间的热交换不完善，使得热电偶的热端达不到被测温度而引起误差。热交换有对流、传导及辐射等多种形式，情况复杂，因此只能采取一定措施尽量减少其影响，如增加插入深度、使用较小保护套管壁厚和外径等。

（3）补偿导线引入的误差

由于补偿导线与热电偶的热电特性并不完全相同而引起误差，例如 K 分度号的 B 级补偿导线，在使用温度为 100℃时允许偏差为 ±2.5℃。如果补偿导线的工作温度超出规定使用范围，误差将明显增大。

（4）显示仪表存在的误差

与热电偶配用的显示仪表均有一定的准确度等级，存在基本误差。大多数显示仪表带有热电偶冷端温度自动补偿功能，但是并不能完全补偿。

总之，热电偶温度检测系统的误差来源于多方面，要根据实际情况正确选择、合理安装和正确使用热电偶、补偿导线及显示仪表，尽可能避免热电极的污染、设法减少或消除外界各种因素对测量的影响，使系统误差降至最小。

3.3 热电阻测温

热电阻是应用十分广泛的接触式温度检测元件，利用导体或半导体的电阻率随温度变化的特性将温度的变化转变为电阻值的变化。根据制作感温元件（电阻体）的材料不同可分为金属热电阻和半导体热电阻。

热电阻测温的主要优点体现在信号可以远传，便于集中监控；灵敏度高，测温范围较宽，尤其在低温方向，热电偶在检测低温时产生的热电势很小（灵敏度很低）测温准确度相应降低，而热电阻在 $-200\sim500℃$ 范围内测温效果较好，在特殊情况下低温可测量 $1\sim3K$、高温可达 1200℃；与热电偶相比，热电阻不存在冷端温度补偿问题；金属热电阻的电阻温度特性稳定、互换性强、测温准确度高，例如铂热电阻可作为基准温度计。热电阻的主要缺点是需要电源激励、存在的自热现象（电阻的电流热效应），影响测温准确度；电阻的体积较大，热容量大而影响动态特性，其动态响应不如热电偶；抗机械冲击和抗振动性能较差。

3.3.1 热电阻测温原理

1. 测温原理

对于金属材料，电阻与温度之间的关系一般可表示为

$$R_t = R_{t_0}[1+\alpha(t-t_0)] \tag{3-20}$$

式中，R_t 是温度为 t℃时的电阻值；R_{t_0}是温度为 t_0℃时的电阻值；α 是电阻温度系数，即温度变化 1℃时电阻的相对变化量。金属材料的电阻温度系数实际上随温度而变化，但是在一定温度范围内可近似为常数。

对于大多数半导体材料，电阻与温度之间的关系可表示为

$$R_T = Ae^{-B/T} \tag{3-21}$$

式中，R_T 为热力学温度为 TK 时的电阻值；A、B 为与半导体材料、结构有关的常数。

无论是金属导体还是半导体，只要电阻与温度之间的函数关系确定，可以通过测量置于被测对象中达到热平衡状态的电阻值得到被测温度。

2. 电阻温度系数与电阻比

（1）电阻温度系数

电阻随温度的变化，通常以电阻温度系数来描述电阻与温度之间的关系

$$\alpha = \frac{R_t - R_{t_0}}{R_{t_0}(t-t_0)} = \frac{1}{R_{t_0}}\cdot\frac{\Delta R_t}{\Delta t} \tag{3-22}$$

显然，上式中的 α 是热电阻在 $t_0\sim t$ 温度之间的平均温度系数。事实上金属导体和半导体的 α 均是温度的函数，在任一温度 t_0 时的 α 应表示为

$$\alpha = \lim_{\Delta t\to0}\left(\frac{1}{R_{t_0}}\cdot\frac{\Delta R_t}{\Delta t}\right) = \frac{1}{R_{t_0}}\cdot\frac{dR}{dt} \tag{3-23}$$

实验证明在温度上升 1℃时，大多数金属导体的电阻值增大 $0.38\%\sim0.68\%$ 左右，具有正温度系数；而大多数半导体的电阻值则下降 $3\%\sim6\%$，具有负温度系数。α 的大小与材料的性质有关。对于金属材料而言，纯度越高 α 越大，即使存在微量杂质其 α 值也会变小，因此合金材料的电阻温度系数在常温下比其中的任一纯金属都小。

（2）金属材料的电阻比

金属材料的电阻温度系数 α 与纯度有关。为了表征材料的纯度以及某些内在的特性，引入电阻比的概念

$$W_t = \frac{R_t}{R_{t_0}} \tag{3-24}$$

如果取 $t_0=0℃$，$t=100℃$，则

$$W_{100}=\frac{R_{100}}{R_0} \tag{3-25}$$

对于金属热电阻，W_{100}是表征电阻温度特性的基本参数。W_{100}越大，0～100℃之间的平均温度系数越大，材料的纯度越高。

3. 测温系统的组成

热电阻测温系统由热电阻、连接导线和显示仪表组成。作为温度检测元件的热电阻，实现温度－电阻的转换；显示仪表接受电阻信号，显示装置显示温度数值；连接导线起到热电阻与显示仪表的连接作用。值得注意的是，连接导线本身存在电阻且随环境温度变化，当热电阻本身阻值不大、在测温范围内阻值变化又小时，连接导线的客观存在对测量结果会带来较大误差。

（1）连接方式

为了满足测温系统的不同准确度要求，根据显示仪表工作原理的不同，热电阻与显示仪表的连接有两线制、三线制和四线制三种连接方式，如图 3-23 所示。

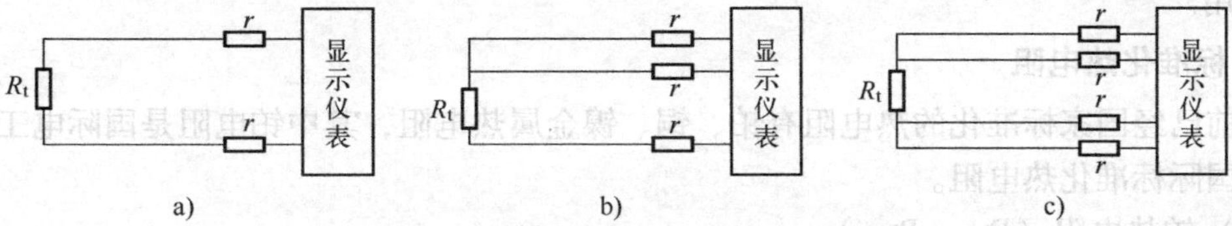

图 3-23　热电阻与显示仪表的连接方式

a）两线制连接　b）三线制连接　c）四线制连接

1）两线制。热电阻两端分别引出一根线与显示仪表连接，如图 3-23a 所示。显然，显示仪表接受的电阻信号是热电阻与引线电阻之和，引线电阻 r 随环境温度的变化将带来较大附加误差。因此这种连接方式只适用于测温准确度要求不高的场合，工业应用中极少使用。

2）三线制。热电阻的一端引出一根线，而另一端引出两根线，由三根线与显示仪表连接，如图 3-23b 所示。电桥是配接热电阻的显示仪表中常见的电阻－电压转换电路，采用三线制可以将热电阻两端的两根引线（各一根）分别连接在电桥的两个桥臂上，另一根与电桥的电源相接，可以较好地减小引线电阻随环境温度变化对测量的影响，有效地提高测温系统的精度。目前三线制连接方式最常见。

3）四线制。热电阻两端分别引出两根线，由四根线与显示仪表连接，如图 3-23c 所示。其中一组作为显示仪表提供的恒流源输入引线，另一组作为电压输出信号（恒流源经热电阻转换为电压）送给显示仪表。由于显示仪表的输入阻抗很高，引线的电压降可以忽略不计，克服了引线电阻的影响。这种连接方式主要用于高准确度的测温系统。

（2）需要注意的问题

热电阻与显示仪表组成测温系统，由于热电阻的种类很多，即使是同一材料制成的热电阻也会因初始阻值的不同（一般指 0℃ 的阻值），使得电阻与温度之间的对应关系也不相同，而且两者之间又有多种连接方式，因此使用的热电阻分度号及连接方式必须与显示仪表相匹配。连接导线应该使用同规格（材质、粗细、股数相同）的导线，使得环

境温度变化时它们的电阻变化量相同，且常温下各引线的电阻值符合显示仪表的规定值。热电阻检测元件要正确安装，确保与被测介质充分接触和良好的热交换，尽量减少被测对象的热损失。

3.3.2 金属热电阻的材料与结构

1. 对金属热电阻材料的要求

理论上各种金属导体均可作为热电阻材料，但是实际使用中对材料有一定要求。材料的电阻温度系数要大（即灵敏度高），测温范围宽；物理化学性能稳定，能长期适应比较恶劣的测温环境；互换性好，容易提纯，价格便宜；电阻率高，使得在相同初始电阻值时体积小，减小测温时的热容量；温度与电阻之间最好为线性或近似线性关系；材料的加工性能好，便于制成丝状。

由于同时具备上述条件的热电阻材料难以找到，目前常用的有铂、铜、镍、铁等金属热电阻。由于铁、镍提纯比较困难、电阻与温度之间的关系非线性严重而很少使用。纯铂丝的各种性能最好，纯铜丝在低温下性能较好，因此铂、铜两种材料的热电阻得到广泛应用。

2. 标准化热电阻

目前已经国家标准化的热电阻有铂、铜、镍金属热电阻，其中铂电阻是国际电工委员会推荐的国际标准化热电阻。

（1）铂热电阻（Pt_{10}、Pt_{100}）

铂热电阻由铂丝绕制而成，测温范围在 −200 ~ 850℃。它的主要优点是物理、化学性能稳定、抗氧化性好、复制性好、测温准确度高；易于提纯、有良好的机械加工性能，能够制作直径为0.01 mm的铂丝或极薄的铂箔；与其他金属材料相比电阻率较高。因此铂是较为理想的热电阻材料，除了制作一般工业用热电阻感温元件外，还可以制作标准温度计或基准温度计。根据ITS−90规定，13.81 ~ 961.78℃范围内使用铂电阻作为基准温度计，但是基准铂电阻温度计的纯度要比工业用铂电阻高得多。铂热电阻的主要缺点是电阻温度系数小；高温下不宜在还原性介质中使用，否则易被沾污变脆且改变温度与电阻之间的对应关系；属于贵金属，价格较高。

根据IEC标准，工业用铂电阻在不同温度范围内的分度表按照下列关系建立

$$-200℃ \leqslant t \leqslant 0℃: R_t = R_0[1 + At + Bt^2 + C(t-100)t^3] \tag{3-26}$$

$$0℃ \leqslant t \leqslant 850℃: R_t = R_0(1 + At + Bt^2) \tag{3-27}$$

式中，R_t、R_0 分别为 t℃和0℃时的电阻值；A、B、C 为常数，$A = 3.90802 \times 10^{-3}/℃$，$B = 5.801952 \times 10^{-7}/℃$，$C = -4.27350 \times 10^{-12}/℃$。

满足上述关系的铂电阻，在0 ~ 100℃之间平均温度系数 $\alpha = 0.003850$，对应的电阻比 $W_{100} = 1.3850$。规定了两种标准化铂热电阻，分度号分别为Pt_{10}、Pt_{100}，0℃的电阻值分别为10 Ω和100 Ω，并各有A、B两个准确度等级，基本参数见表3−6，分度表见本书附录B。Pt_{10}的铂丝较粗，主要用于600℃以上的温度检测。

表 3-6　标准化热电阻的基本参数

热电阻名称	分度号	0℃时的电阻值/Ω		测温误差/℃		电阻比 W_{100}
		名义值	允许误差	测温范围	允许误差	
铂热电阻	Pt_{10}	10	A 级：±0.006 B 级：±0.012	-200～850	A 级： ±(0.15+0.002t)	A 级： 1.3850±0.0006
	Pt_{100}	100	A 级：±0.06 B 级：±0.12		A 级： ±(0.3+0.005t)	A 级： 1.3850±0.0012
铜热电阻	Cu_{50}	50	±0.05	-50～150	±(0.3+0.006t)	1.428±0.002
	Cu_{100}	100	±0.1			
镍热电阻	Ni_{100}	100	±0.1	-60～0	±(0.2+0.02t)	1.617±0.003
	Ni_{300}	300	±0.3			
	Ni_{500}	500	±0.5	0～180	±(0.2+0.01t)	

(2) 铜热电阻（Cu_{50}、Cu_{100}）

铜热电阻一般用于 -50～150℃的温度检测，主要特点是电阻与温度之间的关系基本为线性，且电阻温度系数较大；易于提纯，价格便宜；测温准确度不如铂热电阻，电阻率较低，在高于 100℃时易氧化变质。因此常用于温度不高、对感温元件无特殊要求和测量准确度不太高的场合。

我国工业用标准化铜热电阻的分度表在 -50～150℃范围内按照下列关系建立

$$R_t = R_0(1 + At + Bt^2 + Ct^3) \tag{3-28}$$

式中，R_t、R_0 分别为 t℃和 0℃时的电阻值；A、B、C 为常数，$A = 4.28899 \times 10^{-3}/℃$，$B = -2.133 \times 10^{-7}/℃$，$C = 1.233 \times 10^{-9}/℃$。

满足上述关系的铜电阻，在 0～100℃之间平均温度系数 $\alpha = 0.00428$，对应的电阻比 $W_{100} = 1.4280$。规定了两种标准化铜热电阻，分度号分别为 Cu_{50}、Cu_{100}，0℃的电阻值分别为 50Ω 和 100Ω，基本参数见表 3-6，分度表见本书附录 B。

(3) 镍热电阻（Ni_{100}、Ni_{300}、Ni_{500}）

镍热电阻的电阻温度系数比铂、铜热电阻都大，灵敏度高；使用温度范围在 -60～300℃，但是在 200℃左右存在特异点，故多用于 180℃以下的环境；镍难以提纯，互换性较差。因此主要用于温度变化小、灵敏度高的场合。

高纯度镍丝的 W_{100} 在 1.66 左右，但因不易提纯很难获得，实用化镍丝的电阻比 W_{100} 为 1.618 或更低，在 $W_{100} = 1.618$、0℃的阻值为 100 Ω 时，电阻与温度之间的关系为

$$R_t = 100 + At + Bt^2 + Ct^4 \tag{3-29}$$

式中，$A = 0.548/℃$，$B = 0.6665 \times 10^{-3}/℃$，$C = 2.805 \times 10^{-9}/℃$。

尽管我国已将镍热电阻列为标准化系列，分度号有 Ni_{100}、Ni_{300}、Ni_{500} 三种，但是目前仍没有制定出统一的分度表，其基本参数见表 3-6。

必须指出，单纯由镍丝制成的热电阻，即使是相同的镍丝也没有互换性。为了解决这一问题，采用镍丝与温度系数极小的锰铜丝并联的合成电阻方式，来调整温度系数达到规定值，使其具有互换性。标准化热电阻的电阻 - 温度特性如图 3-24 所示。

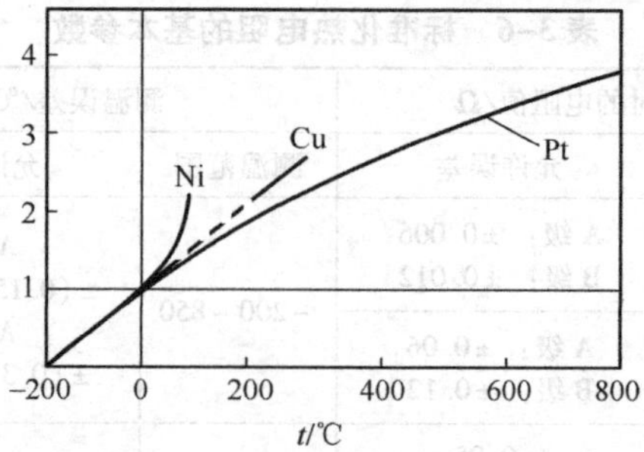

图 3-24 标准化热电阻的特性曲线

3. 金属热电阻的结构

工业用金属热电阻的结构有普通型、铠装型、薄膜型等，以前两种最常见。

（1）普通热电阻

普通热电阻的基本结构如图 3-25 所示，外形与普通热电偶相似。主要由电阻体、内引线、绝缘套管、保护套管、接线盒组成。

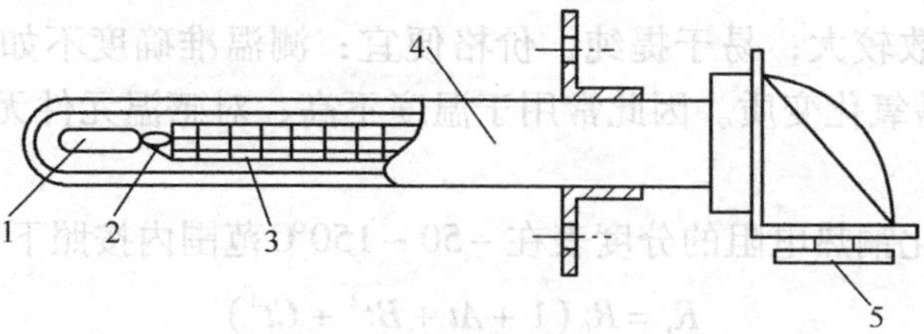

图 3-25 普通热电阻的结构

1—电阻体 2—内引线 3—绝缘套管 4—保护套管 5—接线盒

1）电阻体。电阻体是热电阻温度检测元件的核心，由电阻丝双线无感绕制在骨架上。电阻丝的直径一般在 0.01 ~0.1 mm，由材料和使用温度范围决定。绝缘骨架起到缠绕、支承和固定电阻丝的作用，它的质量会影响热电阻的性能。骨架材料在使用温度范围内应满足一定要求，即绝缘性能好、物理化学性能稳定、不产生污染电阻丝的有害物质，热胀系数与电阻丝相近，比热小、导热率高，有足够的机械强度及良好的加工性能。常用的材料有云母、玻璃（石英）、陶瓷、塑料等，形状有平板形、螺旋形及圆柱形等。

铂电阻体的结构有三种基本形式。一是玻璃烧结式，如图 3-26a 所示，玻璃骨架外径为 3 ~4 mm、表面刻有螺纹槽，最高安全温度为 400℃。铂丝均匀绕制在螺纹槽内且经热处理固定在骨架上，最外层用薄玻璃管封固烧结。二是陶瓷烧结式，如图 3-26b 所示，铂丝绕制在直径为 1.6 ~3 mm、长度为 20 ~30 mm、表面刻有螺纹的陶瓷管上，表面涂釉烧结固定。三是云母平板骨架式，如图 3-26c 所示，铂丝绕制在侧边有锯齿形的云母基片上，两边外侧各覆盖一层绝缘云母片，其外用银带缠绕固定。为了改善传热效果，一般在云母骨架电阻体装入保护套管时，两边压上弹性支撑片。由于云母在 500℃ 以上产生结晶水而变形，所以使用温度在 500℃ 以下。

铜电阻体一般用直径为 0.1 mm 的漆包铜线或丝包铜线分层绕制在塑料圆柱形骨架上，再经酚醛树脂浸渍处理，起到提高导热性能和机械紧固作用。由于它与铂电阻体相比体积大，因此热惯性较大。

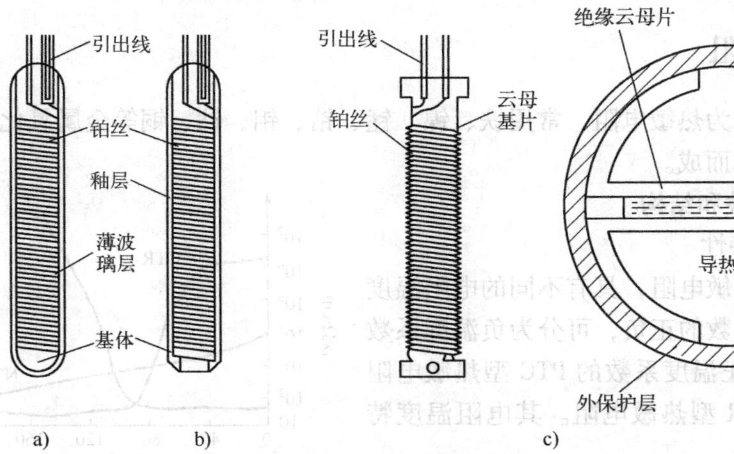

图 3-26　铂电阻体结构

a）玻璃烧结式　b）陶瓷烧结式　c）云母平板骨架式

2）内引线。内引线将电阻体引至接线盒。由于保护套管内温度梯度大，作为内引线要选用纯度高、不产生接触电势的材料，以减小附加误差。对于铂电阻体高温用镍丝，低温用银丝作内引线；铜电阻体和镍电阻体一般采用自身材料的内引线。内引线的直径应比电阻丝粗，一般在 1 mm 左右以减小内引线电阻。内引线由绝缘套管隔离。

需要指出，热电阻与显示仪表无论是三线制还是四线制连接方式，如果需要准确测温都必须由电阻体的根部引出，即从内引线开始，而不能从热电阻接线盒的接线端子上引出。因为内引线处于温度变化的剧烈区域，虽然在保护套管中的内引线不长，但准确测量时其影响不可忽略。

3）保护套管和接线盒。保护套管的作用与普通热电偶相同，使内部的电阻体、内引线免受环境有害介质的影响和机械损伤。接线盒用于热电阻与显示仪表的导线连接。

（2）铠装热电阻

铠装热电阻的结构与铠装热电偶相似，由电阻体、内引线、绝缘材料粉末及保护套管整体拉制而成，其结构如图 3-27 所示。

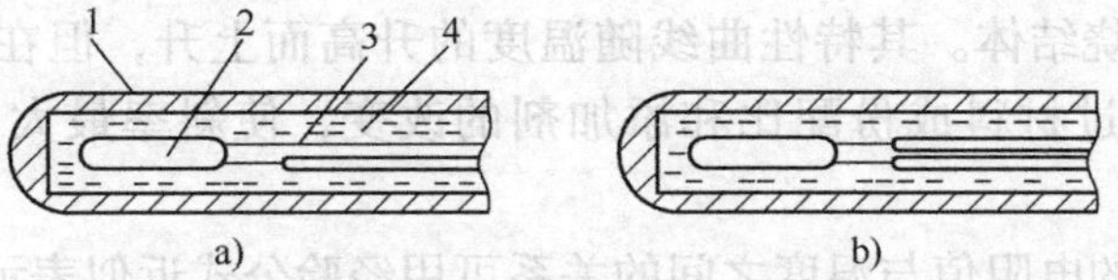

图 3-27　铠装热电阻结构

a）三线制热电阻　b）四线制热电阻

1—保护套管　2—电阻体　3—内引线　4—绝缘材料

铠装热电阻与普通热电阻相比，它的外形尺寸小，响应速度快；保护套管内为实体，抗振动；可弯曲，使用方便，可安装在被测对象结构复杂的部位。直径一般为 2 ~ 8 mm，个别可达 1 mm。

3.3.3 半导体热电阻

半导体热电阻又称为热敏电阻，常用铁、镍、锰、钴、钼、钛、铜等金属氧化物或其他化合物按不同配比烧结而成。

1. 热敏电阻的特性和结构

（1）热敏电阻的特性

不同材料制成的热敏电阻，具有不同的电阻温度特性。按照电阻温度系数的正负，可分为负温度系数的 NTC 型热敏电阻、正温度系数的 PTC 型热敏电阻和临界温度系数的 CTR 型热敏电阻。其电阻温度特性曲线如图 3-28 所示。

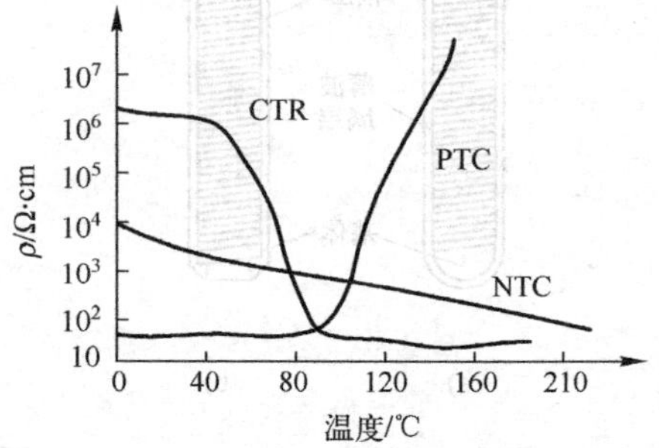

图 3-28　热敏电阻特性曲线

1）NTC 型热敏电阻。NTC 型热敏电阻由 Ni、Fe、Mn、Cu 等两种以上金属氧化物混合，用有机粘合剂成型并经高温烧结而成，其特性曲线随温度的上升而下降。通过不同的材质组合，能够得到不同的初始电阻值 R_{T_0} 和不同的电阻温度特性。NTC 型热敏电阻的电阻值与温度之间的关系可近似表示为

$$R_T = R_{T_0}\exp\left[B_N\left(\frac{1}{T}-\frac{1}{T_0}\right)\right] \tag{3-30}$$

式中，R_T、R_{T_0} 分别是热力学温度为 T 和 T_0 时的电阻值；B_N 为负温度系数热敏电阻的热敏指数，是与材料组成和烧结工艺有关的常数。

其温度系数 α_T 为

$$\alpha_T = \frac{1}{R_T}\cdot\frac{dR_T}{dT} = -\frac{B_N}{T^2} \tag{3-31}$$

由式（3-31）可知 α_T 是温度的函数，且低温段更加灵敏、B_N 越大灵敏度越高。常用 NTC 型热敏电阻的 B_N 值在 1500～6000 K 之间，室温附近 $\alpha_T \approx -(2\sim6)\times10^{-2}$/℃，常用于 -50～300℃范围内的温度检测。

2）PTC 型热敏电阻。PTC 型热敏电阻主要由 $BaTiO_3$ 和 $SrTiO_3$ 为主的成份中加入少量的 V_2O_3 和 Mn_2O_3 构成的烧结体。其特性曲线随温度的升高而上升，但在某一温度段斜率最大且近似线性。可以通过材料成份配比和添加剂的改变，使斜率最大区段处在不同的温度范围。

PTC 型热敏电阻的电阻值与温度之间的关系可用经验公式近似表示为

$$R_T = R_{T_0}\exp[B_P(T-T_0)] \tag{3-32}$$

式中，R_T、R_{T_0} 分别是热力学温度为 T 和 T_0 时的电阻值；B_P 为正温度系数热敏电阻的热敏指数。

可以利用斜率最大的温度段测温，但范围很窄，通常用它制作温度开关元件。

3）CTR 型热敏电阻。如果用 V、Ge、W 等金属氧化物在弱还原环境中形成烧结体，可以制成 CTR 型热敏电阻。其特性曲线随温度的升高而下降，但在某一极小的温度段电阻急剧变化（变化 3～4 个数量级）。实际上它是负电阻温度系数的开关型热敏电阻，常用于制

作温度开关元件。

（2）热敏电阻的结构

热敏电阻主要由热敏探头、引线和壳体构成。根据不同使用要求可制成圆片形、棒形、珠形、球形等不同结构形式，如图 3-29 所示。

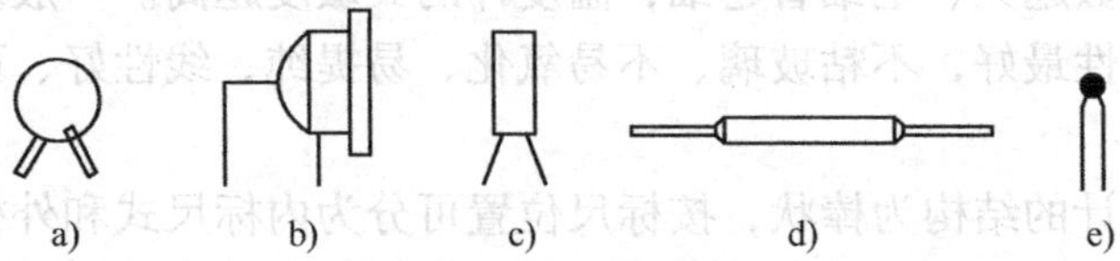

图 3-29　常见热敏电阻的结构形式
a）圆片形　b）薄膜型　c）柱形　d）棒形　e）珠形

2. 热敏电阻的特点

三种类型的热敏电阻中，只有负电阻温度系数且变化比较平坦的 NTC 型热敏电阻适合制作连续测量的温度检测元件，与金属热电阻相比有它的优点。它的灵敏度高，电阻温度系数是金属热电阻的 10～100 倍；电阻率大，常温下的电阻值均在千欧以上，因此连接导线的电阻变化可以忽略不计，一般不必采用三线制或四线制连接，通常制成二端结构；结构简单、体积小，响应快，可根据需要制成各种形状，目前最小的珠形热敏电阻其直径只有 0.2 mm；化学稳定性和机械性能较好，价格低廉、寿命长。

热敏电阻的主要缺点是互换性差；电阻温度特性的非线性严重，且不稳定（随时间而变化，因此测量误差较大，约为 $\pm 2\% |t|$（t 为所测温度），只适用于测温准确度要求不高的场合；测温范围窄，一般为 －50～300℃，但是特殊材料制成的热敏电阻可实现 －200～10℃ 和 300～1200℃ 范围的温度检测。

热敏电阻已经应用于温度连续检测、温度开关控制、仪器仪表的温度补偿、火灾报警、热过载保护等方面，在家用电器、汽车、办公设备、农业生产、医疗器械中得到广泛应用。随着半导体技术和制造工艺水平的提高，半导体热敏电阻有着广阔的发展前景。

3.4　其他接触式温度检测仪表

接触式测温除了热电偶和热电阻之外，还有膨胀式温度计、半导体 PN 结测温和集成温度传感器等。

3.4.1　膨胀式温度计

基于物体受热体积膨胀的性质制成的温度计称为膨胀式温度计，分液体膨胀、气体膨胀和固体膨胀三类。气体膨胀温度计误差较大、使用不便，因此常见的有玻璃管液体温度计和双金属片温度计。它们一般不具有信号远传功能，常用于现场指示。

1. 玻璃管液体温度计

玻璃管液体温度计利用液体受热体积膨胀原理测温，主要由玻璃温包、毛细管和刻度标尺等组成，如图 3-30 所示。玻璃温包中有工作液，将温包插入被测介质，温度的变化使工

作液的体积膨胀或收缩，沿毛细管上升或下降，由刻度尺显示温度数值。工作液受热后的体积与温度之间的关系可表示为

$$V_t = V_{t_0}(\alpha - \alpha')(t - t_0) \tag{3-33}$$

式中，V_t、V_{t_0}分别为工作液在 t 和 t_0℃时的体积；α、α'分别为工作液和玻璃的体胀系数。

工作液的体胀系数越大、毛细管越细，温度计的灵敏度越高。一般多用水银或酒精为工作液，其中水银的特性最好，不粘玻璃、不易氧化、易提纯、线性好、可测温度上限高、准确度高。

玻璃管液体温度计的结构为棒状，按标尺位置可分为内标尺式和外标尺式两种形式。外标尺式温度计如图 3-30a 所示，标尺直接刻在玻璃管的外表面上。内标尺式温度计如图 3-30b 所示，它有乳白色的玻璃片温度标尺，放置在与连通玻璃温包的毛细管后面，将毛细管和标尺一起放在玻璃管内，观测比较方便。

玻璃管液体温度计中水银温度计最常见，按用途分为标准、实验室和工业用三种。标准水银温度计成套供应（由多支不同测温范围的温度计组成），有外标尺式和内标尺式，按准确度有一等和二等之分，可用于工业温度计的检定，其分度值为 0.05～0.1℃。工业用水银温度计为了避免使用时碰伤，在玻璃管外罩有金属保护套，仅露出标尺，在玻璃温包与保护套之间填充良好的导热材料以减小测温惰性，且附有与设备固定的连接装置。实验室用水银温度计的形式与标准温度计相仿，准确度较高。

2. 双金属温度计

双金属温度计利用两种膨胀系数不同材料的金属薄片叠焊在一起构成感温元件来检测温度，属于固体膨胀温度计。结构简单、牢固，可部分取代水银温度计，主要用于气体、液体及蒸汽的温度测量，但是滞后较大。

双金属片的一端固定，当 $t = t_0$℃时，两金属片处于水平位置；当 $t > t_0$℃时，双金属片受热后因体胀系数不同，使自由端弯曲形变如图 3-31a 所示，其弯曲程度与温度成正比，即

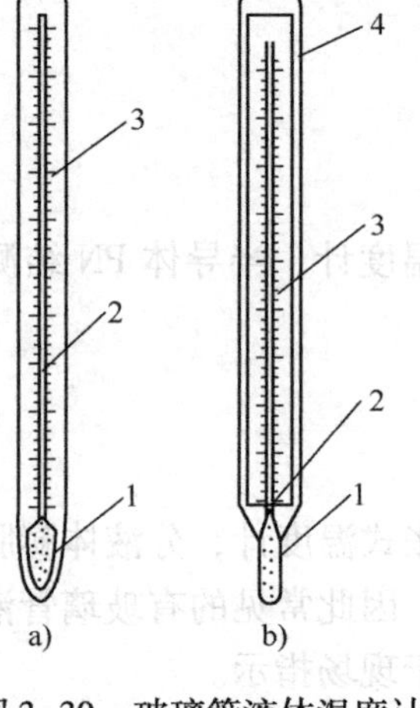

图 3-30　玻璃管液体温度计

a) 外标尺式　b) 内标尺式

1—玻璃温包　2—毛细管　3—刻度标尺　4—玻璃外壳

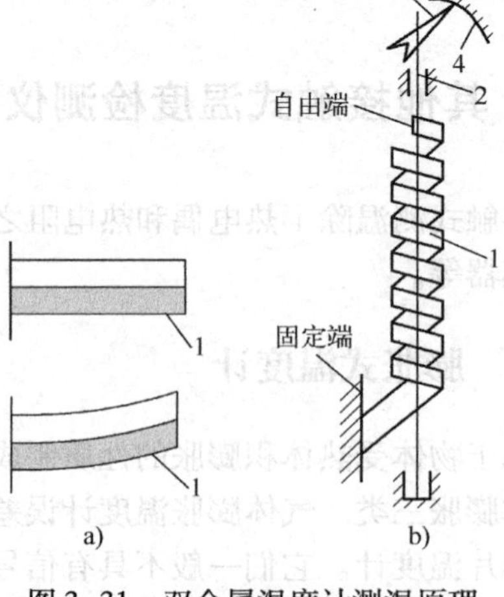

图 3-31　双金属温度计测温原理

1—双金属片　2—指针轴　3—指针

4—刻度盘

$$x = G\frac{l^2}{d}(t - t_0) \tag{3-34}$$

式中，x为双金属片自由端位移量；l为双金属片长度；d为双金属片厚度；G为弯曲率，指长度100 mm、厚1 mm的双金属片，变化1℃时自由端的位移量。

为了提高测量灵敏度，工业上应用的双金属温度计将双金属片制成螺旋状，如图3-31b所示。一端固定在测量管的底部，另一端为自由端且与插入螺旋形双金属片的中心轴焊接在一起。当被测温度变化时，双金属片自由端发生位移带动中心轴转动，经传动放大机构由指针在刻度盘上指示温度数值。

双金属温度计有两种结构，如图3-32所示。一种为轴向结构，其刻度盘与保护管垂直连接；另一种为径向结构，刻度盘与保护管水平连接。可根据安装条件和观察的方便进行选择。它可以制成带上、下限接点的双金属温度计，当温度越限时接点闭合，发出温度报警或温度控制信号。目前国产的双金属温度计测量范围为-80～600℃，准确度为1～2.5级，使用环境温度在-40～60℃之内。

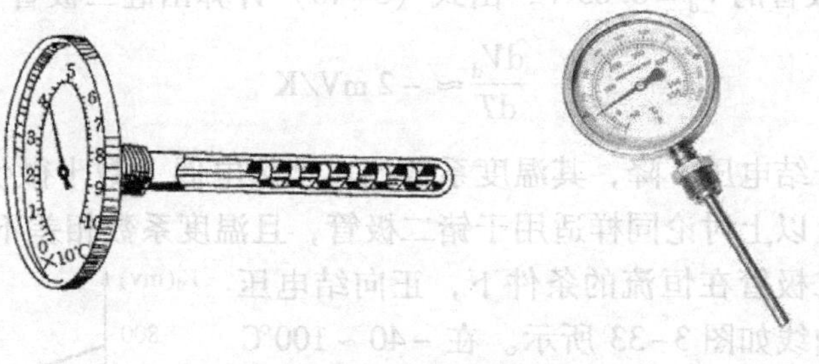

a)　　　　b)

图3-32　双金属温度计

a）轴向型　b）径向型

3.4.2　PN结测温与集成温度传感器

1. PN结测温

利用半导体PN结的正向伏安特性与温度之间的关系可以测温，设二极管的正向电流I_d、PN结正向压降为V_d，则有下列关系

$$I_d = I_s\left[\exp\left(\frac{qV_d}{kT}\right) - 1\right] \tag{3-35}$$

式中，I_s为PN结的反向饱和电流；q为电子电荷量，为1.6×10^{-9}C；k为波尔兹曼常数，为1.38×10^{-3}J/K；T为绝对温度值。

在温度不高时，式（3-35）可近似为

$$I_d = I_s\exp\left(\frac{qV_d}{kT}\right) \tag{3-36}$$

上式两边取自然对数得

$$V_d = \frac{kT}{q}\ln\frac{I_d}{I_s} \tag{3-37}$$

因二极管的反向饱和电流也是温度的函数，可用下式表示

$$I_s = CT^{\eta}\exp\left(\frac{-qV_{g0}}{kT}\right) \tag{3-38}$$

式中，η 为与 PN 结几何形状和掺质浓度有关的经验常数；V_{g0} 为绝对零度时半导体的禁带宽度，对于某一半导体而言为常数。

将式（3-38）代入式（3-37），经整理后得

$$V_d = \frac{kT}{q}\left(\ln I_d + \frac{q}{kT}V_{g_0} - \ln C - \eta\ln T\right) \tag{3-39}$$

在 I_d 保持恒定时，V_d 与 T 之间为单值函数关系，对式（3-39）求导得

$$\frac{dV_d}{dT} = \frac{V_{g_0} - V_d}{T} + \eta\frac{k}{q} \tag{3-40}$$

对于硅半导体，在绝对零度时的禁带宽度为 1.171 V，常数 η 近似为 3.54。取 $T=300$ K（室温附近），硅二极管的 $V_d=0.65$ V，由式（3-40）计算出硅二极管 PN 结的温度系数

$$\frac{dV_d}{dT} \approx -2\ \text{mV/K} \tag{3-41}$$

随着温度的上升结电压下降，其温度系数比典型热电偶（数十微伏）大得多，这是 PN 结测温的理论基础。以上讨论同样适用于锗二极管，且温度系数相差不大。

硅二极管和锗二极管在恒流的条件下，正向结电压与温度之间的特性曲线如图 3-33 所示。在 -40 ~ 100℃ 之间有很好的线性关系，对于硅二极管线性范围更宽（上限温度可达 150℃）。事实上也可以使用半导体三极管的发射结（将基极与集电极短接）测温。

由于 PN 结测温线性好、灵敏度高、输出阻抗低，可以利用半导体二极管或三极管作为感温元件，配以恒流电路、放大电路、输出电路、显示电路进行温度测量。

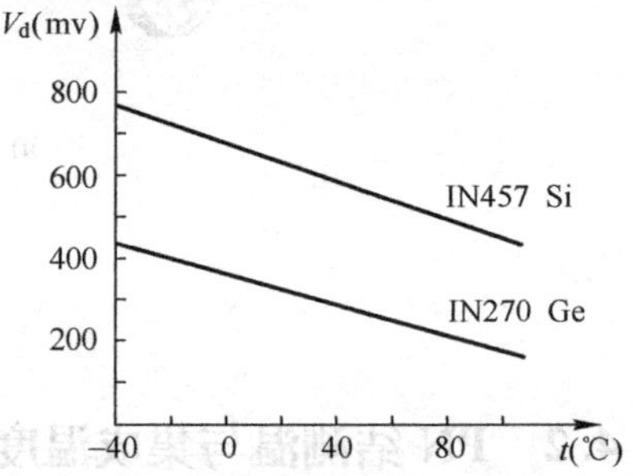

图 3-33　二极管温度特性曲线

2. 集成温度传感器

随着集成电路技术的发展，目前基于半导体 PN 结的温度传感器几乎都以集成电路的形式出现。将感温元件（PN 结）、恒流电路、放大和补偿电路、输出驱动电路等集成在同一硅片上，封装在同一壳体内形成一体化温度传感器。按照输出信号的形式，分模拟信号和数字信号两类，其中模拟信号有电流和电压两种模式。常见输出模拟信号的集成温度传感器特性见表 3-7。

表 3-7　常见输出模拟信号的集成温度传感器特性

型　号	测温范围/℃	输出模式	温度系数	备　注
XC616A	-40 ~ 125	电压型	10 mV/℃	内带稳压和运放供用户使用
XC616C	-25 ~ 85	电压型	10 mV/℃	内带稳压和运放供用户使用
LX6500	-55 ~ 85	电压型	10 mV/℃	内带稳压和运放供用户使用

（续）

型　　号	测温范围/℃	输出模式	温度系数	备　　注
LX5700	-55 ~ 85	电压型	10 mV/℃	内带稳压和运放供用户使用
LM3911	-25 ~ 85	电压型	10 mV/℃	内带稳压和运放供用户使用
LM35	-35 ~ 150	电压型	10 mV/℃	
LM334	-55 ~ 125	电流型	1 uA/℃	
LM134	0 ~ 75	电流型	1 uA/℃	
AD590	-55 ~ 150	电流型	1 uA/℃	
REF-02	-55 ~ 125	电压型	2.1 mV/℃	
AN6701	-10 ~ 80	电压型	10 mV/℃	

AD590 是典型的电流输出型集成温度传感器，基本电路如图 3-34 所示。VT_1和 VT_2是性能完全相同的 PNP 晶体管，起恒流作用，使得 $I_1 = I_2$。VT_3和 VT_4是感温用的晶体管，材质和工艺完全相同，但是 VT_3的发射结面积是 VT_4的 8 倍，因此 VT_3的反向饱和电流是 VT_4的 8 倍，即

$$I_{se3} = 8I_{se4} \tag{3-42}$$

由 VT_3、VT_4和 R 回路可得

$$I_1 = \frac{V_{BE4} - V_{BE3}}{R} = \frac{\Delta V_{BE}}{R} \tag{3-43}$$

根据式（3-37）可写出 ΔV_{BE}为

$$\Delta V_{BE} = \frac{kT}{q}\ln\left[\frac{I_{e4}}{I_{e3}} \cdot \frac{I_{se3}}{I_{se4}}\right] \tag{3-44}$$

因 $I_{e3} = I_{e4} = I_1$，将式（3-42）代入式（3-44），得

$$\Delta V_{BE} = \frac{kT}{q}\ln 8 \tag{3-45}$$

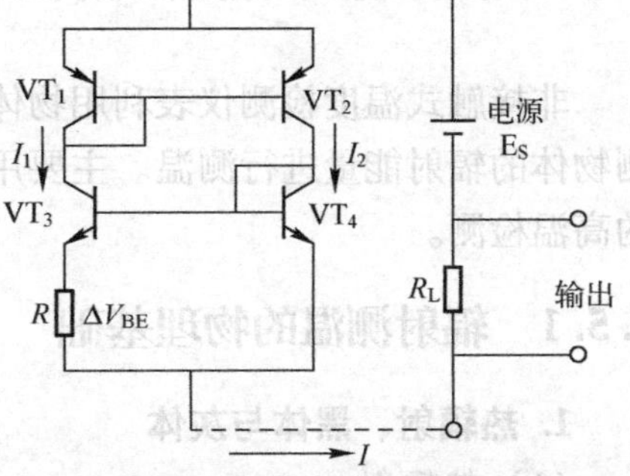

图 3-34　AD590 感温部分的核心电路

电路总电流 $I = I_1 + I_2 = 2I_1$，将式（3-45）代入式（3-43）得

$$I = 2I_1 = \frac{2kT}{qR}\ln 8 \tag{3-46}$$

显然 R 一定时，电路的输出电流与温度之间有良好的线性关系。通过激光修正 R 值，使得传感器得到 1 uA/K 的灵敏度。AD590 的电源电压为 5 ~ 30 V，以热力学温标的零点作为零输出点，输出电流正比于绝对温度（在 25℃ 时输出为 298.2 uA）。测温误差为 ±0.5℃，输出阻抗在 10 MΩ 以上。

AD590 可以串联或并联使用，如图 3-35 所示。将几个 AD590 单元串联使用时，输出电流取决于几个被测温度中最低的温度；并联使用时，总输出电流是各单元的电流之和，可以检测几个被测点的温度之和或平均温度。

集成温度传感器与热电偶和金属热电阻相比，主要特点是灵敏度高，电压输出型通常为 10 mV/℃；线性好，一般不必非线性补偿；复现性好于热电偶和热电阻；测温范围窄，由于受到 PN 结耐热性能和特性应用范围的限制，常用于 -50 ~ 150℃ 温度检测；准确度低，一般而言低于金属热电阻和贵金属热电偶，与廉价热电偶相当或略低；体积小、响应快、抗干

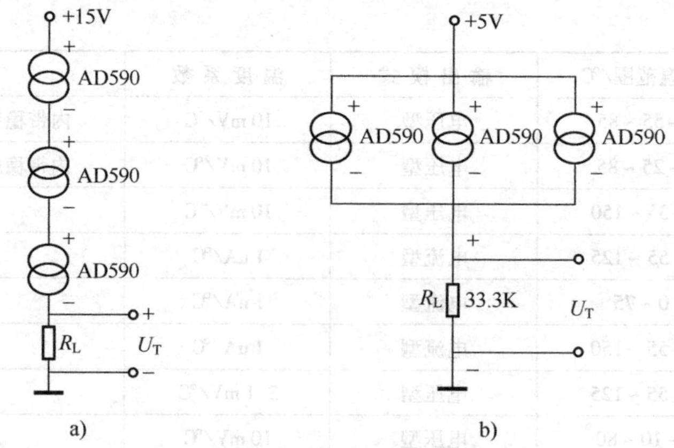

图 3-35　AD590 串并联使用
a）串联使用　b）并联使用

扰能力强；产品的一致性好，价格低廉。广泛应用于各种冰箱、空调、粮仓、冷库、工业仪表配套等温度检测与控制领域。

3.5　非接触式温度检测仪表

非接触式温度检测仪表利用物体辐射能量随温度变化的原理，由热辐射检测器件接受被测物体的辐射能量进行测温。主要用于冶金、铸造、热处理以及玻璃和耐火材料等生产过程的高温检测。

3.5.1　辐射测温的物理基础

1. 热辐射、黑体与灰体

（1）热辐射

物体受热激励了原子中的带电粒子，使一部分热能以电磁波的形式在不需要任何媒介条件下将热能传递给另一物体，这种传热方式称热辐射（简称辐射），传递的能量称辐射能。物体在不同温度范围内向外辐射的电磁波波段有所区别，低温时辐射能量很小，主要辐射红外线；500℃左右，辐射光谱包括部分可见光；800℃时，辐射光谱中可见光大大增加，呈现“红热”；3000℃左右，辐射光谱包括更多的短波成份，使物体呈现“白热”。热辐射检测器件能接受的波长约为 0.4 ~ 10 μm，所以大部分工作在可见光和红外线某波段或波长下。

（2）黑体与灰体

物体能连续向外发射辐射能，同时对投射到其上的热辐射能有吸收、透射和反射现象。设外界透射到物体表面的总辐射能量为 Q，吸收的能量为 Q_α、透射的能量为 Q_τ、反射的能量为 Q_ρ，根据能量守恒定律则有

$$Q = Q_\alpha + Q_\tau + Q_\rho$$

$$\frac{Q_\alpha}{Q} + \frac{Q_\tau}{Q} + \frac{Q_\rho}{Q} = \alpha + \tau + \rho = 1 \tag{3-47}$$

式中，α 为吸收率；τ 为透射率；ρ 为发射率。

当 $\alpha=1(\tau=\rho=0)$ 时，说明辐射到物体上的能量全部被吸收，称该物体为绝对黑体，简称黑体。当 $\tau=1(\alpha=\rho=0)$ 时，说明辐射到物体上的能量全部被透射出去，称该物体为透明体。当 $\rho=1(\alpha=\tau=0)$ 时，说明辐射到物体上的能量全部被反射出去，若物体表面平整光滑、反射有一定规律，称该物体为镜体；若物体反射无规律，称该物体为白体。自然界中黑体、透明体、白体都不存在，一般固体或液体的 τ 很小或为零，而气体 τ 很大。对于一般工程材料，$\tau=0$ 而 $\alpha+\rho=1$，称为灰体。

2. 黑体辐射基本定律

物体受热向外辐射能量的大小与波长和温度有关，它们之间的关系由一系列辐射基本定律所描述。

(1) 普朗克定律（单色辐射强度定律）

普朗克定律指出，绝对黑体的辐射能力与温度有关，并随辐射波长而变化，且当温度为 T 的单位面积元，在半球面方向向所辐射 λ 波长的辐射出射度 $M_0(\lambda,T)$ 由下式确定

$$M_0(\lambda,T)=C_1\lambda^{-5}(e^{\frac{C_2}{\lambda T}}-1)-1 \tag{3-48}$$

式中，$M_0(\lambda,T)$ 为黑体的单色辐射强度，即单位面积上辐射出波长为 λ 的辐射功率；C_1 为第一辐射常数，为 $3.7418\times10^{-16}\mathrm{W/m^{-2}}$；$C_2$ 为第二辐射常数，为 $1.4388\times10^{-2}\mathrm{m/K}$；$T$ 为绝对温度，K。

式（3-48）称普朗克公式，揭示了黑体在各种不同温度下辐射能量按波长的分布规律。公式的结构比较复杂，但是对于低温、高温都适用。普朗克定律又称为单色辐射强度定律或单色辐射定律。

(2) 维恩公式

温度在 3000 K 以下、0.4～0.75 μm 波长范围内，普朗克公式可用维恩公式代替

$$M_0(\lambda,T)=C_1\lambda^{-5}(\mathrm{e}^{-\frac{C_2}{\lambda T}}) \tag{3-49}$$

式中符号与普朗克公式相同。实际上它是普朗克公式的简化，但是在高于 3000 K 时，实验结果与理论计算有一定偏差，且温度越高偏差越大。

从式（3-48）和式（3-49）可以看出黑体的辐射能力是温度和波长的函数，当波长 λ 一定时，黑体的辐射能力仅是温度 T 的单值函数。它们是光学高温计和比色温度计测温的理论依据。

(3) 斯忒藩－玻尔兹曼定律（全辐射强度定律）

对普朗克公式在波长从零到无穷大进行积分，可以得到黑体在全部波长范围内单位面积元在半球面方向上的辐射出射度，即

$$M_0(T)=\int_0^{+\infty}M_0(\lambda,T)\,\mathrm{d}\lambda=\sigma T^4 \tag{3-50}$$

式中，σ 为斯忒藩－玻尔兹曼常数，为 $5.66961\times10^{-3}\ \mathrm{W\cdot m^{-2}\cdot K^{-1}}$。

式（3-50）是斯忒藩－玻尔兹曼定律的数学表达式，它表明绝对黑体在全部波长范围内的全辐射能力与绝对温度的四次方成正比。该定律又称为黑体全辐射强度定律或全辐射定律，是全辐射温度计测温的理论依据。

3. 基尔霍夫定律

基尔霍夫定律建立了绝对黑体与实际物体之间的关系。

(1) 基尔霍夫定律

基尔霍夫定律指出，各物体的单色辐射出射度与单色吸收率的比值均相同，与物体的性质无关且是温度 T 和波长 λ 的函数，即

$$\frac{M_0(\lambda,T)}{\alpha_0(\lambda,T)}=\frac{M_1(\lambda,T)}{\alpha_1(\lambda,T)}=\frac{M_2(\lambda,T)}{\alpha_2(\lambda,T)}=\cdots=f(\lambda,T) \tag{3-51}$$

式中，$M_0(\lambda,T)$、$M_1(\lambda,T)$、$M_2(\lambda,T)$……分别为物体 A_0、A_1、A_2……的单色辐射出射度；$\alpha_0(\lambda,T)$、$\alpha_1(\lambda,T)$、$\alpha_2(\lambda,T)$……分别为物体 A_0、A_1、A_2……的单色吸收率。若 A_0 为黑体，那么 $\alpha_0(\lambda,T)=1$，则

$$\frac{M_1(\lambda,T)}{\alpha_1(\lambda,T)}=\frac{M_2(\lambda,T)}{\alpha_2(\lambda,T)}=\cdots=M_0(\lambda,T) \tag{3-52}$$

因此，任何物体的单色辐射出射度与单色吸收率之比等于绝对黑体在同样温度和相同波长下的单色辐射出射度，这是基尔霍夫定律的另一表达方式。

(2) 单色 (λ) 辐射发射率

设 $M(\lambda,T)$ 为物体 A 在波长 λ、温度 T 时的单色辐射出射度，根据式 (3-52) 则有

$$\frac{M(\lambda,T)}{M_0(\lambda,T)}=\alpha(\lambda,T)=\varepsilon_{\lambda T} \tag{3-53}$$

式中，$\varepsilon_{\lambda T}$ 称为物体 A 的单色 (λ) 辐射发射率或单色 (λ) 黑度系数。表明物体的单色辐射发射率等于同温度、同波长下物体的单色辐射出射度与黑体的单色辐射出射度之比。一般物体的 $\varepsilon_{\lambda T}<1$，越接近 1 则它的辐射能力越接近黑体。该式还表明，物体的辐射能力与吸收能力相同，即 $\alpha(\lambda,T)=\varepsilon_{\lambda T}$，物体的辐射能力越强则吸收能力也越强。

(3) 全辐射发射率

全波长范围内，任何物体 A 的全辐射出射度等于单色辐射出射度对波长的积分，即

$$\begin{aligned} M(T) &= \int_0^{+\infty} M(\lambda,T)\,\mathrm{d}\lambda = \int_0^{+\infty} \alpha(\lambda,T)M_0(\lambda,T)\,\mathrm{d}\lambda \\ &= A(T)\int_0^{+\infty} M_0(\lambda,T)\,\mathrm{d}\lambda = A(T)M_0(T) \end{aligned} \tag{3-54}$$

式中，$A(T)$、$M_0(T)$ 分别表示物体 A 在温度 T 时的全吸收率和黑体在同温度下的全辐射出射度。

因此，基尔霍夫定律的积分形式为

$$\frac{M(T)}{M_0(T)}=A(T)=\varepsilon_T \tag{3-55}$$

式中，ε_T 称为物体 A 的全辐射发射率或全辐射黑度系数。表明物体的全辐射发射率等于同温度下物体的全辐射出射度与黑体同温度下全辐射出射度之比。对于黑体 $\varepsilon_T=1$；对于一般物体 $\varepsilon_T<1$，越接近 1 则它的全辐射能力越接近黑体。因此物体的全辐射发射率的大小反映了物体接近黑体的程度。

3.5.2 光学高温计与光电温度计

物体高于 700℃ 时会辐射出明显的可见光，如果限定在某一波长 λ 的光谱辐射能量，此

辐射能量即单色辐射出射度与被测物体温度之间的关系由普朗克定律确定（如果小于3000 K可由维恩公式确定），而光谱亮度与光谱辐射能量成正比。因此可以比较被测物体与参考源在同一波长下的光谱亮度，并使二者亮度相同，可以根据参考源的温度确定被测物体的温度。此测温方法称亮度法，最典型的是光学高温计。

1. 光学高温计

（1）光学高温计工作原理

光学高温计由光学系统和电测系统组成，简化的工作原理如图 3-36 所示。

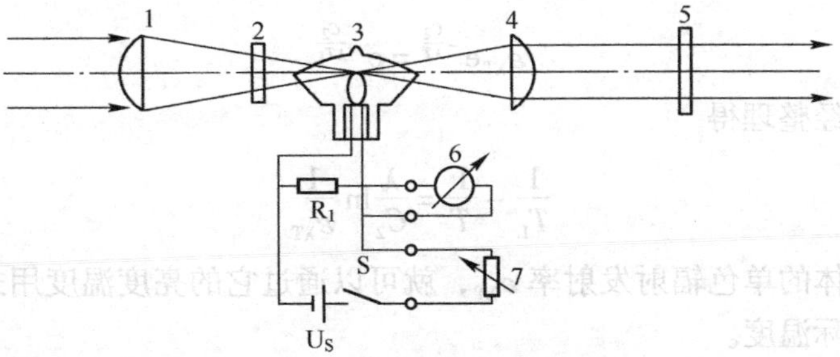

图 3-36　光学高温计工作原理

1—物镜　2—吸收玻璃　3—温度灯泡　4—目镜　5—红色滤光片　6—mV 表　7—可调电阻

上半部分为光学系统。物镜 1 和目镜 4 可以沿轴向移动，调节目镜可以清晰地看到温度灯泡（参考辐射源）的灯丝，调整物镜可以使被测物体（辐射源）清晰地在灯丝平面形成发光背景。在目镜和观察孔之间有红色滤光片 5，测量时移入视场，使得利用的光谱波长为 0.65 μm 以保证单色测温。从观察孔可同时看到被测物体的发光背景和灯丝的亮度，观察灯丝亮灭程度。

下半部分为电测系统。温度灯泡 3、可调电阻 7、开关 S 和电源 Us 相串联，改变可调电阻的阻值可以改变灯丝电流来调整亮度。mV 表用于测量不同亮度时的灯丝电压，指示不同亮度时对应的温度值。

测量时，通过目镜在被测物体发光背景上可以看到弧形灯丝。如果灯丝亮度比物体发光背景的亮度低，灯丝在这个背景上将呈现暗弧线，如图 3-37a 所示；如果灯丝亮度比物体发光背景的亮度高，灯丝在这个背景上将呈现亮弧线，如图 3-37b 所示；如果的亮度相同，则灯丝隐灭在物体的发光背景里，如图 3-37c 所示。通过调节可变电阻使灯丝亮灭，由 mV 表指示物体的亮度温度 T_L。

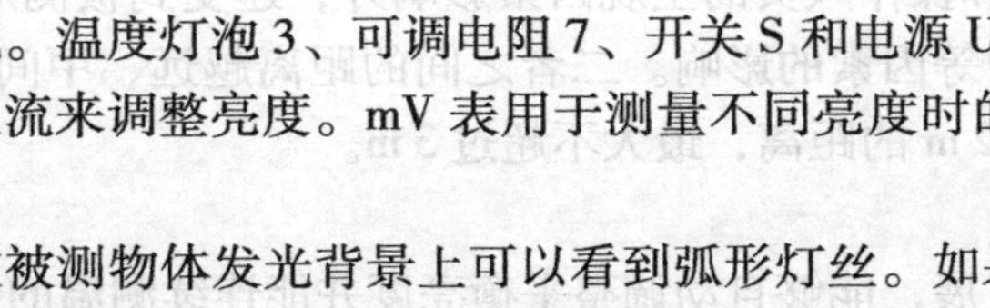

图 3-37　灯丝亮度对比

（2）亮度温度与实际温度

光学高温计以黑体的光谱亮度进行刻度，指示物体的亮度温度。所谓亮度温度，就是当被测物体为非黑体，在同一波长下的光谱辐射与绝对黑体的光谱亮度相同时，黑体的温度称

为被测物体的亮度温度。显然，物体的亮度温度与实际温度之间存在偏差，它们之间的关系为

$$\varepsilon_{\lambda T} L_{\lambda T}^{0} = L_{\lambda T_L}^{0} \tag{3-56}$$

式中，T_L、T 为分别为被测物体的亮度温度和实际温度；$\varepsilon_{\lambda T} L_{\lambda T}^{0}$为被测物体光谱辐射亮度；$L_{\lambda T_L}^{0}$为黑体的光谱辐射亮度；$\varepsilon_{\lambda T}$为被测物体在波长为 λ、温度为 T 时的单色辐射发射率（即单色黑度系数）。

光谱辐射亮度与单色辐射出射度成正比，根据维恩公式有

$$\varepsilon_{\lambda T} e^{-\frac{C_2}{\lambda T}} = e^{-\frac{C_2}{\lambda T_L}} \tag{3-57}$$

两边取自然对数，经整理得

$$\frac{1}{T_L} - \frac{1}{T} = \frac{\lambda}{C_2} \ln \frac{1}{\varepsilon_{\lambda T}} \tag{3-58}$$

若已知被测物体的单色辐射发射率 $\varepsilon_{\lambda T}$，就可以通过它的亮度温度用式（3-58）进行修正，得到物体的实际温度。

（3）光学高温计的特点

光学高温计可以测量 800～3200℃的高温，基准光学高温计在所有辐射温度计中准确度最高，在 1000～1400℃测量不超过 ±1℃，可用作国家基准温度计，复现黄金凝固点温度；标准光学高温计用于温度量值的传递，精密光学高温计用于科学实验中的精密测试；工业光学高温计准确度较低，在 800～2000℃范围内测量误差一般为 ±(14～20)℃。

光学高温计需要人眼判断亮度的平衡状态，存在主观因素；测量不连续且不能自动检测；只能利用可见光，测量下限受到限制。它的测温准确度除了受被测物体单色辐射发射率 $\varepsilon_{\lambda T}$（单色黑度系数）和操作人员的主观因素影响外，还受到被测对象到高温计之间中间介质对辐射的吸收、反射等因素的影响。二者之间的距离越远、中间介质越厚，则误差越大，使用中一般控制在 1～2 m 的距离，最大不超过 3 m。

2. 光电温度计

随着检测技术的发展，能够自动调整平衡亮度并能连续测温的光电温度计正在逐步取代光学高温计。

一种光电温度计的工作原理如图 3-38 所示。被测物体的辐射能量由物镜 1 会聚，经调制镜 3 反射到光电检测元件 8 上。参比灯 7（参考辐射源）的辐射能量经反射镜 5 到光电检测元件 8 上。微电机 4 驱动调制镜旋转，使被测辐射能量与参比辐射能量按一定频率交替被光电检测元件接受，并产生相位差为 180°的电信号。这两个电信号的差值由电子线路放大，经相敏检波转变为直流信号后再送后面的电子线路放大处理，去自动调节参比灯的工作电流，使其辐射能量与被测物体的辐射能量相平衡。根据参比灯的电参数，转换为 0～10 mA 或 4～20 mA 的标准信号，由显示仪表显示温度值。为了适应辐射能量的变化，电路中设置了自动增益控制环节，保证在测温范围内有适当的灵敏度。

光电温度计与光学高温计相比，避免了人工误差、灵敏度高、响应快（一般 1.5～5 s）；设计了手动 $\varepsilon_{\lambda T}$值修正，可以检测物体的实际温度；改变光电检测元件的种类，可以改变使用的波长或波段，以适用于可见光或红外光；测温范围一般为 200～1600℃，有的可达 200～3200℃（分段检测），测温误差一般在 ±(1～1.5)%。

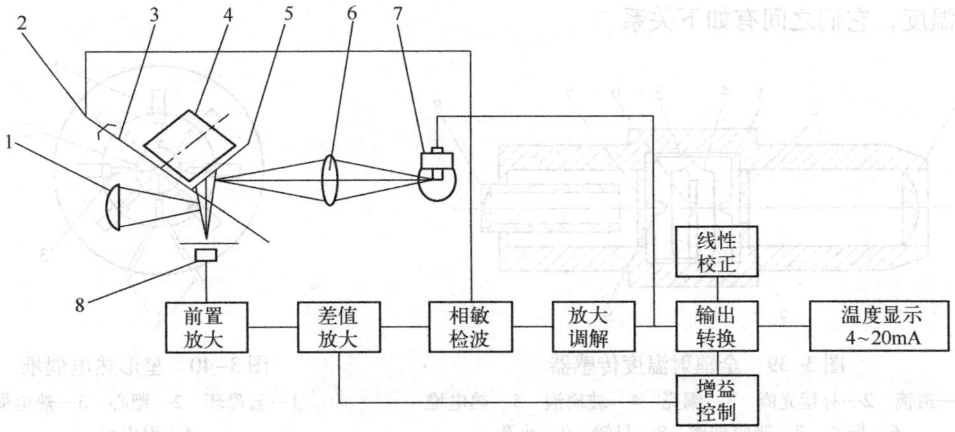

图 3-38　光电温度计工作原理

1—物镜　2—同步信号发生器　3—调制镜　4—微电机　5—反射镜
6—聚光灯　7—参比灯　8—光电检测元件

3.5.3　全辐射温度计及比色温度计

1. 全辐射温度计

(1) 全辐射温度计工作原理

全辐射温度计根据全辐射强度定律，可以通过检测物体（辐射源）的全辐射出射度 $M(T)$，依据黑体全辐射出射度与温度四次方成正比的关系，测得物体的辐射温度 T_P，通过物体全辐射发射率（即全辐射黑度系数）ε_λ 进行修正，得到物体的实际温度。全辐射温度计由全辐射温度传感器和显示仪表组成。

全辐射温度传感器由光学系统和检测元件构成。光学系统有透镜式和反射式两种结构，通过透镜或反射镜将物体的全辐射能量聚焦于检测元件。检测元件将物体的全辐射能量转变为电信号，常用的检测元件有热电偶堆（简称热电堆）、热释电元件、硅光电池和热电阻等，其中热电堆最常见。

一种全辐射温度传感器如图 3-39 所示。光学系统为透镜式结构，透镜 1 将物体的全辐射能量聚焦于热电堆的靶心。图 3-40 是目前最常用的星形热电偶堆，其上有 8 支串联的热电偶，各热电偶的热端点焊在 0.01 mm 厚的镍圆片上并围成一圈，然后切成 8 等分使热端成扁薄剪头状。镍圆片直径为 3 mm，用电解法镀上一层铂黑以提高吸收率，热电偶的冷端焊在金属箔上，金属箔固定在两片绝缘、绝热的云母环中间，由两根引出线输出 8 支热电偶的热电势。为了补偿热电偶冷端温度变化对测量的影响，采用了可以自动补偿的光阑，当冷端温度升高时光阑孔自动扩大，使得辐射到铂黑上的能量增大；反之自动减小光阑孔，使得辐射到铂黑上的能量减小。

全辐射温度传感器必须与配套的显示仪表配合使用，显示仪表接受传感器输出的电信号，经测量电路转换、放大，指示物体的辐射温度或实际温度（经修正）。

(2) 辐射温度与实际温度

由于全辐射温度计按绝对黑体进行刻度，在不进行修正时将指示物体的辐射温度 T_P，当被测物体是黑体时，则辐射温度就是实际温度 T。如果被测物体为非黑体，则辐射温度低

于实际温度，它们之间有如下关系

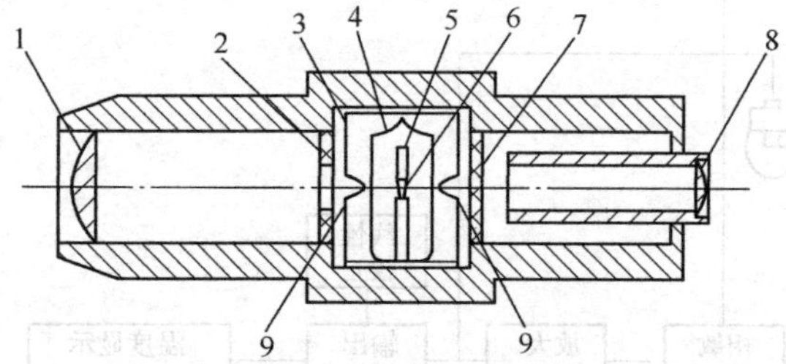

图 3-39　全辐射温度传感器

1—透镜　2—补偿光圈　3—铜壳　4—玻璃泡　5—热电堆　6—靶心　7—吸收玻璃　8—目镜　9—小孔

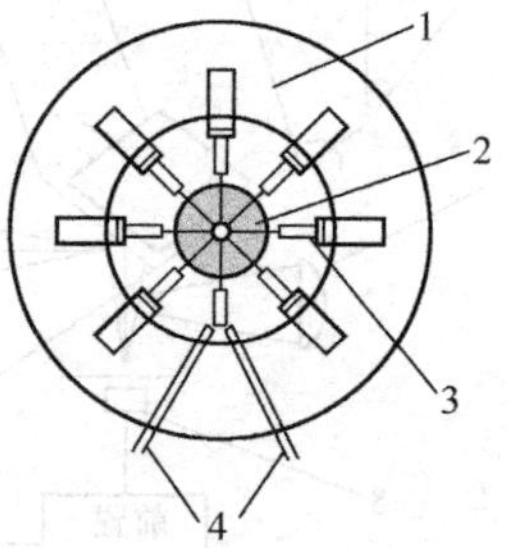

图 3-40　星形热电偶堆

1—云母环　2—靶心　3—热电偶　4—引出线

$$\varepsilon_T \sigma T^4 = \sigma T_P^4$$

$$T = T_P \left(\frac{1}{\varepsilon_T}\right)^{\frac{1}{4}} \tag{3-59}$$

式中，T、T_P 分别为被测物体的实际温度和辐射温度；σ 为斯忒藩－玻尔兹曼常数；ε_T 为被测物体的全辐射发射率（即全辐射黑度系数）。

因此，全辐射温度计要根据被测物体的 ε_T 对物体的辐射温度进行修正，才能得到物体的实际温度。一般全辐射温度计均带有全辐射发射率手动设定功能，可以测量物体的实际温度。

（3）全辐射温度计的特点

全辐射温度计接受的辐射能量大，利于提高灵敏度；仪表的结构相对比较简单，使用方便；易受环境干扰，测温距离一般在 1～1.5 m（反射式）和 1～2 m（透镜式）；测温范围在 400～2000℃，为了适应高温环境要求可在传感器外部加装水冷夹套；问题是不宜准确测量，多用于中小型炉窑的温度监测，时间常数在 4～20 s 之间。

2. 比色温度计

（1）比色温度计的工作原理

比色温度计是通过检测热辐射体在两个或两个以上波长的光谱辐射亮度的比值，实现温度测量。设黑体的温度为 T，根据维恩公式相对于波长 λ_1、λ_2 的光谱辐射亮度 $L_{\lambda 1}^0$ 和 $L_{\lambda 2}^0$ 为

$$L_{\lambda_1}^0 = C \cdot M_{\lambda_1}^0(T) = C \cdot C_1 \lambda_1^{-5}\left(e^{-\frac{C_2}{\lambda_1 T}}\right)$$

$$L_{\lambda_2}^0 = C \cdot M_{\lambda_2}^0(T) = C \cdot C_1 \lambda_2^{-5}\left(e^{-\frac{C_2}{\lambda_2 T}}\right)$$

则亮度的比值 R 为

$$R = \frac{L_{\lambda_1}^0}{L_{\lambda_2}^0} = \left(\frac{\lambda_2}{\lambda_1}\right)^5 e^{\frac{C_2}{T}\left(\frac{1}{\lambda_2} - \frac{1}{\lambda_1}\right)} \tag{3-60}$$

如果 λ_1 和 λ_2 确定，测出两波长下的亮度之比 R，可以按上式确定黑体的温度。

比色温度计分单通道、双通道两种，通道数是采用光电检测元件的个数。图 3-41 是一种单通道型比色温度计工作原理图，由微电机 7 带动调制盘 2 以固定频率旋转，调制盘上交替镶嵌着两种不同波长 λ_1 和 λ_2 的滤光片 8，使被测物体中对应波长的辐射交替投射到同一

光电检测元件3。将光电检测元件转换的电信号经放大器4放大，由计算电路5进行比值运算并输出与物体比色温度成比例的电信号，显示仪表接受该信号指示温度值。双通道型采用分光法，将物体的辐射能分成两种不同波长的辐射分别送至各自的光电检测元件。

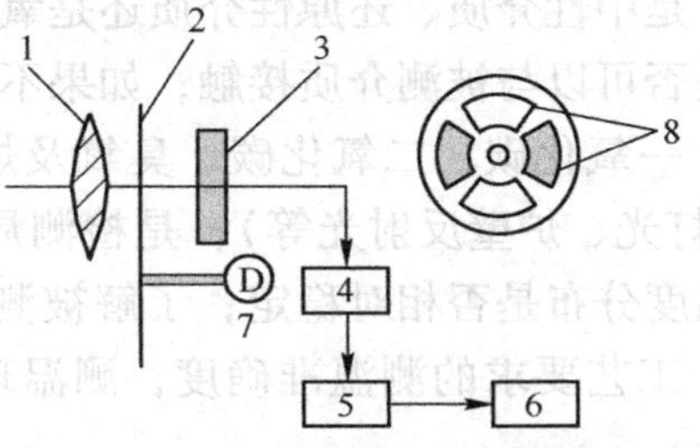

图3-41　单通道型比色温度计原理

1—物镜　2—调制盘　3—光电检测元件　4—放大器　5—计算电路
6—显示仪表　7—微电机　8—滤光片

(2) 比色温度与实际温度

比色温度计按绝对黑体进行刻度，在不进行修正时将指示物体的比色温度 T_R。当黑体辐射两波长 λ_1 和 λ_2 的光谱亮度之比等于被测物体相应的光谱亮度之比时，黑体的温度称为被测物体的比色温度。根据比色温度的定义和维恩公式，可推导出物体的比色温度 T_R 与实际温度 T 的关系

$$\frac{1}{T}-\frac{1}{T_R}=\frac{\ln\left(\frac{\varepsilon_{\lambda_1 T}}{\varepsilon_{\lambda_2 T}}\right)}{C_2\left(\frac{1}{\lambda_1}-\frac{1}{\lambda_2}\right)} \tag{3-61}$$

式中，$\varepsilon_{\lambda_1 T}$、$\varepsilon_{\lambda_2 T}$ 为物体在 λ_1 和 λ_2 时的单色辐射发射率（即单色黑度系数）。可见，对于黑体 $\varepsilon_{\lambda_1 T}=\varepsilon_{\lambda_2 T}=1$，故比色温度就是实际温度。对于一般物体，在 λ_1 和 λ_2 比较接近时 $\varepsilon_{\lambda_1 T}\approx\varepsilon_{\lambda_2 T}$，故 $T_R\approx T$，一般可不修正。

比色温度计与光电温度计和全辐射温度计相比，最大优点是准确度高，在两工作波长 λ_1 和 λ_2 比较接近时基本不受物体的单色辐射发射率和环境因素的影响。但是结构比较复杂，对仪表的设计和制造要求较高。典型比色温度计的工作波长在1.0 μm附近的两个窄小波段，测温范围一般在400～2000℃，有的可达550～3200℃，测温准确度一般为±1%。

3.6 温度检测仪表的选用与安装

为了经济、有效地测量温度，正确地选用和安装温度检测仪表是发挥其应有作用的重要环节，为此作简单介绍。

3.6.1 温度检测仪表的选用

温度检测仪表分接触式和非接触式两大类，又有不同的类型和仪表。在解决现场测温选用仪表时，一般首先分析被测对象的特点和介质状态，再根据各类测温仪表的特点和技术指

标，选择合适的类型和具体型号。

1. 分析被测对象

被测对象的分析需要考虑以下几方面：对象是静止的还是运动的（移动或转动）；被测介质是固态、液态还是气态，是中性介质、还原性介质还是氧化性介质，是否有腐蚀性，是否易燃易爆；温度检测元件是否可以与被测介质接触；如果不能接触其辐射能量能否足以检测，周围环境是否有水蒸气、一氧化碳、二氧化碳、臭氧及烟雾，是否存在外来辐射干扰（如其他高温辐射源、日光、灯光、炉壁反射光等）；是检测局部（某点）温度还是某一区域的平均温度，被测区域的温度分布是否相对稳定；了解被测温度的变化范围和变化快慢，温度检测信号是否需要远传，工艺要求的测温准确度；测温现场有无冲击、振动及电磁干扰等。

2. 合理选用仪表

从使用者角度了解各类温度检测仪表可能的测温范围及常用测量范围，准确度、稳定性、变差及灵敏度，检测元件适用的气氛、响应时间、体积的大小以及互换性；检测的信号能否远传和自动记录；仪表的防腐、防爆、防振、抗冲击及抗干扰性能；仪表对工作环境的要求，环境温度变化对测量的影响程度；仪表使用是否方便，安装维护是否容易等。

在充分了解、分析被测对象、介质性质和环境条件的基础上，确定测温方式；结合生产工艺要求和现有各类温度检测仪表的特点及技术指标，坚持经济、合理的原则选用具体仪表。

3.6.2 温度检测仪表的安装

1. 接触式测温仪表的安装

接触式温度检测仪表在工业生产过程中最常用，所测温度由检测元件所决定。在检测元件和显示仪表选定之后，如果检测元件和连接导线安装不当，测温准确度将难以保证。

（1）检测元件的安装

1）正确选择测温点。接触式测温仪表的检测元件必须与被测介质进行热交换，其测温点应该选择在有利于检测元件与被测介质进行热交换的位置，不能安装在温度死角区域。对热电偶、热电阻的测温点应尽量避免电磁干扰。

2）检测元件与被测介质充分接触。应保证检测元件有一定的插入深度，尽可能增加受热部分的长度。对于管道测温，检测元件的感温点应在管道中心流速最大处，双金属温度计的插入深度必须大于感温元件的长度；温包式温度计的温包中心应与管道中心线重合；热电偶保护套管的末端应超过管道中心线 5 ~ 10 mm；热电阻保护套管的末端应超过管道中心线 50 ~ 70 mm。对于热电偶和热电阻，为了增加插入深度可以迎着介质流动方向斜插安装（切忌顺流），当管道较细可插入弯头处或加装扩大管。根据经验，检测元件的插入深度不应小于全长的 2/3。几种常见的温度检测元件在管道中所处的位置如图 3-42 所示。

3）避免热辐射、减少热损失。在被测介质温度较高时，应尽量减小被测介质与设备或管壁表面之间的温差。必要时可在温度检测元件安装点加装防辐射罩，以消除检测元件与器壁之间的直接辐射作用，避免热辐射产生温度差。如果器壁暴露于环境之中，应在其表面加绝热层（如石棉）以减少热量损失，必要时应对检测元件的外露部分加装保温层。

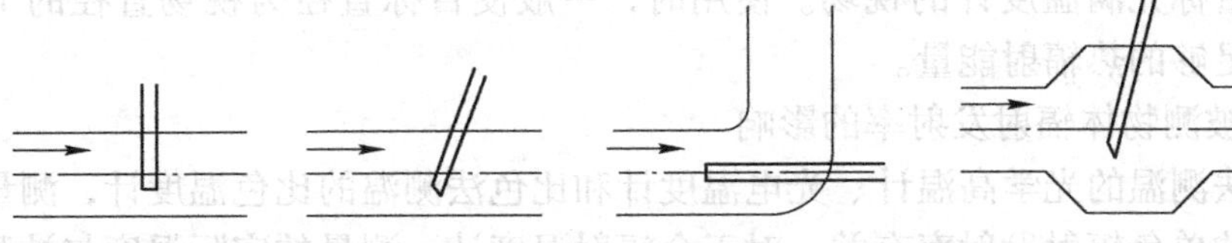

图 3-42　接触式温度检测元件的安装
a）垂直安装　b）倾斜安装　c）弯头处安装　d）扩大管安装

4）确保安装正确、安全可靠。双金属温度计的检测元件必须垂直或水平安装。高温下的热电偶应尽可能垂直安装，防止保护套管高温下变形；如果受安装条件的限制必须水平安装时，在保证一定插入深度前提下不宜过长，且有耐火粘土或耐热合金支架支撑。在有压设备或管道中安装检测元件时，可采用螺纹或法兰连接并保证密封，当压力超过 10 MPa 时必须另外加装保护套管。在负压设备或管道中安装检测元件时，应保证密封性以免外面吸入冷空气影响被测温度。在薄壁管道上安装检测元件时，须在接头处加装加强板。用热电偶测量炉温时，应避免与火焰直接接触，也不宜距离太近或安装在炉门附近；接线盒不应碰到炉壁，以免冷端温度过高。

在被测介质具有较大流速的管道中安装温度检测元件时，必须逆流倾斜安装，以免受到过大的冲蚀。若被测介质中有尘粒、粉尘，为保护检测元件不受磨损应加装保护屏。

热电偶、热电阻的接线盒面盖应向上密封，以免雨水或其他液体、污物进入接线盒导致短路或接触不良。接线盒温度应在 100℃以下，以免补偿导线或一般连接导线超过规定的温度范围。

（2）连接导线的安装

1）导线与检测元件和显示仪表相匹配。热电偶一般采用补偿导线与显示仪表连接，补偿导线的型号必须与热电偶的分度号相匹配，且正、负极性连接正确。热电阻一般采用普通导线与显示仪表三线制或四线制连接，应使用同规格的导线且各引线电阻必须符合显示仪表的要求。

2）导线具有良好的绝缘和屏蔽、防止机械损伤。导线中间尽量避免接头，若有中间接头要接触良好、牢固可靠，最好采用连接端子；连接导线之间应有良好的绝缘性能。为了防止外来机械损伤和削弱外界电磁干扰，连接导线应穿入金属管或汇入走线槽，最好架空或地下敷设，且禁止与交流输电线一同敷设。

3）保证环境使用条件。补偿导线或普通连接导线应尽量避免高温、高湿环境，避免腐蚀性、爆炸性气体的和灰尘对它的作用，禁止敷设在炉壁、烟道及热管道等高温设备上。

2. 非接触式测温仪表的安装

非接触式温度检测仪表的检测元件不与被测物体直接接触，但必须注意使用条件和安装要求，以减小测量误差。

（1）合理选择测温距离

辐射式测温仪表的检测元件或传感器与被测对象之间的距离应满足仪表要求的距离系数（测量距离/视场直径）的要求。距离系数规定了对一定尺寸的被测对象进行测温时的最长距离，以保证目标充满温度计的视场。使用时，一般使目标直径为视场直径的 1.5 ~ 2 倍，以保证接收到足够的热辐射能量。

（2）减小被测物体辐射发射率的影响

对于亮度法测温的光学高温计、光电温度计和比色法测温的比色温度计，测量的实际温度与被测物体的单色辐射发射率有关；对于全辐射温度计，测量的实际温度与被测全辐射发射率有关。尽管仪表中一般均带有手动设定功能，可以对辐射发射率进行修正，但是为了减小测量误差，可以提高被测物体的辐射发射率以减小对测量影响，如改善物体表面的粗糙度、表面涂敷耐高温的高辐射涂料、让表面适度氧化等。

（3）减小光路传输损失、降低背景辐射影响

光路传输损失包括光路阻挡，烟尘、气体的吸收和仪表窗口的吸收。背景辐射包括杂散辐射、透射辐射和反射辐射。为了减少光路传输损失以及降低背景辐射的影响，可以选择特定的工作波长，加装吹净装置、遮光罩或窥视管等。

3.7 温度测量实例

通过前面几节的介绍，已经了解温度的主要检测方法和测温原理，但对测温系统的组成了解不多。工业上常用的测温系统一般由温度传感器（如热电偶、热电阻等）、测量电路和显示装置组成，往往将测量电路与显示装置组装在一起构成显示仪表。传感器感受被测温度的变化，经一次或多次转换转变为便于处理的电量（如电压、电流、电阻、频率等）；测量电路对传感器的输出信号进行放大、运算（如补偿、线性化、标度变换）等处理；显示装置指示或记录被测温度的数值。本节以配接 K 型热电偶的数字温度检测仪和基于 AD 590 的数字温度计为例，简述测温系统的构成及工作原理。

3.7.1 配接 K 型热电偶的数字温度检测仪

以 K 型热电偶作为感温元件（传感器），利用集成电路芯片和外围线路构成测量电路，经 A – D 转换器和数字显示电路得到温度数值。其特点是所用元件少、准确度较高、测温范围宽（0 ~ 1200℃）。其冷端温度补偿 – 放大与非线性校正电路如图 3–43 所示。

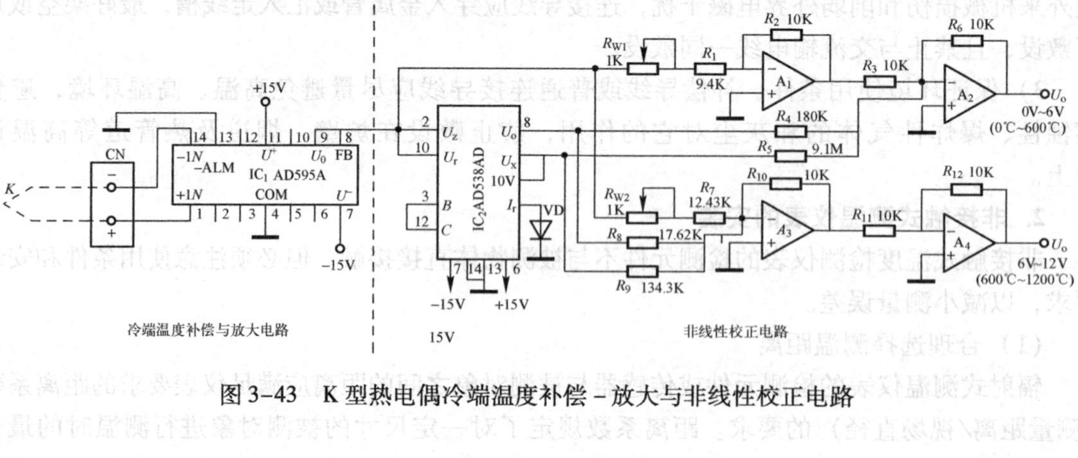

图 3–43　K 型热电偶冷端温度补偿 – 放大与非线性校正电路

1. 冷端温度补偿与放大电路

热电偶输出的热电势是两端温度的函数，且灵敏度较低（每度只有数十微伏），因此使用中需要考虑热电偶的冷端温度补偿和电压放大问题。

对于K型热电偶冷端温度补偿和放大电路已有专门的集成电路芯片，如AD595。在AD595中又分几种类型，其中有补偿误差不超过±1℃的高准确度芯片AD595C。

AD595是美国模拟器件公司的产品，有两个输入端+IN和-IN，可通过CN插座接入K型热电偶，对热电势进行冷端温度补偿（补偿到0℃）并放大。冷端温度补偿和电压放大电路如图3-43左侧所示。

2. 非线性校正电路

尽管K型热电偶与其他热电偶相比线性较好，但在温度范围较大时非线性比较严重，因此在测温范围内希望得到较好的电压-温度的线性关系，需要非线性校正电路来调整。

K型热电偶的热电势经AD595放大后其输出电压为$U_a=249.952U_{in}$，单位mV。U_{in}为热电偶输出电势经AD595内部冷端温度补偿后的电压。如果要得到$U_0\approx0.01t$的电压-温度线性关系，其非线性校正电路的输出电压与输入电压之间需要满足下列关系

$$0℃\leqslant t\leqslant600℃：U_0=-11.4\,\text{mV}+1.009534U_a-5.506\times10-6U_a^2 \tag{3-62}$$

$$600℃<t\leqslant1200℃：U_0=745.2\,\text{mV}+0.772808U_a+13.134656\times10-6U_a^2 \tag{3-63}$$

由式（3-62）、式（3-63）可知，需要平方电路和反向加法电路来调整，其非线性校正电路如图3-43右侧所示。

（1）平方电路

平方电路使用专用集成电路AD538芯片，该芯片有三个输入端子U_x、U_y和U_z，有下列运算关系

$$U_{out}=U_y(U_z/U_x)^m \tag{3-64}$$

式中，$m=(0.2\sim5)$，可由外接电路调整。

做平方运算时不需外加任何元件（$m=1$），只要$U_z=U_y$、U_x接该芯片提供的基准电压（+10 V或+2 V）。当$U_x=10$ V时，输出输入之间的关系为

$$U_{out}=10-4U_a^2(\text{mV}) \tag{3-65}$$

关于集成电路AD538不作详细介绍，如果有兴趣可查阅相关资料。

（2）反相加法电路

从AD539得到U_a，从AD538得到U_a^2，显然满足式（3-62）的运算可以使用反相比例运算和反向求和运算电路。

U_a的一次项系数为1.009534，可由A_1反相比例运算实现，A_1的输出电压为

$$U_{o1}=-\frac{R_2}{R_1+R_{W1}}U_a \tag{3-66}$$

调整R_{W1}可实现$U_{o1}\approx-1.0095U_a$。

反相求和运算由A_2实现。R_6与R_3组成系数为-1的支路，它将$U_{o1}\approx-1.0095U_a$转换为$U'_{o2}=1.0095U_a$；R_6与R_4组成U_a二次项系数放大支路，系数为-0.0555，结合式（3-65）可知$U''_{o2}=-5.55\times10-6U_a$；$R_6$与$R_5$组成系数为-11.4的偏置电路，该支路的放大分量为

$$U'''_{o2}=-10\frac{R_6}{R_5}=-11\,\text{mV} \tag{3-67}$$

由叠加定理可知

$$U_{o2} = -11\,\text{mV} + 1.0095U_a - 5.55 \times 10 - 6U_a^2 \tag{3-68}$$

式（3-68）与式（3-62）大体相当。

同理式（3-63）的运算电路由运放 A_3、A_4实现。常数项由 $10R_{10}/R_9$决定，为 744.6 mV；一次项由 $R_{10}/(R_7 + R_{W2})$决定，为 0.7728；二次项由 R_{10}/R_8和平方电路决定，为 13.12 $\times 10^{-6}$。

该测量电路无论在 0～600℃还是 600～1200℃，大约都具有 10 mV/℃的灵敏度，且具有良好的电压－温度线性关系，最高可以达到 0.2% 的准确度。

3. 电路调试

由图 3-43 可知，IC_1 AD595A 和 IC_2 AD538A 都未外接元件，因此 IC_1、IC_2无需调整。

需要调试的是 A_1～A_4的运算电路，主要是闭环放大倍数的调整，R_7、R_8、R_9均为非标称电阻，需用两个或多个标称电阻串联，必要时可串接电位器。调整的目的是满足式（3-62）和式（3-63）的运算关系。

4. 数值显示

将测量电路输出的 0～6 V 和 6～12 V 的电压信号经切换开关（根据温度测量范围）输入到 A－D 转换器，A－D 转换值再送显示电路由显示器显示；也可以经切换开关送三位半数字电压表，显示相应的温度数值。但需要注意测量电路的输出电压范围与 A－D 转换器或数字电压表的输入范围相匹配，否则需要对测量电路输出电压进行处理，使得显示值与被测温度值相一致。

3.7.2 基于 AD590 的数字温度计

AD590 是利用半导体 PN 结测温的集成温度传感器，其输出电流与热力学温度成正比。实际使用中需要测量电路、A－D 转换与显示电路。

1. AD590 的测量电路

AD590 的测量电路，主要进行输出电流/电压和热力学温标/摄氏温标的转换，其电路如图 3-44 所示。

图 3-44 中，R_1、R_{W1}将 AD590 输出的电流信号转变成电压信号（10 mV/K），输出电压与热力学温度成正比。运算放大器 A_1接成电压跟随器形式，以增加信号的输入阻抗；运算放大器 A_2将热力学温标转换成摄氏温标，给 A_2 的同相输入端输入一个恒定的电压（如 1.235 V），将此电压放大到 2.73 V。A_3对 A_1、A_2输出的电压进行差值运算，A_3的输出电压与摄氏温度成正比。

2. A－D 转换与显示电路

A－D 转换与显示电路如图 3-45 所示。将图 3-44 输出的电压送入 MC14433 实现 A－D 转换，从 Q_0～Q_3端子动态扫描输出三位半（千、百、十、个位）的 BCD 码，同时在 DS_1～DS_4端输出同步位选脉冲信号；将转换后 BCD 码送 MC14511 译码/锁存/驱动芯片，输出七段码；再将七段码送四位 LED 数码显示器（段选线多路复用），由 MC14433 的位选信号 DS_1～DS_4通过达林顿阵列 MC1413 来驱动，并由 MC14433 的 DS_1、Q_2来控制“－”号显示，当 DS_1为 1、Q_2为 1 时，不显示符号（示值为正）；当 DS_1为 1、Q_2为 0 时，显示负号（示值为负）。MC14433、MC14511、MC1413 芯片的详细信息可查阅相关资料。

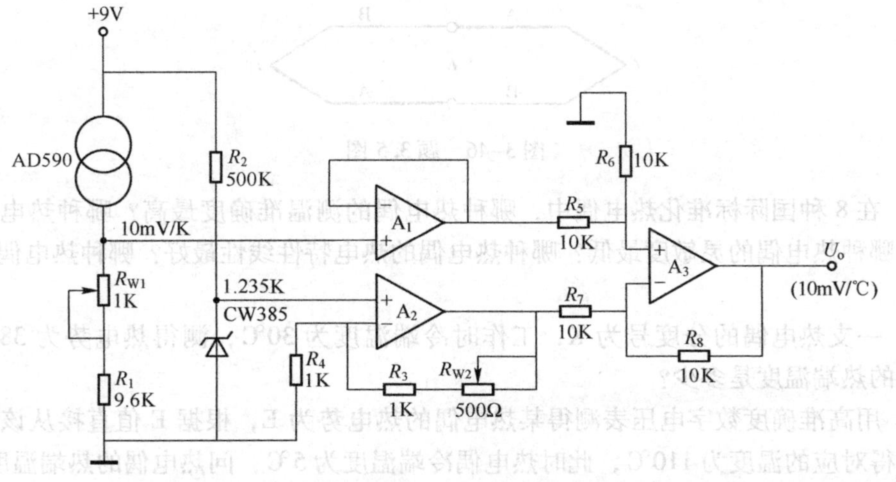

图 3-44　AD590 的测温及转换电路

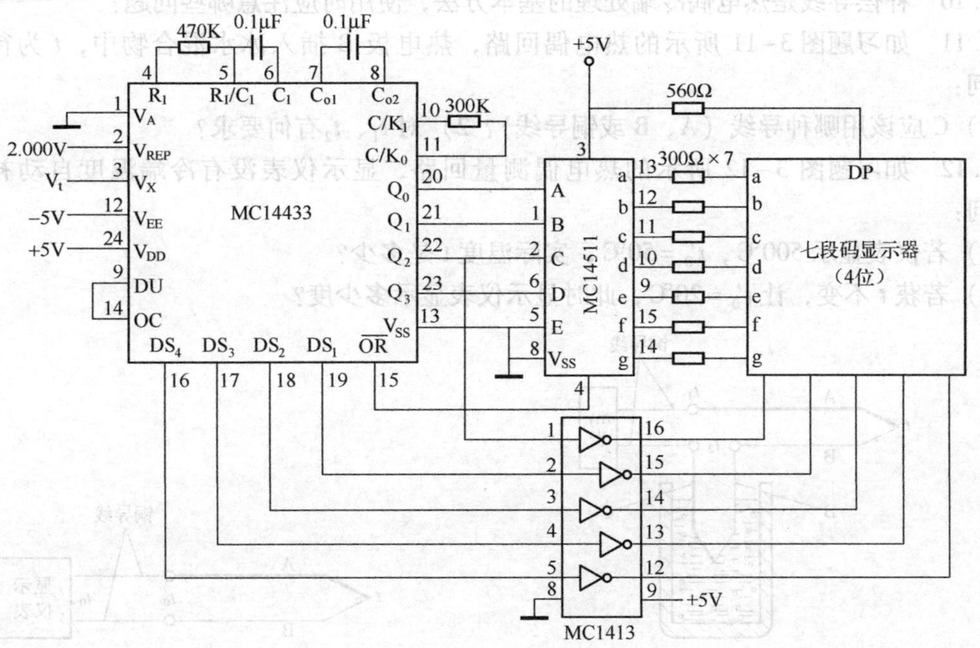

图 3-45　A－D 转换与显示电路

思考题与习题

3.1　什么是温标？国际实用温标由哪三部分组成（即三要素）？

3.2　接触式测温和非接触式测温各有什么特点？常用的测温方法有哪些？

3.3　简述热电偶的测温原理，热电势由哪几部分组成？说明热电偶测温的必要条件。

3.4　简述热电偶回路基本定律，说明图 3-19 热电偶测温系统典型线路中运用了哪些基本定律？

3.5　证明习题图 3-5 所示热电偶回路的热电势为 $E = E_{AB}(t, t_n) - E_{AB}(t_n, t_0)$。

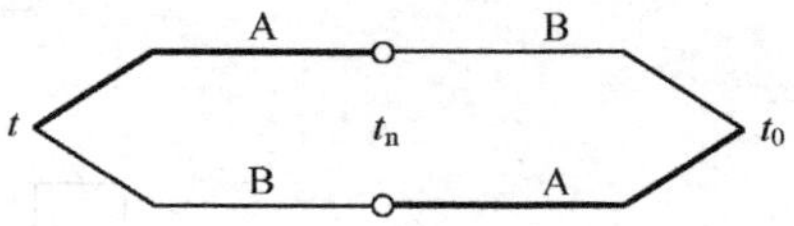

图 3-46　题 3.5 图

3.6　在 8 种国际标准化热电偶中，哪种热电偶的测温准确度最高？哪种热电偶的灵敏度最高？哪种热电偶的灵敏度最低？哪种热电偶的热电特性线性最好？哪种热电偶的测温上限最高？

3.7　一支热电偶的分度号为 K，工作时冷端温度为 30℃，测得热电势为 38.560 mV，问热电偶的热端温度是多少？

3.8　用高准确度数字电压表测得某热电偶的热电势为 E，根据 E 值直接从该热电偶分度表中查得对应的温度为 110℃，此时热电偶冷端温度为 5℃，问热电偶的热端温度是多少？

3.9　热电偶测温为什么要进行冷端温度处理？有哪些处理方法？

3.10　补偿导线是热电偶冷端处理的基本方法，使用时应注意哪些问题？

3.11　如习题图 3-11 所示的热电偶回路，热电极 B 插入冰水混合物中，t 为待测温度，问：

1）C 应该用哪种导线（A、B 或铜导线）？2）对 t_1、t_2 有何要求？

3.12　如习题图 3-12 所示的热电偶测量回路，显示仪表没有冷端温度自动补偿功能，问：

1）若仪表显示 500℃，$t'_0=50$℃，实际温度 t 是多少？

2）若获 t 不变，让 $t'_0=20$℃，此时显示仪表显示多少度？

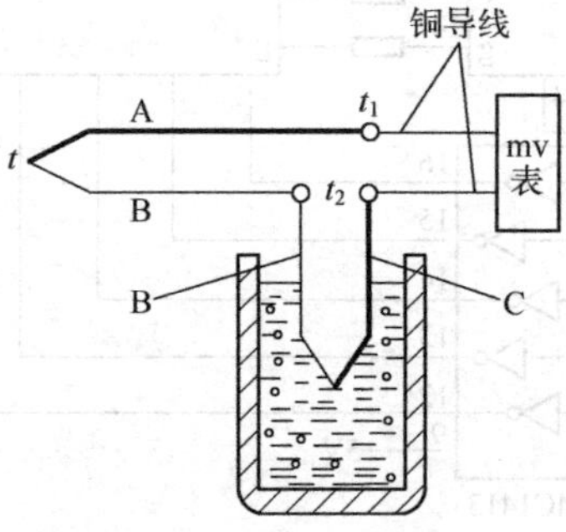

图 3-47　题 3.11 图

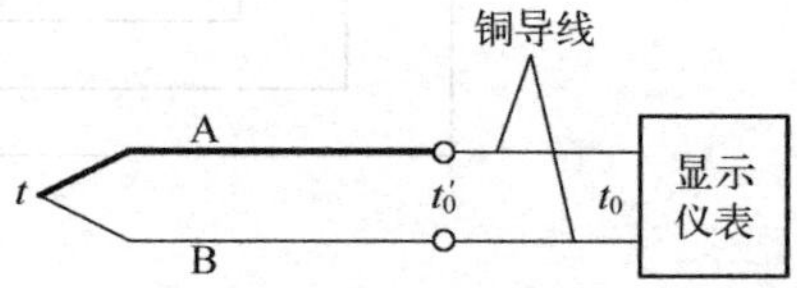

图 3-48　题 3.12 图

3.13　应用图 3-19 热电偶典型线路组成的测温系统，若测温范围为 0～800℃，$t=500$℃，$t'_0=50$℃，$t_0=20$℃，问：

1）若显示仪表带有热电偶冷端温度自动补偿功能且补偿到 0℃。如果分别在 t'_0 和在 t_0 处短路，显示仪表分别指示何值？

2）若显示仪表不带有热电偶冷端温度自动补偿功能，机械零点调在 0℃处，设热电偶的热电特性为线性，则显示仪表指示多少度？为了准确测温，应采取哪些措施？

3.14　利用热电偶测量两点温差，如何实现？在选用热电偶时应注意什么？

3.15　热电阻测温原理是什么？工业标准化热电阻的分度号有哪些？它们在 0℃时电阻值各是多少？

3.16　金属热电阻与显示仪表配接测温，其连接方式有哪几种？若采用两线制连接方式，如果被测温度保持不变，而环境温度升高时显示仪表指示将如何变化？

3.17　由金属热电阻组成的测温系统，由哪几部分组成？测温系统误差的主要来源有哪些？使用中应注意哪些问题？

3.18　半导体热电阻有哪几种类型？各有何特点？各自适用于哪些场合？为什么热敏电阻与显示仪表配接一般采用两线制。

3.19　已知某一负温度系数的热敏电阻，在温度为 298 K 时的电阻值为 3144 Ω，而在 303 K 时的电阻值为 2772 Ω。求该热敏电阻的 B_N 及 298K 时的电阻温度系数。

3.20　已知一只型号为 AD590 的集成温度传感器，灵敏度为 1 μA/K，且当温度为 25℃ 时输出电流为 298.2 μA。按习题图 3-20 接入电路，问：当温度分别为 -30℃ 和 120℃ 时的，电压表读数各是多少？（忽略传感器的非线性误差和电压表内阻对测量的影响）

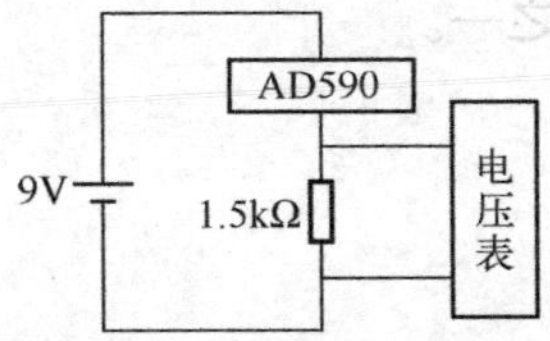

图 3-49　题 3.20 图

3.21　目前常用的辐射式温度检测仪表有哪些？各自的测温原理和特点是什么？

3.22　为什么辐射式温度计均采用黑体辐射进行刻度？何为物体的亮度温度、比色温度和辐射温度？它们与实际温度有何关系？

3.23　某光学高温计使用的有效波长为 0.9 μm，被测物体在该波长下的单色黑度系数为 0.6，测得物体的亮度温度为 1100℃，求物体的实际温度。

3.24　使用辐射式温度计进行非接触式测温，测量误差的主要来源有哪些？如何减小误差？

第4章　流量测量

在工业生产过程中，为了有效地指导生产操作、监视和控制生产过程，需要经常检测生产过程中各种流动介质（如液体、气体或蒸汽、固体粉末）的流量，以便为管理和控制生产提供依据。同时，工厂与工厂、车间与车间之间经常有物料的输送，需要对它们进行准确地计量，作为经济核算的重要依据。所以，流量检测在现代化生产中显得十分重要。流量检测仪表是发展生产，节约能源，改进产品质量，提高经济效益和管理水平的重要工具，是工业自动化仪表与装置中的重要仪表之一。

4.1　流量基本概念

4.1.1　流量的定义

流量是指流体移动的量。流量又可分为瞬时流量和累积流量。单位时间内流经管道（或通道）某截面流动介质的数量，即为瞬时流量。而在某一段时间内流过管道某截面的流体的总和称为总量或累积流量。具体到其体积、质量数量，称为该工况的体积流量和质量流量。

（1）体积流量

通过管道微小面积的体积流量为

$$dq_V = u dA \tag{4-1}$$

式中，dA 为管道某截面上的微小面积；u 为流经该微小面积上的流速。

通过管道全截面的体积流量

$$q_V = \int_0^A u dA \tag{4-2}$$

假设管道截面各处的流速均相等，则体积流量与流速的关系为

$$q_V = uA \tag{4-3}$$

式中，A 为管道的截面积。实际上，管道截面上各处流速一般并不相等，所以式（4-3）中的 u 是指平均流速。体积流量的单位一般用 m^3/h 表示。

（2）质量流量

$$q_m = \rho q_V = \rho A u \tag{4-4}$$

式中，ρ 为流体的密度，质量流量的单位为 kg/h。

由于流体的体积和密度受压力和温度的影响，所以流体的体积流量和质量流量要考虑现场温度、压力的变化。一般来说，对于液体流量的测量，压力变化对结果的影响较小，而温度的变化如果较大则会对测量结果有影响。一般温度每变化10℃，液体的密度变化在1%以内，如准确测量应考虑温度的修正。

对于气体流量的测量，其温度、压力变化对其体积和密度会有明显影响。一般来说，在

常温附近，温度每变化10℃，密度变化约为3%；在常压附近，压力每变化10 kPa时，密度约变化3%。所以在气体流量测量时，必须同时测量流体的温度和压力，并将不同工况条件下测量的体积流量换算成标准体积流量 q_{VN}，单位表示为 m^3/h。标准体积流量一般是指温度为20℃，压力为101325 Pa条件下的体积流量。

（3）累积流量

累积流量又称总流量，指在某一时间间隔内，流过管道截面积流体的总和。其表达式为

$$Q=\int_{t_1}^{t_2} q_V \mathrm{d}t \tag{4-5}$$

$$M=\int_{t_1}^{t_2} q_m \mathrm{d}t \tag{4-6}$$

其中，体积累积流量单位为 m^3，质量累积流量单位为公斤（kg）或吨（t）。

4.1.2 流动状态与流量测量

在流量测量中，测量流速是测定流量的一个常用方法，流体在管道中流动时，在一个截面上的各点流速情况与流体的流动状态有密切的关系，选择适当的流动状态进行流速测量对于保证测量准确度有重要的意义。

根据流体力学的相关理论，当流体充满水平管道并水平流动时，流动状态可分为层流、紊流。

（1）层流

层流是流体的一种流动状态。流体在管内流动，当流速很小时，流体分层流动，互不混合，流体质点沿着与管轴平行的方向作平滑直线流动。层流状态下，管道截面的流速分布如图4-1所示，流体的流速在管中心处最大，管道近壁处最小。这种流动状态各点的流速相差较大，在测量中，如果仅用某个局部的流速代表整个截面流速，会产生较大的测量误差。

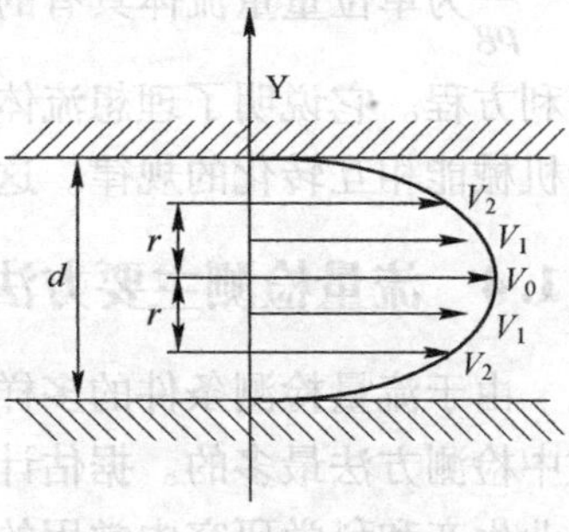

图4-1　管道截面的流速分布

（2）紊流

随着流速的增加，流体的流线开始出现波浪状的摆动，摆动的频率及振幅随流速的增加而增加，此种流况称为过渡流。当流速增加到很大时，流线不再清楚可辨，流场中有许多小漩涡，此时的水流在沿管轴方向向前运动的过程中，各层或各微小流束上的质点形成涡体彼此混掺，从每个质点的轨迹看，都是曲折错综的，没有确定的规律性，但是从整个管道截面来看，流体每个质点的运动速度接近一致。这种流动状态称为紊流，又称为湍流。

层流或紊流状态不仅取决于流体流动速度，也和流体的黏度、管道结构有关，因此需要根据雷诺数 R_e 的大小进行判定。雷诺数是一个无量纲的值，它是流体的密度、黏度、流速、圆管直径的函数。雷诺数计算公式为

$$R_e=\frac{\rho u d}{\mu}=\frac{u d}{v} \tag{4-7}$$

式中，$v=\frac{\mu}{\rho}$，称为运动粘性系数或运动黏度，单位为 m^2/s；d 为流体管道的直径；u 为流体流速。

流态转变时的雷诺数称为临界雷诺数。一般管道雷诺数 $R_e < 2100$ 为层流状态，$R_e >$ 4000 为紊流状态，$R_e = 2100 \sim 4000$ 时为过渡状态。在通过测量流速 u 确定流量的方法中，一般需要流体流动状态为紊流，流体的临界雷诺数要大于4000。

4.1.3 流体流动中的能量状态转换

(1) 静压能和动压能

水平管道中流动的流体在管道截面上的任意一个流体质点均具有动压和静压两种能量形式，其大小可用相应的压力值表示。其中静压是由于流体分子不规则运动与物体表面摩擦接触产生的，静压对任何方向均有作用。流体在管道中流动时，通过任何一个截面，势必受到截面处的流体静压力作用。这就要截面上游流体作一定的功以克服静压力的作用，因此越过截面的流体便带着与这个功相当的流量进入系统。我们就把与这部分功相当的能量称为静压能。

动压指流体流动时产生的压力，只要管道内流体流动就具有一定的动压，其作用方向为流体的流动方向。动压是截面上流体运动具备的能量，也称动压能。

(2) 能量转换和伯努利方程

如果流体在流动过程中的密度不会随压力变化而发生变化，则称这种流体为理想流体。理想流体在水平管道任意截面上的静压能和动压能存在一种守恒关系，可表示为

$$\frac{p}{\rho g} + \frac{u^2}{2g} = 常数 \tag{4-8}$$

式中，p 为截面上流体的静压；ρ 为流体密度；g 为重力加速度；u 为截面流体的流速。

$\frac{p}{\rho g}$为单位重量流体具有的静压能，$\frac{u^2}{2g}$为单位重量流体具有的动压能。式 (4-8) 就是伯努利方程。它说明了理想流体流过任一截面的总能量不变，同时也反映出流体流动过程中各种机械能相互转化的规律。这一规律被许多以测量流速来确定流量的测量方案所采用。

4.1.4 流量检测主要方法及流量计分类

由于流量检测条件的多样性和复杂性，流量检测的方法非常多，是工业生产过程常见参数中检测方法最多的。据估计，目前全世界流量检测方法至少已有上百种，其中有十多种是工业生产和科学研究中常用的。

流量检测方法可以归为体积流量检测和质量流量检测两种方式，前者测得流体的体积流量值，后者可以直接测得流体的质量流量值。

1. 体积流量

(1) 直接法

直接法也称容积法，在单位时间内以标准固定体积对流动介质连续不断地进行度量，以排出流体固定容积数来计算流量。基于这种检测方法的流量检测仪表主要有：椭圆齿轮流量计、旋转活塞式流量计和刮板流量计等。容积法受流体的流动状态影响较小，适用于测量高黏度、低雷诺数的流体。

(2) 间接法

间接法也称速度法。这种方法是先测出管道内的平均流速，再乘以管道截面积求得流体的体积流量。用来检测管内流速的方法或仪器主要有以下几种。

1）节流式检测方法。它是利用节流件前后的差压与流速之间的关系，通过差压值获得流体的流速。

2）变面积式检测方法。它是基于力平衡原理，通过在锥形管内的转子把流体的流速转换成转子的位移，相应的流量检测仪表称为转子流量计。

3）电磁式检测方法。导电流体在磁场中运动产生感应电势，感应电势的大小正比于流体的平均流速。

4）旋涡式检测方法。流体在流动中遇到一定形状的物体会在其周围产生有规则的旋涡，旋涡释放的频率正比于流速。

5）涡轮式检测方法。流体对置于管内涡轮的作用力，使涡轮转动，其转动速度在一定流速范围内与管内流体的流速成正比。

6）声学式检测方法。根据声波在流体中传播速度的变化可获得流体的流速。

7）热学式检测方法。利用加热体被流体的冷却程度与流速的关系来检测流速，基于此方法的流量仪表主要有热线风速仪等。

8）速度式检测方法。其有较宽的使用条件，可用于各种工况下流体的流量检测，有的方法还可以用于对脏污介质流体的检测。但是，由于这种方法是利用平均流速计算流量，所以管路条件的影响较大，流动产生涡流以及截面上流速分布不对称等都会给测量带来误差。

2. 质量流量

质量流量也分直接法和间接法检测。

（1）直接法

直接法是利用检测元件，使输出信号直接反映质量流量。直接式质量流量检测方法主要有：利用孔板和定量泵组合实现的差压式检测方法；利用同轴双涡轮组合的角动量式检测方法；利用麦纳斯效应的检测方法和基于科里奥利效应的检测方法等。

（2）间接法

间接法是用两个检测元件分别测出两个相应参数，通过计算间接获取流体的质量，检测元件的组合主要有：ρq_V^2 检测元件和 ρ 检测元件的组合；q_V 检测元件和 ρ 检测元件的组合；ρq_V^2 检测元件和 q_V 检测元件的组合。

测量流量的仪表称为流量计，测量流体总量的仪表称为计量表或总量计。流量计通常由一次装置和二次仪表组成。一次装置安装于管道的内部或外部，根据流体与之相互作用关系的物理定律产生一个与流量有确定关系的信号，这种一次装置亦称为流量传感器。二次仪表则给出相应的流量值大小。

流量计的种类繁多，各适用于不同的工作场合。按检测原理分类的典型流量计列于表4–1中。

表4–1　流量计的分类

类别		仪表名称
体积流量计	容积式流量计	椭圆齿轮流量计、腰轮流量计、皮膜式流量计
	差压式流量计	节流式流量计、均速管流量计、弯管流量计、靶式流量计、浮子式流量计等
	速度式流量计	涡轮流量计、涡街流量计、电磁流量计、超声波流量计等
质量流量计	推导式质量流量计	体积流量经密度补偿或温度、压力补偿求得质量流量等
	直接式质量流量计	科里奥利流量计、热式流量计、冲量式流量计等

4.1.5 流量计的测量特性

虽然流量计的类型较多，但是它们具有一些共同的特性，通常归结为以下几个方面，可供在选择和使用流量计时进行综合比较。

(1) 流量方程式

流量方程式是流量与流量计输出信号之间关系的数学表达式

$$q_m = f(x) \tag{4-9}$$

式中，q_m 为质量流量；x 为流量计输出信号。

流量方程式一般有以下几种形式：$q_m = bx$；$q_m = a + bx$；$q_m = a + bx + cx^2$。其中 a、b、c 为常数。

(2) 流量计的仪表系数与流出系数

仪表系数 K 为频率型流量计流量特性的主要参数，定义为单位流体流过流量计时流量计发出的脉冲数，即

$$K = \frac{N}{V} \tag{4-10}$$

式中，K 为仪表系数，单位为 m^{-3}；N 为脉冲数，单位为次；V 为流体体积，单位为 m^3。

流出系数 C 定义为实际流量与理想流量的比值，即

$$C = \frac{q_m}{q_m'} \tag{4-11}$$

式中，q_m 为实际流量；q_m' 为理论流量。

仪表系数和流出系数均为实验数据，在对仪表进行标定后确定。在测定仪表系数或流出系数时，流体应满足以下条件：牛顿流体；充满管道的单相流；充分发展的湍流速度分布，无旋涡，轴对称分布；稳定流动。因此在仪表使用时，亦应尽量满足这些条件，否则会给测量带来误差。

(3) 流量范围及量程比

流量计的流量范围指可测最大流量和最小流量所限定的范围。在这个范围内，仪表在正常使用条件下示值误差不超过最大允许范围。最大流量与最小流量的比值称为量程比，一般表达为某数与 1 的比值，流量计量程比的大小受仪表的原理和结构所限制。一般希望量程比越大越好，不同类型的流量仪表其量程比不同，一般有 3∶1、10∶1 和 20∶1 三种，譬如应用节流法测量的孔板只能 3∶1。

(4) 测量准确度和误差

流量计的准确度用误差表示。流量计在出厂时均需要进行标定，仪表所标出的准确度为基本误差。在现场使用中由于偏离标定条件会带来附加误差，所以流量计的实际测量准确度为基本误差与附加误差的合成，这种合成的估算很复杂，可以参照有关规定计算。

(5) 压力损失

安装在流通管道中的流量计实际上是一个阻力件，在流体通过流量计时将产生压力损失，这会带来一定的能源消耗。压力损失通常用流量计的进、出口之间的静压差来表示，它随流量的不同而不同。各种流量计的压力损失大小是仪表选型的一个重要指标。压力损失小，流体能耗小，输运流体的动力要求小，测量成本低；反之则能耗大，经济效益相应降

低。因此，一般希望流量计的压力损失越小越好。

（6）直管段

为了充分发展紊流，以保证流速分布均匀，流量计示值准确，一般流量计对前、后管路的直管段是有要求的。希望流量计对直管段的要求越小越好，如果实际管路满足不了这种要求，则应加整流器，以便把流体的流动变得稳定。

4.2 容积式流量计

日常生活中，一般要用固定容积的容器去测量流体的体积，例如用杯、桶去测量。在工业生产中也有一种流量计的测量原理与其类似，即针对工业生产中流体是在密闭管道中连续流动的特点，利用机械测量元件把流体连续不断地分割（隔离）成具备固定容积的单体，然后根据测量元件的运动次数，计量出流体的总体积。这种形式的流量计称为容积式流量计。

容积式流量计的优点是测量准确度高，受被测流体黏度影响小，对上流的流动状态不太敏感，不要求前后有直管段等。但要求被测流体干净，不含有固体颗粒，否则应加过滤器。因而在工业生产中和商品交换中得到广泛应用。缺点是一般容积式流量计比较笨重。

4.2.1 测量原理

容积式流量测量是一种很早就使用的流量测量方法。它是通过测量元件把流体连续不断地分割成固定体积的单元流体，然后根据测量元件的动作次数给出流体的总量。即采取容积分界法测量出流体的流量。

把流体分割成单元流体的固定体积空间，即计量室，是由流量计壳体的内壁和作为测量元件的活动壁形成的。当被测流体进入流量计并充满计量室后，在其入口、出口之间产生压力差，在这个流体压力差的作用下推动测量元件（活动壁）运动，将一份一份的流体排送到流量计的出口。同时，测量元件还把它的动作次数通过齿轮等机械结构传递到流量计的显示部分，指示出流量值。也就是说，知道计量室的体积和测量元件的排送次数，便可以由计数装置给出流量值。

4.2.2 常用仪表

容积式流量计有椭圆齿轮流量计、腰轮流量计、旋转活塞式流量计和刮板式流量计等，下面主要介绍它们的测量原理、主要特点和适用范围。

1. 椭圆齿轮流量计

（1）测量原理

椭圆齿轮流量计的测量部分是由壳体和两个相互啮合的一对椭圆形齿轮等三个部分组成。流体流过仪表时，因克服阻力而在仪表的出、入口之间形成压力差，在此压力差的作用下推动椭圆齿轮旋转，不断地将充满在齿轮和壳体之间所形成的半月形计量室中的流体排出，由齿轮的转数表示流体的体积总量。椭圆齿轮流量计的工作原理如图 4-2 所示。

在该流量计入口和出口之间，由于椭圆齿轮流量计的阻碍作用，致使 P_1 与 P_2 的压力不

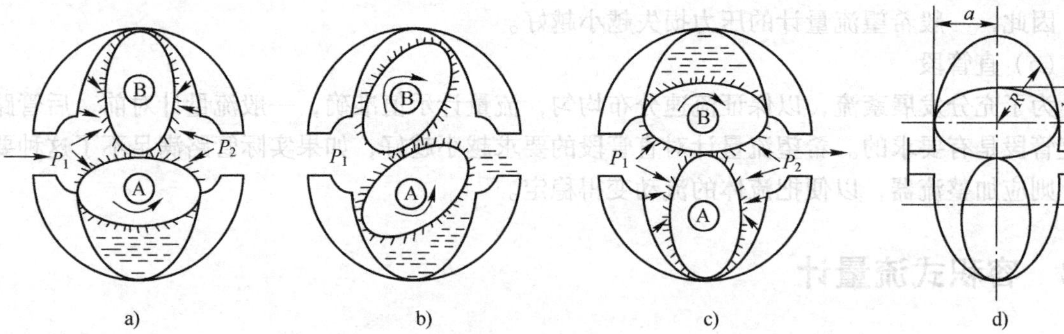

图 4-2　椭圆齿轮流量计工作原理

等，且有 $P_1 > P_2$，于是在流量计入、出口之间的差压作用下，会使椭圆齿轮旋转，且通过椭圆齿轮的旋转，会不断地将充满在齿轮与壳体之间的定体积流体排出，并由齿轮的转数推算出流量的数值。

具体的动作过程可由图 4-2 所示。设开始工作时齿轮的位置如图 4-2a 所示。由于 $P_1 > P_2$，在 P_1、P_2 压力作用下所产生的合力矩会推动轮 A 向逆时针方向转动，同时带动轮 B 作顺时针转动。此时轮 A 为主动轮，轮 B 为从动轮，这样就把轮 A 和壳体间形成的半月形容积内的流体排至出口。在图 4-2b 位置时，齿轮 A、B 均为主动轮，继续沿原来方向转动。在图 4-2c 位置时，轮 A 和壳体间形成的半月形容积内的流体全都排出，且轮 A 成为从动轮，而轮 B 则变为主动轮，轮 B 旋转并带动轮 A 一起转动，同时又把轮 B 与壳体间形成的半月形容积内的流体排出。这样由于 A、B 两轮交替成为主动轮或者均为主动轮，保持椭圆齿轮不断旋转，从而把流体连续地排至出口处。

由上述分析可知，该流量计椭圆齿轮每转动一周，可由出口排出四个半月形体积的流体（如图 4-2d 所示），因而从齿轮的转数便可以计算出排出流体的数量，其流体总量的计算方法为

$$V = 4nV_0 = 2\pi n(R^2 - ab)\delta \tag{4-12}$$

式中，V_0 为半月形容积；a 和 b 分别为椭圆齿轮的长半轴和短半轴；δ 为椭圆齿轮的厚度；n 为椭圆齿轮的转数；R 为计量室半径。

$\pi R^2 - \pi ab$ 是两个半月形的面积，再乘 δ 为两个半月形容积，于是有

$$V = 2\pi n(R^2 - ab)\delta \tag{4-13}$$

（2）主要特点

椭圆齿轮流量计是在密闭管道中对液体流量进行连续测量的一种高准确度流量计量仪表，它具有量程范围大、黏度适应性强、准确度高、使用寿命长、能测变温、标定方便和安装简易等诸多优点。测量准确度较高，一般为 1 ~ 0.2 级。但被测介质中的污物会造成齿轮卡涩和磨损，影响正常工作，所以在椭圆齿轮流量计的上游需加过滤器，这样会造成较大的压力损失。

（3）适用范围

椭圆齿轮流量计适用于中小流量、其最大口径为 250 mm。适用于石油、化工、化纤、交通、商业、食品和医药卫生等工业部门的流量计量。

2. 腰轮流量计

（1）测量原理

腰轮流量计的工作原理与椭圆齿轮流量计相同，如图 4-3 所示，相比较于椭圆齿轮流量计而言，只是转子形状不同。它的运动部件是由两只表面无牙齿的腰轮组成，且腰轮又与固定容积的壳体紧密配合组成，由于腰轮无齿，所以它们的转动配合是靠伸出壳体外的两根轴上的外齿轮啮合的。腰轮流量计靠两只腰轮间的主动、从动相互交替来完成连续的定容测量的。

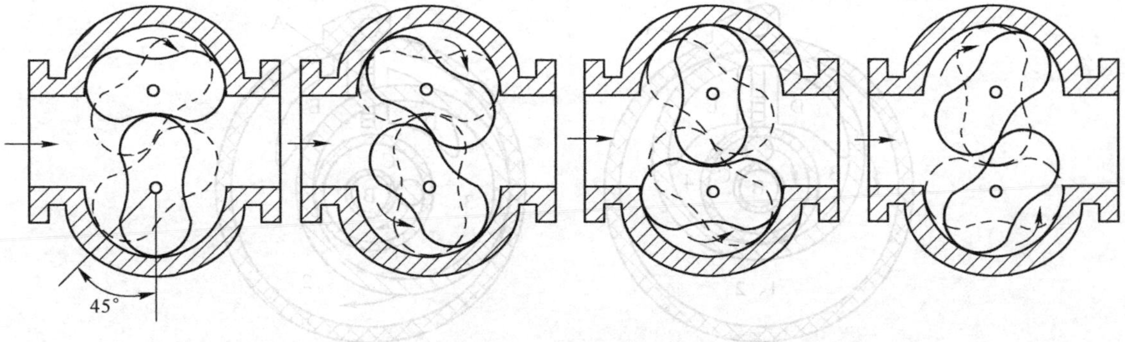

图 4-3　腰轮流量计

腰轮的组成有两种：一种只有一对腰轮；另一种是由两对互呈 45°角的组合腰轮构成，称为 45°角组合式腰轮流量计。普通流量计运行时产生的振动较大，组合式腰轮流量计振动小，适合用于大流量测量。

（2）主要特点

腰轮流量计是一种容积式流量测量仪表，用以测量封闭管中流体的体积流量。腰轮流量计工作时各测量元件间互不接触，因此运行中磨损很小，可达较高的测量准确度，能保持长期的稳定性。它具有准确度高、重复性好、流量计可不需前后直管段、适应介质黏度范围广、使用寿命长以及具有防爆功能等特点。腰轮流量计可就地显示累积体积流量，并有远传输出接口，与相应的光电式脉冲转换器和流量计算仪配套，可实现远程测量、显示和控制功能。计量准确度高，可达 0.5 ~ 0.1 级。主要缺点是体积大、笨重、进行周期检定比较困难；压力损失较大；运行中有振动等。

（3）适用范围

腰轮流量计有测液体的，也有测气体的，测液体的口径为 10 ~ 60 mm，测气体的口径为 15 ~ 250 mm，可见腰轮流量计既可测小流量介质也可测大流量介质。该流量计可适用于较高黏度流体，流体黏度变化对示值影响较小；适用于无腐蚀性的流体，如原油、石油制品（柴油，润滑油等）。

3. 旋转活塞式流量计

（1）测量原理

旋转活塞式流量计原理图如图 4-4 所示。测量装置主要由内、外圆筒，旋转活塞、隔板、活塞轴和导辊等部件组成，该装置中的内、外圆筒是固定不动的，导辊的轴心也是固定的。隔板将计量室分成两部分，以保证进口的流体不可能直接从出口流出，而只能靠旋转活塞挤出去，旋转活塞与外圆筒紧密接触，理想情况应无泄露。旋转活塞与其轴是一体，即其轴总是旋转活塞的圆心，旋转活塞上部有缺口，且恰与隔板相咬合，并能上下滑动。

通过图4-4可以看出，活塞的运动和它的功能很像阀门，也和一般活塞运动一样，由于流体入口压力大于出口压力，流体要推动活塞运动，活塞的中心轴C则沿着箭头所指方向旋转，这样，流体就会不断地流入和流出。活塞每循环一周，排出充满如图4-4a中的1、2和图4-4c中的3、4空间的流体。由于每个循环排出的流体体积是固定的，可以通过轴C的转数计算出流量。

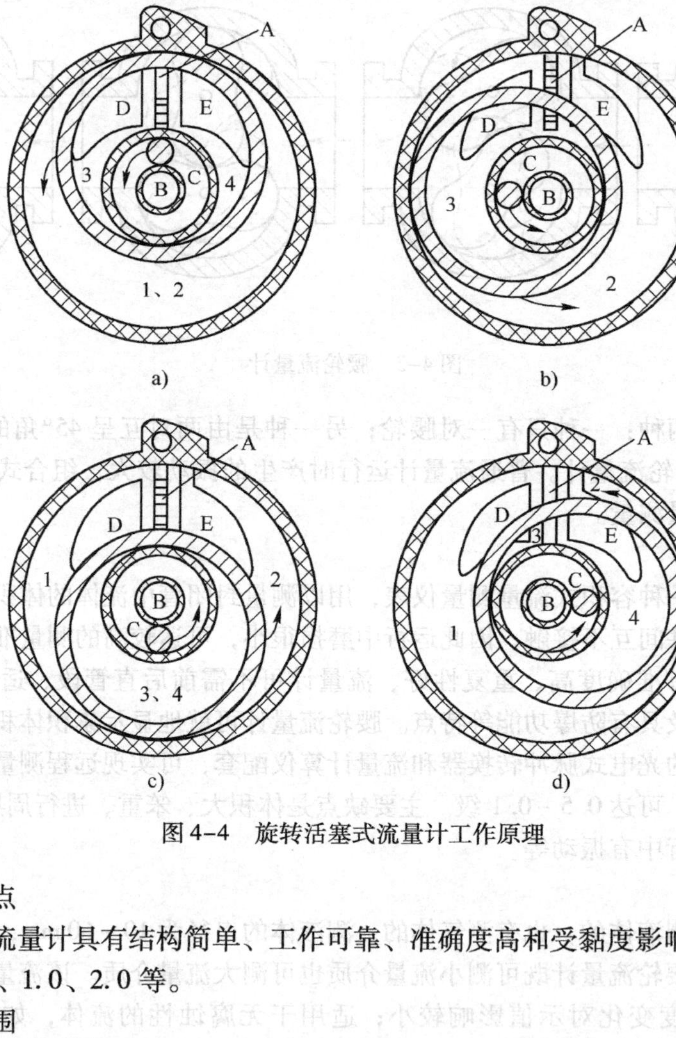

图4-4　旋转活塞式流量计工作原理

（2）主要特点

旋转活塞式流量计具有结构简单、工作可靠、准确度高和受黏度影响小等优点。准确度等级有0.2、0.5、1.0、2.0等。

（3）适用范围

旋转活塞式流量计适合测量小流量液体的流量。由于零部件不耐腐蚀，故只能测量无腐蚀性的液体，其测量介质有煤油、柴油、重油、化学制品、热水、冷水及其他液体。广泛用于石油、化工等部门液体流量的精密计量，现多用于小口径管路上测量各种油类的流量。

4. 容积式流量计的特点及使用

（1）流量特性的讨论

1）流量大小对测量误差的影响。在流量测量过程中，有些流体通过检测元件和壳体之间的间隙直接从入口流到出口而没有经过计量，即存在泄露现象。对椭圆齿轮、腰轮、旋转活塞、刮板式流量计等容积式流量计来讲，在小流量情况下，由于其仪表转动部分所受到的转动力矩较小，故相应间隙的泄露量严重，误差较大；当流量达到一定数值时，泄露量相对较小，此时流量与转数成比例关系。而且，这类仪表测量的流量不宜过大，否则会使转子磨损增大，甚至造成破损。一般，流量小时，泄露量大。流量达到一定数值后，泄露量相对减小，流量与转数成比例关系，但被测流量不宜过大，否则易使转子破损，并且误差也大。

2）黏度对仪表误差的影响。黏度高，泄露量小，测量准确度高。黏度低，泄露量大，测量误差较大。黏度非常低时，影响测量误差的主要因素已不是黏度，而是流体的密度和润滑性。

3）精密测量时应考虑温度对测量准确度的影响。

（2）容积式流量计的压力损失

容积式流量计由于其转动部件的质量一般较大，且转动部件存在机械摩擦，加之流体黏度的影响（当动力黏度 >30 cp 后，其压力损失明显加快），故该类流量计的压力损失一般较大。从流体输送角度来看，无疑是流量计的压力损失愈小愈好，特别是输送低压头的流体，在选择流量仪表时更应注意。压力损失与能耗有关外，它的大小还会影响流量测量的准确度。

流量越大，压力损失越大；对于气体介质，压力越大，密度越大，压力损失越大。为解决这一问题，已出现伺服式流量计。

（3）容积式流量计的使用特点

1）仪表准确度较高，一般为0.5～0.2级。可作标准仪表。

2）测量范围较大，量程比可达10:1。

3）直管段要求较低，如：Φ10 mm 的管径，只需0.7～1 m 的直管段。

4）压力损失偏大。

5）结构复杂、较重、价格高。

（4）安装、使用中应注意的问题

容积式流量计的安装地点应满足技术性能规定的条件，管线应安装牢固。多数容积式流量计可以水平安装，也可以垂直安装，安装时应注意被测流体的流动方向应与流量计外壳上的流向标志一致。容积式流量计只能测量单相洁净的流体，安装前必须先清洗上游管线，在流量计上游要安装过滤器，以免杂质进入流量计内，卡死或损坏测量元件；当测量含气液体或易老化的液体时，还应考虑加装消气器；调节流量的阀门应位于流量计下游，为维护方便需设置旁通管路。原则上容积式流量计无直管段要求。

容积式流量计在使用过程中被测流体应充满管道，并工作在规定的流量范围内，一般常用的流量应在仪表上限的1/2～2/3处。当黏度、温度等参数超过规定范围时应对流量值进行修正。容积式流量计需定期清洗和检定。

4.3 节流式流量计

流体在流动过程中，在一定条件下，流体的动能和静压能可以互相转换，并可以利用这种转换关系来测量流体的流量。例如在管道中安装阻力件，流体通过阻力件所在截面时，由于流通面积突然缩小，促使流束产生局部收缩，流速加快，静压力降低，因而在阻力件前后出现压力差（简称差压）。可以通过测量此差压的大小按一定的函数关系求出流量值。在流量仪表中，一般称此阻力件为节流件，并称节流件与取出差压的整个装置为节流装置。这种类型的流量计被称为节流式流量计。由于是通过差压信号来测量流量，因此，这种类型的流量计也被称为差压式流量计。

节流式流量计由三部分组成，如图 4-5 所示：①将被测流体的流量值变换成差压信号的节流装置，其中包括节流件、取压装置和流量所要求的直管段；②传送差压信号的信号管路；③检测差压信号的差压计或差压变送器。

图 4-5 节流式流量计的组成

1—节流件 2—信号管路 3—截断阀 4—差压计

节流件的类型较多。严格地说，在管道中装入任意形状的节流件都能产生节流作用，并且节流件前后两侧的差压与流过流体的流量值都会有相应的关系。但是，它们并不都是可以找到差压与流量之间存在适合需要的函数关系，只有差压与流量之间存在稳定的函数关系，并且重复性好，适于应用的节流件才有实用价值。

作为流量检测用的节流件有标准的和特殊的两类。对于已经制定出标准的几种标准化的节流装置，一般称为标准节流装置。应用标准节流装置测量流量比较方便，只要是按照标准的规定所提供的数据和要求进行节流装置的设计、加工、安装和使用，无需对该节流装置进行标定就可以用来测量流量，其流量不确定度不会超出允许的范围。这也是节流式流量计能够得到广泛应用的重要原因。标准节流件包括：标准孔板、标准喷嘴和标准文丘里管，如图 4-6 所示。特殊节流件也称非标准节流件，如双重孔板、偏心孔板、圆缺孔板、1/4 圆缺喷嘴等。它们也可以利用已有实验数据进行估算，但必须用实验方法单独标定，以保证流量测量的准确度。

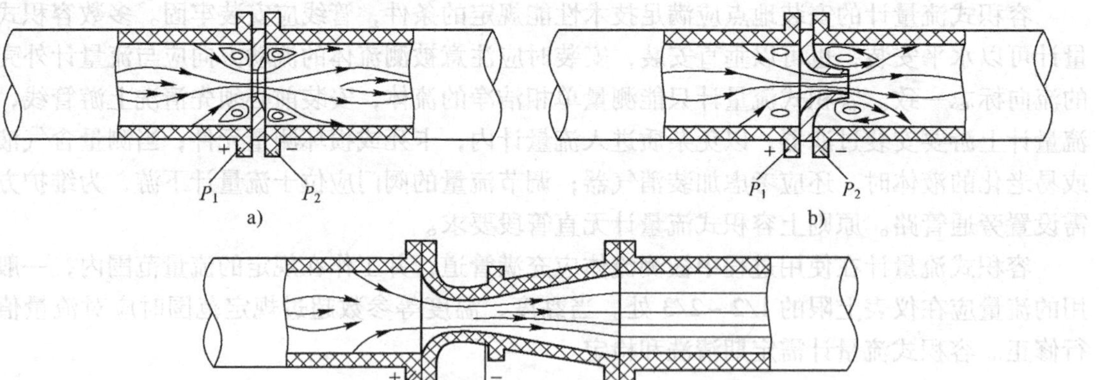

图 4-6 标准节流件

a）标准孔板 b）标准喷嘴 c）标准文丘里管

节流式流量计应用广泛，油田、炼油厂及化工厂中所使用的流量计中，一般有70%～80%是节流式流量计，在整个工业生产领域中，节流式流量计约占流量计总数的一半以上。

节流式流量计的历史悠久，积累了丰富的经验和大量的可靠数据。一些国家不断的研究和制定标准，力求使某些节流装置用于流量测量时能够标准化，以方便应用。国家标准化组织（ISO）在汇总各国研究成果的基础上，出版了有关节流装置的国际标准ISO 5167推广应用。我国于1981年制定了国家标准GB/T 2624，目前根据国际标准ISO 5167已更新为国家标准GB/T 2624—2008。

4.3.1 测量原理

为了说明节流式流量计的工作原理，现以孔板为例，分析在管道中流动的流体经过节流件时流体的静压力和动压力的变化情况。图4-7所示为流体在水平管道中经过节流件的流动情况示意图。在距孔板前大约(0.5～2)D（管道内径）处，流束开始收缩，即靠近管壁处的流体开始向管道中心处加速，管道中心处流体的动压力开始下降，靠近管壁处有涡流形成，静压力也略有增加。流束经过孔板后，由于惯性作用而继续收缩，大约在孔板后的(0.3～0.5)D处流束的截面积最小、流速最快、动压力最大、静压力最小。在这之后，流束开始扩展，流速逐渐恢复到原来的速度，静压力也逐渐恢复到最大，但不能恢复到收缩前的静压力值，这是由于实际的流体经过节流件时会有永久性的压力损失δ_p所致。

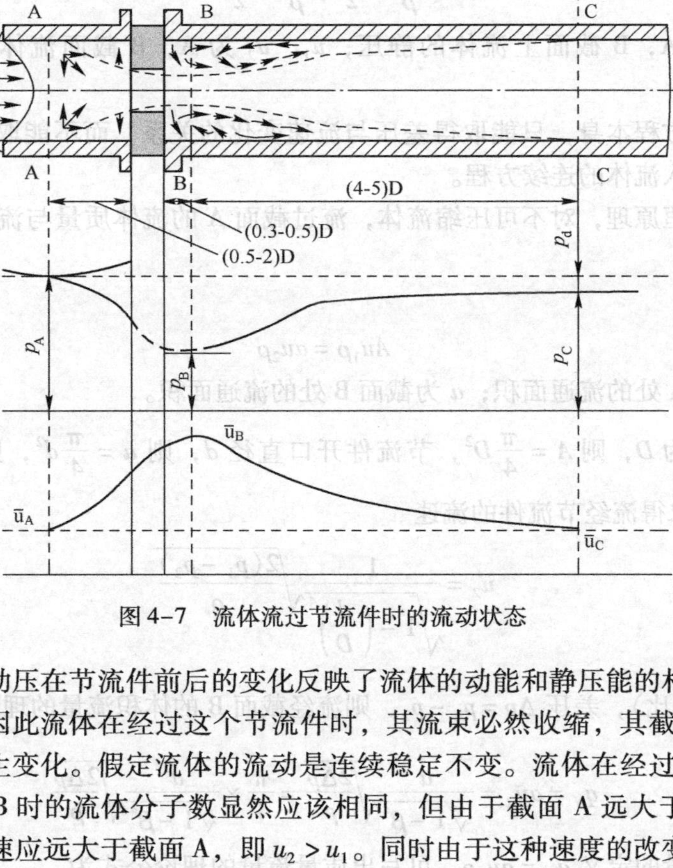

图4-7 流体流过节流件时的流动状态

流体的静压和动压在节流件前后的变化反映了流体的动能和静压能的相互转换情况。由于流通面积减小，因此流体在经过这个节流件时，其流束必然收缩，其截面A上的能量中的各项也必然会发生变化。假定流体的流动是连续稳定不变。流体在经过截面A时的流体分子数与经过截面B时的流体分子数显然应该相同，但由于截面A远大于截面B，因此流体经过截面B的流速应远大于截面A，即$u_2 > u_1$。同时由于这种速度的改变必然要导致这两个截面上的动能发生变化，根据能量守恒定律可知，在截面B上的动能的增加必然要导致其静压能的减少，所以其截面B处的静压力 P_2 必然要减少，即有 $P_2 < P_1$。于是在节流件的前后就会出现静压差。此压力差的大小与通过流体的流量大小有关。

为便于推导流量与静压力差的函数关系，将图4-7的节流过程简化成如图4-8所示。假定流体在水平管道中沿轴线方向稳定流动，流体不对外做功和外界也没有热量交换，流体本身也没有温度变化。以下分别对不可压缩性流体和可压缩性流体的流量方程进行推导。

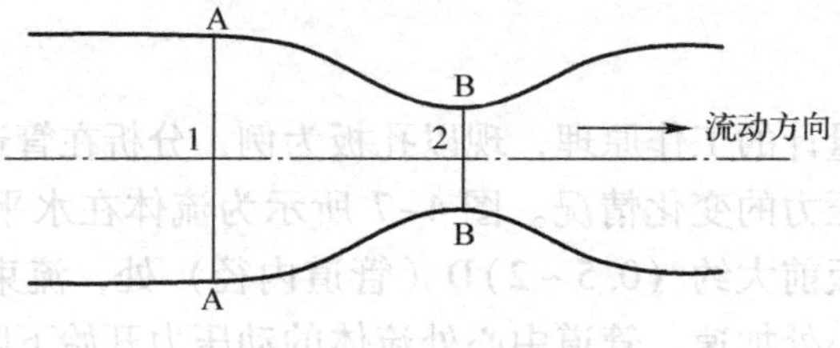

图4-8　节流效果简化图

1. 不可压缩性流体的流量计算

由于不可压缩性流体的密度可以认为是不变的，可根据式（4-8）写出能量方程

$$\frac{p_1}{\rho}+\frac{u_1^2}{2}=\frac{p_2}{\rho}+\frac{u_2^2}{2} \tag{4-14}$$

式中，p_1，p_2 为A，B截面上流体的静压；u_1、u_2 为A，B截面流体的流速；ρ 为流体密度。

但仅靠能量方程本身，只能取得差压与流速变化的关系，而不能取得随流量变化的关系，为此还需引入流体的连续方程。

根据质量守恒原理，对不可压缩流体，流过截面A的流体质量与流过截面B的流体质量是相同的。

于是有

$$Au_1\rho = au_2\rho \tag{4-15}$$

式中，A 为截面A处的流通面积；a 为截面B处的流通面积。

设管道直径为 D，则 $A=\frac{\pi}{4}D^2$，节流件开口直径 d，则 $a=\frac{\pi}{4}d^2$，则由式（4-14）和式（4-15），可求得流经节流件的流速

$$u_2=\frac{1}{\sqrt{1-\left(\frac{d}{D}\right)^4}}\sqrt{\frac{2(p_1-p_2)}{\rho}} \tag{4-16}$$

令：$\beta=\frac{d}{D}$（直径比），差压 $\Delta p = p_1 - p_2$，则流经截面B的体积流量的理论公式为

$$q_V = au_2 = \frac{a}{\sqrt{1-\beta^4}}\sqrt{\frac{2\Delta p}{\rho}} = \frac{\pi}{4}\times\frac{d^2}{\sqrt{1-\beta^4}}\sqrt{\frac{2\Delta p}{\rho}} \tag{4-17}$$

根据质量流量的定义 $q_m = au_2\rho$，可写出质量流量的理论公式为

$$q_m = \frac{a\rho}{\sqrt{1-\beta^4}}\sqrt{\frac{2\Delta p}{\rho}} = \frac{a}{\sqrt{1-\beta^4}}\sqrt{2\rho\Delta p} = \frac{\pi}{4}\times\frac{d^2}{\sqrt{1-\beta^4}}\sqrt{2\rho\Delta p} \tag{4-18}$$

令：$E=\frac{1}{\sqrt{1-\beta^4}}$，称为渐进速度系数，则有

$$q_m = aE\sqrt{2\rho\Delta p} \tag{4-19}$$

式（4-19）即为不可压缩流体的质量流量与差压 Δp 间的理论公式。

所谓理论公式就是以理想流体为模型，并且其在节流过程中不考虑任何压力损失，但在实际工况中流体总是存在一些具体情况，如实际流体一般总是具有黏性，因此实际流体在流经节流件时必然要产生压力损失。因此实测的压力差总是比理论上的压力差要大。所以按理论公式计算出的流量值总要比实际上的流量值要大。因此实际应用中，总是要引入一个修正系数来对理论公式进行修正。

假设理论流量与实际流量之间的关系为

$$C=\frac{实际流量值}{理论流量值} \tag{4-20}$$

将上式代入理想流体流量公式，得节流式流量计的实际流量公式为

$$q_V = aCE\sqrt{\frac{2\Delta p}{\rho}} \tag{4-21}$$

$$q_m = aCE\sqrt{2\rho\Delta p} \tag{4-22}$$

其中，C 为流出系数。

令：$CE=\alpha$，α 称为流量系数。则节流式流量计的实际流量公式为

$$q_V = a\alpha\sqrt{\frac{2\Delta p}{\rho}} \tag{4-23}$$

$$q_m = a\alpha\sqrt{2\rho\Delta p} \tag{4-24}$$

式（4-23）和（4-24）中，流量系数 α 是由实验确定的。在用节流件测量流量的过程中，α 应是一个常数，也只有这样流量 q_V、q_m 才能是压力差 Δp 的单值函数，但实际中流量系数 α 是一个受多种因素影响的多值函数，它是描述流体流动状态的雷诺数 R_e，节流体的开孔直径 d 与管道直径 D 之比 $\beta=\frac{d}{D}$ 以及管道粗糙度的函数，即有

$$\alpha = f(R_e,\beta,管道粗糙度) \tag{4-25}$$

实验证明，在管道直径、节流件型式、开孔尺寸和取压位置确定的情况下，α 只与流体雷诺数 R_e 有关，当 R_e 大于某一数值（称为界限雷诺数）时，α 可视为常数，于是流体的流量可视为压力差 Δp 的单值函数。因此，节流式流量计应工作在界限雷诺数以上，α 与 R_e 及 β 值的关系可以从相关图表中查出。

2. 可压缩性流体的流量计算

对于可压缩性流体，由于压力变化时，流体的温度也可能随之变化，因此直接用上述等温过程的伯努利方程所推出的结论不妥。

但考虑到气体流经节流件时，由于时间很短，流体介质与外界来不及进行交换，因此可认为其状态变化是等熵过程，而等熵过程对于理想流体来讲，其密度只随其压力而变化，即有

$$\frac{p}{\rho^k} = \text{常数} \tag{4-26}$$

式中，k 为等熵指数。

对应的可压缩流体的伯努利方程式和连续性方程为

$$\frac{k}{k-1} \times \frac{p_1}{\rho_1} + \frac{u_1^2}{2} = \frac{k}{k-1} \times \frac{p_2}{\rho_2} + \frac{u_2^2}{2} \tag{4-27}$$

$$Au_1\rho_1 = au_2\rho_2 \tag{4-28}$$

式中，p_1，p_2 为 A、B 截面上流体的静压；ρ_1，ρ_2 为 A、B 截面上流体的密度；u_1，u_2 为 A、B 截面上流体的流速。

通过对式（4-26）~式（4-28）进行代入化简，可以得到可压缩流体的流量理论公式。

对于可压缩性流体而言，其通过节流件的过程是等熵过程，尽管在这一过程中其密度是变化的，但这种变化仅是其压力 p 的单值函数。因此在计算可压缩性流体的流量时，仍可借助上述不可压缩性流体的计算公式，仅是引入一个流体膨胀校正系数 ε 即可。

可压缩流体的流量计算

$$q_V = a\alpha\varepsilon\sqrt{\frac{2\Delta p}{\rho_1}} \tag{4-29}$$

$$q_m = a\alpha\varepsilon\sqrt{2\rho_1\Delta p} \tag{4-30}$$

式中，ε 为可膨胀系数，是流体可压缩性的影响，如果 $\varepsilon=1$，则上式与不可压缩性流体的公式相同。只是用于可压缩性流体时，$\varepsilon<1$。对于可压缩流体的流量计算，总是规定统一用节流件前的密度 ρ_1 作为流体密度代入公式计算。

以上介绍对不可压缩流体与可压缩流体的流量采用节流法测量的计算方法，由它们的计算公式可以看到，当式中的 α，ε，ρ，d 均为常数时，流量均与差压的平方根成正比。所以这种节流法测量也常称为差压式流量测量法，应用这种方法设计的流量仪表又称为差压式流量计。

4.3.2 流量特性

流量特性主要讨论流量系数 α 的特性。流量系数主要与节流件的形式和开孔直径、取压方式（取压点的位置）、流体的流动状态（包括雷诺数、管道直径等）和管道条件（如管道内壁的粗糙度）等因素有关。因此，它是一个影响因素复杂、变化范围较大的重要系数，也是节流式流量计能否准确测量流量的关键所在。对于标准节流件，流量系数的主要影响因素有以下几个方面。

1. 取压方式

对于给定的节流件和流动条件，由图 4-7 所示，即使流过节流件的流量是同一数值，如果在节流件上下游的两个取压点的位置不同，所得到的差压值 Δp 也不一样，从而影响流量系数的大小。自然，对于不同的取压口位置，是有不同的数据和要求的。

常用的取压方式有五种，其取压口位置如图 4-9 所示。

1）角接取压。取压位置如图 4-9 中 1-1 所示。上、下游取压口位于孔板（或喷嘴）的上、下游端面处，也就是在节流件与管壁的两个夹角处取出静压力。显然，孔板变厚，孔板的刃口距下游取压口的距离变远，流量系数也受影响，所以对孔板的厚度要做规定。

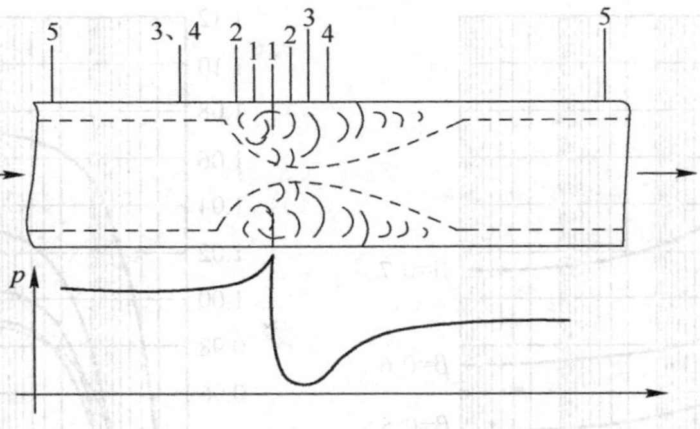

图 4–9　不同取压方式的取压位置

2）法兰取压。取压位置如图 4–9 中 2–2 所示。上、下游取压口的中心与孔板的上、下游端面的距离为 25.4 mm。

3）D 和 D/2 取压。取压位置如图 4–9 中 3–3 所示。上游取压口中心与孔板（或喷嘴）上游端面的距离为 D（管道内径），下游取压口中心与孔板（或喷嘴）上游端面的距离为 D/2。这种取压方式又称为径距取压。两个取压口的位置都是从上游端面算起。

4）理论取压。取压位置如图 4–9 中 4–4 所示。上游取压口中心与孔板上游端面的距离为 D，下游取压口中心位于流束最小截面处。

5）管接取压。取压位置如图 4–9 中 5–5 所示。上、下游取压口中心与孔板的上、下游端面的距离分别为 2.5D 与 8D。

各种取压方式对取压口位置的规定非常严格，如果取压口位置有少许变化，就会引起较大的差压变化。对于小管径的节流件，取压口位置要求更为严格。除取压口的定位以外，还有取压口的直径、取压口的加工及相互配合等都有规定，主要是为防止取压口被堵塞和获得良好的差压信号的动特性，并保证取得的是静压力差。

2. 雷诺数 R_e

雷诺数表示了流体的流动状态，对于给定流体和流动条件，它反映了流体的流动速度。图 4–10（流量系数与雷诺数关系）表明：对于给定的节流件和直径比 β 值，当 R_e 大于某一临界值 R_{emin} 时，流量系数将不再随 R_e 变化，而趋于定值；β 值不同，临界雷诺数 R_{emin} 也不同，β 越小，则临界雷诺数 R_{emin} 也越小。在流量检测时，为保证测量准确度，要求流量系数保持常数，为此需要 $R_e > R_{emin}$，这就限制了节流式流量计的测量下限。从原理上讲测量上限没有限制，但是，由于与节流件配套使用的差压式流量计的量程是有限的。另外，一般希望节流件产生的压力降占总管道中的压力降比例不宜过大，因此，节流式流量计一般均有一个量程比（可测的最大流量与最小流量之比），由标准节流件构成的流量计的量程比通常为 3:1。

3. 直径比 β

由图 4–10 可以看到，只要直径比 β 值一定，则流量系数只是雷诺数的函数。这说明，对于几何形状相似的节流件，不论管道直径 D 为多大，当雷诺数 $R_e > R_{emin}$ 时，其流量系数相等（该结论仅适用于角接取压法）。图 4–10 还表明：β 值对流量系数的影响较大，β 越小，α 也越小，说明在相同流量下节流件两端的差压越大，从而导致永久的压力损失 δ_p 增加，造成过大的能量损失。减小 β 值，可以降低临界雷诺数 R_{emin}，即流量计的允许流量测

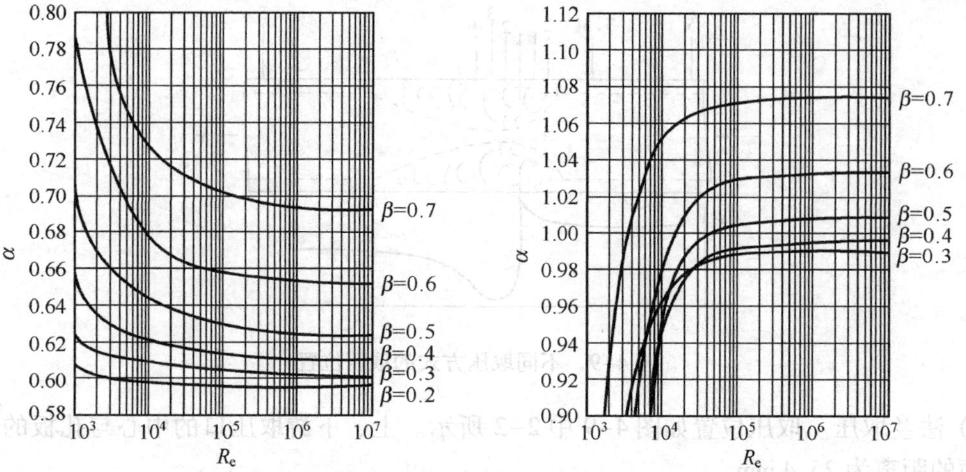

a) b)

图 4-10 流量系数与雷诺数的关系

a）标准孔板 b）标准喷嘴

量下限较小，有利于测量小流量。所以，在节流件设计时，要根据被测流体的最小流量以及允许的压力损失合理选择 β 值。

4. 管壁粗糙度

现有的流量系数是纯实验数据，它与实验管道内壁的粗糙度有关，因此必须注意在节流装置前后的管道粗糙度应符合有关规定。对于标准孔板的流量系数，角接取压法是在相对平均粗糙度 $K/D \leqslant 3.8\times10^{-4}$ 的管道中测定的，法兰取压法和 $D-D/2$ 取压法是在 $K/D \leqslant 10\times10^{-4}$ 的管道中测定的，其中 K 是管道内壁绝对平均粗糙度。K 值可通过对特定管道的取样长度进行压力损失试验来确定，不同材料管道的 K 值列在表 4-2 中。

表 4-2 不同材料管道内壁绝对平均粗糙度 K 值

材 料	条 件	K/mm	材 料	条 件	K/mm
黄铜、紫铜、铝、塑料、玻璃	光滑、无沉积物	<0.03	钢	严重结皮	>2
				新的，涂覆沥青	0.03~0.05
				一般的，涂覆沥青	0.10~0.20
				镀锌的	0.13
钢	新的，无缝冷拉管	<0.03	铸铁	新的	0.25
	新的，无缝热拉管	0.5~0.10		锈蚀	1.0~1.5
	新的，无缝轧制管	0.5~0.10		结皮	>1.5
	新的，纵向焊接管	0.5~0.10		新的，涂覆	0.03~0.05
	新的，螺旋焊接管	0.10	石棉水泥	新的，有涂层的和无涂层的	<0.03
	轻微锈蚀	0.10~0.20			
	锈蚀	0.20~0.30		一般的，无涂层的	0.05
	结皮	0.50~2			

在实际应用时，要求孔板上游 $10D$ 之内的管道内壁表面相对平均粗糙度 K/D 应满足表 4-3 中的限定值。当所选用的管材 K/D 值小于表 4-3 中的规定时，则认为该管材的内表

面是光滑的，称为光管，标准孔板的流量系数可直接用有关经验公式计算；当 K/D 值大于表中所列值时，则认为该管是粗糙的。

表 4-3　孔板上游管道内壁 K/D 的上限值

β	≤0.3	0.32	0.34	0.36	0.38	0.4	0.45	0.50	0.60	0.75
$10^4 K/D$	25	18.1	12.9	10.0	803	7.1	5.6	4.9	4.2	4.0

综上所述，流量系数受多个因素的影响，而且关系较为复杂。目前使用的流量系数完全是由实验得到的实验数据，但是，在一定范围内，对于标准节流装置和标准取压方式，流量系数可用标准的经验公式计算。

4.3.3　节流式流量计的使用特点

节流式流量计是由节流装置与差压变送器配套组成的一种传感器。它具有结构简单、牢固、工作可靠、性能稳定、准确度适中、价格便宜和使用方便的优点，因此这种流量计是目前工业生产中应用最多的一种，几乎占到应用量的 70%。广泛应用到石油、化工、冶金、电力和轻纺等行业，适用于对液体、蒸汽和气体的流量测量。但这种流量计存在着易受流体密度的影响、管道中有压力损失、只适用于对洁净流体的测量等问题。

4.4　靶式流量计

流体在水平管道中流动时，根据能量守恒定律可有如下伯努利方程

$$p+\frac{u^2}{2}\rho=\text{常数} \tag{4-31}$$

式中，$\frac{u^2}{2}\rho$ 称为动压力。而动压力与流速 u 有一定关系。如果迎着流体流动方向安放一阻力体或使管道弯曲，则由于流体流动受阻或迫使流束方向改变，则流体必然要冲击此障碍物，失去动量并加在阻力体或弯曲管道上一个等于 $\frac{u^2}{2}\rho$ 的动压力。如果测出这个作用在阻力体上的作用力或动压力，便可知道流速，进而求出流量。这就是应用流体动压力测量流量的方法。在工业上应用这种方法构成的流量仪表有：靶式流量计、挡板流量计、皮托管流量计以及测量弯曲管道受力的动压管流量计等。以下主要讲解靶式流量计的工作原理、使用特点。

4.4.1　测量原理

在流体流经的管道中，垂直于流动方向安装一圆盘形的靶（如图 4-11 所示），流体在流经靶盘时，由于受阻必然要冲击靶盘，靶上所受的作用力与流速之间存在一定数量关系。因此通过力矩转换的方式测出靶上所受的力或动压，便可求出流速和流量。

由于靶式流量计的敏感元件是一个形状简单的靶（一般是一个薄圆盘），靶上所受的流体作用的力可以采用一些较成熟的电测或气动测力方法进行测量，实现远距离传送、记录，以及输出统一标准信号，故可供调节系统作为流量信号使用。

图 4-11 所示为靶式流量计的原理图，其中实现动压信号转换的敏感元件部分是管道中的靶。

流体流动时，作用在靶上的力可以分为三部分：①流体对靶盘的直接冲击力，即流体的动压力；②由于靶盘对流体的节流作用，而在靶盘前后产生的静压差；③流体对靶盘的黏滞摩擦力。

实际靶上所受的力主要取决于前两项。而由于流体的黏滞性所产生的摩擦力，在流量很大时，可以忽略不计。因此，流体实际作用在靶盘上的力，若以动能形式表示，可以写成如下形式

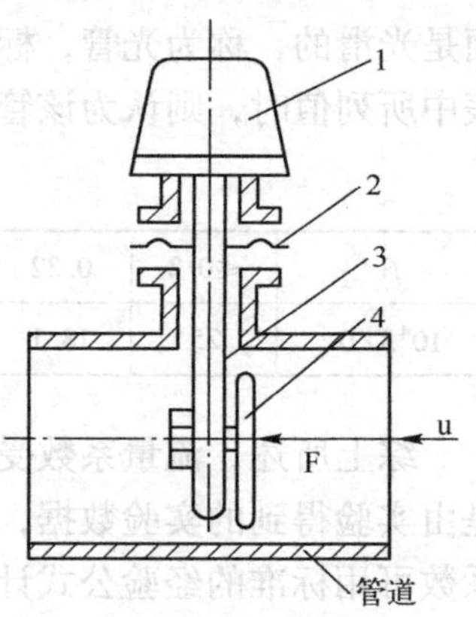

图 4-11　靶式流量计原理图
1—力平衡转换器　2—密封膜片
3—杠杆　4—靶

$$F=\zeta A_{\mathrm{d}}\frac{u^2}{2}\rho \tag{4-32}$$

式中，F 为流体作用于靶上的力；ζ 为阻力系数，它描述了由于靶盘的节流作用而产生的静压差所导致的靶盘受力情况；A_{d} 为垂直于流速的靶盘面积；ρ 为流体的密度；u 为通过环形面积的流速。

假设管道的直径为 D，靶的直径为 d，则通过流体的环形面积为 $A_0=\frac{\pi}{4}(D^2-d^2)$，靶的面积为 $A_{\mathrm{d}}=\frac{\pi}{4}d^2$，根据式（4-32）可求出体积流量与靶上受力的关系为

$$q_{\mathrm{V}}=A_0u=A_0\sqrt{\frac{2F}{\zeta\rho A_{\mathrm{d}}}}=\frac{D^2-d^2}{d}\sqrt{\frac{\pi F}{2\zeta\rho}} \tag{4-33}$$

令：$\alpha=\sqrt{\frac{1}{\zeta}}$，称为流量系数。它的数值是由实验确定的。

则有

$$q_{\mathrm{V}}=\alpha\frac{D^2-d^2}{d}\sqrt{\frac{\pi F}{2\rho}} \tag{4-34}$$

上式为靶式流量计的基本测量公式。工程上，一般采用的单位为：D 和 d 用 mm，q_{V} 用 $\mathrm{m^3/h}$，ρ 用 $\mathrm{kg/m^3}$，F 用 kgf，将常数归并，可得到实用的流量公式为

$$q_{\mathrm{V}}=4.512\alpha\frac{D^2-d^2}{d}\sqrt{\frac{F}{\rho}} \tag{4-35}$$

式中，常数 $4.512=\sqrt{\frac{3.1415}{2}}\times\frac{3600}{1000}$。

由式（4-35）可知，在被测流体的密度 ρ，管道直径 D，靶盘直径 d 和流量系数 α 已知的情况下，只要测出作用在靶上的力 F，便可求出通过流体的流量。在工业上一般是通过转换器将此力信号转换成电、气信号进行显示。

4.4.2　流量系数及压力损失

实验结果表明，流量系数 α 与靶形、管径 D、直径比 β、雷诺数 R_{e}、同心度及加工精度等因素有关。当流量计确定后，α 仅是 R_{e} 与 β 的函数，图 4-12 给出了 α 与 β、R_{e} 之间的关系实验曲线。

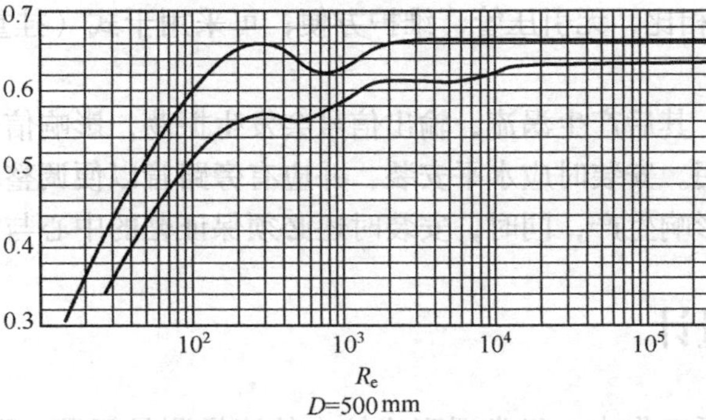

图 4-12　α 与 β、R_e 之间的关系实验曲线

由图 4-12 可知在 $R_e = 5000$ 左右 K_α 已趋稳定，相对差压式测量来讲（R_{emin} 在 10^4 左右），对雷诺数的要求要宽松一些，同时对流体的黏度要求也不太高。

实际流体通过靶时产生摩擦力，在靶后产生漩涡，这些都将消耗流体一部分能量，造成压力损失。压力损失与流量计的口径、靶径比、流量大小及流体性质有关。在相同流体、相同流量和相同口径的情况下，靶径比越小，压力损失也越小。压力损失一般与 D、β 以及流量大小和流体性质有关，一般来说，β 越小，压力损失越小，另外流速越快，压力损失越大，其特性曲线如图 4-13 所示。

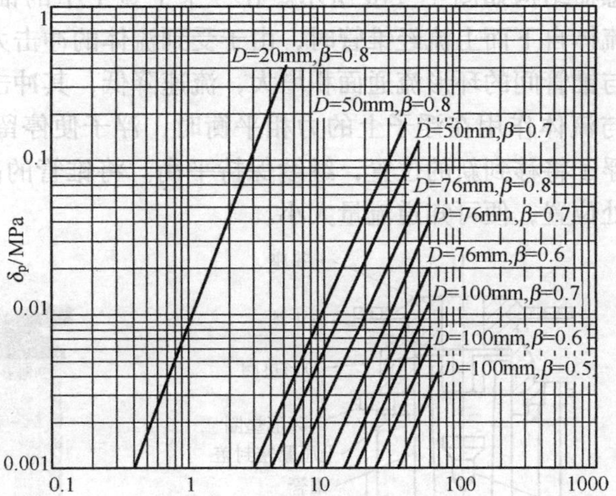

图 4-13　压力损失曲线

4.4.3　靶式流量计的特点

1）可采用应变片测量靶上所受之力，无可动部件，结构牢固简单。

2）可测量脏污的流体，如污水、原油、高温油渣等。

3）可用于小口径、低雷诺数流体的测量，它弥补了标准节流装置难以应用的场合。

4）准确度可达 1%，量程比 3∶1。

5）适用管径范围 15～200 mm，并有直管段要求，靶前应有 8D 长的直管段，靶后应有 5D 长的直管段。

6）与节流法测量相比，无引压管，维护方便；可采用干式（挂重法）校验，给用户周期校验带来方便。

高流速冲击靶板，其后产生涡流，输出信号会发生振荡，影响信号的稳定性，因此对于高流速测量对象应慎用。安装时应水平安装，并应有旁路管以便调整和校对仪表的零点，以保证维修仪表时不致影响生产，同时，安装时还必须保证靶的中心与管道轴线同心。

4.5 浮子式流量计

在工业生产和科研工作中，经常遇到比较小的流量测量问题，而节流装置在管径小于50 mm 时，还未实现标准化，所以对较小管径的流量测量常用浮子流量计，浮子流量计也可叫转子流量计。转子流量计具有结构简单、工作可靠、压力损失小而且恒定、界限雷诺系数低、量程比大（10∶1）、可测较小流量以及刻度线性等优点，广泛应用于各种气体、液体的流量测量和自动控制系统中。转子流量计分为玻璃管转子流量计和金属转子流量计两大类。金属转子流量计除基型外，还有特殊耐腐蚀型和保温型。

4.5.1 传感器的结构和测量原理

1. 传感器的结构

浮子式流量计传感器结构如图 4-14a 所示。在一个上宽下窄的锥形管中垂直放置一个阻力件——浮子，当流体自下而上流经锥管时，由于受到流体的冲击力，浮子向上运动，但随着浮子上升，浮子与锥管间的环形流通面积增大，流速降低，其冲击力也随之减弱，直到浮子在流体中的重量与流体作用在浮子上的力相平衡时，浮子便停留在某个高度，维持平衡。当流量变化时，浮子将移到新的位置，继续保持平衡。将锥管的高度以流量值刻度时，则从浮子最高边缘所处位置，便可知道流量大小。

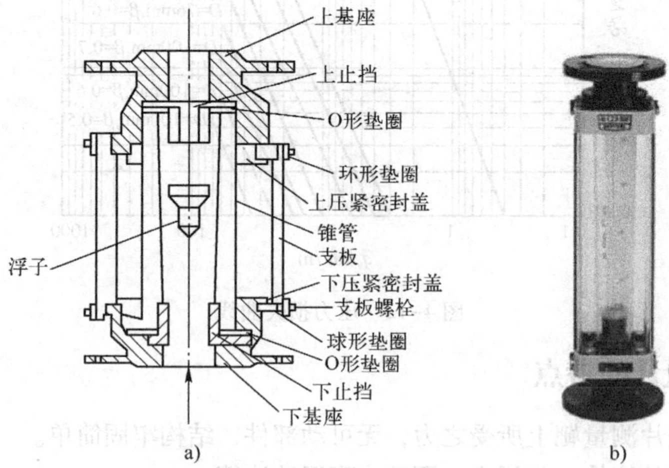

图 4-14　浮子流量计传感器
a）传感器结构　b）传感器外观

如果与节流式流量计相比较，节流式流量计的测量方法是测量元件（节流件）的流通面积不变，通过节流件前后的差压值变化反映流量的大小，而这种测量方法是无论浮子处于哪个平衡位置，浮子前后的压力差是恒定的，由于流量不同，浮子的高度也不同，是通过环形的流通面积反映流量的变化，所以称这种流量计为变面积式流量计。

2. 测量原理

浮子流量计的工作原理如图 4-15 所示。

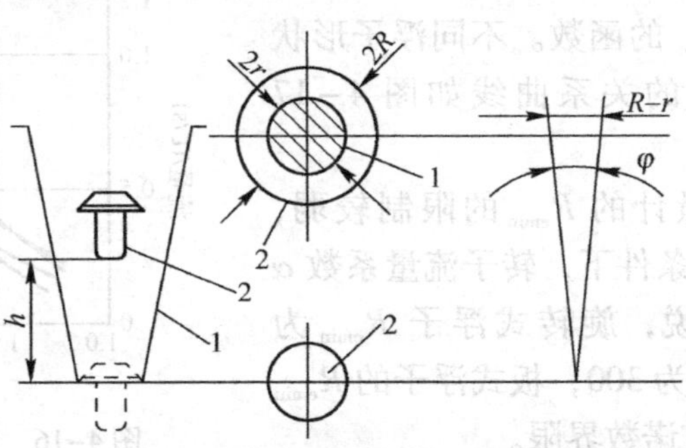

图 4-15　浮子流量计的工作原理

当流体自下而上地流经锥管时，如果忽略流体的静压对浮子的作用，则作用在浮子上有 3 个力：浮子本身垂直向下的重力 F_1；流体作用在浮子上的浮力 F_2；流体作用在浮子山管道动压力 F_3。它们分别表示为

$$F_1 = V_f \rho_f g \tag{4-36}$$

$$F_2 = V_f \rho g \tag{4-37}$$

$$F_3 = \xi \frac{\rho u^2}{2} A_f \tag{4-38}$$

式中，V_f、A_f、ρ_f 分别为浮子的体积、最大截面积和浮子材料的密度；ρ、u 为流体的密度和流速；ξ 为阻力系数；g 为重力加速度。

当浮子处于平衡位置时

$$F_1 - F_2 - F_3 = 0 \tag{4-39}$$

将式（4-36）、（4-37）、（4-38）代入式（4-39）中，整理后可求得流体通过环形面积的流速为

$$u = \sqrt{\frac{2V_f g(\rho_f - \rho)}{\xi \rho A_f}} \tag{4-40}$$

若环形流通面积为 A_0，可求得体积流量为

$$q_V = A_0 u = \alpha A_0 \sqrt{\frac{2V_f g(\rho_f - \rho)}{\rho A_f}} \tag{4-41}$$

式中，$\alpha = \sqrt{1/\xi}$ 称为流量系数，是通过实验确定的。式（4-41）是变面积式流量计的基本流量方程式。可以看出，当锥管、浮子形状和材质已定时，环形面积 A_0 是随流量大小而变化的。所以常把这种转子流量计称为面积式流量计。

4.5.2　浮子流量计的工作特性

1. 流量系数 α 的讨论

实际公式中的流量系数 α 是与锥管的锥度、浮子的几何形状，以及被测流体的雷诺数

等因素有关的参数。流量系数因浮子的形状不同而有所不同。图 4-16 是四种不同形状的浮子的流量与直径比 D/d 的关系曲线。横坐标锥管直径与浮子直径之比 D/d 是表示浮子的位置，曲线的斜率越大，表示流量计的灵敏度越高。

在锥管和浮子的形状已经确定的情况下，流量系数 α 就仅是雷诺数 R_e 的函数。不同浮子形状的流量系数 α 与雷诺数的关系曲线如图 4-17 所示。

总的说来，转子流量计的 R_{emin} 的限制较弱，即在一般比较低的雷诺数条件下，转子流量系数 α 即可保持常数。一般来说，旋转式浮子 R_{emin} 为 6000，圆盘式浮子的 R_{emin} 为 300，板式浮子的 R_{emin} 为 40。这里 R_{emin} 为最低雷诺数界限。

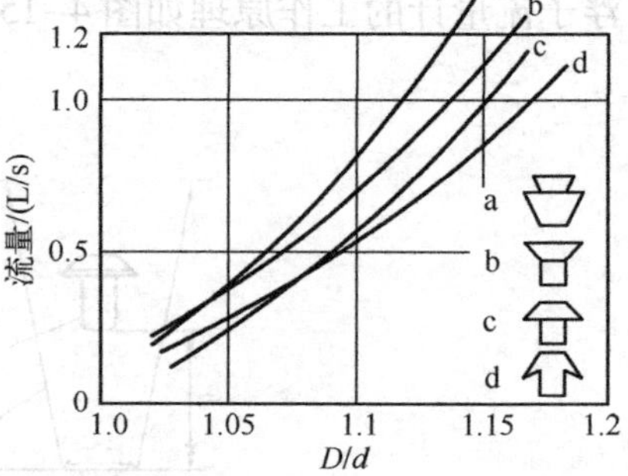

图 4-16　流量系数因浮子形状

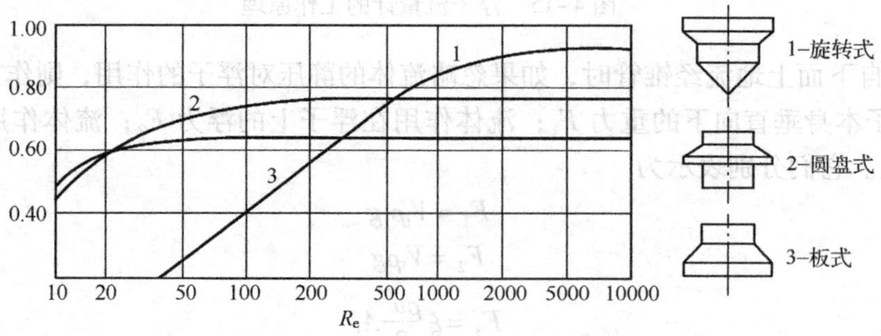

图 4-17　流量系数与 R_e 的关系

2. 流量与转子高度 h 的关系

前面已知流量仅与环形流通面积 A_0 在一定条件下为单值对应关系，但环形流通面积 A_0 实际是由转子的高度 h 来表现的，所以我们应进一步讨论流量 q_V 与转子在椎管中的高度 h 的关系。

首先，观察一下流通面积 A_0 与浮子高度之间的关系，有

$$A_0 = \pi(R^2 - r^2) \tag{4-42}$$

式中，r 和 R 分别为浮子在最低位置和测量位置对应的管道半径。由图 4-15 所示，可知

$$R - r = ht_g\varphi \tag{4-43}$$

式中，φ 为锥形管道与垂直面的夹角，其值小于5°。

将式（4-43）代入式（4-42），整理可得

$$A_0 = \pi(2hrt_g\varphi + h^2t_g^2\varphi) \tag{4-44}$$

则：

$$q_V = \alpha\pi(2hrt_g\varphi + h^2t_g^2 2\varphi)\sqrt{\frac{2g}{\rho}\times\frac{V_f(\rho_f - \rho)}{A_f}} \tag{4-45}$$

从式（4-45）可以看出，q_V 与 h 之间是非线性关系，但因为 φ 角很小，所以 $h^2t_g^2\varphi$ 项数值较小，可近似忽略，故可将 q_V 与 h 之间近似为线性函数关系。即

$$q_V = \alpha\pi 2hrt_g\varphi\sqrt{\frac{2g}{\rho}\times\frac{V_f(\rho_f-\rho)}{A_f}} \tag{4-46}$$

4.5.3 刻度换算

在使用变面积式流量计时，必须事先知道流体的密度。仪表的刻度特性与被测流体的工况有密切关系。因此，当仪表刻度直接显示流量的情况时，必须注意被测介质的名称，重度，黏度，温度和压力应与仪表刻度时的工况一致，否则应予修正。

转子流量计出厂时是在标准状态（20℃，101325 Pa）下，用水（对液体）或空气（对气体）介质标定刻度的。当被测介质或工况改变而黏度相差不大时，仪表刻度的修正和换算方法如下。

（1）液体流量的修正

设标定状态下介质的密度、体积流量分别为 ρ_0 和 q_{V0}，实际工作时介质的密度、体积流量分别为 ρ 和 q_V，忽略黏度变化影响时，由式（4-46）可导出如下关系

$$q_V = q_{V0}\sqrt{\frac{\rho_f-\rho}{\rho_f-\rho_0}\times\frac{\rho_0}{\rho}} \tag{4-47}$$

（2）气体流量的修正

设标定状态下的热力学温度 T_0 为 293 K，绝对压力 p_0 为 101325 Pa，气体的密度、压缩系数和体积流量分别为 ρ_0、Z_0 和 q_{V0}，实际工作时状态下的温度为 T，绝对压力为 p，气体的密度为 ρ，体积流量为 q_V，压缩系数为 Z，可导出两者的关系为

$$q_V = q_{V0}\sqrt{\frac{p_0TZ}{pT_0Z_0}\times\frac{\rho_0}{\rho}} \tag{4-48}$$

在常压状态下 $Z/Z_0=1$，对于湿气体的测量，除了考虑密度、温度和压力外，还必须考虑湿气体的饱和压力或相对湿度等因素。

4.5.4 浮子流量计的使用特点

1）转子流量计主要适合于检测中小管径、较低雷诺数的中小流量。

2）转子流量计结构简单，使用方便，工作可靠。

3）转子流量计的基本误差约为仪表量程的 ±2%，量程比可达 10∶1。

4）转子流量计的测量准确度易受被测介质密度、黏度、温度、压力、纯净度、安装质量等因素的影响。

5）转子流量计必须垂直安装，进口应保证有 5 倍以上管道直径的直管段。最好仪表旁安装旁路管，供检修和冲洗仪表时使用。

4.6 电磁式流量计

在炼油、化工生产中，有些液体介质具有导电性，因而可以应用电磁感应的方法去测量流量。电磁式流量计是工业生产中测量导电流体常用的流量计，它能够测量酸、碱、盐及含有颗粒（例如泥浆）或纤维的液体的流量。电磁流量计通常由传感器、转换器和显示仪组成。

电磁流量变送器由传感器和转换器两部分组成。被测流体的流量经流量传感器变换成感

应电势，然后再由转换器将感应电势转换成统一的直流标准信号作为输出，以便进行指示、记录或与计算机配套使用。电磁流量计的准确度等级为0.5~2.5级。

4.6.1 测量原理

电磁式流量计是基于电磁感应原理制成的一种传感器，其测量原理如图4-18所示。

根据法拉第电磁感应定律，当一导体在磁场中运动切割磁力线时，在导体的两端即产生感生电势 e，其方向由右手定则确定，其大小与磁场的磁感应强度 B，导体在磁场内的长度 L 及导体的运动速度 u 成正比，如果 B，L，u 三者互相垂直，则

$$e = BLu \tag{4-49}$$

式中，e 为感应电势；B 为磁感应强度；L 为导体在磁场内的长度。u 为导体的运动速度。

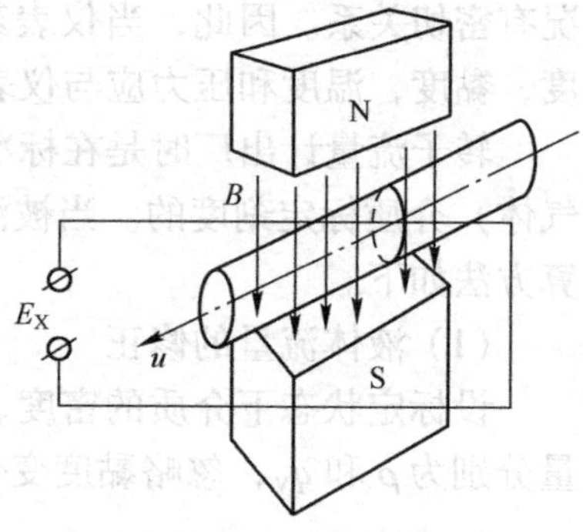

图4-18　电磁式流量计测量原理

与此相仿，在磁感应强度为 B 的均匀磁场中，垂直于磁场方向放一个内径为 D 的不导磁管道，当导电液体在管道中以流速 u 流动时，导电流体就切割磁力线。如果在管道截面上垂直于磁场的直径两端安装一对电极，则可以证明，只要管道内流速分布为轴对称分布，两电极之间也会产生感应电动势

$$E_X = BDu \tag{4-50}$$

式中，E_X 为感应电势，u 为管道截面上的平均流速，由此可得管道的体积流量为

$$q_V = \frac{\pi D^2}{4} u = \frac{\pi D E_X}{4B} \tag{4-51}$$

由上式（4-51）可见，体积流量 q_V 与感应电动势 e 和测量管内径 D 成线性关系，与磁场的磁感应强度 B 成反比，与其他物理参数无关。在管道直径 D 已确定并维持磁感应强度 B 不变时，感应电势则与体积流量具有线性关系。因此，在管道两侧各插入一根电极，便可以引出感应电势，由仪表指出流量的大小。

需要说明的是，要使式（4-51）严格成立，必须使测量条件满足下列假定：①磁场是均匀分布的恒定磁场；②被测流体的流速轴对称分布；③被测液体是非磁性的；④被测液体的电导率均匀且各向同性。

4.6.2 变送器的结构及特性

电磁式流量计的变送器主要由导管、绝缘衬里、电极、励磁线圈、磁轭、外壳及正交干扰调整电位器等构成，其具体结构随着测量管口径的大小而不同。

（1）磁路系统

磁路系统的作用是产生均匀的直流或交流磁场。直流磁路用永久磁铁来实现，其优点是结构比较简单，受交流磁场的干扰较小；其缺点是电极上产生的直流电势将引起被测液体的电解，因而产生极化现象，破坏了原来的测量条件。当管道直径很大时，永久磁铁相应也很大、笨重且不经济，所以电磁流量计一般采用励磁线圈，利用交流电信号产生交流磁场励磁。

（2）电极

电极一般是由非导磁的不锈钢材料制成。而用于测量腐蚀性流体时，电极材料多用铂铱

合金、耐酸钨基合金或镍基合金等。要求电极与内衬齐平，以便流体通过时不受阻碍。电极安装的位置宜在管道水平方向，以防止沉淀物堆积在电极上而影响测量准确度。

(3) 测量导管

由于测量导管处在磁场中，为了使磁力线通过测量导管时磁通量被分流或短路，测量导管必须是由非导磁、低电导率、低热导率和具有一定机械强度的材料制成，可选用不锈钢、玻璃钢，也有用刚玉管的。

(4) 绝缘衬里

用不锈钢等导电材料做导管时，在测量导管内壁与电极之间必须有绝缘衬里，以防止感应电势被短路。为防止导管被腐蚀并使内壁光滑，常常在整个测量导管内壁涂上绝缘衬里，衬里材料的选择视工作温度不同而不同，一般常用搪瓷或专门的橡胶、环氧树脂等材料。

4.6.3 变送器的信号处理

变送器的磁场有三种励磁方式，即直流励磁、交流正弦波励磁和非正弦波交流励磁。直流励磁方式能产生一个恒定的均匀磁场。其优点是结构简单，受交流磁场干扰较小，可以忽略液体中的自感的影响，其缺点是电极上产生的直流电势将引起被测液体的电解，因而产生极化现象，破坏了原来的测量条件。所以直流励磁只用于非电解质的测量，例如液态金属钠或汞等流量的测量。交流正弦波励磁一般采用工业频率的交流电源，非正弦波交流励磁方式则采用低于工业频率的方波或三角波励磁，通过励磁线圈产生交变磁场，以克服直流励磁的极化现象。

电磁流量计转换器的任务是处理变送器输出的交变信号，放大有用信号，消除干扰，并转换成 4～20 mA 的统一直流标准信号。

1. 交流正弦波励磁方式带来的各种干扰

使用交流正弦波产生励磁信号，可以克服直流励磁产生的极化干扰，但又会带来正交干扰和共模干扰，因此需要利用转换器消除这类干扰。

(1) 正交干扰的产生

采用交变磁场时，磁感应强度 $B=B_m\sin\omega t$，则感应电势的方程式为

$$E_X = B_m Du\sin\omega t \tag{4-52}$$

式中，B_m 为磁感应强度的最大幅值；ω 为交变磁场的角频率。

采用交变磁场可以有效地消除极化现象，但是也出现了新的矛盾。在电磁流量计工作时，管道内充满导电液体，因而交变磁通不可避免地也要穿过由电极引线、被测液体和转换部分的输入阻抗构成的闭合回路（如图 4-19 所示），从而在该回路内产生一个干扰电势，干扰电势的大小为

$$e_t = -K\frac{dB}{dt} \tag{4-53}$$

代入交变磁场 $B=B_m\sin\omega t$，得

$$e_t = -KB_m\sin\left(\omega t-\frac{\pi}{2}\right) \tag{4-54}$$

比较式 (4-52) 和式 (4-54) 可以看出，信号电势 E_X 与干扰电势 e_t 的频率相同，而相位相差90°，所以习惯上称此项干扰为正交干扰（或90°干扰）。严重时，正交干扰可能与信号电势相当，甚至超过信号电势 E_X。所以，必须设法消除此项影响，否则，必然会引起

测量误差，甚至造成电磁流量计根本无法工作。为此，一般是在变送器部分的结构上注意使电极引线所形成的平面保持与磁力线平行，避免磁力线穿过此闭合回路，并设有机械调整装置，以减小干扰电势 e_t。此外设有调零电位器，如图 4-20 所示。从一根电极上引出两根导线，并分别绕过磁极形成两个回路，当有磁力线穿过此闭合回路，必然要在两个回路内产生方向相反的感应电势，通过调整调零电位器，使进入仪表的干扰电势相互抵消，以减小正交干扰电势。但由于电位器中心触点的调整不可能很准确，剩余部分的正交干扰将在转换器中利用相敏检波方法检出并消除。

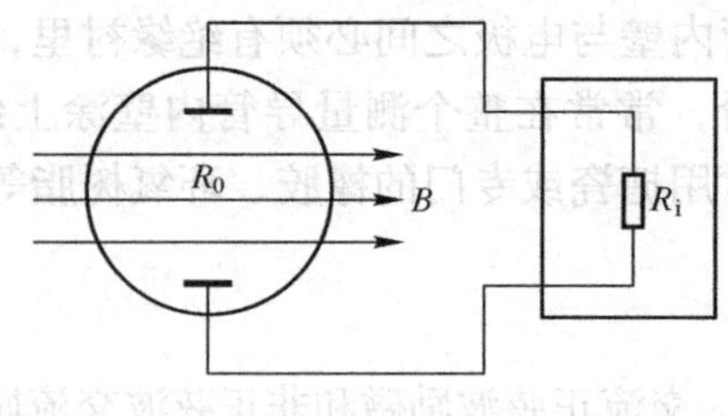

图 4-19　电极引出线形成的闭合回路图

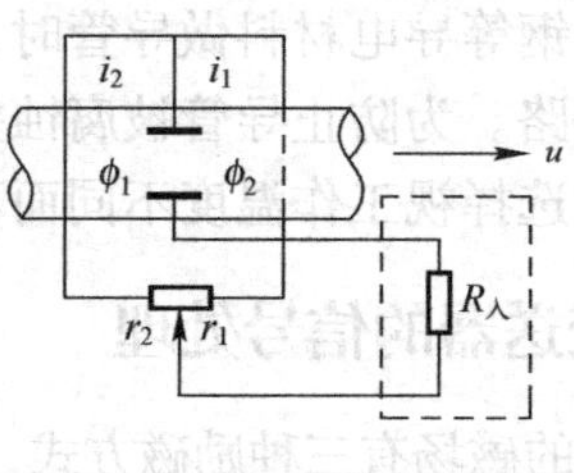

图 4-20　调零电位器示意图

(2) 共模干扰

在两个电极上同时出现的、幅值和相位都相同的干扰，一般称为共模干扰，即两级对地共同产生一个电位变化。产生的原因如下。

1）静电感应引起的共模干扰。在电磁流量计变送器的测量管上、下各安装一个励磁绕组，在测量管的另一方向上安装一对电极。励磁绕组与电极之间是相互绝缘的，除有绝缘电阻 R_m 外，还存在着分布电容 C_f。励磁电压加在绝缘电阻与分布电容并联的阻抗及被测液体的电阻 R_s 上，信号电极在这些电阻和阻抗之间，故其上必有一个分压，如图 4-21a 所示。由于两电极是对称的，所以两级共同对地产生一个电位差，即为一个共模干扰。

2）地电流引起的共模干扰。变送器安装于工业管道上，这些管道又都是接地的，在管道及地中往往存在着杂散电流（各种用电设备漏电造成），这些地电流在地电阻上产生电压降，因而在地的不同点电位不一样。变送器的电极是与被测液体接触的，被测液体是接地的，电磁流量计的转换器也接地。在变送器通过被测液体所接的地与转换器的地之间由地电流造成的电位差 e_n 将通过被测液体加到两级上，如图 4-21b 所示。这样电极 A 与 B 对转换器的地共同有一个电位差，即为另一个共模干扰。

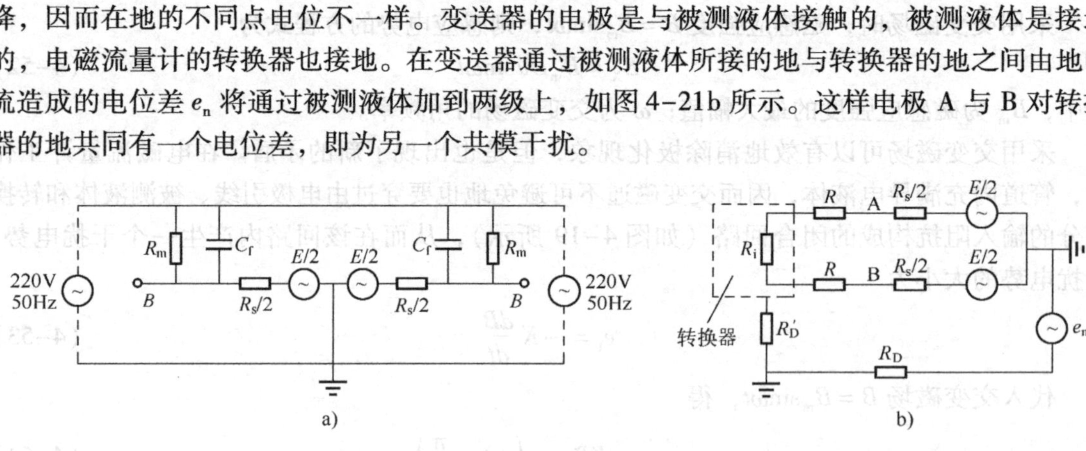

图 4-21　共模干扰

抑制共模干扰的方法：对付静电感应引起的共模干扰，应对电极和励磁绕组进行严格的静电屏蔽，以降低励磁绕组与电极间的分布电容。降低励磁电压也降低共模干扰。更重要的是用一根导线将变送器的壳体、转换器的壳体、被测液体、管道等连在一起并接地，也就是使得它们“共地”，此时 R_D 减至最小。此外转换器的前置放大器应选择抑制共模干扰能力强的线路。

(3) 励磁电压的幅值和频率变化引起的干扰

当励磁电压的幅值发生变化时，励磁电流也将发生变化，从而造成磁感应强度的变化。这时虽然被测液体的流速没有变化，感应电势却发生了变化，造成测量误差。另外，励磁电压的频率一旦发生变化，由于励磁绕组是感性负载，阻抗也随之发生变化，同样造成励磁电流的变化，也引起测量误差。为了克服此项干扰，必须对信号电压 E_X 进行除以磁感应强度 B 的运算，一旦由于上述干扰引起 B 的增加或减少，造成 E_X 的增加或减少，但 E_X/B 却没有变化，即可消除此项干扰。这种运算功能也是由转换器电路实现。

2. 转换器结构及信号处理

图 4-22 是正弦波励磁转换器构成原理。

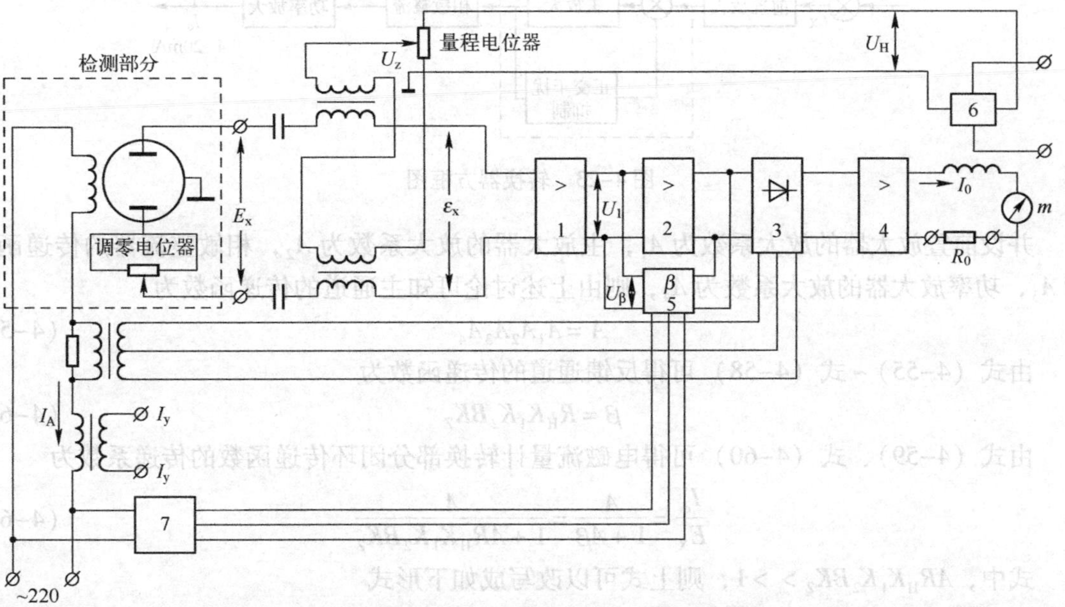

图 4-22　正弦波励磁转换器构成原理

1—前置放大器　2—主放大器　3—相敏整流器　4—功率放大器
5—正交干扰抑制器　6—霍尔乘法器　7—电源

整个转换部分是一个闭环系统。感应电势 E_X 与反馈电压 U_Z 进行比较后，得差值信号 ε_X。作为前置放大器的输入信号，经前置放大器、主放大器、相敏整流器和功率放大器后，得到 4 ~ 20 mA 的直流输出电流 I_o。反馈电压 U_Z 时通过量程电位器对霍尔乘法器的输出电势 U_H 分压得到的。即

$$U_Z = K_Z U_H \tag{4-55}$$

式中，K_Z 为分压系数。霍尔乘法器的输出电势 U_H 与霍尔磁场的磁感应强度 B_H、控制电流 I_y 之间的关系为

$$U_H = R_H B_H I_y \tag{4-56}$$

式中，R_H 为霍尔常数。霍尔磁场是以输出电流 I_o 作为励磁电流，即

$$B_H = K_1 I_o \tag{4-57}$$

控制电流 I_y 是与检测部分的励磁电流 I_A 取自同一电源，并与 I_A 成比例，即

$$I_y = K_2 B \tag{4-58}$$

所以经过霍尔乘法器反馈到转换部分的输入端的电压信号 U_Z 与输出电流 I_o 有比例关系，构成了闭环系统。

正交干扰抑制器是作为主放大器的反馈网络，将正交干扰信号反馈到主放大器的输入端以再次削弱正交干扰的影响。

为了便于分析，将图 4-22 简化成图 4-23 的方框图。

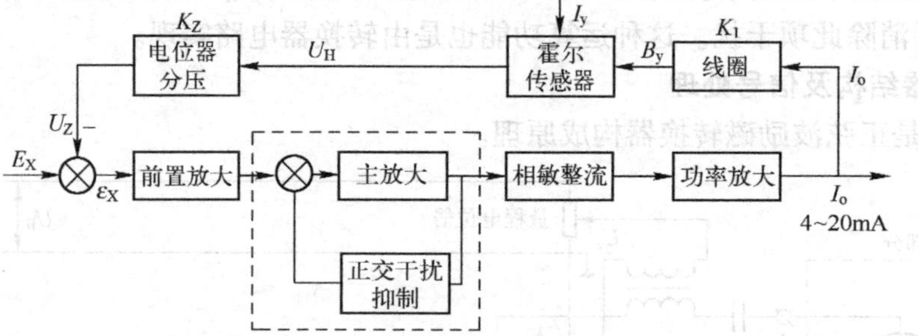

图 4-23　转换器方框图

并设前置放大器的放大系数为 A_1，主放大器的放大系数为 A_2，相敏整流器的传递函数为 A_3，功率放大器的放大系数为 A_4，则由上述讨论可知主通道的传递函数为

$$A = A_1 A_2 A_3 A_4 \tag{4-59}$$

由式（4-55）~式（4-58）可得反馈通道的传递函数为

$$\beta = R_H K_1 K_2 B K_Z \tag{4-60}$$

由式（4-59）、式（4-60）可得电磁流量计转换部分闭环传递函数的传递系数为

$$\frac{I_o}{E_X} = \frac{A}{1 + A\beta} = \frac{A}{1 + AR_H K_1 K_2 B K_Z} \tag{4-61}$$

式中，$AR_H K_1 K_2 B K_Z >> 1$，则上式可以改写成如下形式

$$I_o = \frac{1}{R_H K_1 K_2 B K_Z} E_X \tag{4-62}$$

将式（4-51）的感应电势 E_X 与流量 q_V 的关系代入（4-62）中，得

$$I_o = \frac{4}{\pi D R_H K_1 K_2 K_Z} q_V = K q_V \tag{4-63}$$

式中，$K = \frac{4}{\pi D R_H K_1 K_2 K_Z}$，为一常数。由式（4-62）和式（4-63）可以看出，由于在电磁流量计的转换部分采用了负反馈系统，不仅提高了转换部分的稳定性，而且还利用反馈电路实现了 E_X/B 的运算，从而克服了电源波动的影响。

3. 方波励磁

鉴于采用交流正弦波励磁存在难以完全消除的90°干扰电压，而完全采用直流磁场又有极化的弊端，因此目前电磁流量计广泛采用低频二态矩形波、三态矩形波及双频波励磁方式，如图 4-24 所示。

低频矩形波励磁电流的频率为工频 50 Hz 的偶数分之一，一般为工频的 1/4 ~ 1/32。双频波励磁方式是在低频二态矩形波 6. 25 Hz 频率的基础上，加上一个高频率的 75 Hz 的调制

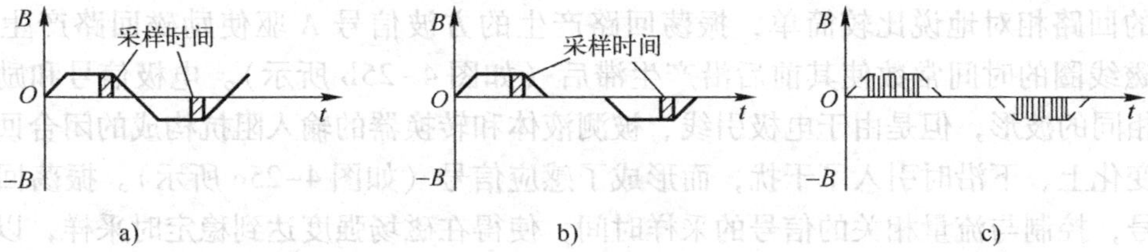

图 4-24　励磁波形

a）二态矩形波　b）三态矩形波　c）双频波

波。在矩形波的一个波内可以看成是直流励磁，因此前述之正交干扰几乎不存在，分布电容引起的共模干扰也没有，从而可大大提高零点稳定性和测量准确度。从总体上看，磁场方向还是交变的，因此极化现象不存在。

由于矩形波上升和下降沿的磁场变化率远大于正弦信号，测量信号中包含各种干扰更严重，但可以通过控制采样时间躲过干扰严重的过渡过程，等信号达到稳定时再对信号采样。采样宽度为工频的整数倍，可消除这种普遍存在的严重干扰，如图 4-25 所示。低频方波还可以节省励磁本身消耗的电能。缺点是动态响应慢，被测流量波动的频率要比励磁频率低得多才行。而采用双频波励磁方式除具有低频矩形波励磁方式的优点外，还具有动态响应好、噪声小的优点。

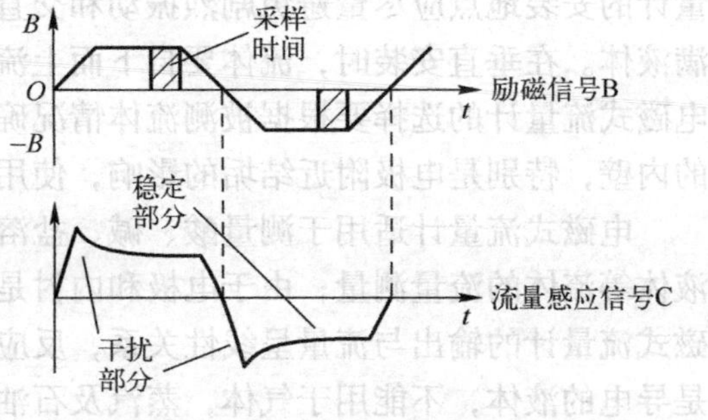

图 4-25　控制采样时间消除干扰

方波励磁的转换器原理图如图 4-26 所示。在方波励磁条件下，由于磁场是恒定的，

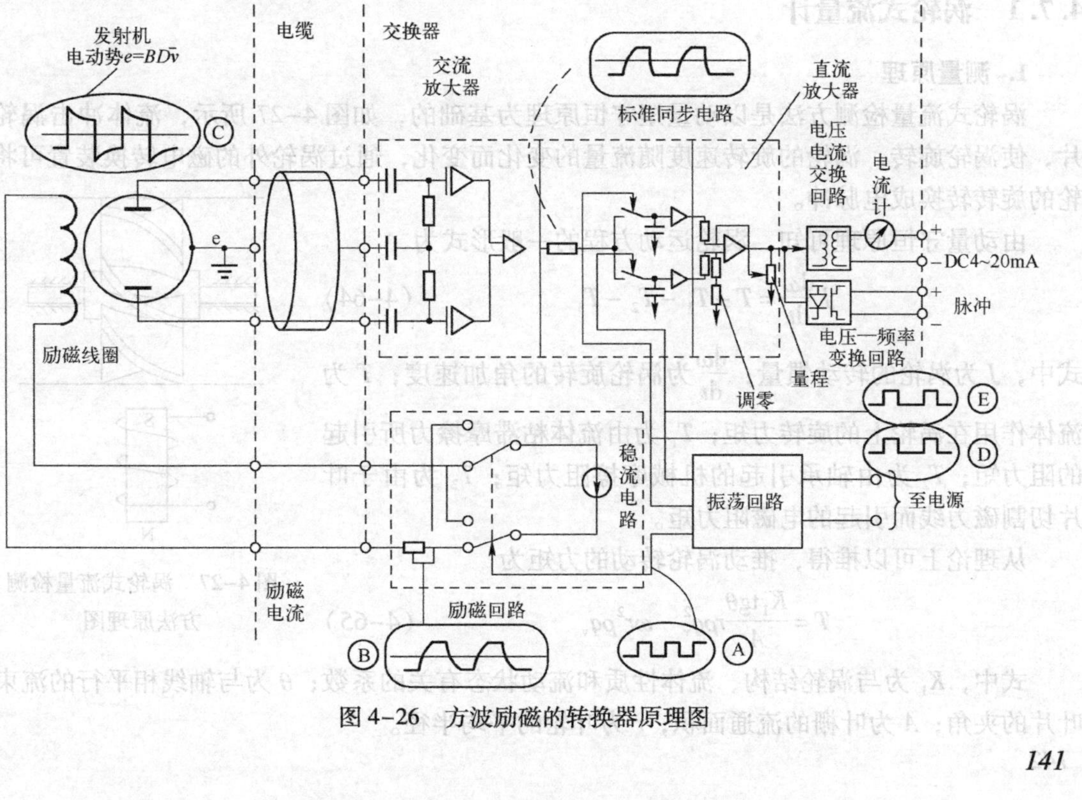

图 4-26　方波励磁的转换器原理图

转换器的回路相对地说比较简单，振荡回路产生的方波信号 A 驱使励磁回路产生励磁电流，励磁线圈的时间常数使其前后沿产生滞后（如图 4-25b 所示）。电极信号和励磁电流应该有相同的波形，但是由于电极引线、被测液体和转换器的输入阻抗构成的闭合回路在励磁信号变化上、下沿时引入了干扰，而形成了感应信号（如图 4-25c 所示）。振荡回路同时输出信号，控制与流量相关的信号的采样时间，使得在磁场强度达到稳定时采样，以便消除干扰。

4.6.4 电磁流量计的特点

电磁式流量计的测量导管中无阻力件，压力损失极小，且不受被测介质的物理性质（如温度、压力和黏度）的影响。但是，电磁式流量计结构比较复杂，成本较高。电磁式流量计的安装地点应尽量避免剧烈振动和交直流强磁场，在任何时候测量时，导管内部都应充满液体。在垂直安装时，流体要自下而上流过仪表，水平安装时两个电极要在同一平面上。电磁式流量计的选择要根据被测流体情况确定合适的内衬和电极材料，其测量准确度受导管的内壁，特别是电极附近结垢的影响，使用中应注意维护清洗。

电磁式流量计适用于测量酸、碱、盐溶液以及含有固体颗粒（如泥浆）、悬浮物或纤维液体等流体的流量测量；由于电极和内衬是防腐的，故可以用来测量腐蚀性介质的流量；电磁式流量计的输出与流量呈线性关系，反应迅速，可以测量脉动流量。但是，被测介质必须是导电的液体，不能用于气体，蒸汽及石油制品的流量测量。

4.7 其他流量计

4.7.1 涡轮式流量计

1. 测量原理

涡轮式流量检测方法是以动量矩守恒原理为基础的，如图 4-27 所示，流体冲击涡轮叶片，使涡轮旋转，涡轮的旋转速度随流量的变化而变化，通过涡轮外的磁电转换装置可将涡轮的旋转转换成电脉冲。

由动量守恒原理可知，涡轮运动方程的一般形式为

$$J\frac{\mathrm{d}\omega}{\mathrm{d}t} = T - T_1 - T_2 - T_3 \qquad (4-64)$$

式中，J 为涡轮的转动惯量；$\frac{\mathrm{d}\omega}{\mathrm{d}t}$ 为涡轮旋转的角加速度；T 为流体作用在涡轮上的旋转力矩；T_1 为由流体粘滞摩擦力所引起的阻力矩；T_2 为由轴承引起的机械摩擦阻力矩；T_3 为由于叶片切割磁力线而引起的电磁阻力矩。

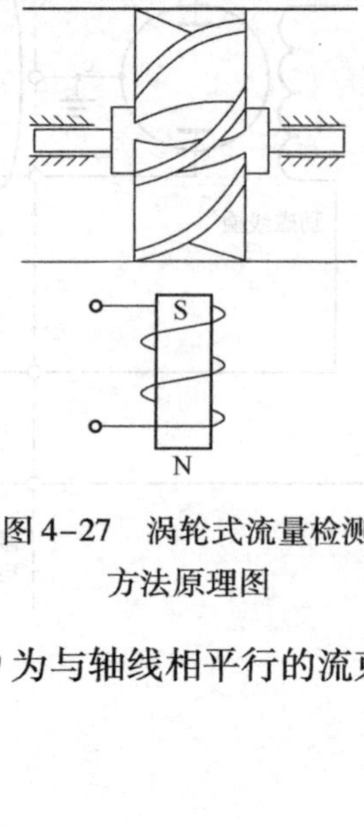

图 4-27　涡轮式流量检测方法原理图

从理论上可以推得，推动涡轮转动的力矩为

$$T = \frac{K_1 \mathrm{tg}\theta}{A} r\rho q_{\mathrm{v}}^2 - \omega r^2 \rho q_{\mathrm{v}} \qquad (4-65)$$

式中，K_1 为与涡轮结构、流体性质和流动状态有关的系数；θ 为与轴线相平行的流束与叶片的夹角；A 为叶栅的流通面积；r 为叶轮的平均半径。

理论计算和实验表明，对于给定的流体和涡轮，摩擦阻力矩（T_1+T_2）为

$$T_1+T_2 \propto \frac{a_2 q_v}{q_v+a_2} \tag{4-66}$$

电磁阻力矩 T_3 为

$$T_3 \propto \frac{a_1 q_v}{1+a_1/q_v} \tag{4-67}$$

式中，a_1 和 a_2 为系数。

从式（4-64）可以看出：当流量不变时$\frac{d\omega}{dt}=0$，涡轮以角速度 ω 作匀速转动；当流量发生变化时，$\frac{d\omega}{dt}\neq 0$，涡轮作加速度旋转运动，经过短暂时间后，涡轮运动又会适应新的流量到达新的稳定状态，以另一匀速旋转。因此，在稳定流动情况下，$\frac{d\omega}{dt}=0$，则涡轮的稳态方程为

$$T-T_1-T_2-T_3=0 \tag{4-68}$$

把式（4-65）、式（4-66）、式（4-67）代入式（4-68）中，化简后可得

$$\omega=\xi q_v-\xi\frac{a_1}{1+a_1/q_v}-\frac{a_2}{q_v+a_2} \tag{4-69}$$

式中，ξ 称为仪表的转换系数。

式（4-69）表明：当流量较小时，主要受摩擦阻力矩的影响，涡轮转速随流量 q_V 增加较慢；当 q_V 大于某一数值后，因为系数 a_1 和 a_2 很小，则（4-69）可近似为

$$\omega=\xi q_v-\xi a_1 \tag{4-70}$$

这说明 ω 随线性增加；当 q_V 很大时，阻力矩将显著上升，使 ω 随 q_V 的增加变慢，如图 4-28 所示的特性曲线。

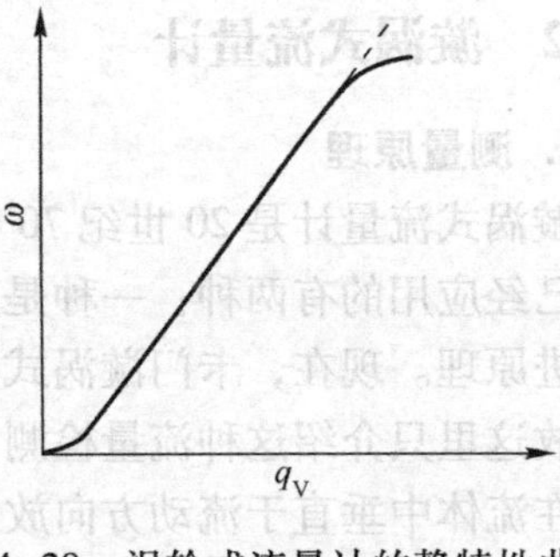

图 4-28　涡轮式流量计的静特性曲线

利用上述原理制成的流量检测仪表和涡轮流量计的结构如图 4-29 所示，它主要由涡轮、导流器、磁电转换装置、外壳以及信号放大器几部分组成。

1）涡轮。一般用高磁导系数的不锈钢材料制造，叶轮心上装有螺旋形叶片，流体作用于叶片上使之旋转。

2）导流器。用以稳定流体的流向和支撑叶轮。

3）磁电转换装置。由线圈和磁钢组成，叶轮转动时使线圈感应出脉动电信号。

4）外壳。一般由非导磁材料制定，用以固定和保护内部各部件，并与流体管道相连。

5）信号放大电路。用以放大由磁电转换装置输出的微弱信号。

经放大电路后输出的电脉冲信号需进一步放大整形以获得方波信号，对其进行脉冲计数和单位转算可得到累积流量；通过频率—电流转换单元后可得到瞬时流量。

2. 主要特点

涡轮式流量计具有测量准确度高、复现性和稳定性好、量程范围宽、耐高压、对流量变化反应迅速等特点，输出为脉冲信号，抗干扰能力强，信号便于远传。涡轮式流量计的缺点是制造困难、成本高。由于涡轮高速转动，轴承易损，降低了长期运行的稳定性，影响使用寿命。

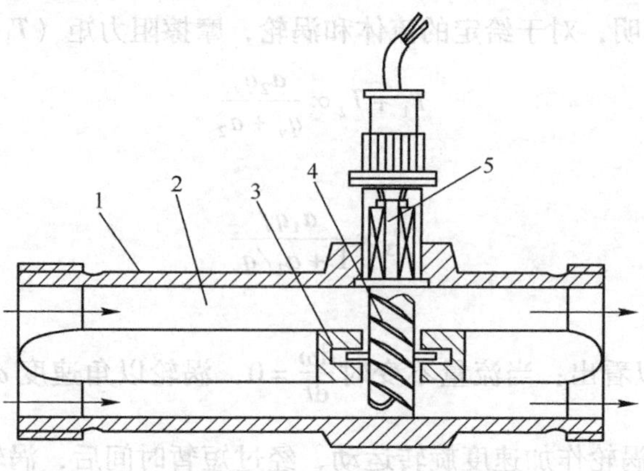

图 4-29　涡轮流量计的结构

1—外壳；2—导流器；3—支承；4—涡轮；5—磁电转换装置

3. 使用范围

涡轮流量计可使用于测量气体、液体的流量，但要求被测介质洁净，不适用于对黏度大的液体进行测量，主要用于对准确度要求高、流量变化快的场合，还用作标定其他流量计的标准仪表。

涡轮式流量计应水平安装，并保证其前后有一定的直管段。要求被测流体黏度低、腐蚀性小、不含杂质，以减小轴承磨损，一般应在流量计前安装过滤装置。如果被测液体易气化或含有气体时，则要在流量计前装有消气器。液体介质密度和黏度的变化对流量示值有影响，必要时应做修正。

4.7.2　漩涡式流量计

1. 测量原理

漩涡式流量计是 20 世纪 70 年代发展起来的按流体振荡原理测量流量的一种流量仪表。目前已经应用的有两种：一种是应用自然振荡的卡门漩涡列原理；另一种是应用强迫振荡漩涡旋进原理。现在，卡门漩涡式流量计（或称涡街流量计）的应用相对较多，而且发展较快，故这里只介绍这种流量检测方法。

在流体中垂直于流动方向放置一个非线型的物体（如圆柱体、棱柱体），在它的下游两侧就会交替出现漩涡（如图 4-30 所示），两侧漩涡的方向相反，并轮流地从柱体上分离出来。这两排平行但不对称的漩涡列称为卡门涡列（有时也称涡街）。由于涡列之间的相互作用，漩涡的涡列一般是不稳定的。实验证明，只有当两列的间距 h 与同列中相邻漩涡的间距 l 满足为 $h/l=0.281$ 条件时，卡门涡列才是稳定的。并且，单列漩涡产生的频率 f 与柱体附近的流体流速成正比，与柱体的特征尺寸 d（漩涡发声体的迎面最大宽度）成反比，即

$$f=St\frac{u}{d} \tag{4-71}$$

图 4-30　卡门涡列形成原理图

式中，St 称为斯特劳哈尔数，是一个无因次数。St 主要与漩涡发生体的形状和雷诺数有关。在雷诺数为 500 ~ 15000 的范围内，St 基本上为一常数，如

图 4-31 所示，对于圆柱体 $St=0.20$；对于三角柱 $St=0.16$，在此范围内可以认为频率 f 只受流速 u 和漩涡发生体特征尺寸 d 的支配，而不受流体的温度、压力、密度、黏度等的影响。所以，当测得频率 f 后，就可得到流体的流速 u，进而可求得体积流量 q_V。

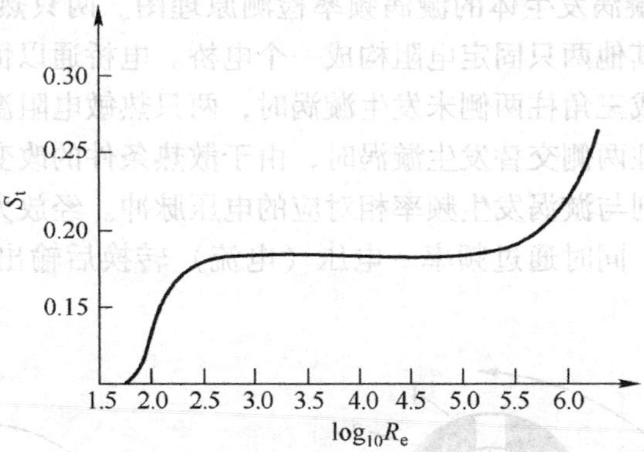

图 4-31　斯特劳哈尔数与雷诺数的关系

漩涡发生体是流量检测的核心，它的形状和尺寸对于漩涡式流量检测仪表的性能具有决定性的作用。图 4-32 给出了常见的几种漩涡发生体的断面，其中圆柱形、方柱形和三角柱形，以及 T 形更为通用，称为基形漩涡发生体。圆柱体的 St 较高，压损低，但漩涡强度较弱；方柱形漩涡强烈并且稳定，但是前者压损大，而后者 St 较小。其他形状皆为这些基本形的变形，其中三角柱形漩涡发生体是应用最广泛的一种。

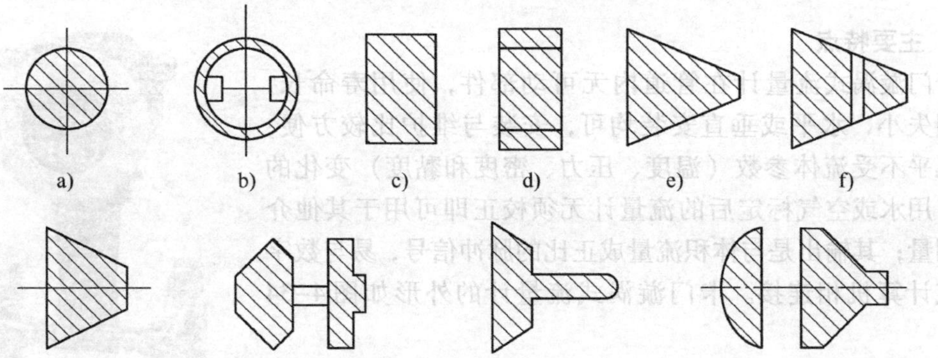

图 4-32　常见漩涡发生体断面

根据卡门漩涡列原理制成的流量检测仪表称卡门漩涡流量计。除了漩涡发生体外，流量计还包括频率检测、频率-电压（电流）转换等部分。漩涡频率的检测是漩涡流量计的关键。不同形状的漩涡发生体，其漩涡的成长过程以及流体在漩涡发生体周围的流动情况有所不同，因此漩涡频率的检测方法也不一样。例如圆柱体漩涡发生体常用铂热电阻丝检测方法；三角柱漩涡发生体采用热敏电阻或超声波检测法；矩形柱漩涡发生体采用电容检测法等。

圆柱体漩涡发生体的铂热电热丝在圆柱体空腔内，如图 4-33a 所示。由流体力学可知，当圆柱体右下侧有漩涡时，将产生一个从下到上作用在柱体上的升力。结果有部分流体从下方导压孔吸入，从上方的导压孔吹出。如果把铂电阻丝用电流加热到比流体温度高出了某一温度后，流体通过铂电阻丝时，带走它的热量，从而改变它的电阻值，此电阻值的变化与放出漩涡的频率相对应，由此便可测出与流速变化成比例的频率。

图 4-33b 是三角柱漩涡发生体的漩涡频率检测原理图。两只热敏电阻对称地嵌入在三角柱迎流面中间，并和其他两只固定电阻构成一个电桥。电桥通以恒定电流使热敏电阻的温度升高。在流体为静止或三角柱两侧未发生漩涡时，两只热敏电阻温度一致，阻值相等，电桥无电压输出。当三角柱两侧交替发生漩涡时，由于散热条件的改变，使热敏电阻的阻值改变，引起电桥输出一系列与漩涡发生频率相对应的电压脉冲。经放大和整形后的脉冲信号即可用于流体总量的显示，同时通过频率 - 电压（电流）转换后输出模拟信号，作为瞬时流量显示。

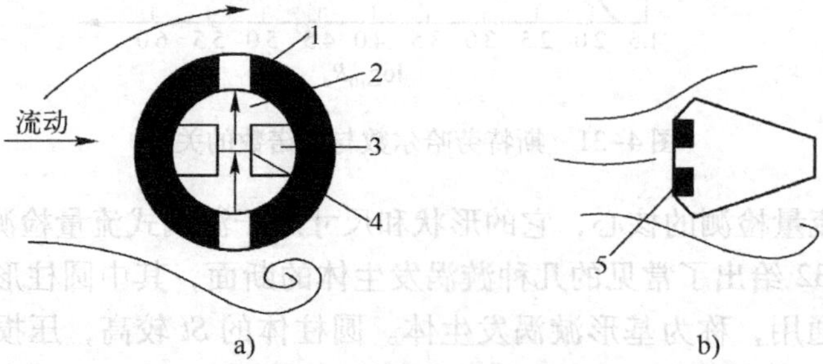

图 4-33　漩涡频率检测原理

1—导压孔　2—空腔　3—隔墙　4—电热丝　5—热敏电阻

2. 主要特点

卡门漩涡式流量计在管道内无可动部件，使用寿命长，压力损失小，水平或垂直安装均可，安装与维护比较方便；测量几乎不受流体参数（温度、压力、密度和黏度）变化的影响，用水或空气标定后的流量计无须校正即可用于其他介质的测量；其输出是与体积流量成正比的脉冲信号，易与数字仪表或计算机相连接。卡门漩涡式流量计的外形如图 4-34 所示。

图 4-34　卡门漩涡式流量计的外形

3. 使用范围

卡门漩涡式流量计实际上是通过测量流速测流量的，流体流速的分布情况将影响测量准确度，因此适用于紊流流速分布变化小的情况，并要求流量计前后有足够长的直管段。

4.7.3　超声波流量计

人耳能听到的声波在 20 Hz ~ 20 kHz 之间。频率超过 20 kHz，人耳不能听到的声音称为超声波。超声波具有频率高、衍射不严重、定向传播好、声强比一般声波强、传播中衰减小以及穿透本领大等特点，且遇到杂质或媒质的反界面产生反射显著，反射和接收也较容易，由于上述特点使超声波在检测技术中得到了广泛的应用。

在超声波检测技术中，主要利用它的反射、折射和衰减等物理性质。不管哪一种超声波仪器，都必须把超声波发射出去，然后再把超声波接收回来，变换成电信号，习惯上把发射部分和接收部分均称为超声换能器，有时也称为超声探头。换能器有压电式、磁滞伸缩式和电磁式等多种，在检测技术中主要是采用压电式。在实际使用中，由于压电效应的可逆性，有时将换能器作为“发射”与“接收”兼用，即将脉冲交流电压加到压电元件上，使其向介质发射超声波，同时又利用它作为接收元件，接收从介质中发射回来的超声波，并将反射波转换为电信号。

1. 测量原理

超声波在流体中传播时，受到流体速度的影响而载有流速信息，通过检测接收到的超声波信号可以测得流体流速，从而求得流体流量。超声波测量的方法有传播速度法、多普勒法、波束偏移法和噪声法等多种方法，这些方法各有特点，在工业应用中以传播速度法最普遍。

超声波在流体中的传播速度与流体流速有关。传播速度利用超声波在流体中顺流与逆流传播的速度变化来测量流体流速并进而求得流过管道的流量，根据具体测量参数的不同，又可分为时差法、相差法和频差法。

(1) 时差法

时差法的原理如图 4-35 所示。

在管道上、下游相距 L 处分别安装两对超声波发射器（T_1、T_2）和接收器（R_1、R_2）。设超声波在静止流体中的传播速度为 c，流体的流速为 u，则超声波沿顺流和逆流的传播速度将不同。当 T_1 按顺流方向、T_2 按逆流方向发射超声波时，超声波到达接收器 R_1 和 R_2 所需的时间 t_1 和 t_2 与流速之间的关系为

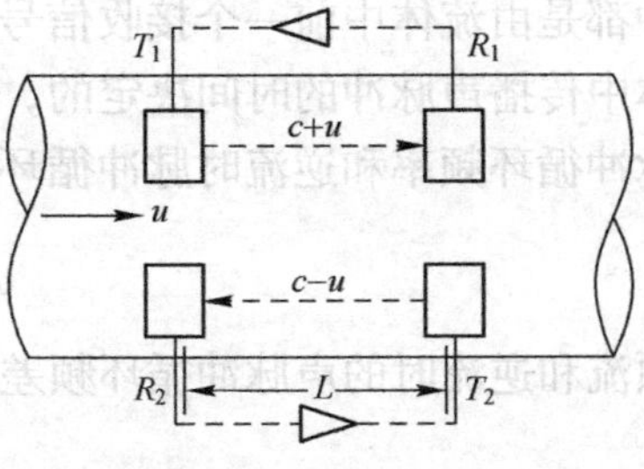

图 4-35　时差法原理图

$$t_1 = \frac{L}{c+u} \quad t_2 = \frac{L}{c-u} \tag{4-72}$$

由于流体的流速相对声速而言很小，即 $c \gg u$，因此时差为

$$\Delta t = t_2 - t_1 = \frac{2Lu}{c^2} \tag{4-73}$$

而流体流速为

$$u = \frac{c^2}{2L}\Delta t \tag{4-74}$$

当声速 c 为常数时，流体流速和时差 Δt 成正比，测得时差即可求出流速，进而求得流量。但是，时差 Δt 非常小，在工业计量中，若流速测量要达到 1% 准确度，则时差测量要达到 0.01 μs 的准确度。这样不仅对测量电路要求高，而且限制了流速测量的下限。因此，为了提高测量准确度，可采用检测灵敏度高的相差法。

(2) 相差法

相差法是把上述时间差转换为超声波传播的相位差来测量，就是测量顺、逆两个方向接收声波信号的相位差 $\Delta\varphi$。设超声波换能器向流体连续发射形式为 $s(t) = A\sin(\omega t + \varphi_0)$ 的超声波脉冲，式中 ω 为超声波的角频率。按顺流和逆流方向发射时收到的信号相位分别为

$$\varphi_1 = \omega t_1 + \varphi_0 \quad \varphi_2 = \omega t_2 + \varphi_0 \tag{4-75}$$

则顺流和逆流接收的信号之间有相位差

$$\Delta\varphi=\varphi_2-\varphi_1=\omega\Delta t=2\pi f\Delta t \tag{4-76}$$

式中，f 为超声波振荡频率。由此可见，相位差 $\Delta\varphi$ 比时差 Δt 大 $2\pi f$ 倍，且在一定范围内 f 越大放大倍数越大，因此相位差 $\Delta\varphi$ 要比时差 Δt 容易测量，则流体的流速为

$$u=\frac{c^2}{2wL}\Delta\varphi=\frac{c^2}{4\pi fL}\Delta\varphi \tag{4-77}$$

相差法用测量相位差取代测量微小的时差，提高了流速的测量准确度。但在时差法和相差法中，流速测量均与声速 c 有关，而声速是温度的函数，当被测流体温度变化时会带来流速测量误差，因此为了正确测量流速，均需要进行声速修正。

(3) 频差法

频差法是通过测量顺流和逆流时超声波的循环频率之差来测量流量的，其基本原理可用图 4-35 说明。超声波发射器向被测流体发射超声脉冲，接收器收到声脉冲并将其转换成电信号，经放大后再用此电信号去触发发射电路发射下一个声脉冲，不断重复，即任一个声脉冲都是由流体中前一个接收信号脉冲所触发，形成“声循环”。脉冲循环的周期主要是由流体中传播声脉冲的时间决定的，其倒数称为声循环频率（即重复频率）。由此可得，顺流时脉冲循环频率和逆流时脉冲循环频率分别为

$$f_1=\frac{1}{t_1}=\frac{c+u}{L}\quad f_2=\frac{1}{t_2}=\frac{c-u}{L} \tag{4-78}$$

顺流和逆流时的声脉冲循环频差为

$$\Delta f=f_1-f_2=\frac{2u}{L} \tag{4-79}$$

所以流体流速为

$$u=\frac{L}{2}\Delta f \tag{4-80}$$

由上式可知，流体流速和频差成正比，式中不含声速 c，因此流速的测量与声速无关，这是频差法的显著优点。循环频差 Δf 很小，直接测量的误差很大，为了提高测量准确度，一般需采用倍频技术。

由于顺流、逆流两个声循环回路在测脉冲循环频率会相互干扰，工作难以稳定，而且要保持两个声循环回路的特性一致也是非常困难的。因此实际应用频差法测量时，仅用一对换能器按时间交替转换作为接收器和发射器使用。

2. 主要特点

超声波流量计可以在管道外部进行测量，在管道内无任何测量部件，因此没有压力损失，不改变原流体的流动状态，对原有管道不需任何加工就可以进行测量；测量结果不受被测流体的黏度、电导率的影响；其输出信号与被测流体的流量呈线性关系。

3. 适用范围

超声波流量计可测各种流体和气体的流量，可测很大口径管道内流体的流量，甚至对河流也可测其流速。超声波流量计的外形如图 4-36 所示。

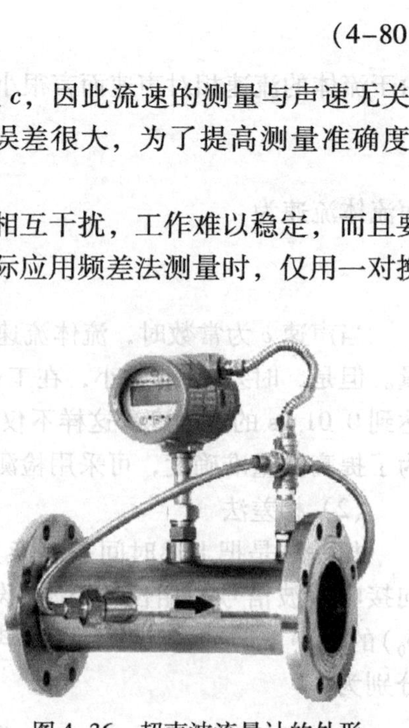

图 4-36　超声波流量计的外形

4.7.4 质量流量计

在工业生产中，由于物料平衡、热平衡以及储存、经济核算等所需要的都是流体质量，并非流体体积，所以在测量工作中，常常需要将已测出的体积流量，乘以密度换算成质量流量。由于密度是随流体的温度、压力而变化的，因此，在测量体积流量时，必须同时检测出流体的温度和压力，以便将体积流量换算成标准状态下的数值，进而求出质量流量。这样，在温度、压力变化比较频繁的情况下，不仅换算工作麻烦，有时甚至难以达到测量的要求。而采用测量质量流量的测量方法，直接测出质量流量，无需进行上述换算，有利于提高测量的准确性和效率。

测量质量流量的方法，主要有两种方式。

1）直接式。即检测元件直接反映出质量流量。

2）间接式。即推导式，同时检测出体积流量和流体的密度，通过计算器得出与质量流量有关的输出信号。

许多直接式的测量方法和所有的间接式的测量方法，其基本原理都是基于质量流量的基本方程式，即

$$q_m = \rho u A \tag{4-81}$$

如果管道的流通截面积 A 为常数，对于直接式质量流量测量方法，只要检测出与 ρu 乘积成比例的信号，就可以求出质量流量。而间接式测量方法，就是由仪表分别检测出密度 ρ 和流速 u，再将两个信号相乘作为仪表输出信号。应该注意，对于瞬变流量或脉动流量，间接式测量方法检测到的是按时间平均的密度和流速；而直接式流量测量方法是检测动量的时间平均值。因此，通常认为，间接式测量方法不适于测量瞬变流量。

本节中介绍直接式和间接式的质量流量测量方法。

1. 直接式质量流量计

直接式质量流量计的输出信号直接反映质量流量，其测量不受流体的温度、压力和密度变化的影响。直接式质量流量计有许多形式。

（1）热式质量流量计

热式质量流量计的基本原理是利用外部热源对管道内的被测流体加热，热能随流体一起流动，通过测量因流体流动而造成的热量（温度）变化来反映出流体的质量流量。

如图 4-37 所示，在管道中安装一个加热器对流体加热，并在加热器前后的对称点上检测温度。设 c_p 为流体的定压比热，ΔT 为测得的两点温度差，根据传热规律，对流体加热功率 P 与两点间温差的关系可表示为

$$P = q_m c_p \Delta T \tag{4-82}$$

由此可得出质量流量为

$$q_m = \frac{P}{c_p \Delta T} \tag{4-83}$$

当流体成分确定时，流体的定压比热为已知常数。由此由上式可知，若保持加热功率 P 恒定，则测出温差 ΔT 便可求出质量流量；若采用恒定温差法，即保持两点温差 ΔT 不变，则通过测量加热功率 P 也可以求出质量流量。由于恒定温差法较为简单、易实现，所以实际中应用较多。

为避免测温元件和加热器因与被测流体直接接触而被流体沾污和腐蚀，可采用热式质量流量计测量，这是一种非接触式测量方法，即将加热器和测温元件安装在薄壁管外部，而流体由薄壁管内部通过。非接触式测量方法，适用于小口径管道的微小流量测量。当用于大流量测量时，可采用分流的方法，即先测量分流部分的流量，再求得总流量，以扩大量程范围。热式质量流量计的外形如图 4-38 所示。

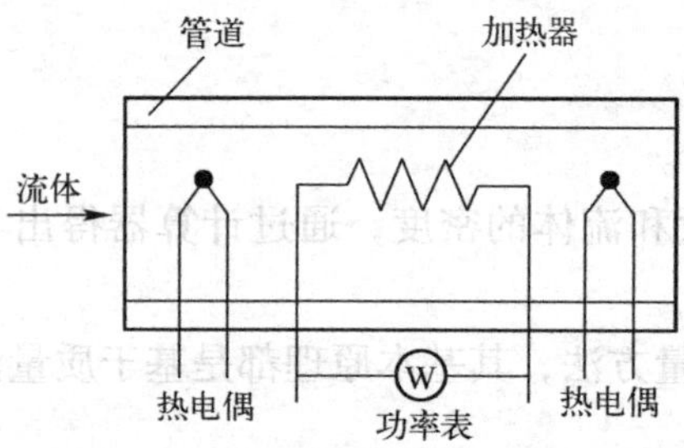

图 4-37　热式质量流量计工作原理图

图 4-38　热式质量流量计

(2) 差压式质量流量计

差压式质量流量计是利用孔板和定量泵组合实现流量测量。其双孔板结构形式如图 4-39 所示。

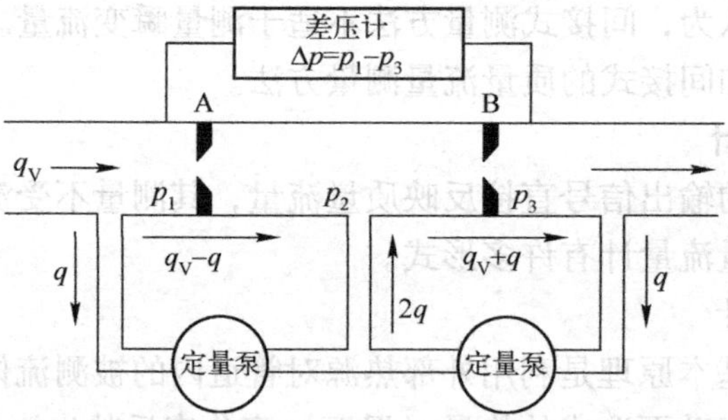

图 4-39　双孔板差压式质量流量计的结构示意图

图 4-39 中，主管道上安装结构和尺寸完全相同的两个孔板 A 和 B，在分流管道上装置两个流向相反、流量固定为 q 的定量泵，差压计连接在孔板 A 入口和孔板 B 出口处。设主管道体积流量为 q_V，且满足 $q < q_V$，则由图可知，流经孔板 A 的体积流量为 $q_V - q$，流经孔板 B 的流量为 $q_V + q$，根据差压式流量测量原理，孔板 A 和 B 处压差分别为

$$\Delta p_A = p_2 - p_1 = K\rho\ (q_V - q)^2 \quad \Delta p_B = p_2 - p_3 = K\rho\ (q_V + q)^2 \tag{4-84}$$

式中，K 为常数；ρ 为流体密度；q_V 为主管道的体积流量；q 为流经定量泵的流量。

由式 (4-84)，可得

$$\Delta p = \Delta p_B - \Delta p_A = p_1 - p_3 = 4K\rho q q_V \tag{4-85}$$

可见，当定量泵的循环流量 q 一定时，孔板 A、B 前后的压差 $\Delta p = p_1 - p_3$ 与流体流量 q_V 成正比。因此，测出压差 Δp 便可求出流体质量流量。压差式质量流量计的外形如图 4-40 所示。

(3) 科里奥利质量流量计

由力学理论可以知道，质点在旋转参照系中做直线运动时，质点要同时受到旋转角速度和直线速度的作用，即受到科里奥利力（Coriolis，简称科氏力）的作用。因此，科里奥利质量流量计是利用流体在振动管中流动时产生的与质量流量成正比的科里奥利力来设计的。科里奥利流量计由检测科里奥利力的传感器和转换器两部分组成，传感器将流体的流动转换为机械振动，转换器将振动转换为与质量流量有关的电信号，以实现流量测量。

图 4-40　压差式质量流量计的外形

传感器所用的测量管道（振动管）有 U 型、环型（双环、多环）、直管型（单直、双直）及螺旋型等几何形状，但基本原理相同。下面主要介绍 U 型管式的质量流量计。

图 4-41 所示为一种 U 型管式科里奥利力流量计的测量原理示意图。图 4-42 为最简单也是目前应用最多的双弯管型科氏流量计的基本结构。

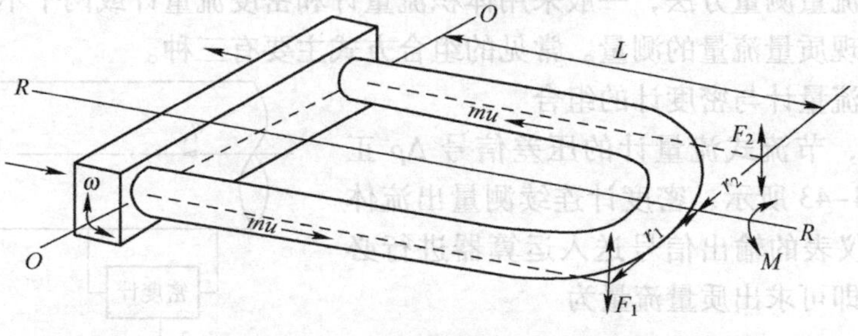

图 4-41　U 型管式科里奥利力流量计的测量原理示意图

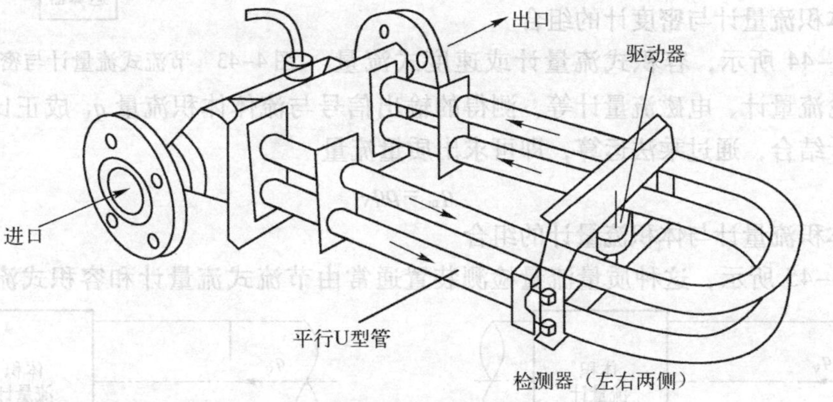

图 4-42　双弯管型科氏流量计的基本结构

传感器测量主体为一根 U 型管，U 型管的两个开口端固定，流体由此流入和流出。在 U 型管顶端装有电磁装置，用于激发 U 型管，使其以 O－O 为轴，按固有的自振频率振动，振动方向垂直于 U 型管所在平面。U 型管中的流体在沿管道流动的同时又随管道作垂直运动，此时流体将产生一科里奥利加速度，并以科里奥利力反作用于 U 型管。由于流体在 U 型管两侧的流动方向相反，所以作用于 U 型管两侧的科氏力大小相等方向相反，从而形成一个作用力矩。U 型管在此力矩作用下将发生扭曲，U 型管的扭角与通过的流体质量流量相关。在 U 型管两侧中心平行安装两个电磁传感器，可以测出扭曲量和扭角的大小，就可以得知质量流量，其关系式为

$$q_m = \frac{K_s\theta}{4\omega rL} \tag{4-86}$$

式中，θ 为扭角；K_s 为扭转弹性系数；ω 为振动角速度；r 为 U 型管跨度半径。

也可由传感器测出 U 型管两侧通过中心平面的时间差 Δt 来测量，其关系式为

$$q_m = \frac{K_s}{8r^2}\Delta t \tag{4-87}$$

这种类型的流量计的特点是可以直接测得质量流量信号，不受被测介质物理参数的影响，可以测量双向流，并且没有轴承、齿轮等转动部件，测量管道中也无插入部件，因而降低了维修费用，也不必安装过滤器等。不受管内流态影响，因此对流量计前后直管段要求不高。其量程比可达 100:1。其测量准确度为 ±0.15%，适用于高准确度的质量流量测量。但是它的阻力损失较大，存在零点漂移，管路的振动也会影响其测量准确度。

2. 间接式质量流量计

间接式质量流量测量方法，一般采用体积流量计和密度流量计或两个不同类型的体积流量计的组合，实现质量流量的测量。常见的组合方式主要有三种。

(1) 节流式流量计与密度计的组合

由前述可知，节流式流量计的压差信号 Δp 正比于 ρq_V^2，如图 4-43 所示，密度计连续测量出流体的密度 ρ，将两仪表的输出信号送入运算器进行必要的运算处理，即可求出质量流量为

$$q_m = \sqrt{\rho q_V^2 \rho} = \rho q_V \tag{4-88}$$

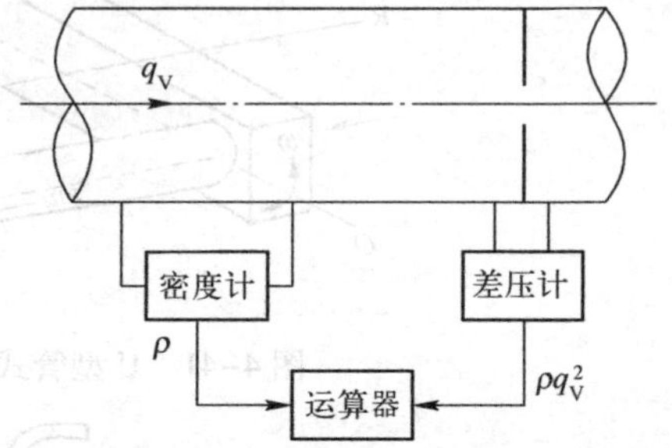

图 4-43　节流式流量计与密度计的组合

(2) 体积流量计与密度计的组合

如图 4-44 所示，容积式流量计或速度式流量计，如涡轮流量计、电磁流量计等，测得的输出信号与流体体积流量 q_V 成正比，这类流量计与密度计结合，通过乘法运算，即可求出质量流量

$$q_m = \rho q_V \tag{4-89}$$

(3) 体积流量计与体积流量计的组合

如图 4-45 所示，这种质量流量检测装置通常由节流式流量计和容积式流量计或速度

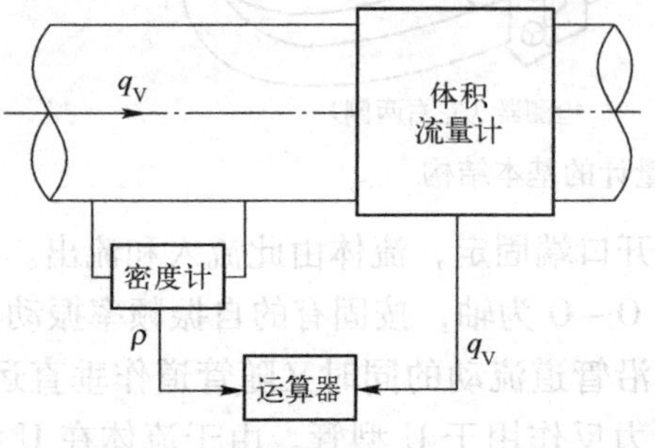

图 4-44　体积流量计与密度计的组合

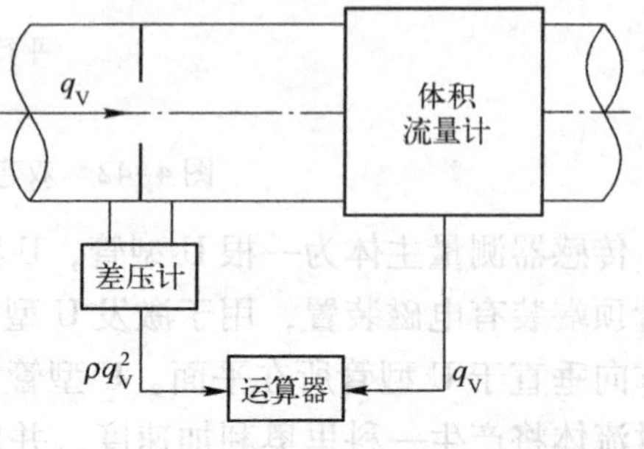

图 4-45　体积流量计与体积流量计的组合

式流量计组成，它们的输出信号分别正比于 ρq_V^2 和 q_V，通过除法运算，即可求出质量流量为

$$q_m = \frac{\rho q_V^2}{q_V} = \rho q_V \tag{4-90}$$

除了上述三种质量流量计外，在工业上通过补偿的方式，即同时检测体积流量和温度、压力，通过计算机运算给出质量流量。

4.8 流量计的选用

在实际使用流量计的过程中，如何根据具体的测量对象以及测量环境合理地选用流量计，是首先要解决的问题。对于一个具体的流量测量对象，首先要考虑采用何种原理的流量计，这需要分析多方面的因素之后才能确定。因为，即使是测量同一个流量，也有多种原理的测量计可供选用，选用哪一种原理的流量计更为合适，则需要根据被测量的特点和流量计的使用条件考虑以下一些具体问题：量程的大小；被测位置对流量计体积要求；测量方式为接触式还是非接触式；信号的引出方法；流量计的来源，国产还是进口，价格能否承受等。没有一种十全十美的流量计，各种类型的流量计都有各自的特点，选型的目的就是在众多的品种中扬长避短，选择最合适的流量计。

4.8.1 选用流量计应考虑的因素

选用流量计一般应从性能、流体特性、安装条件、环境条件和经济因素五个方面进行选型。

1. 性能方面

流量计的性能主要有：准确度、重复性、线性度、范围度、流量范围、信号输出特性、响应时间和压力损失等。

1）线性度。流量计输出有线性和非线性两种。大部分流量计的非线性误差不单独列出，包含在基本误差内。对于宽流量范围脉冲输出用作总量计算的流量计，线性度就变成一个重要指标，线性度差就要降低流量计准确度。

2）上限流量和流量范围。上限流量也称满度流量，应按被测管道使用流量范围和待选流量计的上限流量和下限流量来选配流量计口径，而不是简单地按管道通径配用。虽然通常管道流体最大流速是按经济流速（例如水等低黏度流体为 1.5 ~ 3 m/s）来设计的，而大部分流量计上限流量流速接近或略高于管道经济流速，因此流量计口径选择与管径相同的机会较多。

但对于生产能力分期增加的工程设计，管网往往按全能力设计，运行初期流量小，应安装较小口径的流量计以相适应。否则运行于下限流量附近时，测量误差的增加所造成的经济损失，可能大大地超过改装流量计的费用。

同一口径不同类型流量计的上限流量流速受工作原理和结构的约束，差别很大。以流体为例，玻璃锥管浮子流量计的上限流量流速很低，为 0.5 ~ 1.5 m/s；容积式流量计为 2.5 ~ 3.5 m/s；卡门漩涡式流量计较高，为 5.5 ~ 7 m/s；电磁式流量计最宽，为 1 ~ 7 m/s（甚至 0.5 ~ 10 m/s）。

液体的上限流量还需结合工作压力一起考虑，不要使流量计产生气穴现象。

有些流量计订购以后，其流量值不能改变，如容积式流量计和浮子流量计等；一般差压式流量计的孔板等设计确定后下限流量不能改变，但上限流量可以通过调整差压变送器的量程加以改变；有些流量计（如某些型号的电磁式流量计和超声波流量计）可不经实流校准，用户自行设定新流量上限值就能使用。

3）范围度和（可调）上限范围度。范围度定义为“在规定的准确度等级内最大量程对最小量程之比”，习惯称量程比。其值愈大，流量范围愈宽。上限范围度定义为“最大上限值与最小上限值的比值”。线性流量计有较大的范围度，一般为10:1，非线性流量计的范围度则较小，通常仅为3:1。对于一般过程控制和贸易计量，范围度较窄即可满足要求，但亦有贸易计量要求宽范围度的，如食堂用蒸汽供应量、自来水厂冬夏供水量等。近年来对范围度窄的流量计如差压式流量计采取许多新技术可使其范围度拓宽，但流量计价格相应增高较多，在采用时需权衡之。对于像电磁式流量计，甚至用户也可自行调整流量上限值，上限可调比（最大上限值数值与最小上限值之比）可达10，再乘上所设定上限值20:1的范围度，一台流量计扩展意义的范围度（即考虑上限可调比）可达（50~200):1，有些型号的流量计具有自动切换流量上限值的功能。

有些制造厂为显示其范围度宽，不合理地把上限流量提得很高，液体流速高达7~10 m/s，气体流速达50~75 m/s，实际上这么高的流速一般是用不上的。不要为这样宽的范围度所迷惑，范围度宽是使下限流量的流速更低些才好。

4）压力损失。除无阻碍流量计（电磁式、超声式）外，大部分流量计在其内部都有固定或活动部件，流体流经这些阻力件时将产生不可恢复的压力损失，其值有时高达数十千帕。压损大可能会限制管道的流通能力，因此有些流量对象提出压力损失的最大允许值，它是流量计选型的一个限制条件。对于大口径流量计，压力损失造成的附加能耗会相当可观，因此宁可选择压损小、价格贵的流量计也不采用价廉、压损大的流量计。对于高蒸气压的流体（如某些碳氢液体），大压损使流量计下游压力降至蒸气压，会产生气穴现象，它使测量误差大幅增加，甚至损坏流量计部件。

5）信号输出特性。流量计的信号输出显示有几种：①流量（体积流量或质量流量）。②总量。③平均流速。④点流速。亦可分为模拟量（电流或电压）和脉冲量。模拟量输出适合于过程控制，与调节阀配接，但较易受干扰；脉冲量适用于总量和高准确度测量，长距离信号传输不受干扰。

2. 流体特性方面

流体特性方面主要考虑的有温度、压力、密度、黏度、润滑性、化学腐蚀、磨蚀性、结垢、混相、相变、电导率、声速、压缩系数、导热系数和比热容等。

1）温度和压力。必须界定流体的工作温度和压力，特别在测量气体时，温度和压力会造成过大的密度变化，可能要改变所选择的测量方法。若温度或压力变化造成较大流动特性变化而影响测量性能时，则要作温度和（或）压力修正。

2）密度。对于大部分液体的应用场合，液体密度相对稳定，除非密度发生较大变化，一般不需要修正。在气体应用场合，某些流量计的范围度和线性度取决于密度。

3）黏度和润滑性。在评估流量计的适应性时，要掌握液体的温度-黏度特性。气体与液体不同，其黏度不会因温度和压力的变化而显著地变化，其值一般较低，除氢气外各种气体的黏度差别较小。因此气体黏度并不像液体黏度那样重要。

黏度对不同类型流量计范围度的影响趋势各异，例如对大部分容积式流量计，黏度增加范围度增大；涡轮式和卡门漩涡式则相反，黏度增加范围度缩小。

润滑性是不易评价的特性。润滑性对有活动测量元件的流量计非常重要，润滑性差会缩小轴承寿命，轴承工况又影响流量计的运行性能和范围度。

4）化学腐蚀和结垢。流体的化学性有时成为选择流量方法和流量计的决定因素。流体腐蚀流量计的接触件，表面结垢或析出结晶，均会降低其使用性能和寿命。流量计制造厂为此常采取一些防范措施，例如开发防腐型，加保温套防止析出结晶或装置除垢器等。

5）压缩系数和其他参数。测量气体需要知道其压缩系数，按工况下的压力温度求取密度。若气体成分变动或工作接近超临界区，则只能在线测量密度。

某些测量方法要考虑流体特性参量，如热式流量计的热传导和比热容，电磁式流量计的液体电导率等。

3. 安装条件方面

不同原理的测量方法对安装要求差异很大。例如对于上游直管段长度，差压式和卡门漩涡式需要较长，而容积式与浮子式则无要求或要求很低。在安装条件方面主要考虑管道布置的方向，流动方向，检测件上下游直管段长度、管道口径，维护空间，电源，接地和辅助设备（过滤器、消气器）安装等因素。

1）管道布置和流量计安装方向。有些流量计水平安装或垂直安装在测量性能方面会有差别。而有些流量计有时还取决于流体特性，如浆液在水平位置安装可能沉淀固体颗粒。

2）流动方向。有些流量计只能单向工作，流体反向流动会损坏流量计。使用这类流量计应注意在误操作条件下是否可能产生反向流，必要时装逆止阀来保护。能双向工作的流量计，正向和反向的测量性能亦可能有些差异。

3）上游和下游管道工程。大部分流量计或多或少受进口流动状况的影响，必须保证有良好的流动状况。上游管道布置和阻流件会引入流动扰动，例如两个（或两个以上）空间弯管会引起漩涡，阀门等局部阻流件容易引起流速分布畸变。这些影响能够通过增加适当长度上游直管段或安装流动调整器加以改善。

除考虑紧接流量计前的管道配件外，还应注意更上游的若干管道配件的组合，因为它们可能会产生与最接近配件扰动不同的扰动源。尽可能拉开各扰动产生件的距离以减少影响，不要靠近连接在一起，避免看到单弯管后紧接部分开启的阀。流量计下游也要有一小段直管以减小影响。气穴和凝结常是不良管道布置所引起的，应避免管道直径上或方向上的急剧改变，此外管道布置不良还会产生脉动。

4）管径。有些流量计的口径范围并不是很宽，限制了流量计的选用。测量大管径、低流速，或小管径、高流速时，可选用与管径尺寸不同口径的流量计，并以异径管连接，使流量计测量流速在规定范围内。

5）维护空间。维护空间的重要性常被忽视。一般来说，人们应能进入到流量计周围，易于维修和能有调换整机的位置。

6）有些流量计（如压电检测信号的卡门漩涡式、科里奥利质量式）易受扰动干扰，应考虑在流量计前后管道作支撑等设计。脉动缓冲器虽可清楚或减少泵或压缩机的影响，然而所有流量计还是尽可能远离振动或振动源为好。

7）阀门位置。控制阀应安装在流量计下游，避免其所产生的气穴和流速分布畸变的影响，装在下游还可能增加背压，减少产生气穴的可能性。

8）电气连接和电磁干扰。电气连接应有抗杂散电平干扰的能力。制造厂一般提供连接电缆或提出型号和建议连接方法。信号电缆应尽可能远离电力电缆和电力源，将电磁干扰和射频干扰降至最低水平。

9）防护型配件。有些流量计需要安装保证流量计正常运行的防护设施。例如：跟踪加热以防止管线内流体凝结或测气体时出现冷凝；液体管道出现非满管流的检测报警；容积式和涡街式流量计在其上游装过滤器等。

4. 环境条件方面

环境条件方面主要考虑的因素有环境温度、湿度、电磁干扰、安全性、防爆和管道振动等。

1）环境温度。环境温度超过规定，会对流量计的电子元件造成影响，进而改变其测量性能，因此某些现场流量计需要安装具有恒温控制功能的外罩。如果环境温度变化会影响流动特性，则管道需包上绝热层。此外在环境或介质温度急剧变化的场合，要充分估计流量计的结构材料或连接管道布置所受的影响。

2）环境湿度。高湿度会加速流量计的大气腐蚀和电解腐蚀，降低电气绝缘；低湿度容易感生静电。

3）安全性。应用于爆炸性危险环境时，应按照环境的适应性、爆炸性混合物的级别、防护电器设备的类型以及其他安全规则或标准选择流量计。若有化学侵蚀性气体，则流量计外壳应具有防腐性和气密性。某些工业流程要定期用水冲洗整个装置，因此要求流量计外壳防水。

4）电磁干扰。应注意电磁干扰环境以及各种干扰源，如大功率电机、开关装置、继电器、电焊机、广播和电视发射机等。

5. 经济因素方面

经济因素方面只考虑流量计的购置费等是不全面的，还应调查其他费用，如附件购置费，安装费、维护和流量校准费、运行费和备件费等。此外，应用于商贸核算和储存交接时还应评估测量误差造成的经济损失。

1）安装费用。安装费用应包括做定期维护所需旁路管和运行截止阀等辅助件的费用。

2）运行费用。流量计运行费用主要是工作时的能量消耗，包括电动流量计的电力消耗或气动流量计的气源耗能（现代流量计的功率极小，仅有几瓦到几十瓦）；测量过程中推动液体通过流量计所消耗的能量，亦即克服流量计因测量产生损失的泵送能耗费。泵送费用是一个隐蔽性费用，往往被忽视。

3）校准费用。定期校准费用取决于校准频率和所校准仪表准确度的要求。为了经常在线校准石油制品储存交接贸易结算用流量计，常在现场设置校准体积管式流量校准装置。

4）维护费用。维护费用是流量计投入运行后保持测量系统正常工作所需要的费用，主要包括维护劳务和备用件费用。

4.8.2 流量计的选型步骤

在综合了上述五个方面的因素后，流量计的选型可参照图 4-46 所示的流程进行。

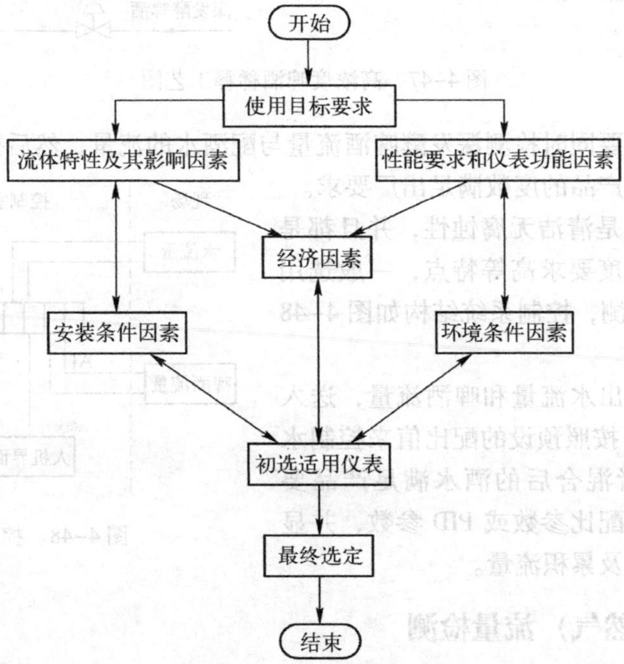

图 4-46 流量计选型流程

1）依据流体种类及五个方面的因素，初选可用的流量计类型（要有几种类型以便进行选择）。

2）对初选类型进行资料及价格信息的收集，为深入的分析比较准备条件。

3）采用淘汰法逐步集中到 1～2 种类型，再根据上述五个方面的因素反复进行比较分析，最终确定预选目标。

4.9 流量测量实例

前面章节中已经学习了容积式流量计、节流式流量计、靶式流量计、浮子式流量计、电磁流量计、涡轮式流量计、漩涡式流量计和超声波式流量计以及质量流量计的工作原理和结构特点。下面给出两个实际工程应用中的流量测量实例。

4.9.1 高浓度啤酒稀释装置流量检测

在啤酒生产过程中，为了增加单位粮食的出酒率，目前国内外都采用深发酵工艺，即将大麦发酵到糖度为 15%～23%，然后将经过预处理的水与深发酵后的酒按一定比例混合，得到 7% 或其他度数的产品，其工艺流程如图 4-47 所示。

自来水经过预热除掉一部分溶解氧，然后经过抽真空和喷雾工艺，将水中的氧气除到安全值以下，再经过充 CO_2，冷媒冷却，产生满足工艺要求的配酒水，与啤酒配比。

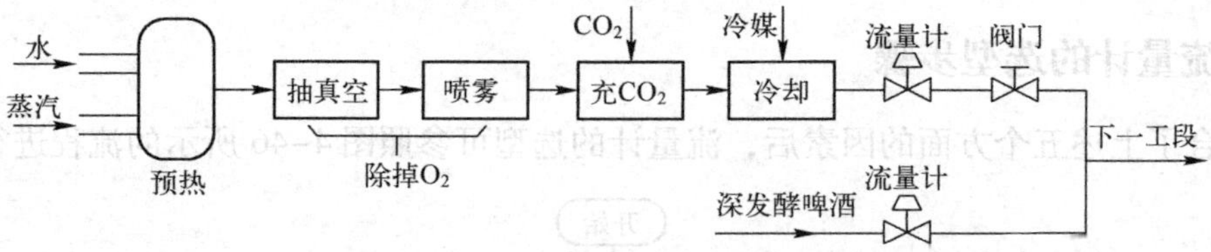

图 4-47　高浓度啤酒稀释工艺图

在配比环节，需要同时检测深发酵啤酒流量与配酒水的流量，然后按预设的比值控制水的阀门开度，使最终产品的度数满足出厂要求。

考虑到水和酒都是清洁无腐蚀性，并且都是导电介质，测量准确度要求高等特点，一般选用电磁流量计来进行检测，控制系统结构如图 4-48 所示。

电磁流量计检测出水流量和啤酒流量，送入到 PLC 或控制器中，按照预设的配比值来控制水的阀门开度，使两者混合后的酒水满足产品要求。人机界面可设定配比参数或 PID 参数，并显示配比时的瞬时流量及累积流量。

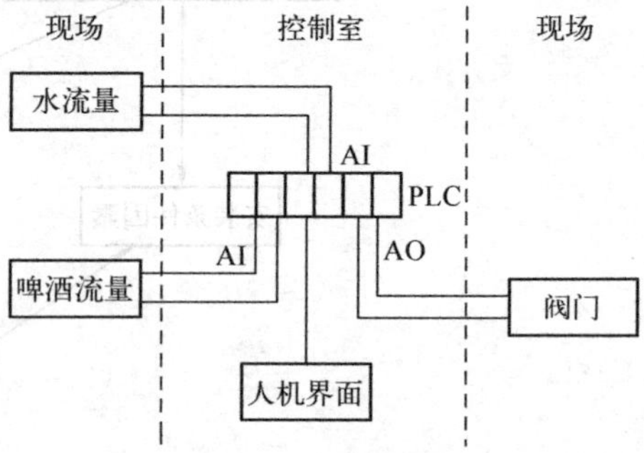

图 4-48　控制结构图

4.9.2　煤气（天然气）流量检测

在现代社会生活中，每天都需要管道煤气（天然气）供给，满足人们的日常生活需求，作为供应煤气或天然气的企业需要计量出厂的流量，以便与用户计量的总值比较，作为企业的成本核算依据。煤气（天然气）的计量系统流程图如图 4-49 所示。

在流量计的选用上，用户流量的计算一般采用无需供电的机械式叶轮流量计，在总管及各区段流量计一般采用节流式的孔板流量计。因为煤气或天然气为可压缩气体，为进行温度、压力补偿，还需要加装温度、压力测量仪表，计量系统结构如图 4-50 所示。

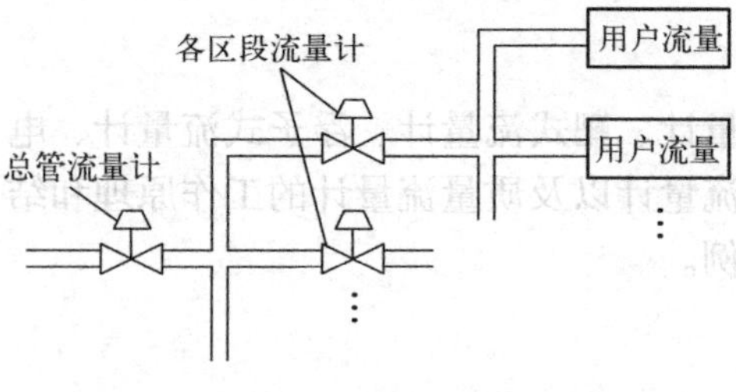

图 4-49　煤气（天然气）计量系统流程图

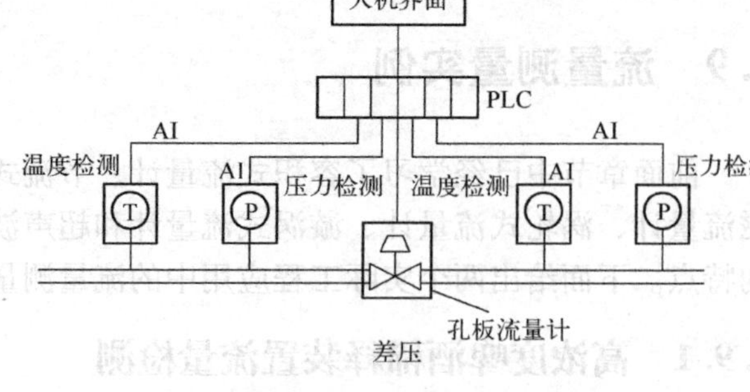

图 4-50　计量系统结构图

PLC 或控制器检测节流式孔板流量计的前后温度、压力及取压位置的前后差压，根据压缩流体的节流流量计算公式，并进行温度压力补偿，计算出瞬时天然气流量，通过人机界面进行显示、记录等。

思考题与习题

4.1 雷诺数有何意义？当实际流量小于仪表规定的最小流量时，会产生什么情况？

4.2 试述节流式差压流量计的测量原理。

4.3 试述浮子流量计的基本原理及各种影响因素。

4.4 浮子流量计在什么情况下对测量值要进行修正？如何修正？

4.5 试述靶式流量计的测量原理。

4.6 试述电磁流量计的工作原理，并指出其应用特点。

4.7 电磁流量计有哪些励磁方式？各有何特点？采用正弦波励磁时，会产生什么干扰信号？如何克服？

4.8 涡轮流量计的工作原理？它有什么特点？

4.9 漩涡流量计是如何工作的？它有什么特点？

4.10 试述容积式流量计的工作原理。

4.11 简述超声波流量计的工作原理。

4.12 简述科里奥利式质量流量计的工作原理和特点。

第5章 物位测量

物位是指存放在容器或工业设备中物质的高度或位置。如液体介质液面的高低称为液位；液体—液体或液体—固体的分界面称为界位；固体粉末或颗粒状物体的堆积高度称为料位。液位、界位及料位的测量统称为物位测量。

物位测量的目的在于正确地测知容器或设备中储藏物质的容量或质量。它不仅是物料消耗量或产量计量的参数，也是保证连续生产和设备安全的重要参数。特别是现代化工业生产过程中生产规模大、反应速度快，常会遇到高温、高压、易燃易爆、强腐蚀性或黏性较大的介质等多种情况，因此，对于物位的自动检测和控制是至关重要的。例如，火力发电厂锅炉汽包水位的测量与控制，若水位过高，将造成蒸汽带水，蒸汽品质降低。轻则加重管道和汽机的积垢，降低压力和效率，重则使汽机发生事故。水位过低对于水循环也不利，可能使水冷壁管局部过热甚至爆炸。再比如，在冶金生产过程中，需要在高温条件下测量钢水、铝水等熔融金属的液位，需要测量高炉的料位和锅炉内的水位，以及测量油罐、水塔、各种储液罐的液位等。

测量液位、界位或料位的仪表称为物位计。为了满足生产过程中各种不同条件或要求的物位测量，物位计的种类有很多，测量方法也各不相同，例如根据测量对象的不同，可分为液位计、界位计及料位计；按测量方式分为连续测量和定点测量；按工作原理分直读式、静压式、浮力式、机械式、电气式等。本章将对常用的物位测量方法及典型的物位计进行介绍。

5.1 浮力式液位计

利用液体浮力原理来测量液位的方法。浮力式液位计通常分为两种类型：恒浮力式液位仪表，通过浮子随液位升降的位移反映液位变化；变浮力式液位仪表，通过液面升降对浮筒所受浮力的改变反映液位。

5.1.1 浮子式液位计

浮子式液位计是应用浮力原理测量液位的。它是利用漂浮于液面上的浮子升降位移反映液位的变化，浮子在测量中所受浮力为恒定值，故称为恒浮力法。

1. 测量原理

如图5-1所示，将浮子由绳索经滑轮与容器外的平衡重物相连，利用浮子所受重力和浮力之差与平衡重物的重力相平衡，使浮子漂浮在液面上。则平衡关系为

$$W = F + G \tag{5-1}$$

式中，W为浮子所受重力；F为浮子所受浮力；G为平衡重物的重力。

一般使浮子浸没一半时，满足上述平衡关系。当液位上升时，浮子被浸没的体积增加，

因此浮子所受的浮力 F 增加，则 $W-F<G$，使原有的平衡关系破坏，则平衡重物会使浮子向上移动。直到重新满足上式为止，浮子将停留在新的液位高度上；反之亦然。因而实现了浮子对液位的跟踪。若忽略绳索的重力的影响，由式（5-1）可见，W 和 G 可认为是常数，因此浮子停留在任何高度的液面上时，F 的值也应为常数，故称此方法为恒浮力法。这种方法实质上是通过浮子把液位的变化转换为机械位移的变化。

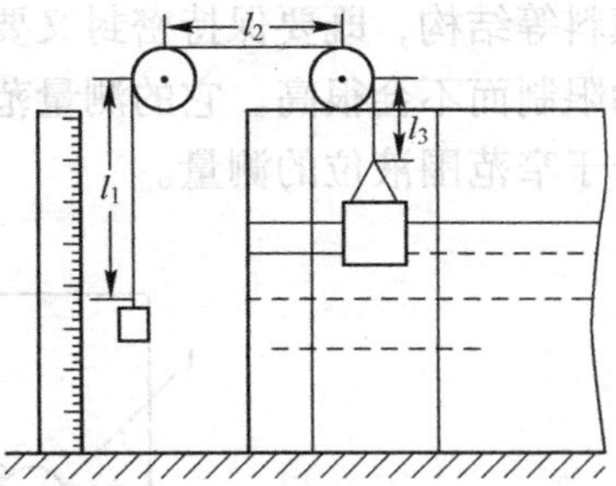

图 5-1 恒浮力法测量液位原理图

在这种转换方式中，由于浮子上承受的力除平衡重物的重力之外，还有绳索两端垂直长度 l_1 和 l_3 不等时绳索本身的重力以及滑轮的摩擦力等，这些外力将会使上述的平衡条件受到影响，因而引起读数的误差。绳重对浮子施加的载荷随液位而变，相当于在恒定的 W 上附加了变动成分，但由此引起的误差是有规律的，能够在刻度分度时予以修正。摩擦力引起的误差最大，且与运动方向有关，无法修正，唯有加大浮子的定位能力来减小其影响。浮子的定位能力是指浸没浮子高度的变化量 ΔH 所引起的浮力变化量 ΔF，而 $\Delta F=\rho gA\Delta H$，则得表达式为

$$\frac{\Delta F}{\Delta H}=\frac{\rho gA\Delta H}{\Delta H} \tag{5-2}$$

式中，A 为浮子的截面积；ρ 为液体密度；g 为重力加速度。

可见增加浮子的截面积能显著地增大定位能力，这是减小摩擦阻力误差的最有效途径，尤其在被测介质密度较小时，此点更为重要。另外还可以采用其他的转换方法，减小上述因素引起的误差。

2. 恒浮力式液位计

（1）浮球式液位计

如图 5-2 所示，浮球 1 是由金属（一般为不锈钢）制成的空心球。它通过连杆 2 与转动轴 3 相连，转动轴 3 的另一端与容器外侧的杠杆 5 相连，并在杠杆 5 上加上平衡重物 4，组成以转动轴 3 为支点的杠杆力矩平衡系统。一般要求浮球的一半浸没于液体之中时，系统满足力矩平衡。可调整平衡重物的位置或质量实现上述要求。当液位升高时，浮球被浸没的体积增加，所受的浮力增加，破坏了原有的力矩平衡状态，平衡重物使得杠杆 5 作顺时针方向转动，浮球位置抬高，直到浮球的一半浸没在液体中时，重新恢复杠杆的力矩平衡为止，浮球停留在新的平衡位置上。平衡关系为

$$(W-F)l_1=Gl_2 \tag{5-3}$$

式中，W 为浮子的重力；F 为浮子所受的浮力；G 为平衡重物的重力；l_1 为转动轴到浮球的垂直距离；l_2 为转动轴到重物重心的垂直距离。

如果在转动轴的外侧安装一个指针，便可以由输出的角位移知道液位的高低。也可以采用其他的转换方法将此位移转换为标准信号进行远传。

浮球式液位计常用于温度、黏度较高而压力不太高的密闭容器的液位测量。它可以直接将浮球安装在容器内部（内浮式），如图 5-2a 所示；对于直径较小的容器，也可以在容器外侧另做一个浮球室（外浮式）与容器相通，如图 5-2b 所示。外浮式便于维修，但不适于黏稠或易结晶、易凝固的液体。内浮式的特点则与此相反。浮球液位计采用轴、轴套、密封

填料等结构，既要保持密封又要将浮球的位移灵敏地传送出来，因而它的耐压程度受到结构的限制而不会很高。它的测量范围受到其运动角的限制（最大为35°）而不能太大，故仅适合于窄范围液位的测量。

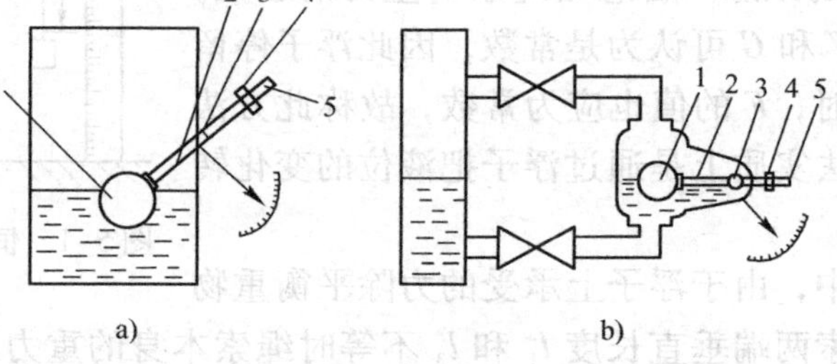

图 5-2 浮球式液位计

a）内浮式 b）外浮式

1—浮球 2—连杆 3—转动轴 4—平衡重物 5—杠杆

安装维修时，必须十分注意浮球、连杆与转动轴等部件之间的连接是否切实牢固，以免日久浮球脱落，造成严重事故。使用时，遇有液体中含沉淀物或凝结的物质附着在浮球表面时，要重新调整平衡重物的位置，调整好零位。但一经调好后，就不再随意移动平衡重物，否则会引起较大测量误差。

（2）磁翻转式液位计

磁翻转式液位计可替代玻璃板或玻璃管液位计，用来测量有压容器或敞口容器内的液位，它不仅可以就地指示，亦可以附加液位越限报警及信号远传功能，实现远距离的液位报警和监控。它的结构原理如图 5-3 所示。图 5-3a 为磁翻板液位计，图 5-3b 为磁翻球液位计。在与容器连通的非导磁（一般为不锈钢）管内，带有磁铁的浮子随管内液位的升降，利用磁性的吸引力，使得带有磁铁的红白两面分明的翻板或翻球产生翻转。有液体的位置红色朝外，无液体的位置白色朝外，根据红色指示的高度可以读得液位的具体数值，色彩分明，观察效果较好，如图 5-3c 所示。每个翻板或翻球的翻转直径为 10 mm。

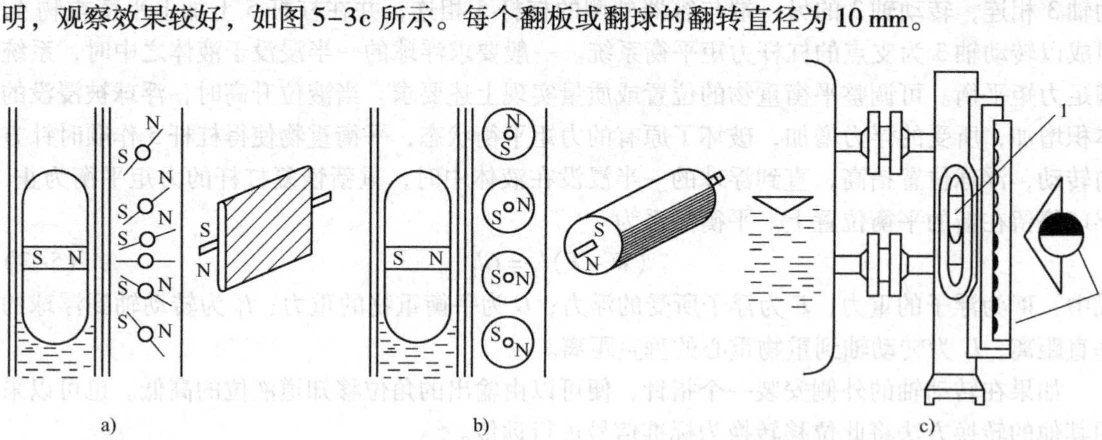

图 5-3 磁翻转式液位计

a）磁翻板液位计 b）磁翻球液位计 c）读数观察

1—内装磁铁的浮子 2—翻球

当需要进行信号远传时，液位的传感部分可用一组与介质隔离的电阻和干簧管组成，利用浮子的磁性耦合，随液位的变化使干簧管通断，改变传感部分的电阻，经转换部分变为4～20 mA的标准电流信号进行远传。

5.1.2 变浮力式液位计

浮筒式液位计是利用浸没在液体中的浮筒测量液位的变化，浮筒在测量中所受浮力随液位浸没高度而变化，因此称为变浮力法。

浮筒式液位计就是应用变浮力原理测量液位的一种典型仪表。以下以轴封膜片式液位计为例，介绍这类液位计的结构。

轴封膜片式浮筒液位计的结构如图5-4所示，它也是由测量和转换两部分组成。测量部分包括浮筒、主杠杆；转换部分包括主杠杆、矢量机构、副杠杆、反馈线圈、差动变压器及放大器等，其作用是将测量部分产生的力矩转化为相应的电信号。当液位升高时，作用于浮筒上的浮力随之增大，此力作为输入力 F_1 作用在主杠杆的一端，使主杠杆以轴封膜片为支点产生顺时针方向的转动。转换部分结构原理与电动差压变送器的转换部分相同，此处不再详述。

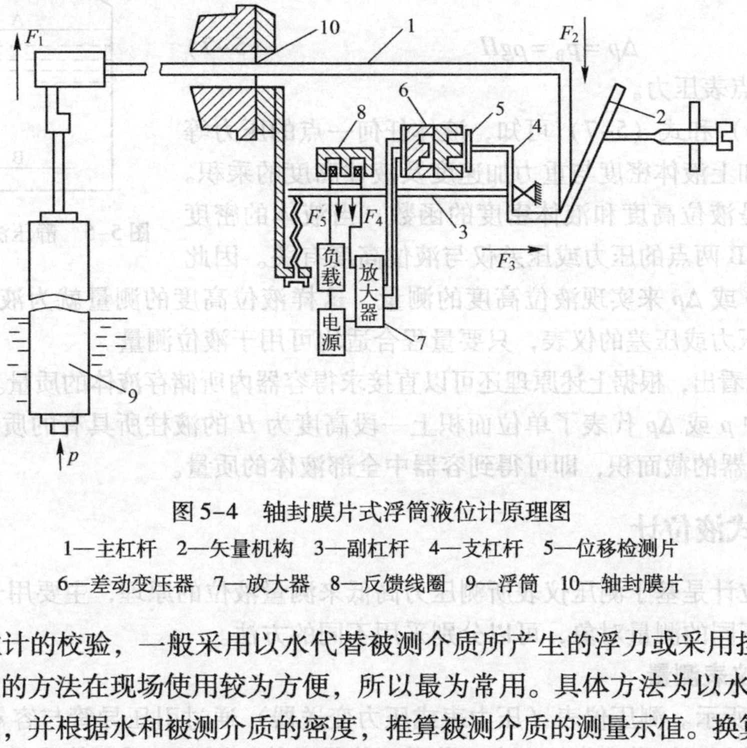

图5-4 轴封膜片式浮筒液位计原理图

1—主杠杆 2—矢量机构 3—副杠杆 4—支杠杆 5—位移检测片 6—差动变压器 7—放大器 8—反馈线圈 9—浮筒 10—轴封膜片

浮筒式液位计的校验，一般采用以水代替被测介质所产生的浮力或采用挂重两种方法进行。而以水代校的方法在现场使用较为方便，所以最为常用。具体方法为以水作为被测介质，测量水位的高度，并根据水和被测介质的密度，推算被测介质的测量示值。换算公式为

$$H_w A\rho_w g = H_x A\rho_x g \tag{5-4}$$

$$H_w = \frac{\rho_x}{\rho_w} H_x \tag{5-5}$$

式中，H_x、H_w 分别为被测介质的液位高度和水高度；ρ_x、ρ_w 分别为被测介质的密度和水的密度；A 为浮筒横截面面积。

挂重法是在浮筒与杠杆的连接处，对应不同液位产生的浮力与浮筒自重的差值，挂上不同的砝码质量，校验液位高度与输出之间的对应关系。

浮筒液位变送器的输出信号不仅与液位高度有关，而且与被测介质的密度有关，因此当

密度发生变化时，必须要进行密度修正。此方法还可以用于两种液体分界面的测量，称为浮筒式界位计。浮筒式液位计的量程取决于浮筒的长度，目前国内生产的测量范围为 300 mm、500 mm、800 mm、1200 mm、1600 mm、2000 mm 等，所适用的密度范围为 0.5 ~ 1.5 g/cm^3。

5.2 静压式液位计

5.2.1 静压法液位测量原理

静压式液位的测量方法是通过测得液柱高度产生的静压实现液位测量的。其原理如图 5-5 所示，p_A 为密闭容器中 A 点的静压（气相压力），p_B 为 B 点的静压，H 为液柱高度，ρ 为液体密度。根据流体静力学的原理可知，A、B 两点的压力差为

$$\Delta p = p_B - p_A = \rho g H \tag{5-6}$$

如果图 5-5 中容器为敞口容器，则 p_A 为大气压，则式（5-6）可写为

$$\Delta p = p_B = \rho g H \tag{5-7}$$

式中，p_B 为 B 点表压力。

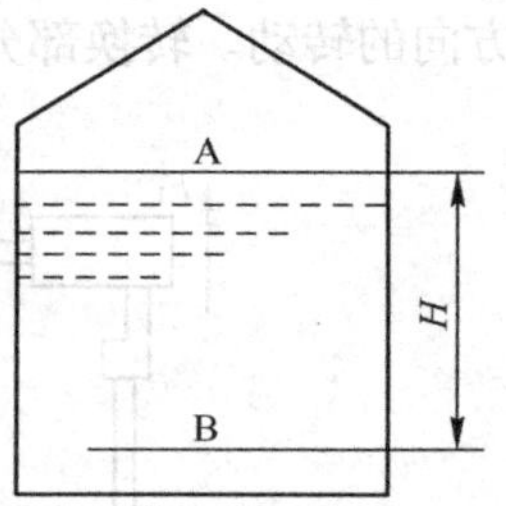

图 5-5　静压法液位测量原理

由式（5-6）和式（5-7）可知，液体任何一点的压力等于其表面压力加上液体密度与重力加速度及液柱高度的乘积。液体的静压力是液位高度和液体密度的函数，当液体的密度为常数时，A、B 两点的压力或压差仅与液位高度有关。因此可以通过测量 p 或 Δp 来实现液位高度的测量。这样液位高度的测量就为液体的静压测量，凡是能够测量压力或压差的仪表，只要量程合适均可用于液位测量。

同时还可以看出，根据上述原理还可以直接求得容器内所储存液体的质量。因为式（5-6）和式（5-7）中 p 或 Δp 代表了单位面积上一段高度为 H 的液柱所具有的质量。所以测得 p 或 Δp 再乘以容器的截面积，即可得到容器中全部液体的质量。

5.2.2 压力式液位计

压力式液位计是基于测压仪表所测压力高低来测量液位的原理，主要用于敞口容器的液位测量，针对不同的测量对象，可以分别采用不同的方法。

1. 用测压仪表测量

如图 5-6a 所示。测压仪表（压力表或压力变送器）通过引压导管与容器底部相连，由测压仪表的指示便可知道液位的高度。若需要信号远传，则可以采用传感器或变送器进行压力－电气信号转换。

必须指出，只有测压仪表的测压基准点与最低液位一致时，式（5-7）的关系才能成立。如果测压仪表的测压基准点与最低液位不一致，必须要考虑附加液柱的影响，要对其进行修正。

这种方式适用于黏度较小、洁净液体的液位测量。当测量黏稠、易结晶或含有颗粒液体的液位时，由于引压导管易堵塞，不能从导管引出液位信号，可以采用如图 5-6b 所示的法兰式压力变送器测量液位的方式。

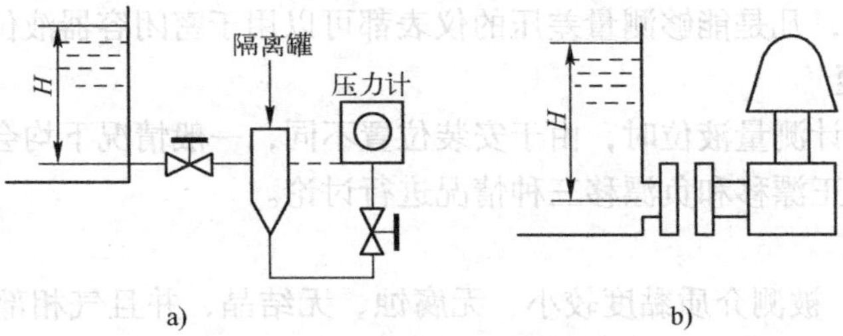

图 5-6　测压仪表测液位
a）压力表测液位　b）法兰式压力变送器测液位

2. 用吹气法测量

对于测量有腐蚀性、高黏度或含有悬浮颗粒的液位，也可以采用吹气法进行测量，如图 5-7 所示。在敞口容器中插入一根导管，压缩空气经过滤器、减压阀、节流元件、转子流量计，最后由导管下端敞口处逸出。

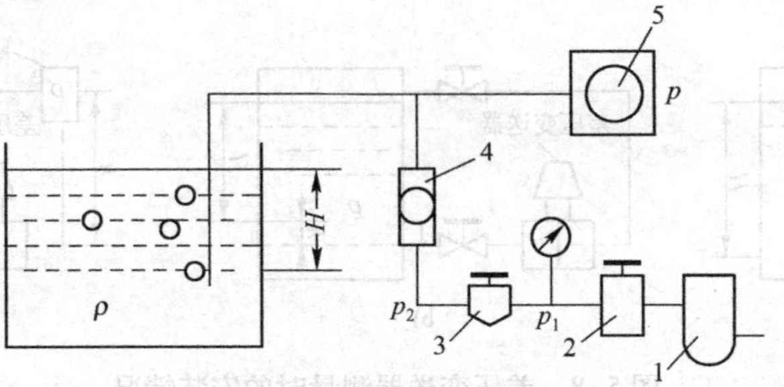

图 5-7　吹气法测量原理
1—过滤器　2—减压阀　3—节流元件
4—转子流量计　5—测压仪表

压缩空气 p_1 的压力根据被测液位的范围，由减压阀 2 控制在某一数值上；p_2 的压力是通过调整节流元件 3 保证液位上升至最高点时，仍有微量气泡从导管下端敞口处逸出。由于节流元件前的压力 p_1 变化不大，根据流体力学原理，当满足 $p_2 \leqslant 0.528p_1$ 的条件时，可以达到气源流量恒定不变的要求。

正确合理地选择吹气量是吹气式液位计的关键。通常吹气流量约为 20 L/h，吹气流量可以由转子流量计进行显示。根据液位计长期运行的经验表明，吹气量选大一些为好，这有利于吹气管的防堵、防止液体反充、克服微小泄漏所造成的影响及提高灵敏度等优势。但是随着吹气量的增加，气源的耗气量也增加，吹气管的压降将会成比例增加，增大了造成泄漏的可能性。所以吹气量的选择要兼顾各种因素，并非越大越好。

当液位上升或下降时，液封压力会升高或降低，致使从导管下端逸出的气量也要随之减少或增加。导管内的压力几乎与液封静压相等，因此，由压力仪表 5 所显示的压力值即可反映出液位的高度 H。

5.2.3　差压式液位计

差压式液位计主要用于密闭有压容器的液位测量。由式（5-6）可知，由于容器内气相压力对 p_B 的压力有影响，因此，只能用差压计测量气、液两相之间的差压值来得知液位高低。由测量原理可知，凡是能够测量差压的仪表都可以用于密闭容器液位的测量。

1. 零点漂移问题

采用差压式液位计测量液位时，由于安装位置不同，一般情况下均会存在零点漂移的问题，下面分无漂移、正漂移和负漂移三种情况进行讨论。

（1）无漂移

如图 5-8a 所示，被测介质黏度较小、无腐蚀、无结晶，并且气相部分不冷凝，变送器安装高度与容器下部取压位置在同一高度。

将差压变送器的正、负压室分别与容器下部和上部的取压点 p_1、p_2 相连接，如果被测液体的密度为 ρ，则作用于差压变送器正、负压室的差压为

$$\Delta p = p_1 - p_2 = \rho g H \tag{5-8}$$

当液位由 $H=0$ 变化到最高液位 $H=H_{\max}$ 时，Δp 由零变化到最大差压 $\Delta p_{\max}$，变送器对应的输出为 4 ~20 mA。假设对应液位变化所要求的变送器量程 Δp 为 5000 Pa，则变送器的特性曲线如图 5-9 中曲线 a 所示，称为无漂移。

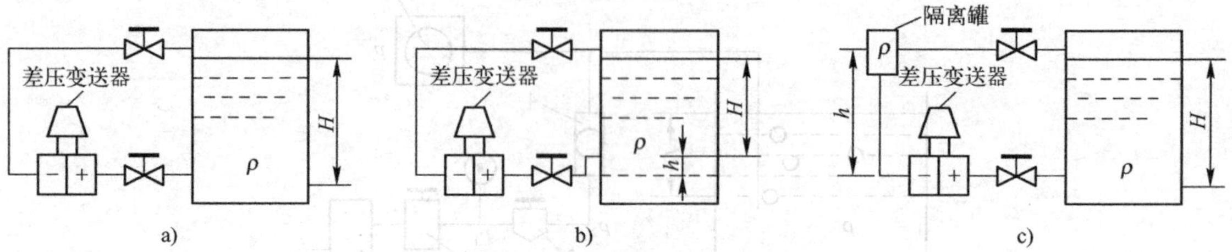

图 5-8　差压变送器测量时的安装情况

a）无漂移　b）正漂移　c）负漂移

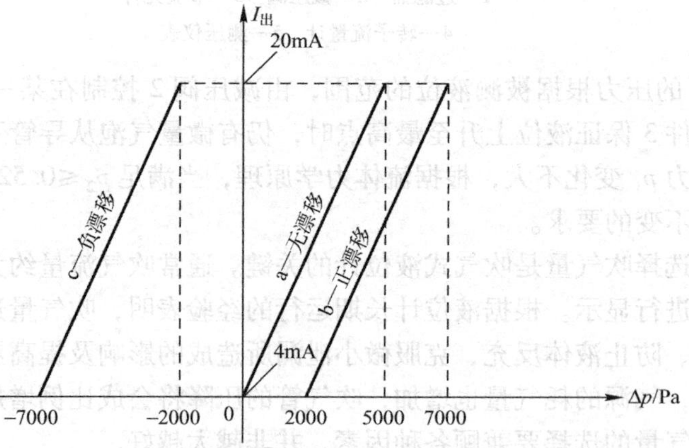

图 5-9　无漂移、正漂移和负漂移示意图

（2）正漂移

实际测量中，变送器的安装位置有时低于容器下部的取压位置，如图 5-8b 所示，被测介质也是黏度较小、无腐蚀、无结晶，并且气相部分不冷凝，变送器安装高度低于测量下限的距离为 h。这时液位高度 H 与压差 Δp 之间的关系为

$$\Delta p = p_1 - p_2 = \rho g H + \rho g h \tag{5-9}$$

由式（5-9）可知，当 $H=0$ 时，$\Delta p=\rho gh>0$，并且为常数，作用于变送器使其输出大于4 mA；当 $H=H_{max}$时，最大压差 $\Delta p=\rho gH_{max}+\rho gh$，使变送器输出大于20 mA。这时可以通过调整变送器的零位漂移弹簧，使变送器在 $H=0$、$\Delta p=\rho gh$ 时，其输出为4 mA，变送器的量程仍然为 ρgH_{max}；当 $H=H_{max}$、最大压差 $\Delta p=\rho gH_{max}+\rho gh$ 时，变送器的输出为20 mA，从而实现了变送器输出与液位之间的正常对应关系。

假设变送器的量程仍然为5000 Pa，而 $\rho gh=2000$ Pa，则当 $H=0$ 时，$\Delta p=2000$ Pa，调整变送器的零位漂移弹簧，使变送器输出为4 mA；当 $H=H_{max}$时，$\Delta p_{max}=5000+2000=7000$ Pa，变送器的输出应为20 mA。变送器的特性曲线如图5-9中曲线b所示，由于调整的压差 Δp 是大于零（作用于正压室）的附加静压，则称为正漂移。

（3）负漂移

有些介质对仪表会产生腐蚀作用，或者气相部分会产生冷凝使导管内的冷凝液随时间而变。这些情况下，往往采用在正、负压室与取压点之间分别安装隔离罐或冷凝罐的方法。因此，负压侧引压导管也有一个附加的静压作用于变送器，使得被测液位 $H=0$ 时，压差不等于零。为了讨论方便，仅以某一种安装情况进行讨论，如图5-8c所示。变送器安装高度与容器下部取压位置处在同一高度，但由于气相介质容易冷凝，而且冷凝液高度随时间而变，则可以事先将负压管充满被测液体，则此时液位高度 H 与压差 Δp 之间的关系为

$$\Delta p=\rho gH-\rho gh \tag{5-10}$$

由式（5-10）可知，当 $H=0$ 时，$\Delta p=-\rho gh<0$，作用于变送器会使其输出小于4 mA；当 $H=H_{max}$时，最大差压 $\Delta p=\rho gH_{max}-\rho gh$，使变送器输出小于20 mA。这时可以通过调整变送器的零位漂移弹簧，使变送器在 $H=0$、$\Delta p=-\rho gh<0$ 时，其输出为4 mA，变送器的量程仍然为 ρgH_{max}；当 $H=H_{max}$、最大压差 $\Delta p=\rho gH_{max}-\rho gh$ 时，变送器的输出为20 mA，从而实现了变送器输出与液位之间的正常对应关系。

仍假设变送器的量程仍然为5000 Pa，而 $\rho gh=-7000$ Pa，则当 $H=0$ 时，$\Delta p=-7000$ Pa，调整变送器的零位漂移弹簧，使变送器输出为4 mA；当 $H=H_{max}$时，$\Delta p_{max}=5000-7000=-2000$ Pa，变送器的输出应为20 mA。变送器的特性曲线如图5-9中曲线c所示，由于调整的压差 Δp 是大于零（作用于负压室）的附加静压，则称为负漂移。由上述可知，正负漂移的实质是通过漂移弹簧改变差压变送器的零点，使得被测液位为零时，变送器的输出为起始值（4 mA），因此称为零点漂移，它仅仅改变了变送器测量范围的上、下限，而量程的大小不会改变。

需要注意的是并非所有的差压变送器都带有漂移作用，实际测量中，由于变送器的安装高度不同，会存在正漂移或负漂移的问题。在选用差压式液位计时，应在差压变送器的规格中注明是否带有正、负漂移装置并要注明漂移量的大小。

2. 特殊介质的液位、料位测量

（1）腐蚀性、易结晶或高黏介质

当测量具有腐蚀性或含有结晶颗粒，以及黏度大、易凝固等介质的液位时，为解决引压管线腐蚀或堵塞的问题，可以采用法兰式差压变送器（法兰式差压变送器有单法兰、双法兰、插入式或平法兰等结构形式，可根据被测介质的不同情况进行选用），如图5-10所示。变送器的法兰直接与容器上的法兰连接，作为敏感元件的测量头1（金属膜盒）经毛细管2与变送器的测量室相连通，在膜盒、毛细管和测量室所组成的封闭系统内充有硅油，作为传

压介质，起到变送器与被测介质隔离的作用。变送器本身的工作原理与一般差压变送器完全相同。毛细管的直径较小（一般内径在 0.7 ~ 1.8 mm），外面套以金属蛇皮管进行保护，具有可挠性，单根毛细管长度一般可以选择在 5 ~ 11 m，安装比较方便。

法兰式差压变送器测量液位时，同样存在零点“漂移”问题，漂移量的计算方法与前述差压式相同。如图 5-10 中 $H=0$ 时的漂移量为

$$\Delta p = p_1 - p_2 = \rho g h_1 + \rho_0 g h_2 \tag{5-11}$$

式中，ρ_0 为毛细管中硅油密度。

由于正、负压侧的毛细管中的介质相同，变送器的安装位置升高或降低，两侧毛细管中介质产生的静压作用于变送器正、负压室所产生的差压相同，漂移量不会改变。

（2）流态化粉末状、颗粒状固态介质

在石油化工生产中，常遇到流态化粉末状催化剂在反应器内流化床的床层高度的测量。因为流态化的粉末状或颗粒状催化剂具有一般流体的性质，所以在测量它们的床层高度或藏量时，可以把它们看作流体对待。测量的原理也是将测量床层高度的问题变成测差压的问题。但是，在进行上述测量时，由于有固体粉末或颗粒的存在，测压点和引压管线很容易被堵塞，因此必须采用反吹风系统，即采用吹气法用差压变送器进行测量。

流化床内测压点的反吹风方式如图 5-11 所示，在有反吹风存在的条件下，设被测压力为 p，测量管线引至变送器的压力为 p_2（即限流孔板后的反吹风压力），反吹管线压降为 Δp，则有 $p_2 = p + \Delta p$，看起来仪表显示压力 p_2 较被测压力高 Δp，但实际证明，当采用限流孔板只满足测压点及引压管线不堵的条件时，反吹风气量可以很小，因而 Δp 可以忽略不计，即 $p_2 \approx p$。为了保证测量的准确性，必须保证反吹风系统中的气量是恒流。适当地设计限流孔板，使 $p_2 \leqslant 0.528 p_1$，并维持 p_1 不发生大的变化，便可实现上述要求。

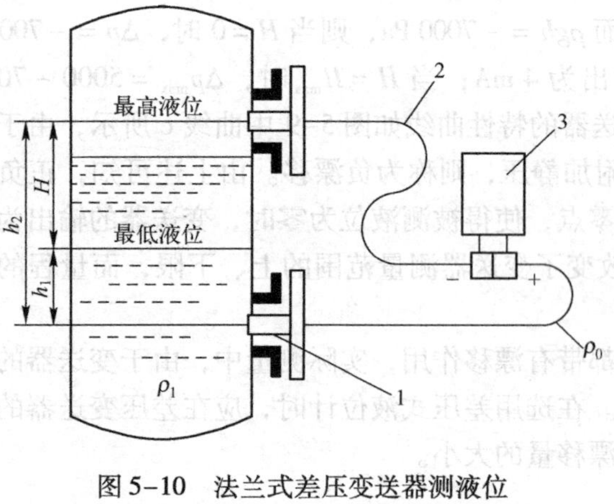

图 5-10　法兰式差压变送器测液位

1—法兰式测量头　2—毛细管　3—变送器

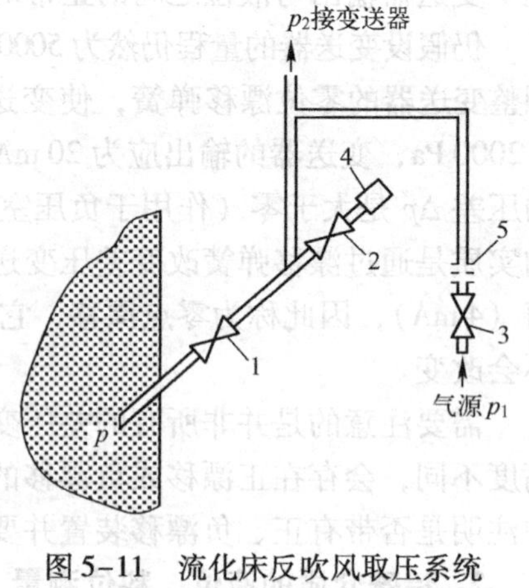

图 5-11　流化床反吹风取压系统

1 ~ 3—针阀　4—堵头　5—限流孔板

5.3　电容式液位计

电容式液位计是依据电容感应原理，当被测介质浸汲测量电极发生高度变化时，引起其电容变化设计制造的，其由电容物位传感器和检测电容的电路所组成。它适用于各种导电、

非导电液体的液位或粉末状料位的测量，它还可测量强腐蚀型介质的液位，测量高温介质的液位，测量密封容器的液位，与介质的黏度、密度、工作压力无关，由于它的传感器结构简单，无可动部分，故应用范围较广。

电容式物位传感器是根据圆筒形电容器原理进行工作的，结构如图 5-12 所示。它由两个长度为 L，半径分别为 R 和 r 的圆筒形金属导体组成内、外电极，中间隔以绝缘物质构成圆筒形电容器。电容的表达式为

$$C=\frac{2\pi\varepsilon L}{\ln\frac{R}{r}} \tag{5-12}$$

式中，ε 为内、外电极之间的介电常数。

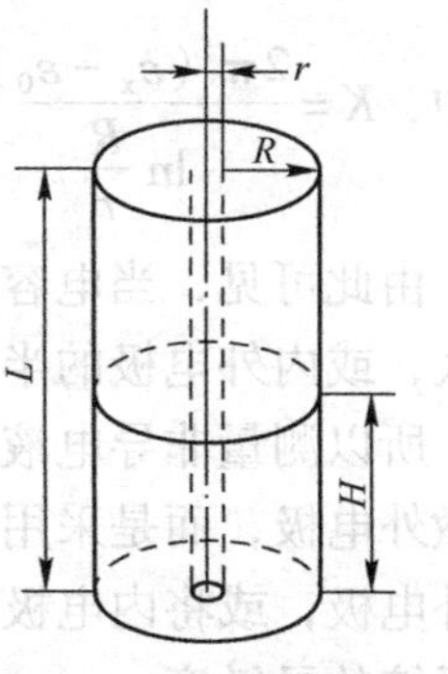

图 5-12　电容式物位测量原理

由式（5-12）可见，改变 R、r、ε、L 其中任意一个参数时，均会引起电容 C 的变化。实际物位测量中，一般是 R 和 r 固定，采用改变 ε 或 L 的方式进行测量。电容式物位传感器实际上是一种可变电容器，随着物位的变化，必然引起电容量的变化，且与被测物位高度成正比，从而可以测得物位。

由于所测介质的性质不同，采用的方式也不同，下面分别介绍测量不同性质介质的方法。

5.3.1　非导电介质的液位测量

当测量石油类制品、某些有机液体等非导电介质时，电容传感器可以采用如图 5-13 所示方法。它用一个光电极 1 作为内电极，用与它绝缘的同轴金属圆筒 2 作为外电极，外电极上开有孔和槽，以便被测液体自由地流进或流出。内、外电极之间采用绝缘材料 3 进行绝缘固定。

当被测液位 $H=0$ 时，电容器内、外电极之间气体（最常见的是空气）的介电常数为 ε_0，电容器的电容量为

$$C_0=\frac{2\pi\varepsilon_0 L}{\ln\frac{R}{r}} \tag{5-13}$$

当液位为某一高度 H 时，电容器可以视为两部分电容的并联组合，即

$$C_x=\frac{2\pi\varepsilon_x H}{\ln\frac{R}{r}}+\frac{2\pi\varepsilon_0(L-H)}{\ln\frac{R}{r}} \tag{5-14}$$

式中，H 为电极被液体浸没的高度；ε_x 为被测液体的介电常数；ε_0 为气体的介电常数。

当液位变化时，引起电容的变化量为 $\Delta C=C_x-C_0$，将式（5-13）和式（5-14）代入可得

$$\Delta C=\frac{2\pi(\varepsilon_x-\varepsilon_0)}{\ln\frac{R}{r}}H \tag{5-15}$$

由此可见，ΔC 与被测液位 H 成正比，因（5-14）可得

$$C_x=\frac{2\pi(\varepsilon_x-\varepsilon_0)H}{\ln\dfrac{R}{r}}+\frac{2\varepsilon_0 L}{\ln\dfrac{R}{r}}=KH+C_0 \qquad (5\text{-}16)$$

式中，$K=\dfrac{2\pi(\varepsilon_x-\varepsilon_0)}{\ln\dfrac{R}{r}}$，为电容－液位转换的灵敏系数。

由此可见，当电容介质介电常数与空气介电常数的差值越大，或内外电极的半径 R 和 r 越接近，传感器的灵敏度越高，所以测量非导电液体的液位时，传感器一般不采用容器壁做外电极，而是采用（如图 5-13 所示）直径较小的竖管做外电极，或将内电极安装在接近容器壁的位置，以提高测量系统的灵敏度。

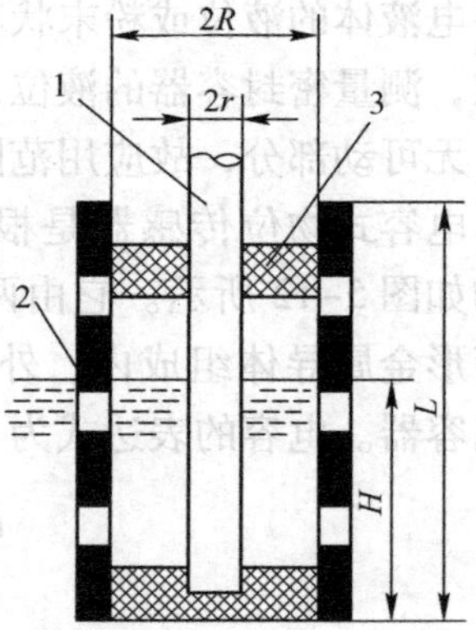

图 5-13　非导电液位测量

1—内电极　2—外电极　3—绝缘材料

5.3.2　导电介质的液位测量

如果被测介质为导电液体，内电极要采用绝缘材料覆盖，图 5-14 所示是测量导电介质液位的电容式液位计原理图。直径为 $2r$ 的紫铜或不锈钢内电极，外套聚四氟乙烯塑料套管或涂以搪瓷作为电介质和绝缘层，内电极外径为 $2R$。直径为 $2R_0$ 的容器是用金属制作的，则当容器中没有液体时，介电层为空气加塑料或搪瓷，电极覆盖长度为整个 L。如果导电液体液位高度为 H 时，则导电液体就是电容的另一极板的一部分。在高度范围内，作为电容器外电极的液体部分的内径为 R，内电极直径为 r。因此整个电容量为

$$C_x=\frac{2\pi\varepsilon_{xH}}{\ln\dfrac{R}{r}}+\frac{2\pi\varepsilon_0(L-H)}{\ln\dfrac{R_0}{r}} \qquad (5\text{-}17)$$

式中，H 为电极被液体浸没的高度；ε_x 为绝缘套管或涂层的介电常数；ε_0 为电极绝缘层和容器内气体共同组成的电容器的的等效介电常数。

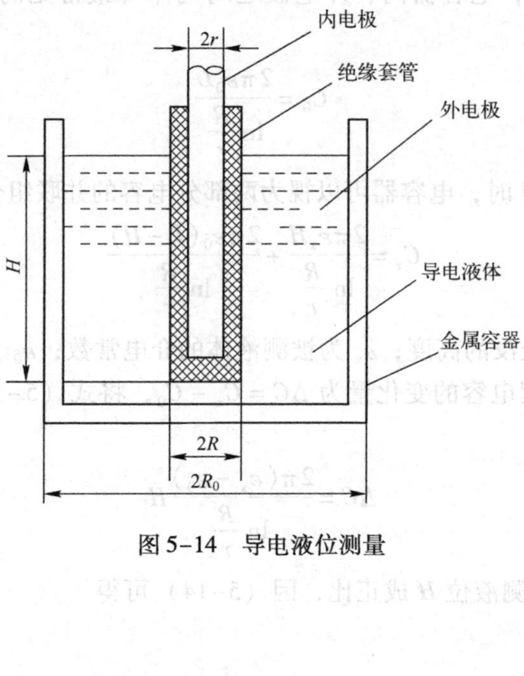

图 5-14　导电液位测量

当容器空时，即 $H=0$，上面式（5-17）中的第二项就成为电极与容器组成的电容器，其电容量为

$$C_0=\frac{2\pi\varepsilon_0 L}{\ln\frac{R_0}{r}} \tag{5-18}$$

代入式（5-17）得

$$C_x=\left(\frac{2\pi\varepsilon_x}{\ln\frac{R}{r}}-\frac{2\pi\varepsilon_0}{\ln\frac{R_0}{r}}\right)H+C_0=KH+C_0 \tag{5-19}$$

式中，$K=\frac{2\pi\varepsilon_x}{\ln\frac{R}{r}}-\frac{2\pi\varepsilon_0}{\ln\frac{R_0}{r}}$，为传感器的灵敏系数。

由于容器半径 $R_0 \gg$ 金属电极内径 r，且 $\varepsilon_0 \ll \varepsilon_x$，所以有

$$\frac{2\pi\varepsilon_x}{\ln\frac{R}{r}} \gg \frac{2\pi\varepsilon_0}{\ln\frac{R_0}{r}} \Rightarrow K \approx \frac{2\pi\varepsilon_x}{\ln\frac{R}{r}} \tag{5-20}$$

$$\Delta C=C_x-C_0=\frac{2\pi\varepsilon_x}{\ln\frac{R}{r}}H \tag{5-21}$$

由上式可见，由于 ε_x、R 和 r 均为常数，测得 ΔC 即可获得被测液位 H。但此种方法不能适用于黏滞性介质，因为当液位变化时，黏滞性介质会黏附在内电极绝缘套管表面上，造成虚假的液位信号。

5.3.3 固体料位的测量

对于非导电固体物料的料位测量，通常采用一根不锈钢金属棒与金属容器器壁构成电容器的两个电极，如图 5-15 所示，金属棒 1 作为内电极，容器壁作为外电极。将金属电极棒插入容器内的被测物料中，电容变化量 ΔC 与被测料位 H 的函数关系仍可用非导电液位的式（5-15）来表述，只是式中的 ε_x 代表固体物料的介电常数，R 代表容器器壁的内径，其他参数相同。

如果测量导电的固体料位，则需要对图 5-15 中的金属棒内电极加上绝缘套管，测量原理同导电液位测量，也可用函数关系式（5-21）表述。同理，还可以用电容物位计测量导电和非导电液体之间及两种介电常数不同的非导电液体之间的分界面。

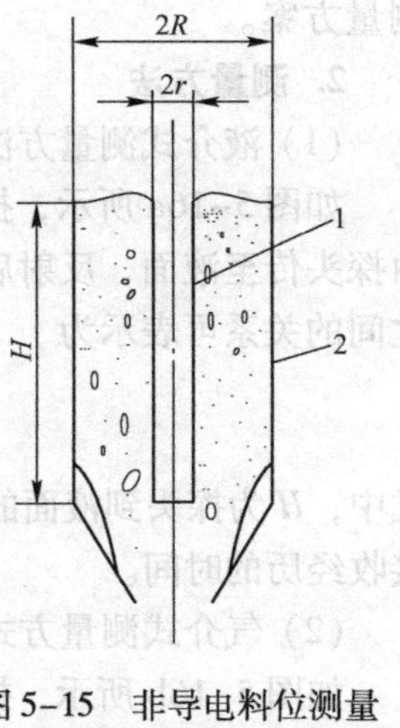

图 5-15 非导电料位测量
1—金属棒内电极 2—容器壁

5.4 非接触式物位测量

前面介绍的物位测量仪表均属于接触式测量仪表。除了上述介绍的几种常用物位计之外，有些特殊情况下的测量，例如，高压、强烈腐蚀性的液位、导电介质的界位等，需要考虑采用非接触的方式。当然，非接触测量的方法也可以用于一般情况下的物位检测。

5.4.1　超声波物位计

1. 测量原理

所谓超声波一般是指频率高于可听频率极限（20 kHz 以上频段）的弹性振动，这种振动以波动的形式在介质中的传播过程就形成超声波。超声波可以在气体、液体、固体中传播，并具有一定的传播速度。超声波在穿过介质时会被吸收而产生衰减，气体吸收最强，衰减最大，液体次之，固体吸收最少，衰减最小。超声波在穿过不同介质的分界面时会产生反射，反射波的强弱决定于分界面两边介质的声阻抗，声阻抗即介质的密度与声速的乘积。两介质的声阻抗差别越大，反射波越强。根据超声波从发射至接收到反射回波的时间间隔与物位高度之间的关系，就可以进行物位的测量。

利用超声波的物理性质可以制成超声波式物位计，根据安装方式的不同，可分为声波阻断型和声波反射型两种类型。

（1）声波阻断型

它是利用超声波在气体、液体和固体介质中被吸收而衰减的情况的不同，来探测在超声波探头前方是否有液体或固体物料存在。当液体或固体物料在储罐、料仓中积存高度达到预定高度位置时，超声波即被阻断，即可发出报警信号或进行限位控制。这种探头安装方式主要用于超声波物位控制器中，也可用于运动体（人员、车辆）以及生产流水线上工件流转等计数和自动开门控制中。

（2）声波反射型

它是利用超声波回波测距的原理，可以对液位进行连续测量。实际应用中可以采用多种方法。根据传声介质的不同，有气介式、液介式和固介式；根据探头的工作方式，又有自发自收的单探头方式和收、发分开的双探头方式。它们相互组合就可得到不同的测量方案。

2. 测量方法

（1）液介式测量方法

如图 5-16a 所示，探头固定安装在液体中最低液位处，探头发出的超声脉冲在液体中由探头传至液面，反射后再从液面返回到同一探头而被接收。液位高度与从发到收所用时间之间的关系可表示为

$$H=\frac{1}{2}vt \tag{5-22}$$

式中，H 为探头到液面的垂直距离；v 为超声波在介质中的传播速度；t 为超声波由发射到接收经历的时间。

（2）气介式测量方式

如图 5-16b 所示，探头安装在最高液位之上的气体中，式（5-22）仍然完全适用，只是 v 代表气体中的声速。

（3）固介式测量方式

如图 5-16c 所示，是固介式测量方法，将一根传声的固体棒或管插入液体中，上端要高出最高液位，探头安装在传声固体的上端，式（5-22）仍然适用，但 v 代表固体中的声速。

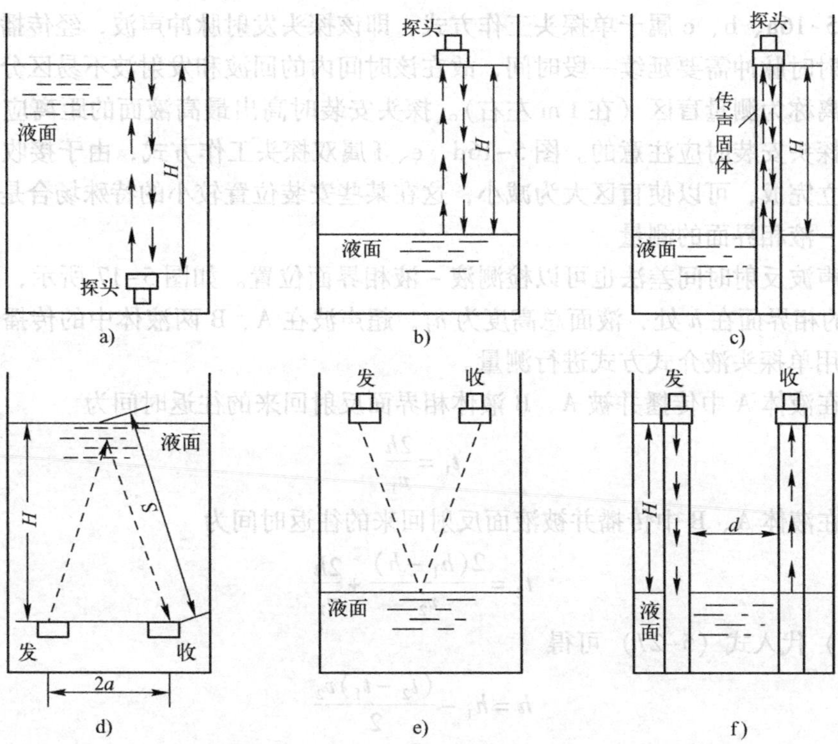

图 5-16　超声波测量液位的几种方案

（4）双探头液介式测量方法

如图 5-16d 所示，若两探头中心间距为 $2a$，声波从探头到液位的斜向路径为 S，探头至液位的垂直高度为 H，则：

$$S=\frac{1}{2}vt \tag{5-23}$$

$$H=\sqrt{S^2-a^2} \tag{5-24}$$

（5）双探头气介式方式

如图 5-16e 所示，只要将 v 理解为气体中的声速，则上面关于双探头液介式的讨论完全可以适用。

（6）双探头固介式方式

如图 5-16f 所示，它需要采用两根传声固体，超声波从发射探头经第一根固体传至液面，再在液体中将声波传至第二根固体，然后沿第二根固体传至接收探头。超声波在固体中经过 $2H$ 距离所需的时间，相比从发到收的时间略短，所缩短的时间就是超声波在液体中经过距离 d 所需的时间，所以有

$$H=\frac{1}{2}v\left(t-\frac{d}{v_{\mathrm{H}}}\right) \tag{5-25}$$

式中，v 为固体中的声速；v_{H} 为液体中的声速；d 为两根传声固体之间的距离。

当固体和液体中的声速 v、v_{H} 已知，两根传声固体之间的距离 d 固定时，则可根据测得的 t 求得 H。

其中图5-16a、b、c属于单探头工作方式，即该探头发射脉冲声波，经传播反射后再接收。由于发射时脉冲需要延续一段时间，故在该时间内的回波和发射波不易区分，这段时间所对应的距离称为测量盲区（在1 m左右）。探头安装时高出最高液面的距离应大于盲区距离，这是单探头安装时应注意的。图5-16d、e、f属双探头工作方式，由于接收与发射声波由两探头独立完成，可以使盲区大为减小，这在某些安装位置较小的特殊场合是很方便的。

（7）液－液相界面的测量

利用超声波反射时间差法也可以检测液－液相界面位置。如图5-17所示，两种不同的液体A、B的相界面在h处，液面总高度为h_1，超声波在A、B两液体中的传播速度分别为v_1和v_2。采用单探头液介式方式进行测量。

超声波在液体A中传播并被A、B液体相界面反射回来的往返时间为

$$t_1 = \frac{2h}{v_1} \tag{5-26}$$

超声波在液体A、B中传播并被液面反射回来的往返时间为

$$t_2 = \frac{2(h_1 - h)}{v_2} + \frac{2h}{v_1} \tag{5-27}$$

将式（5-26）代入式（5-27）可得

$$h = h_1 - \frac{(t_2 - t_1)v_2}{2} \tag{5-28}$$

由式（5-26）也可得

$$h = \frac{t_1 v_1}{2} \tag{5-29}$$

由以上两式可知，检测t_1、v_1即可求得界面位置h，或者检测出t_1、t_2和v_2亦可求出h。超声波界面传感器的准确度可达1%，检测范围为数米时的分辨率达±1 mm。

3. 声速的校正

声速v值准确与否对于采用回波法测量液位来说是至关重要的。声速与介质的密度有关，而密度又随温度和压力而改变，因此，实际声速是一个变化值。为了排除声速变化对测量的影响，应对声速进行校正。工程应用上常采用声速校正具，具体结构如图5-18所示。

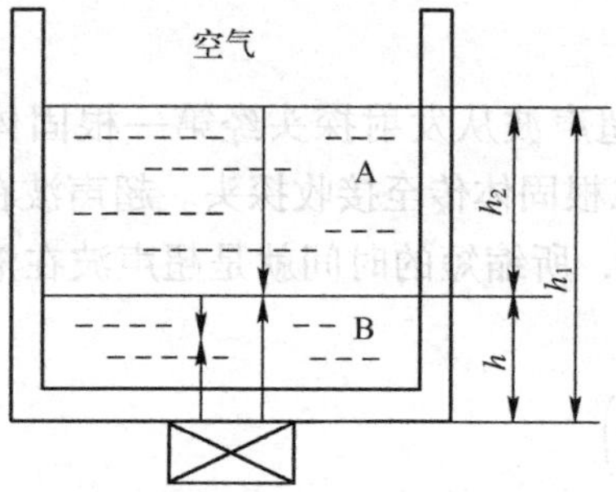

图5-17　超声波界位计原理

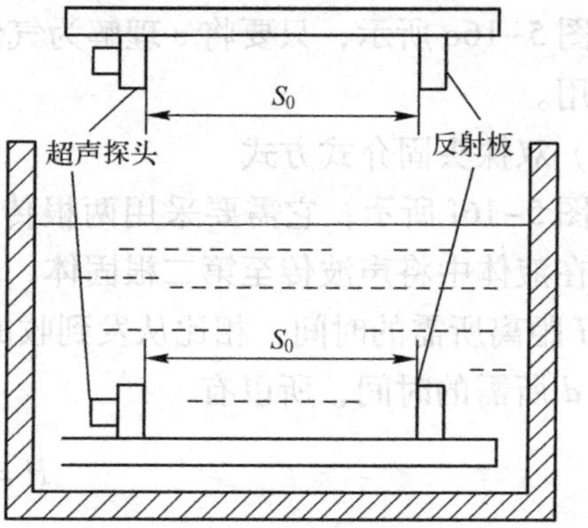

图5-18　声速校正具

它是在传声介质中取相距 S_0 固定距离的两端安装一个超声探头（校正探头）和反射板组成的测量装置。对液介式液位计而言，校正具应安装在液体介质最底处以避免水面反射声波的影响，同理对气介式液位计而言，校正具应放在容器顶端的容器中。如果超声脉冲从探头发射经时间 t_0 后返回探头，行程为 $2S_0$，则得实际声速为

$$v_0=\frac{2S_0}{t_0} \tag{5-30}$$

将式（5-30）代入 $H=\frac{1}{2}vt$ 中（即 $v_0=v$），则可得

$$H=\frac{t}{t_0}S_0 \tag{5-31}$$

从式（5-31）中显然可见，被测液位高度 H 变为时间 t、t_0 的函数。

若在测量时，声速沿高度方向是不同的，如沿高度方向被测介质密度分布不均匀或有温度梯度时，可采用图 5-19 所示的浮臂式声速校正具。该校正具的上端连接一个浮子，下端装有转轴，使校正具的反射板位置随液面变化而升降，使校正探头与测量探头发射和接受的声波所经过的液体的状态相近，以消除由于传播速度的差异而带来的误差。

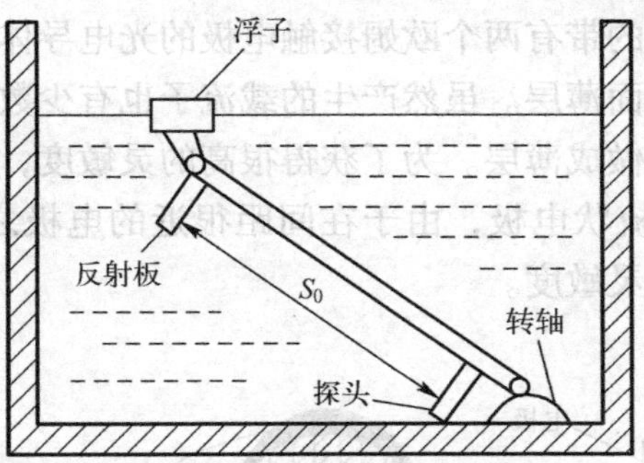

图 5-19　浮臂式声速校正具

超声波物位测量系统的测量范围可从毫米数量级到几十米以上，其准确度在不加校正具时为 1%，加校正具后准确度为 0.1%。超声波物位测量方法的优点：可进行非接触测量，适用于有毒、腐蚀性液体的液位的测量；其缺点是当测量含有气泡、悬浮物的液位及被测液面有很大波浪时，使用困难。

5.4.2　光电式物位计

光电式物位最简单的模式是：发光光源（如灯泡）放在容器的一侧，另一侧相对光源处装置光敏元件，当物位升高至物料遮挡光源时，光敏元件输出信号突变，仪表发出开关信号，进行报警或控制。

目前常用的光源发射器有激光器、发光二极管、普通灯光等，光源的接收可由光敏电阻、光敏二极管、光电池、光电倍增管等多种光电元件来实现。在选定某种光源器件后，再据此来选择接收元件，并与合适的线路配合，组成物位计。

1. 传感器测量原理

光接收器件是光电式测量系统的关键部件，起着将光信号转换为电信号的作用。基于光

电效应原理工作的光电转换元件称为光电器件或光敏器件，按其转换原理可分为光电发射型、光导型和光伏型。在此简要介绍一下光导型和光伏型光电元件的原理。

(1) 光导效应和光导型传感器

大多数半导体的电阻率，受到光照吸收光子的能量后，会发生改变，使半导体的电阻值下降而易于导电，这种现象称为光导效应。其原因是半导体内部的带电粒子吸收了光的能量后，使材料内部的带电粒子增加，从而使导电性增强，光线越强，阻值越低。基于这一原理制造的半导体光电器件有光敏电阻、光敏二极管和光敏晶体管。

1) 光敏电阻。光敏电阻是用具有光导效应的半导体材料制成的电阻元件。当受到光照时，其电阻值下降，光线越强，阻值也变得越低；光照停止，阻值又恢复原值。把光敏电阻连接到外电路中，如图 5-20 所示，在外加电压（直流偏压或交流电压）作用下，电路中的电流及其在负载电阻上的压降将随光线强光照度变化而变化，这样就将光信号转换为电信号。

光敏电阻在不受光照时的电阻值称为暗电阻，受光照时的电阻值称为亮电阻。暗阻越大越好，亮阻越小越好，这样光敏电阻的灵敏度就高。实际光敏电阻的暗阻一般在兆欧数量级，亮阻在几千欧以下，暗阻和亮阻之比一般为 $10^2 \sim 10^5$。

一块安装在绝缘衬底上的带有两个欧姆接触电极的光电导体，半导体吸收光子而产生的光电效应，仅限于光照的表面薄层。虽然产生的载流子也有少数扩散到内部去，但深入厚度有限，因此光电导体一般都做成薄层。为了获得很高的灵敏度，光敏电阻的电极一般采用梳状，如图 5-21 所示。这种梳状电极，由于在间距很近的电极之间有可能采用大的极板面积，所以提高了光敏电阻的灵敏度。

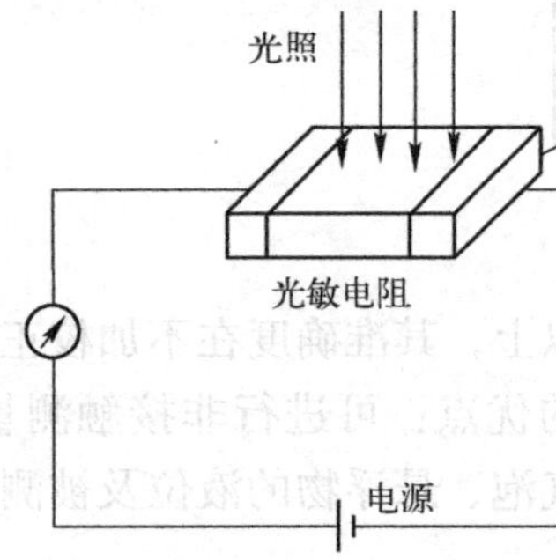

图 5-20　光敏电阻工作原理

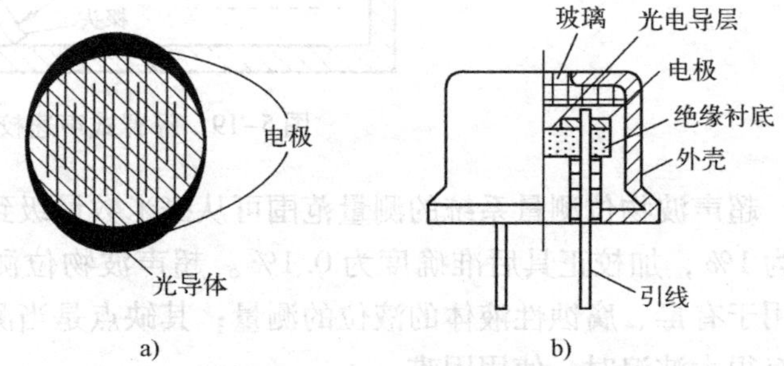

图 5-21　光敏电阻的结构

2) 光敏二极管。其结构与一般二极管相似，但装在透明玻璃外壳中，其 PN 结装在管顶，便于接受光的照射。光敏二极管在电路中工作时，一般加上反向电压，如图 5-22 所示。光敏二极管在电路中处于反向偏置，在没有光照射时，反向电阻很大，反向电流很小，称为暗电流；当光照射在 PN 结上，光子打在 PN 结附近时，PN 结附近产生光生电子和光生空穴对，使少数载流子的浓度大大增加，因此通过 PN 结的反向电流也随之增加。

如果入射光照度变化，光生电子—空穴对的浓度也相应变化，通过外电路的光电流强度也随之变化。可见光敏二极管能将光信号转换为电信号输出。光敏二极管不受光照射时处于截止状态，受光照射时处于导通状态。

3）光敏晶体管。光敏晶体管又称光敏三极管，结构与一般晶体管很相似，具有两个 PN 结。它在把光信号转换为电信号的同时，又将信号电流加以放大。图 5-23 所示为 NPN 型光敏晶体管的基本简化电路。当集电极加上相对于发射极为正的电压而不接基极时，基极—集电极结就是反向偏压。当光照射在基极—集电极结上时，就会在结附近产生电子—空穴对，从而形成光电流，输入到晶体管的基极。由于基极电流增加，因此集电极电流是光生电流的 β 倍，即光敏晶体管有放大作用。

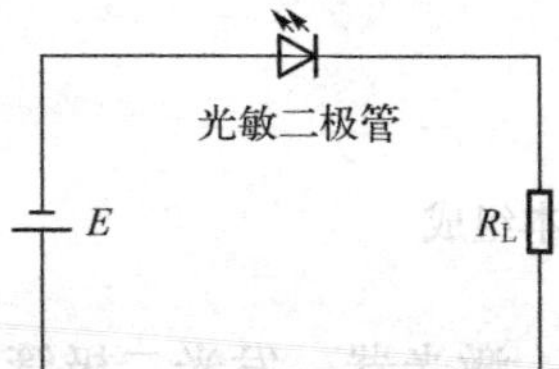

图 5-22　光敏二极管的基本电路

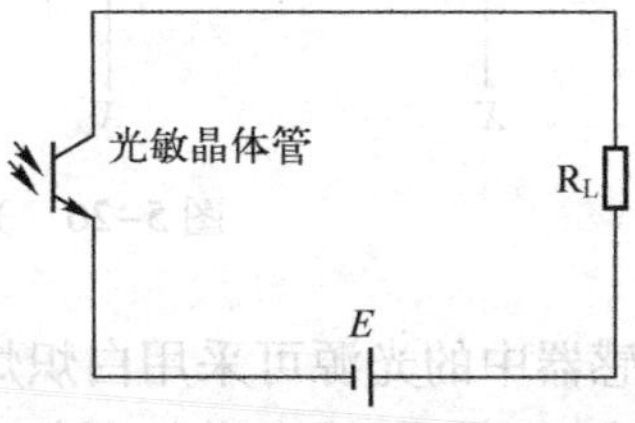

图 5-23　光敏晶体管的基本简化电路

光敏二极管和光敏晶体管在使用时，应注意保持光源与光敏管的合适位置，使入射光恰好聚焦在管芯所在的区域，光敏管的灵敏度最大。为避免灵敏度改变，使用中必须保持光源与光敏管的相对位置不变。

（2）光生伏特效应及光伏传感器

光照射引起 PN 结两端产生电动势的现象称为光生伏特效应。当 PN 结两端没有外加电压时，在 PN 结势垒区仍然存在着结电场，其方向是从 N 区指向 P 区，如图 5-24 所示；当光照射到 PN 结上时，若光子的能量大于半导体材料的禁带宽度，则在 PN 结内产生电子—空穴对，在结电场作用下，空穴移向 P 区，电子移向 N 区，电子在 N 区积累和空穴在 P 区积累使 PN 结两边的电位发生变化，PN 结两端出现一个因光照射而产生的电动势。用导线将 PN 结两端连接起来，电路中就有电流流过，电流的方向由 P 区流经外电路至 N 区。若将电路断开，就可以测出光生电动势。

光电池就是基于光生伏特效应，直接将光能转变为电动势的光电器件，属于有源传感器。光电池应用电路如图 5-25 所示。

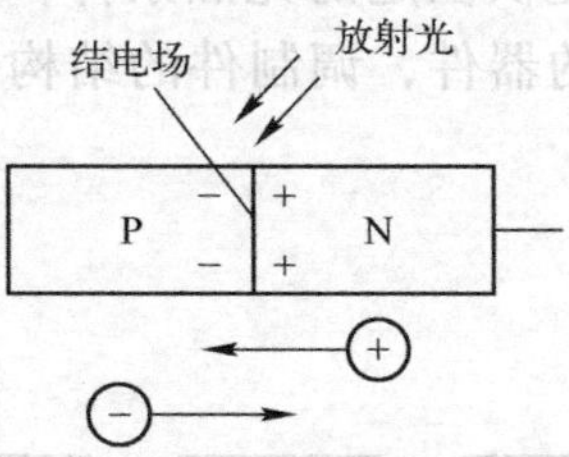

图 5-24　PN 结光生伏特效应原理

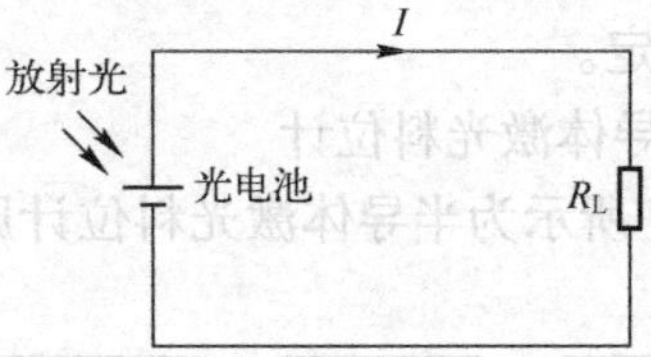

图 5-25　光电池应用电路原理

光电池在光线作用下实质上就是电源，电路中有了这种器件就不再需要外加电源。光电池的种类很多，有硒光电池、氧化亚铜光电池、锗光电池、硅光电池、磷化镓光电池等。其中最受关注的是硅光电池，因为它具有稳定性好、光谱范围宽、频率特性好、换能效率高、耐高温辐射等一系列优点。

3. 光电式物位计

(1) 光电式传感器的基本组成

光电式传感器是以光为媒介、以光电效应为基础的传感器，主要由光源、光学通路、光电器件及测量电路等组成，如图 5-26 所示。

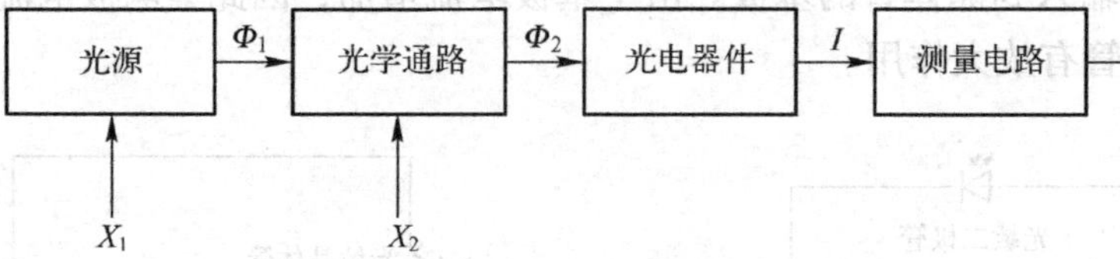

图 5-26　光电式传感器的基本组成

光电式传感器中的光源可采用白炽灯、气体放电灯、激光器、发光二极管及能发射可见光谱、紫外线光谱和红外线光谱的器件。此外还可采用 X 辐射及同位素放射源，这时一般需要实现辐射形式能量到可见光形式能量转换的转换器。

光学通路中常用的光学元件有透镜、滤光片、光阑、光楔、棱镜、反射镜、光通量调制器、光栅及光导纤维等，主要是对光参数进行选择、调整和处理。

被测信号可通过两种作用途径转换成光电器件的入射光通量 Φ_2 的变化，其一是被测量（X_2）直接对光源作用，使光通量 Φ_1 的某一参数发生变化；其二是被测量（X_2）作用于光学通路中，对传播过程中的光通量进行调制。

光电器件的作用是检测照射其上的光通量。选用何种形式的光电器件取决于被测参数、所需的灵敏度、反应的速度、光源的特性及测量环境、条件等因素。

大多数情况下，光电器件的输出电信号较小，需设置放大器。对于变化的被测信号，在光路系统中常采用光调制，因而放大器中有时包含相敏检波及其他运算电路，对信号进行必要的加工和处理。测量电路的功能是把光电器件输出的电信号变换成后续电路可用的信号。

完成光电测试需要制定一定形式的光路图，光路由光学元件组成。通过光学元件实现光参数的选择、调制和处理。在测量其他物理量时，还需配以光源和调制件。常用的光源有白炽灯、发光二极管和半导体激光器等，用以提供恒定的光照条件；调制件是用来将光源提供的光量转换成与被测量相对应的变化量的器件，调制件的结构依被测量及测量原理而定。

(2) 半导体激光料位计

图 5-27 所示为半导体激光料位计原理示意图。

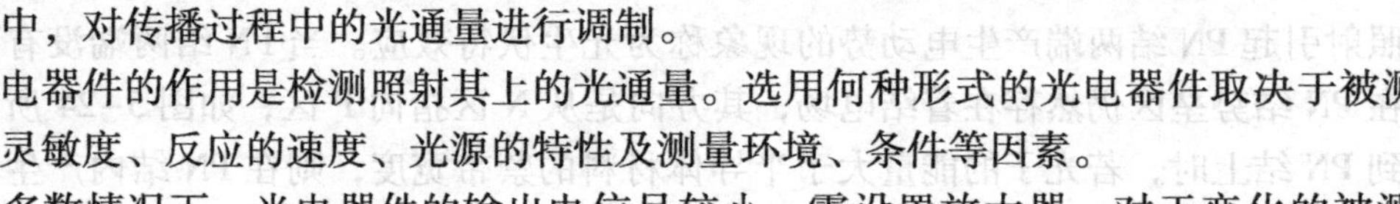

图 5-27　半导体激光料位计原理示意

用于控制固体加料料位的半导体激光料位计的工作方式为遮断方式，当物料遮断激光束时，在接收器上形成突变从而发出信号。激光器采用砷化镓半导体为工作介质，经电流激发，调制发出红外光束，光束经过透镜后到达接收器，接收器由硅光敏晶体管组成. 当接收到激光照射时，光敏元件产生光电流；有物料挡住光束时，线路终端输出脉冲信号，可控硅导通，继电器工作，发出信号。

(3) 光电式液位计

光电式液位计利用光的全反射原理实现液位测量。如图5-28所示，发光二极管作为发射光源，当液位传感器的直角三棱镜与空气接触时，由于入射角大于临射角，光在棱镜内产生全反射，大部分光被光敏二极管接收，此时液位传感器的输出便保持在高水平状态；而当液体的液位到达传感器的敏感面时，光线则发生折射，光敏二极管接收的光强明显减弱，传感器从高电平状态变为低电平，由此实现液位的检测。

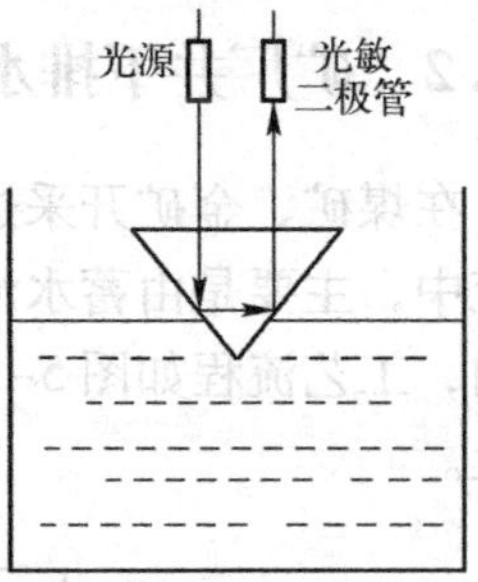

图5-28　光电式液位计

5.5 液位测量实例

前面章节中已经学习了浮力式液位计、静压式液位计、电容式液位计以及超声波和光电式液位计的工作原理和结构特点。下面给出两个工程应用中液位测量的实例。

5.5.1 油田注聚液液位检测

在石油开采过程中，为了增加地下压力，提高稠油的流动性，增加出油率，需要通过注聚站的注聚工艺将表活剂及磺酸盐注入地下，而油田采油点分散，有些甚至在偏远地区，这两种物料无法通过管道输送到注聚站，所以一般在注聚站配有储罐，通过检测这两种物料的液位，来获知消耗情况。在低于下限位置时报警，提示操作人员联系补充。

由于这两种物料无强腐蚀性、易结晶等问题，所以可以采用性价比较高的静压式液位检测方法，静压式液位检测方法原理如图5-29 所示。

检测显示、报警系统结构图如图5-30 所示。

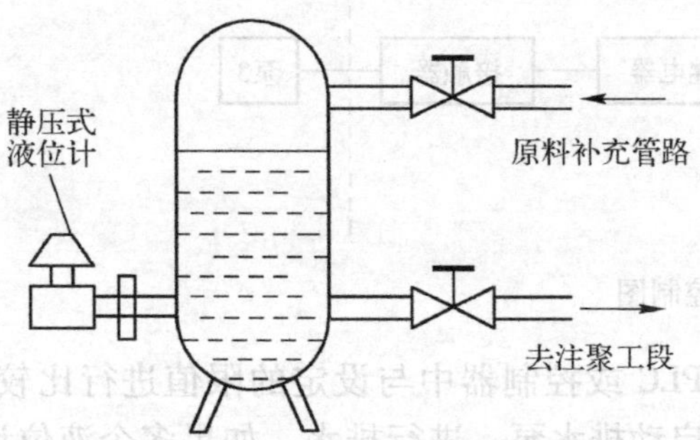

图5-29　静压式液位检测方法

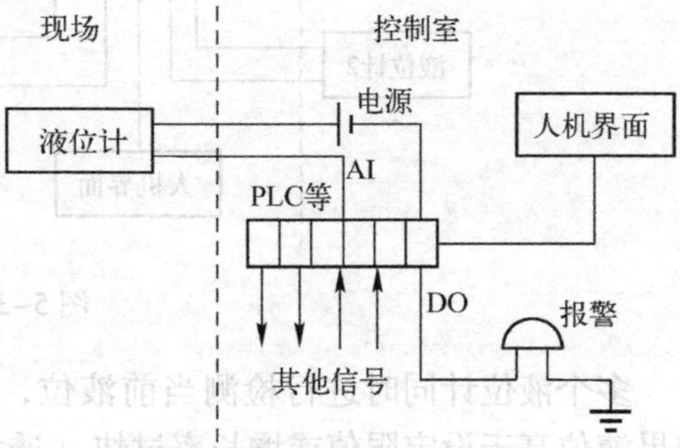

图5-30　系统结构原理图

此系统中，选用可编程逻辑控制器 PLC 作为控制核心。当静压式液位计检测当前液位值，输出为模拟信号（AI），送入可编程控制器 PLC 中与设定的下限值比较，低于下限时，PLC 输出的数字信号（DO）驱动声光报警器报警，提示操作人员及时补充物料。当前液位及报警下限值通过人机界面显示或设定。

5.5.2 矿厂井下排水系统液位检测

在煤矿、金矿开采过程中，井下排水系统是保持生产安全进行的重要保障系统。在排水系统中，主要是由蓄水池液位高度及变化率来控制高压泵的启停，从而维持液位在合理的范围内，工艺流程如图 5-31 所示。考虑到紧急情况时的及时排水，排水高压泵一般配备三台以上。

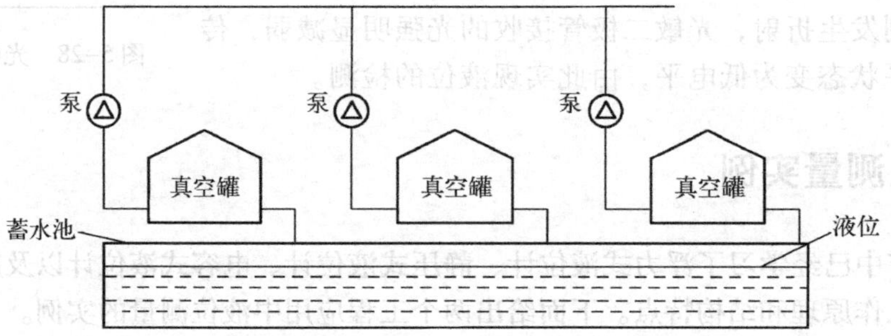

图 5-31 工艺流程图

选用液位计时，考虑到蓄水池本身是在井下开挖的坑，不像反应釜、储罐等可以加开法兰或导压管。另外，蓄水池中的水大多含有悬浮颗粒，因此不适合采用接触式液位计，实际应用中多采用非接触的超声波液位计或高脉冲雷达物位计，而且为增加可靠性，一般采用 2~3 个。系统控制图如图 5-32 所示。

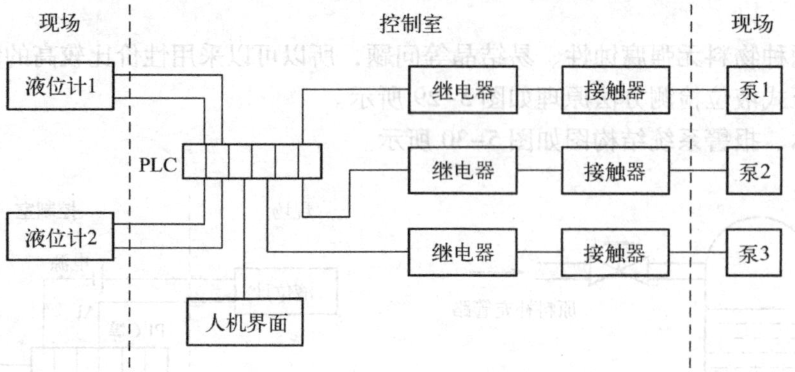

图 5-32 系统控制图

多个液位计同时进行检测当前液位，送入到 PLC 或控制器中与设定的限值进行比较，如果液位高于设定限值或增长率过快（透水时），启动排水泵，进行排水。如果多个液位计之间差异较大，则提示报警，提醒操作人员检查。

思考题和习题

5.1　什么是静压法液位测量系统的零点正漂移和负漂移？漂移的实质是什么？

5.2　差压式液位计的工作原理是什么？当测量有压容器的液位时，差压计的负压室为什么一定要与容器的气相连接？

5.3　用电容式液位计测定液位时，导电物质与非导电物质所用的电极为什么不一样？

5.4　料位测量与液位测量有哪些重要区别？

5.5　非接触式物位仪表有哪些？有什么特点？

5.6　超声波物位计的测量原理是什么？其测量方法有哪些？

第6章 工业分析仪表

6.1 工业分析仪表简介

分析仪表是对物质的组成和性质进行分析和测量，并能直接指示物质的成分及含量的仪表。分析仪表分为实验室用仪表和工业用自动分析仪表。前者用于实验室，其分析结果较准确，通常是先人工现场取样，然后进行人工进样分析。而后者用于连续生产过程中，周期性自动采样，连续自动进样分析，随时指示、记录、打印分析结果，所以工业分析仪表又称为在线分析仪表或过程分析仪表。

6.1.1 工业分析仪表的现状及发展趋势

工业分析仪表由于在科学技术和国民经济生产中的重要作用，正受到世界各国的普遍重视。目前成分分析仪器的发展趋势大致可以归纳为以下几个方面。

1. 计算机的广泛应用

计算机，特别是微型计算机在成分分析仪器中的应用，是整个成分分析仪器领域的一次革命，是进入20世纪70年代后期以来成分分析仪器发展的一个主要趋势。目前计算机已经广泛应用于多种近代成分分析仪器的数据处理、监督成分分析仪器的功能、控制它们的工作和各项操作参数等方面。计算机和成分分析仪器相结合已经成为生产过程自动控制的有效工具。由于微型计算机，特别是单片机的出现，一些自身带有微型计算机的“智能”成分分析仪器已经陆续生产出来。

2. 新型传感器技术的应用

激光技术、固体气敏元件、大规模集成电路、超导、光导等新技术的出现，大大扩展了成分分析仪器的品种和适用范围，提高了仪器的准确度、灵敏度、稳定性和自动化程度。当前科学技术的发展已经进入了一个崭新的阶段，新科学、新技术、新工艺层出不穷。自然科学和工程技术的许多成就在成分分析仪器领域中还没有得到充分应用。成分分析仪器必须广泛采用一些学科领域的最新成就，才能使自己得到更快发展，更好地为科学技术进步和国民经济发展服务。

3. 自动化程度的不断提高

随着我国自动化生产水平的提高，迫切要求把在实验室中已经成熟的各种成分分析仪器和分析方法逐步应用到生产实践中去，成为能连续自动完成生产过程中所必需的测量、监督和调节任务的手段。为此，一方面要努力开展作为过程成分分析仪器所必需的自动采样和试样预处理系统的研制工作，同时还要提高成分分析仪器的自动化程度。这不仅是生产过程自动化所需要的，而且对于实验室分析仪器也是必需的，因此自动化程度的不断提高是当前成分分析仪器的主要发展趋势之一。

4. 结构组成的标准化和模块化

在20世纪60年代初某些用途较广的实验室成分分析仪器，例如气相色谱仪就已经开始采用所谓的“积木式”结构。它是将仪器分解成若干个标准部件，根据用途不同进行适当组合，以满足不同使用功能的要求。此外在电子部件方面尽量采用标准化插件，这些插件可以是一个放大器、程序控制器以及计算机联机接口等。实现成分分析仪器的标准化、系列化和单元组合化，这不仅有利于降低仪器的生产成本、缩短制造周期，而且还可以简化操作技术、提高使用灵活性、减少维护工作量、有利于推广成分分析仪器的应用。

计算机网络技术的广泛应用，采用各学科领域的最新成就，仪器自动化程度的不断提高，努力实现标准化、系列化，这些就是当前成分分析仪器的主要发展趋势。

6.1.2 工业分析仪表的分类及应用

1. 工业分析仪表的分类

分析仪表按使用场所可分为：实验室用分析仪表和工业用分析仪表两种基本形式。按被测参数分类有：氢气分析、氧气分析、工业pH仪、盐量表等；按其工作原理，又可分为以下几种。

1）电化学式分析仪表。包括电导式分析仪、电位式分析仪、电量式分析仪、离子浓度计、原电池式分析仪、电解式分析仪、极谱仪等。

2）热学式分析仪表。包括热分析仪、热导式分析仪、热化学式分析仪等。

3）磁学式分析仪表。包括加热磁式分析仪、磁力机械式分析仪、磁式气体分析仪、核磁及顺磁共振波谱仪等。

4）光学式分析仪表。包括发射光谱仪、红外线吸收式、红外及紫外分析仪、红外分光光度计、紫外及可见光光度计、分光光度计、原子吸收分光光度计、光干涉式分析仪、散射式分析仪、旋光仪、折光仪、光电比色式分析仪、偏振分析仪等。

5）射线式分析仪表。包括X射线衍射仪、X射线吸收式分析仪、X射线荧光分析仪及γ射线分析仪。

6）色谱仪。包括气相色谱仪、液相色谱仪、薄层色谱仪等。

7）电子和离子式光学分析仪表。包括电子探针、离子探针、电子能谱仪及各种质谱仪等。

8）其他分析仪。凡不属于上述类别的分析仪器，以及涉及两类及两类以上分析原理的分析仪器。

2. 工业分析仪表的应用

分析仪表是仪器仪表一个重要组成部分，用来检定、测量物质的组成和特征。在生产流程中，工业分析仪表可以随时监督原料半成品、成品的成分及含量，达到直接测量和控制的目的。所以工业分析仪表的应用提高和保证了产品的质量，降低了原材料的消耗，提高了劳动生产率，促进了生产的发展。归纳起来，工业分析仪表主要应用于以下几个方面：

1）工艺监督。在生产流程中，合理地选用分析仪表能准确、迅速地分析出参与生产过程的有关物质成分，可以及时地控制和调节，以达到最佳生产过程的条件，从而稳定生产质量和提高生产效率。例如，连续分析进氨合成塔气体的组成，根据分析结果及时调节与控制气体中氢和氮的含量，使两者之间保持最佳的比值，从而获得最佳氨合成率，增加氨产量。

2）节约能源。目前，工业分析仪表越来越多地应用在锅炉等燃烧系统，用来监督燃烧过程，降低能耗，节约燃料。例如，实时分析燃烧后烟气成分（如二氧化碳和氧的含量），是判断燃烧状况，监督锅炉经济运行的主要手段。

3）污染监测。对生产中排放物进行分析，使其中的有害成分不得超过环保规定值。例如，化工生产中排放出来的污水、残渣、烟气对大气、水源和农田等都会造成污染，所以对排放物及时进行分析和处理。

4）安全生产。在工业生产中，必须确保生产安全和防止事故。例如，在生产过程中如设备、管路泄露使有毒气体或可燃气体进入大气，当达到一定含量时可能造成人身或设备安全事故，通过分析仪表可测得有毒气体或可燃气体含量，及时报警或控制，确保安全生产。

6.1.3 工业分析仪表的基本组成

工业分析仪表一般由取样装置、预处理系统、检测器、信号处理及转换系统以及显示装置四部分组成，如图6-1所示。

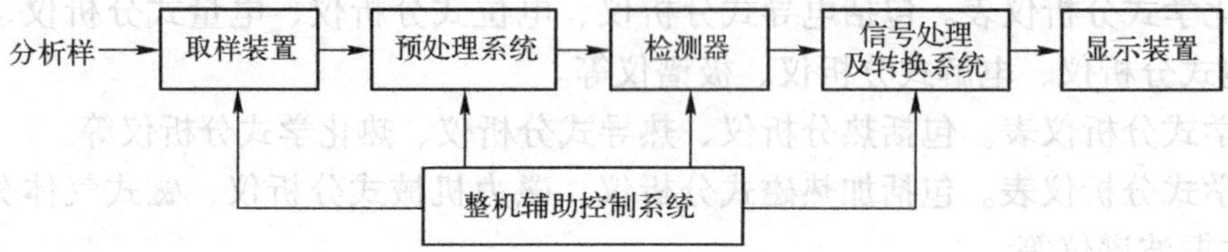

图6-1 工业分析仪表组成

1. 取样装置及预处理系统

取样装置及预处理系统是确保分析仪表正常工作不可缺少的部分。它的功能是从对象中取出有代表性的分析介质样品并作必要的处理。

取样装置应包括取样探头及其他一些与探头有直接关系的部件，如冷却与凝结收集器、反吹清洗器、抽吸器及取样泵等。这些部件的作用是取样，若对负压取样，应有抽吸器。另外在取样时，对烟尘量很大的样品往往采用水洗的方法进行机械杂质与腐蚀性气体的过滤，初步过滤掉样品中颗粒较大的机械杂质。由于取样装置直接安装在现场，工作条件恶劣，容易损坏，因此要用良好的材料制造，同时又要便于修理或更换。

样品经取样探头后再通入预处理系统，这一部分包括：过滤器、干燥器、精密压力调节阀、稳压阀、稳流阀、各种切换系统（如样品与标准样品的切换、多点取样切换）、分流器、流量指示仪与流量调节器、各种启闭阀与回收系统。这些部件的作用是对样品作进一步预处理，其中主要是过滤掉细小的灰尘，对油污、腐蚀性的物质与水份进行化学过滤或吸收，以及除去某些干扰组分。同时还要对样品的压力、流量、温度进行控制，使之能满足分析仪表的要求。

2. 检测器

检测器（也称发送器、传感器）是仪器的心脏部分。它的功能是把被分析物质的成分或物质性质变换为电信号。不同分析仪表，有不同的检测形式，也就有不同的检测器。

3. 信号处理及转换系统

信号处理及转换系统的作用是进一步处理检测器提供的信息，如电信号的转换、放大、线性化、变换为统一信号（如4～20mA，0～10mA电流等）或数字信号等，并将信号不失真地送给显示装置。

4. 显示装置

显示装置用来显示分析结果。一般有模拟显示和数字显示两种。模拟式显示仪表一般采用通用的显示仪表，如动圈式显示仪表或带电子自动平衡的指示记录仪，这些显示仪表要按被测物质成分重新分度标尺。现在在分析仪表中也逐渐广泛采用数字显示，并且与计算机联用的分析仪表中开始应用图像显示。

6.2 热导式气体分析仪

热导式气体分析仪，是热学式成分分析仪器的一种，这种分析仪器在工业上已经有几十年的应用历史。类型很多，能分析的气体也很广泛，可分析气体混合物中某个组分的百分含量，如分析混合气体中H_2、CO_2、SO_2、NH_3、Ar等气体的含量，是目前气体成分分析仪器中比较基本和重要的一种。热导式气体分析仪在化肥工业和有氢气作业的工业流程中，应用极为广泛。以热导式气体分析仪作为变送器组成的自动调节系统，可以实现对生产过程的自动调节，对于提高产品质量，安全生产和节能等有一定的作用。此外，热导检测器也广泛应用于气相色谱仪和实验室分析中。

6.2.1 热导分析的基本原理

由传热学可知，同一物体各部分之间，或者互相接触的两物体之间，若存在着温度差，则热量会从高温部分传递到低温部分，或者从高温物体传向低温物体，这种传递热量的方式叫热传导，简称导热。固体、液体和气体都有导热能力。一般来说，固体导热能力强于液体和气体，气体导热能力最弱。物体的导热能力以热导率λ来表示，物体传热的关系可用傅里叶定律描述，即单位时间内传导的热量和温度梯度以及垂直于热流方向的截面积成正比。

$$d\varphi = -\lambda \frac{dt}{dn} dA \tag{6-1}$$

式中，$d\varphi$为单位时间内通过介质微元等温面传导的热量（W）；λ为介质的热导率［W/(m·℃)］；dA为垂直于温度梯度方向的介质微元等温面的截面积（m^2）；dt/dn为温度梯度（℃/m）。

式（6-1）即是著名的傅里叶定律解析表达式。由该式可以看到，通过介质微元等温面传导的热量，不仅与等温面处温度梯度有关，而且与介质的热导率成正比。介质的热导率越大，在同样的温度梯度情况下，通过单位微元等温面传导的热量越多，可见热导率标志着物质的导热能力。式中的负号说明热量的传导方向与温度梯度的方向相反（即温度下降的方向）。

气体导热的实质是气体分子在热运动过程中相互碰撞而传递能量。气体导热率通常与温度有关。当温度升高时，分子运动加剧，热导率随之增大。热导率与温度的关系（在温度范围不是很大时）可近似写成

$$\lambda = \lambda_0(1+\beta t) \tag{6-2}$$

式中，λ 是温度为 t 时介质的热导率；λ_0 为温度为0℃时介质的热导率；t 为摄氏温度；β 为介质热导率的温度系数。

表6-1给出了常见气体相对热导率（气体热导率与空气热导率之比）及其温度系数的数值。

表6-1 常见气体相对热导率及温度系数

气体名称	相对热导率/0℃时	温度系数/℃ 0~100℃时	气体名称	相对热导率/0℃时	温度系数/℃ /0~100℃时
空气	1.000	0.00253	二氧化硫	0.344	—
氢	7.130	0.00261	氯	0.322	—
氖	1.991	0.00256	甲烷	1.318	0.00655
氧	1.015	0.00303	乙烷	0.807	0.00583
氮	0.998	0.00264	乙烯	0.735	0.00763
一氧化碳	0.964	0.00262	二乙醚	0.543	0.00700
氨	0.897	—	丙酮	0.406	0.00720
氩	0.685	0.00311	汽油	0.370	0.00980
氧化氩氨	0.646	—	二氯甲烷	0.273	0.00530
二氧化碳	0.614	0.00495	水蒸气	0.973（100℃时）	0.00455（100℃时）
硫化氢	0.538	—			

对于大多数烟气，一般都是由多种气体组成的混合气体，除含有 CO_2 外，还可能含有 SO_2、N_2、O_2 以及 H_2O（蒸汽）等气体。混合气体的热导率是由所含组分气体的热导率共同决定的。对于彼此之间无相互作用的多组分气体，其热导率可以近似地认为是各组分热导率按组分含量的加权平均值，即

$$\lambda_c = \sum_{i=1}^{n} \varphi_i \lambda_i \tag{6-3}$$

式中，λ_c 为混合气体的热导率；φ_i 为混合气体第 i 组分的体积分数；λ_i 为第 i 组分气体的热导率。

根据混合气体热导率与各组分热导率之间的关系，就可以实现多组分气体含量分析。由式（6-3）可以看出，尽管各组分热导率 λ_i（1，2，…，n）是已知的，但各组分的含量都是未知的，试图通过上面的一个方程来确定所有组分的含量，实际上是不可能的。严格地讲，热导式成分分析仪只能解决双组分气体的含量分析，此时式（6-3）的具体形式为

$$\lambda_c = \varphi_1\lambda_1 + \varphi_2\lambda_2 \tag{6-4}$$

设下标1的组分为待测组分，下标2为背景气体。由于 $\varphi_1 + \varphi_2 = 100\%$，于是

$$\lambda_c = \varphi_1\lambda_1 + (1-\varphi_1)\lambda_2 \tag{6-5}$$

$$\varphi_1 = \frac{\lambda_c - \lambda_2}{\lambda_1 - \lambda_2} \tag{6-6}$$

可见只要测量出混合气体的热导率 λ_c，就可以根据两个组分的热导率 λ_1 和 λ_2 求得待测组分的含量。

对式（6-5）微分，可得

$$d\lambda_c = (\lambda_1 - \lambda_2)\,d\varphi_1 \tag{6-7}$$

或

$$\frac{d\lambda_c}{d\varphi_1} = \lambda_1 - \lambda_2 \tag{6-8}$$

可见仪器的灵敏度与两个组分热导率之差成正比，即双组分的热导率相差越大，仪器的灵敏度越高。

对于烟气和大多数多组分混合气体，若各组分之间满足：

1）除待分析组分外，其余组分的热导率相等或接近，即 $\lambda_i = \lambda_{i+1}$（$i=2, 3, \cdots, n-1$）。

2）待分析组分与其余组分热导率相差很大，则式（6–3）可以写成

$$\lambda_c \approx \varphi_1\lambda_1 + (\varphi_2 + \varphi_3 + \cdots + \varphi_n)\lambda_2 = \varphi_1\lambda_1 + (1-\varphi_1)\lambda_2 \tag{6-9}$$

可见式（6–5）同样是适用的，并可保证仪器有较高的灵敏度。

对于待测烟气，所含组分的热导率可由表 6–1 查得，待测组分 CO_2 为 0.614；其余组分：N_2 为 0.998，O_2 为 1.015，H_2O（蒸气）为 0.973，彼此相差很小，可以近似认为相等（$\lambda_2 \approx 1$）。但 SO_2 为 0.334，与其余背景组分热导率相差较大，并且一般含量较高。SO_2 的存在将严重影响测量结果，一般称这样的组分为干扰组分。对干扰组分所采取的措施是在混合气体进入分析仪器之前由预处理系统加以滤掉。

6.2.2 热导分析仪的检测器

上面的分析结果表明，通过对混合气体热导率的测量可以确定待分析组分的含量。但实际上要想直接测量气体的热导率有一定的困难。目前比较可行的办法是对气体热导率的测量转化成为对置于气体内部的热敏电阻的阻值测量。

1. 检测器的特性分析

实现将混合气体热导率的变化转换成热敏电阻阻值变化的部件，称为检测器或热导池。

图 6–2 为热导池的结构示意图。图中热导池包括圆柱形腔体，它由铜、铝或不锈钢制造，以及悬挂在热导池中央的细长金属丝——电阻元件组成。电阻丝直径一般在 0.015 ~ 0.025 mm，材料为铂、钨或铼钨等。电阻丝通过引线与电源连接，为防止引线与腔体短路，引线与腔体之间加有绝缘。

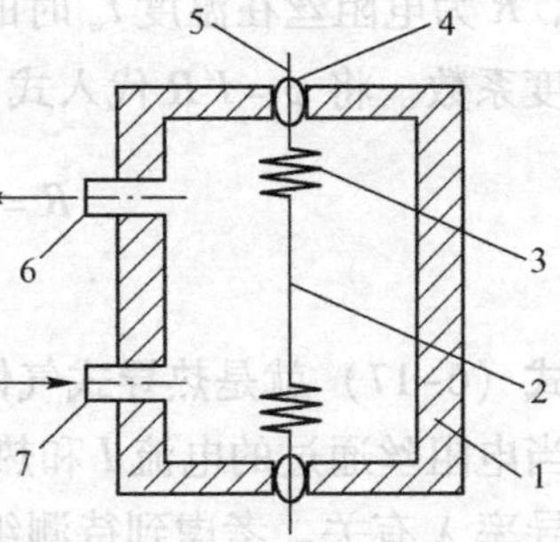

图 6–2 热导池结构示意图

1—腔体 2—电阻丝 3—支撑弹簧 4—绝缘
5—引线 6—气体出口 7—气体入口

当电阻元件通过电流 I 时，电阻由电源吸收的功率将全部转变成热量

$$\varphi = I^2 R \tag{6-10}$$

式中，φ 为电流通过电阻元件时单位时间产生的热量；I 为通过电阻元件的电流值；R 为电阻元件的阻值。

热流量一方面使电阻元件本身温度升高，另外也向周围散失。当热导池内通入待分析气体（例如烟气），而气体的流量又很小时，电阻元件向外散失的热量主要靠气体的导热。当通过电阻元件的电流、气体成分以及热导池壁面温度一定时，电阻元件温度上升到某一数值后，便会出现电源供给的热量与气体的导热量相平衡的情况，此后电阻元件的温度以及热导池内温场分布都保持不变。

由于结构的对称性，在忽略边缘效应的情况下，热平衡时热导池内的温场为一系列同轴圆柱等温面。对于半径为 r 的等温面，由傅里叶公式可以写出

$$\varphi = -\lambda_c \frac{dt}{dr}A \tag{6-11}$$

式中，φ 为单位时间气体的导热量；λ_c 为混合气体的热导率；dt/dr 为半径为 r 等温面处的温度梯度；A 为 r 等温面的面积，$A=2\pi rl$（l 为电阻丝的长度）。

热平衡时各等温面的导热量相当，φ 值与 r 无关，采用分离变量法，可求得

$$\lambda_c dt = -\frac{\varphi}{2\pi l}\frac{dr}{r} \tag{6-12}$$

考虑到气体热导率与温度的关系，将式（6-2）代入上式，积分得

$$\lambda_{c0}t\left(1+\frac{\beta_c}{2}t\right) = -\frac{\varphi}{2\pi l}\ln r + C \tag{6-13}$$

式中，λ_{c0} 为混合气体在0℃时的热导率；β_c 为混合气体热导率的温度系数；C 为积分常数。

对于热导池壁，有 $r=r_c$ 时 $t=t_c$，代入上式可确定积分常数

$$C = \lambda_{c0}t_c\left(1+\frac{\beta_c}{2}t_c\right) + \frac{\varphi}{2\pi l}\ln r_c \tag{6-14}$$

假定电阻丝表面 $r=r_w$ 处的温度 $t=t_w$，将这一关系代入式（6-11），并考虑到积分常数，整理之后为

$$\varphi = \lambda K(t_w - t_c) \tag{6-15}$$

式中，λ 为混合气体的平均热导率，$\lambda=\lambda_{c0}[1+\beta_c(t_c+t_w)/2]$；$K$ 为与热导池尺寸相关的常数，$K=2\pi l/\ln(r_c/r_w)$，称为热导池系数。

电阻丝的阻值是温度的函数，其函数关系为

$$R = R_0(1+\alpha t_w) \tag{6-16}$$

式中，R 为电阻丝在温度 t_w 时的阻值；R_0 为电阻丝在0℃时的电阻值；α 为电阻丝材料的电阻温度系数。将 $\varphi=I^2R$ 代入式（6-16），整理后可以得到

$$R = R_0 + \alpha t_c R_0 + \frac{\alpha I^2}{K\lambda}R_0 R = \frac{R_0(1+\alpha t_c)}{1-\dfrac{\alpha I^2 R_0}{K\lambda}} \tag{6-17}$$

式（6-17）就是热导式气体分析仪热导池（检测器）的特性方程。由上面分析可以看到，当电阻丝通过的电流 I 和热导池的壁面温度 t_c 固定时，电阻丝的电阻值只与待分析气体的热导率 λ 有关。考虑到待测组分（例如 CO_2）含量与混合气体（如烟气）热导率的关系式（6-4），很明显，通过测量电阻丝阻值 R 便可实现对多组分气体待测组分的含量分析。

2. 影响检测器特性的因素

在前面讨论热导池的工作特性时，已作了一些假定。例如假定电阻元件的热量主要是由气体导热散失的，热导池的壁面温度以及电阻丝通过的电流是恒定的，电阻丝的边缘效应可以忽略等。显然，当这些条件不能或不完全能得到满足时，便会影响检测器的工作特性。下面对影响检测器工作特性的主要因素进行必要的讨论。

（1）电阻丝的参数

由式（6-10）可以看出，电阻丝的初始电阻 R_0、电阻温度系数 α 的数值及其稳定性，

对检测器的灵敏度和准确度都有很大影响。一般 R_0 的数值取大一些有利于灵敏度的提高。增大 R_0 的办法有两个：一是增大电阻丝的长径比，另一个是选用电阻率大的材料。电阻丝的长径比受电阻丝的直径和热导池的长度的限制，直径过细，电阻丝强度太低，容易断；而热导池长度过大会使检测器响应速度下降。一般长径比控制在4000以下。适于做电阻丝的材料是铂、钨和铼钨。铂的性能比较稳定，是较理想的材料，但电阻温度系数小些。钨的电阻温度系数比铂高，但容易氧化。铼钨电阻率及电阻温度系数都比较大，并且比较稳定。

对于检测器，不仅要求有一定的灵敏度，尤其重要的是要求性能稳定。为保证电阻丝的参数 R_0 和 α 稳定，不仅对材料有一定的要求，而且还应进行必要的老化处理。

(2) 工作电流 I

由式（6-10）还可以看出，工作电流 I 的大小与电阻丝阻值 R 的关系很大，因此电流的大小及稳定性将严重影响仪器的性能。一般的热导式气体分析仪中都有保持电流恒定的稳流装置。

电流 I 的大小，直接影响仪器的灵敏度，I 的数值越大，检测器灵敏度越高。但是电流过大将使电阻丝的温度增高，增大辐射散热损失，影响仪器的准确度。一般电流值应与电阻丝的阻值 R_0 统一考虑，以保证对热导池供给的热量 I^2R 符合工作要求。

(3) 壁腔温度影响

由式（6-7）可以看到，壁腔温度变化会直接影响测量准确度。解决的办法有两种。一是利用差值法（或称比较测量法），它是在同一块金属中加工两个参数完全一致的热导池，其中一个通入待分析气体，作为工作热导池，另一个封入（或通过）组分固定的参比气体，作为参比热导池。由于两个热导池经受大体相同的环境温度影响，当线路上采用差值测量时，二者所受的影响可以互相抵消。这种办法比较简单，在要求不高时可以采用。另一种方法是采用恒温法，把工作热导池和参比热导池都放在一个恒温装置中，使二者经受的环境温度完全一致，并且恒定。很明显，这种办法的准确度是比较高的，但是需要一套恒温装置，其结构复杂，造价较高。

(4) 其他散热影响

在热导池内存在的其他散热损失，主要有下述四种。

1）辐射散热。由于电阻丝的温度高于热导池腔壁温度，因此存在电阻丝的辐射散热损失。根据斯忒藩—玻耳兹曼定律，辐射散热和物体热力学温度的四次方成比例。为了减小这部分热量损失，必须限制电阻丝的温度。实践表明，当电阻丝的温度控制在200℃以下时，辐射散热一般不超过全部热量的1%，尤其在混合气体热导率比较大时，这部分损失所占的比例更小，一般可以忽略不计。

2）引线导热损失。一般金属的热导率很大［约在0.25～420 W/(m·K)］，比气体约大几十至几万倍，因此应考虑电阻丝引线导热所造成的热量损失。根据传热学理论，金属丝的导热量与它的长径比有关。只要把电阻丝的长径比尽量取大一些，一般在2000～3000以上时，便可忽略此项误差对准确度的影响。电阻丝的直径一般为 $d_w = 0.03 \sim 0.05$ mm，所以其长度应在30～70 mm之间，大多取50～60 mm。

3）气体对流散热。在热导池内，由于各点温度不同会引起气体对流散热。根据传热学理论，在有限空间内气体的对流散热量与其横向间距成反比，因此减小热导池的内径将有助于降低这部分散热损失。一般腔壁内径取4～7 mm，对流损失可控制在总热量的1%以内。

此外为进一步降低对流散热，往往将热导池垂直放置，气体自下而上引入热导池，这样可使气体的对流速度淹没在气体的定向运动之中，使对流散热的影响明显降低。

4）气体带走的热量。待分析气体流过热导池时，会带走一部分热量，因此影响测量结果。很明显，气体带走热量的多少，与气流速度有关。当将气体的流量控制得比较小时，尤其是使气流速度保持恒定，尽管气体带走的热量不可忽视，但基本上为一个不变的常数（气体带走的热量与成分关系不大），所以在设计时可以不考虑这一因素对准确度的影响（当然气流速度过大时，会使检测器的灵敏度下降）。

3. 检测器的结构

（1）结构类型

根据待分析气体流过检测器的方式不同，检测器可分为直通式、对流式和扩散式三种。

1）直通式。图6-2所示的检测器，是单臂直通式检测器的结构示意图。不过目前为提高检测器灵敏度，单臂式的已经很少应用。图6-3是双臂直通式检测器结构示意图。这种检测器共有左右两个完全一样的热导池，它们由主气管从下方将待分析气体引入，由上方主排气管排出。

直通式检测器由于待分析气体直接流过热导池，所以传热快、反应迅速、测量滞后小，因此应用比较广泛。

2）对流式。图6-4是一种单臂对流式检测器结构示意图。气体由进气管进入，其中大部分直接由主管道排出，只有一小部分由热导池下方的小孔进入池内。进入池内的气体受电阻丝加热后产生对流，热对流的推力使气体沿图中箭头所示的方向流动，并从池壁下方的小孔流回到主管道，随同刚进入到主管道内的气体一起排出。

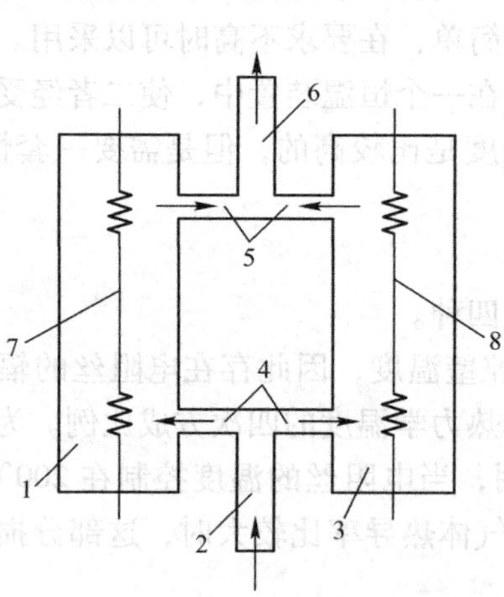

图6-3　双臂直通式检测器结构示意图

1—左热导池　2—主进气管　3—右热导池　4—进气分流管　5—排气分流管　6—主排气管　7、8—电阻丝

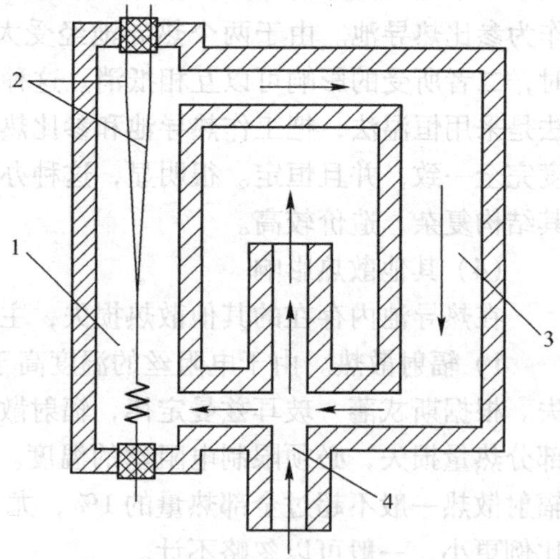

图6-4　单臂对流式检测器结构示意图

1—工作热导池　2—电阻丝　3—循环管　4—主管道

由于热导池内气体的流动主要由对流造成的，受主管道气体流量的影响比较小，因此没有必要设置流量控制装置。但是由于热对流的推力比较小，热导池内气体流动的速度比较慢，因此检测器的滞后时间较长，一般用得不多。

3）扩散式。扩散式检测器的结构如图6-5所示。当待分析气体由主气管引入时，并不直接进入热导池，而是靠气体扩散作用使热导池内的气体成分逐渐与待分析气体趋于一致。

由于热导池内的气体是靠扩散作用与主气管道交换的，扩散交换速度与主管道内的气体流量关系不大，因此样气的流量变化对测量几乎不产生影响。它的缺点是响应速度慢，同时检测器的灵敏度也比较低。

除图 6-5 所示的基本结构外，目前尚有半扩散式和双臂扩散式结构，如图 6-6 和图 6-7 所示。它们除具备基本扩散式的优点外，在灵敏度和响应速度上分别有所改进。

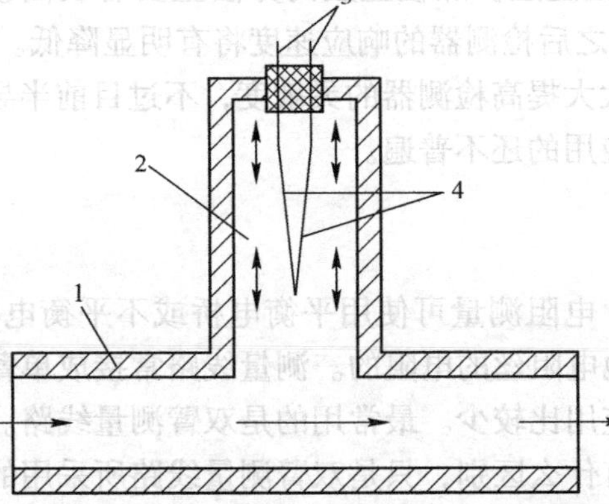

图 6-5　扩散式检测器结构示意图

1—引管　2—扩散室　3—引线　4—电阻丝

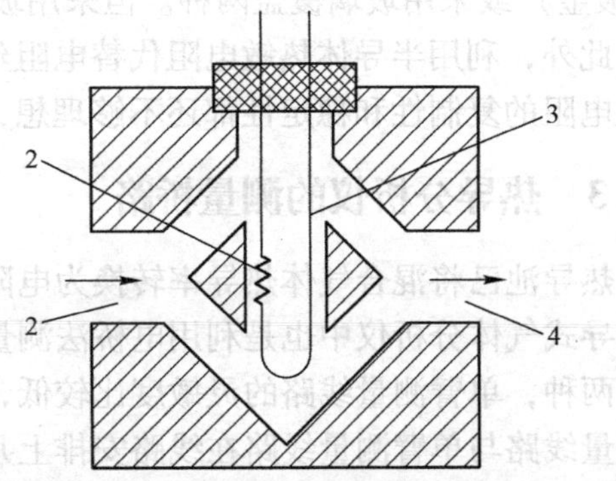

图 6-6　半扩散式检测器结构示意图

1—进气口　2—扩散室　3—电阻丝　4—出气口

(2) 电阻丝支撑方法

如前所述，电阻丝是检测器的关键元件，它是在低温情况下安装，在高温情况下工作，因此工作时其长度会有所伸长。

同时，由于待分析组分及其含量的变化，温度会随之改变，电阻丝也会发生伸缩。为使电阻丝的长度发生变化时仍保持原来的几何位置，不至于弯曲或偏离热导池轴线，影响散热，目前电阻丝的两端部是通过细金属弹簧张紧并与引线连接。弹簧材料一般用铂铱丝，也有用镀金磷青铜的。

电阻丝的支撑方法，主要有直线形、V 形以及弓形三种，如图 6-8 所示。

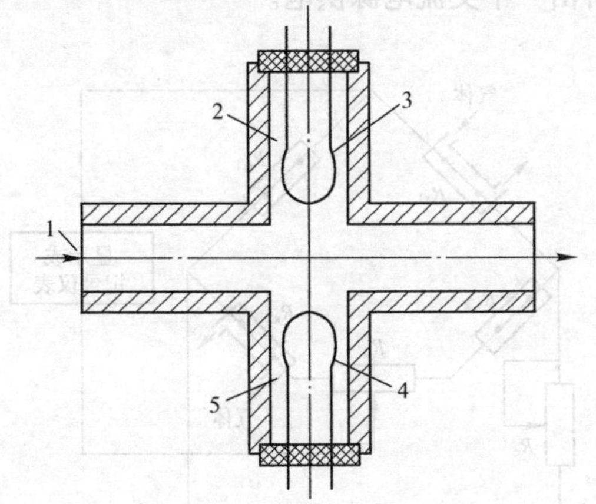

图 6-7　双臂扩散式检测器结构示意图

1—引管　2、5—扩散室　3、4—电阻丝

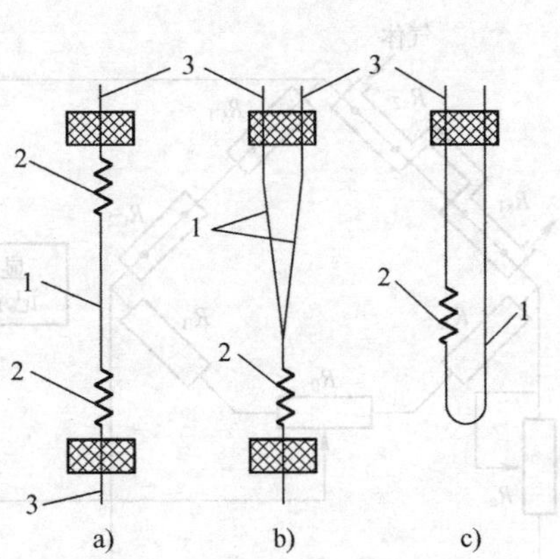

图 6-8　电阻丝支撑方法示意图

a) 直线支撑　b) V 形支撑　c) 弓形支撑

1—电阻丝　2—张紧弹簧　3—引线

其中直线形最简单，电阻丝对中方便，但需要两端固定，安装不便。V形支撑在同样热导池长度情况下，电阻丝的长度可比直线形增加一倍，这有利于检测器灵敏度的提高，但也有直线形支撑两端固定安装不便的缺点。弓形法，由于只需要一端固定，因此安装方便，但是由于对中比较困难，因此应用较少。

至于电阻丝材料，如前所述可以是铂、钨和铼钨。有时为了防止氧化或防止金属与待分析气体个别组分起触媒作用，电阻丝表面可以加覆盖层。加覆盖层的方法主要有表面镀层（如镀金）或采用玻璃覆盖两种。但采用玻璃覆盖之后检测器的响应速度将有明显降低。

此外，利用半导体热敏电阻代替电阻丝可以大大提高检测器的灵敏度，不过目前半导体热敏电阻的复制性和稳定性都还不够理想，因此应用的还不普遍。

6.2.3 热导分析仪的测量桥路

热导池已将混合气体热导率转换为电阻信号，电阻测量可使用平衡电桥或不平衡电桥。在热导式气体分析仪中也是利用电桥法测量热导池电阻丝的电阻的。测量线路常接成单臂和双臂两种，单臂测量线路的灵敏度比较低，目前应用比较少。最常用的是双臂测量线路。双臂测量线路与单臂测量线路在线路安排上几乎没有什么区别，只是双臂测量线路所采用的检测器是双臂热导池。具体测量线路如图6-9a、b两种。

图中R_{x1}和R_{x2}为双臂热导池的两个工作臂，R_{c1}和R_{c2}为双臂热导池的两个参比臂。图6-9a中，R_{x1}和R_{x2}串接在线路的一个桥臂上，R_{c1}和R_{c2}串接在另一个桥臂上，另外有两个固定的电阻R_A和R_B与它们组成一个测量桥路。图6-9b中的桥路只由工作热导池电阻R_{x1}和R_{x2}，以及参比热导池电阻R_{c1}和R_{c2}组成。图6-9a线路的优点是容易进行初始补偿及线路调整，缺点是供桥电压高，消耗功率比较大。图6-9b线路则刚好相反。

图6-10所示的是目前广泛采用的一种双桥路测量线路，这种线路的突出优点是几乎不受环境温度和电源电压波动的影响。它的测量线路由两个桥路组成，其中电桥Ⅰ为检测电桥，与图6-9b没有区别；而电桥Ⅱ为参比电桥，它的四个桥臂全部由参比热导池组成，其中R_{c2}与电桥Ⅰ中的参比臂R_{c1}相同，内部充入含待测组分下限浓度的参比气体，而R_{c3}则充入含待测组分上限浓度的参比气体。这两个电桥由一个交流电源供电。

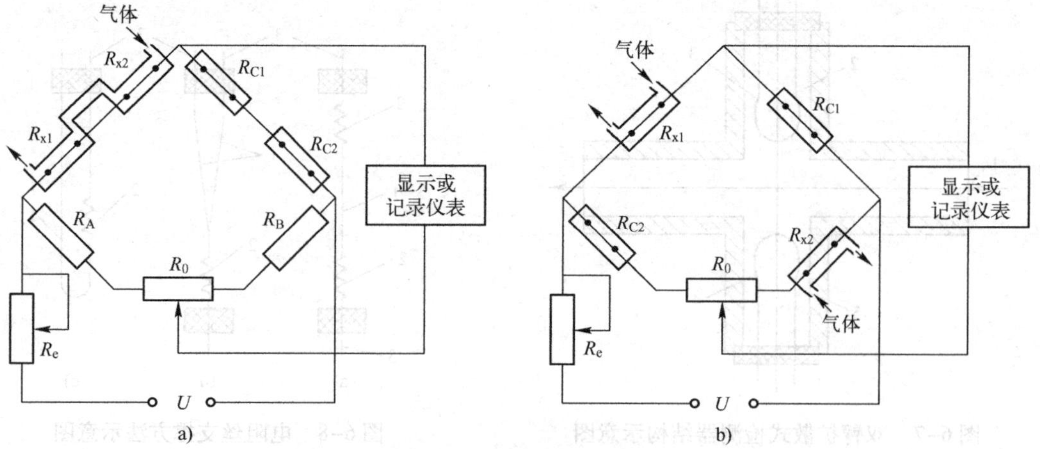

图6-9 双臂测量电路

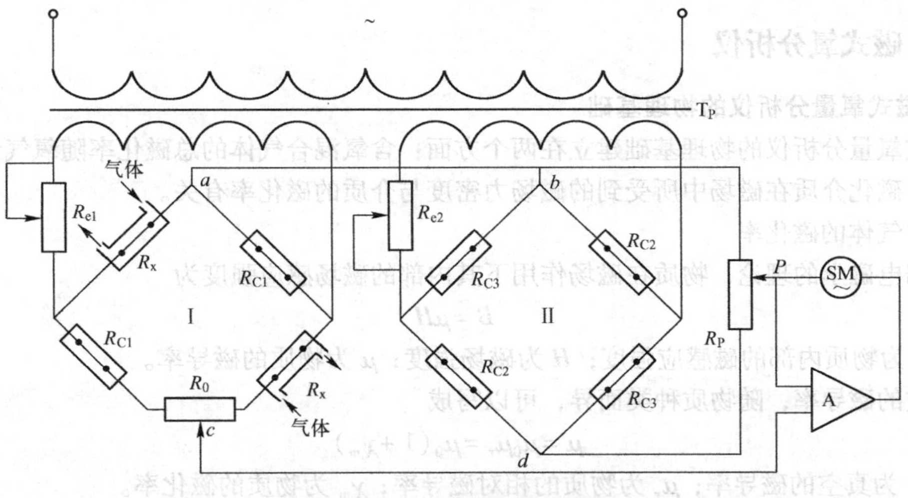

图 6-10　双桥路测量线路原理图

Ⅰ—检测电桥　Ⅱ—参比电桥　A—交流放大器　SM—可逆电机　T_p—电源变压器

对于参比电桥，由于四个桥臂电阻都是固定的，因此它的对角线输出电压，即电位器 R_P 两端的电压 U_{bd}（交流）也是固定的（指幅值），并且刚好对应于待测组分的满量程浓度。对于测量电桥，桥路电压 U_{ac} 则是随混合气体待分析组分浓度不同而变化的（指幅值），而其相位与参比电桥的相位是一致的。当测量电桥输出电压 U_{ac} 和电位器 R_P 的动点电压 U_{bp} 不相等时，其差 $U_{ac}-U_{bp}$ 被送入到信号放大器 A，经放大后推动可逆电机 SM。电机 SM 的旋转方向按负反馈方向确定：当 $U_{ac}>U_{bp}$ 时，SM 反转，使 U_{bp} 增加并趋于 U_{ac}；当 $U_{bp}=U_{ac}$ 时，$U_{ac}-U_{bp}=0$，电机停止转动。同样当 $U_{ac}<U_{bp}$ 时，$U_{ac}-U_{bp}$ 与原来方向相反，电机 SM 正转，使 U_{bp} 下降；当 $U_{bp}=U_{ac}$ 时，$U_{ac}-U_{bp}=0$，电机停止转动。可见电机静止时电位器动点电压刚好与测量桥路输出相等，因此 P 点的位置即对应于待测组分的浓度。

这种测量线路，由于测量电桥和参比电桥共用一个电源变压器，电源电压波动对二者的影响基本可以互相抵消，因此可以不用稳压电源供电。同时由于测量桥路和参比桥路处于同一环境温度之下，外界温度变化对测量结果的影响也可减至最小。所以烟气 CO_2 成分分析最适宜采用双桥式测量线路。

6.3　氧量分析仪

在一些生产过程中，尤其是燃烧和氧化反应过程中，测量和控制混合气体中的氧含量是非常重要的。例如，在加热炉或锅炉燃烧系统中，为了达到完全燃烧，使其有较高的热效率，并且能减少对大气污染，目前在加热炉或锅炉控制系统中较多采用了热效率控制，通过测出烟道中氧含量来调节空气量，以达到合适的燃油（或燃气）与空气比例，使得在完全燃烧过程中，达到最高热效率，既节能又减少大气污染。

目前，氧含量分析方法有两种：一种是物理分析法，如磁氧分析器；另一种是电化学法，如氧化锆分析器。磁氧分析器是利用氧的磁化特性工作的，根据仪器结构原理不同，磁性氧化分析器又可以分为热磁氧化分析器和磁力机械式分析器。本节着重介绍磁氧分析仪和氧化锆分析仪。

6.3.1 磁式氧分析仪

1. 磁式氧量分析仪的物理基础

磁式氧量分析仪的物理基础建立在两个方面：含氧混合气体的总磁化率随氧气含量而发生变化；磁化介质在磁场中所受到的磁场力密度与介质的磁化率有关。

(1) 气体的磁化率

根据电磁学的理论，物质在磁场作用下其内部的磁场感应强度为

$$B=\mu H \tag{6-18}$$

式中，B 为物质内部的磁感应强度；H 为磁场强度；μ 为物质的磁导率。

物质的磁导率，随物质种类而异，可以写成

$$\mu=\mu_0\mu_r=\mu_0(1+\chi_m) \tag{6-19}$$

式中，μ_0 为真空的磁导率；μ_r 为物质的相对磁导率；χ_m 为物质的磁化率。

物质的磁化率 χ_m 的意义为在单位磁场强度作用下物质单位体积内的磁矩，即

$$\chi_m=\frac{J}{H} \tag{6-20}$$

式中，J 为物质单位体积内的磁矩，即磁化强度。

将式（6-19）、式（6-20）代入式（6-18）可以得到

$$B=\mu_0(1+\chi_m)H=\mu_0(H+J) \tag{6-21}$$

由此可见物质的磁感应强度由两部分组成，一部分为在真空中形成的磁感应强度，另一部分为由于物质的存在所产生的附加磁感应强度。物质的附加磁感应强度与物质种类有关，当物质的磁化率 $\chi_m>0$（$\mu_r>1$）时，附加$\left(\chi=\frac{\chi_m}{\chi_{mo_2}}\times 100\right)$。

磁感应强度与真空磁感应强度方向相同，总磁感应强度增加，该物质称为顺磁性物质。当 $\chi_m<0$（$\mu_r<1$）时，附加磁场强度与真空磁感应强度方向相反，总磁感应强度减小，这种物质称为逆磁性物质，对于 $\chi_m\gg 0$ 的物质，称为铁磁性物质。

表 6-2 给出了常见气体相对磁化率值（取氧的磁化率为 100）。从表中可以看出氧是一种顺磁性气体，它的磁化率最大，比 NO、NO_2 等其他气体都大得多。

表 6-2 常见气体的相对磁化率

气体名称	化学符号	相对磁化率	气体名称	化学符号	相对磁化率
氧	O_2	+100	氮	N_2	-0.40
一氧化氮	NO	+36.2	水蒸气	H_2O	-0.40
空气		+21.1	氯	Cl_2	-0.41
二氧化氮	NO_2	+6.16	二氧化碳	CO_2	-0.57
氧化亚氮	N_2O	+2.05	氨	NH_3	-0.57
氦	He	-0.06	氩	Ar	-0.59
氢	H_2	-0.11	甲烷	CH_4	-0.68
氖	Ne	-0.22			

对于多组分混合气体，总磁化率也可以近似地表示为各组分磁化率按组分含量的加权平均值，即

$$\chi_c = \sum_{i=1}^{n} \varphi_i \chi_i \tag{6-22}$$

式中，χ_c 为混合气体的磁化率；χ_i 为混合气体第 i 组分的磁化率；φ_i 为第 i 组分的体积分数。

如果在混合气体中不含有 NO 和 NO_2，则混合气体总磁化率基本上由氧气含量决定，即

$$\chi_c \approx \varphi_{O_2} \chi_{O_2} \tag{6-23}$$

式中，φ_{O_2} 为氧气的体积分数；χ_{O_2} 为氧气的磁化率。

可见只要能测出混合气体总的磁化率，就可以求得混合气体中氧气的含量，这就是磁性氧量分析仪的物理基础之一。

（2）介质的磁力密度

在非均匀磁场中的介质，会受到磁场力的作用。单位体积介质所受到的磁场力，称为磁力密度。

根据电磁学理论，磁性介质在磁场中所受到的磁力密度为

$$f = \frac{d_\omega}{d_n} \tag{6-24}$$

式中，f 为介质所受到的磁力密度；d_ω/d_n 为介质内所具有的附加磁能密度梯度。

单位体积的介质所具有的附加磁场能，即附加磁能密度为

$$\omega = \frac{1}{2}\mu_0 JH = \frac{1}{2}\mu_0 \chi_m H^2 \tag{6-25}$$

对于给定方向（例如 x 方向）的磁力密度，由式（6-24）和式（6-25）可以得到

$$f_x = \mu_0 \chi_m H \frac{d_H}{d_x} \tag{6-26}$$

式（6-26）即是在磁场中介质所受到的磁感应强度表达式。由式中可以看出，介质所受到的磁感应强度与介质的性质有关。对于顺磁性介质（$\chi_m > 0$），f_x 与 d_H/d_x 同号，介质所受到的磁感应强度指向磁场强度增加的方向，介质受磁场的吸引；对于逆磁性介质（$\chi_m < 0$），f_x 与 d_H/d_x 反号，磁感应强度指向磁场强度减弱的方向，介质受磁场的排斥。由公式还可以看出，介质所受到的磁感应强度的大小，与介质的磁化率成正比，介质的磁化率越高，它所受到的磁感应强度越大。对于含氧混合气体，由于气体的总磁化率主要由氧气的含量决定，因而气体所受到的磁感应强度的大小，就反映了氧气组分含量的高低。

含氧混合气体在磁场中所受到的磁感应强度的大小，完全由气体的磁化率决定，这就是磁性氧量分析仪的物理基础之二。

进一步分析式（6-26）就会发现，对于同样的磁性介质，如果磁场强度越高，磁场强度变化率越大，介质所受到的磁感应强度就越大，仪器的灵敏度也就越高。这就是磁性氧分析仪一般都采用高强度磁场而且变化陡降的原因。

2. 热磁对流式氧量分析仪

（1）工作原理

由居里定律知道，气体的磁化率与它的热力学温度有关，即

$$\chi_m = \frac{A}{\mu_0}\frac{\rho}{T} \tag{6-27}$$

式中，A 为居里常数；ρ 为气体的密度；T 为气体的热力学温度。

根据气体状态方程，可以得到气体的密度为

$$\rho = \frac{Mp}{RT} \tag{6-28}$$

式中，M 为气体的摩尔质量；p 为气体的压力；R 为普适气体常量。

将式（6-28）代入式（6-27），得

$$\chi_m = \frac{AMp}{\mu_0 RT^2} \tag{6-29}$$

可见，对于特定的气体（M 为定值），它的磁化率与气体的压力成正比，与温度的平方成反比。

对于具有一定氧气含量的多组分混合气体，将式（6-29）代入式（6-23）可得

$$\chi_c = \varphi_{O_2}\frac{AM_{O_2}p}{\mu_0 RT^2} \tag{6-30}$$

式中，M_{O_2}为氧气的摩尔质量。

由此可见，含氧混合气体的磁化率，不仅与氧气含量成正比，而且随气体的温度升高而急剧下降。

对于在磁场中相邻，但温度却不相同的两部分含氧混合气体，假定它们的氧气含量相同，压力相等，由式（6-26）和式（6-30），可以得到二者所受到的磁力密度差为

$$\Delta f = \varphi_{O_2}\frac{AM_{O_2}p}{R}\left(\frac{1}{T_1^2}-\frac{1}{T_2^2}\right)H\frac{dH}{dx} \tag{6-31}$$

式中，Δf 为两部分气体所受到的磁力密度差；T_1，T_2 为两部分气体的热力学温度。

磁力密度差 Δf 对气体的作用，就像是在重力场中由于地球对气体的引力密度（单位体积气体所受的重力）的不同使引力密度小的气体产生浮力一样，此磁力密度差也会对磁化率较低的高温气体产生推动作用，并把它排挤出磁场。这种由于含氧气体温度的不同在磁场中引起的流动现象，称为热磁对流或磁风。

磁风速度的大小，与磁力密度差有关

$$v = \xi\frac{\Delta f}{\eta} \tag{6-32}$$

式中，v 为磁风流速；ξ 为气体流动的阻力系数；η 为气体的动力粘度。

将式（6-31）代入式（6-32）得

$$v = \varphi_{O_2}\xi\frac{AM_{O_2}p}{\eta R}\left(\frac{1}{T_1^2}-\frac{1}{T_2^2}\right)H\frac{dH}{dx} \tag{6-33}$$

由式（6-31）或式（6-33）可以看出，无论磁风推力 Δf 或磁风流速 v 都与混合气体的氧气含量有关，只要能测量出磁风推力或磁风流速的大小，便可以测出待分析气体的氧气含量，这就是热磁对流式氧量分析仪的工作原理。

（2）典型分析仪器

根据上述讨论，仪器可按两种方式构成：一是通过测量磁风流速确定待分析气体的氧气

含量，二是用压力平衡的方法，构成一个补偿压力，使之与磁风推力平衡（此时磁风流速等于零），通过测量补偿压力或有关参数的大小，实现混合气体的氧含量分析。

1）测速式热磁氧量分析仪。测速式热磁氧量分析仪通常采用热线风速计测量磁风流速，以实现对待分析气体的氧气含量的测定。仪器的典型结构如图 6-11 所示。

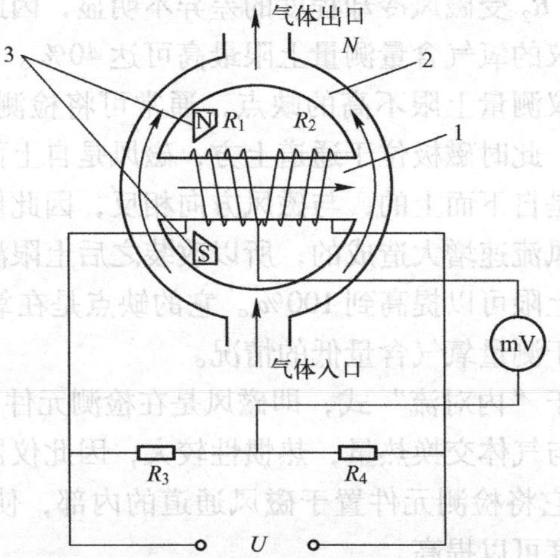

图 6-11　测速式热磁氧量分析仪示意图

1—水平通道　2—环形气室　3—磁极

仪器检测器主体由一个环形气室和水平放置的中间通道组成。中间通道用很薄的石英玻璃管制成，通道外面由两根很细的铂丝绕成两个电阻线圈 R_1 和 R_2，电阻值一般在 10 Ω 左右。

在通道左侧装有一对磁极，由于磁极偏向一旁，所以在通道中形成不均匀磁场。电阻 R_1 和 R_2 与两个固定电阻 R_3 和 R_4 组成一个测量电桥，电桥由直流电源供电。电桥的不平衡输出通过显示仪表显示出来。

当待分析气体由下部入口进入到检测器后，分成左右两路流过环形气室，然后再汇集在一起从上方的出口流出。由于中间通道左侧有较强的磁场（磁感应强度最大值为 0.5 ~ 0.8T），当气体由环形气室左支路流经水平通道入口时，氧气受磁场的吸引被吸入到中间通道。电阻 R_1 和 R_2 通有电流，可使中间通道的温度保持在 100 ~ 250℃之间，所以氧气进入通道后便会被加热，温度升高。氧气温度上升，磁化率下降，所受到的磁感应强度减小。与此同时，环形气室左支路刚经过中间通道入口处的氧气同样也会被磁场吸引而进入通道。由于刚吸入通道的氧气温度低，磁化率高，因而所受到的磁感应强度大。由于磁感应强度之差，后进入通道的冷氧气会把先进入通道并已被加热了的氧气推向通道的右侧，这样在通道内部就形成磁风。根据式（6-33），磁风流速的大小与待分析的气体的氧气含量成正比。

电阻丝 R_1 和 R_2，作为中间通道的加热元件，同时兼作热线风速仪的检测敏感元件。当中间通道内形成磁风时，左侧线圈 R_1 由于磁风的冷却作用温度下降，电阻值降低；而右侧线圈 R_2，由于流经它中间的氧气已被加热，所以被冷却的程度下降，电阻减小的数值比 R_1 小，此时检测桥路会有不平衡输出。很明显，待测气体的氧气含量越高，磁风流速越大，电阻 R_1 和 R_2 阻值的差别也就越明显，桥路输出便越大，当显示仪表直接按氧气的含量刻度时，仪表的指示值就反映了待测气体的氧气含量。

环形水平通道热磁氧量分析仪要求仪器在安装时必须保持严格水平。稍有倾斜便会引起气体的自然对流，影响通道磁风流速，造成测量误差。此外仪器的检测灵敏度随氧气含量增加而下降，这是由于在中间通道内磁风流速比较小时，线圈 R_1 对氧气的加热比较充分，磁风流速稍许变化便会影响两个线圈的散热程度，因而仪器灵敏度较高。当氧气含量较高、磁风流速较大时，线圈 R_1 和 R_2 受磁风冷却程度的差异不明显，因此仪器灵敏度下降。一般环形水平通道热磁氧量分析仪的氧气含量测量上限最高可达40%。

为克服水平通道分析仪测量上限不高的缺点，通常可将检测器沿顺时针方向旋转90°，即垂直通道热磁量分析仪。此时磁极位于通道上方，磁风是自上而下的。而氧气在通道内被加热时所产生的自然对流是自下而上的，与磁风方向相反，因此使磁风流速下降。由于仪器上限灵敏度下降主要是磁风流速增大造成的，所以改装之后上限测量值可以明显提高。垂直通道热磁量分析仪的测量上限可以提高到100%。它的缺点是在氧气含量比较低时，仪器灵敏度有所下降，因此不适于测量氧气含量低的情况。

上述两种分析仪都属于“内对流”式，即磁风是在检测元件（电阻线圈）内部通过的。由于线圈是通过通道管壁与气体交换热量，热惯性较大，因此仪器响应速度慢。目前还有一种“外对流”式分析仪，它将检测元件置于磁风通道的内部，使之直接受气体冲刷，这样热惯性大大减小，响应速度可以提高。

外对流式分析仪检测器结构形式很多，主要的有直通式和扩散式两种。目前应用最多的为扩散式检测器，其检测单元结构如图6-12所示。这种检测单元在通道下方设有一个扩大的气体分析室，分析室中央放置检测元件——电阻丝（一般为一段铂丝），检测元件下方有永久磁铁极靴间形成的极强的不均匀磁场。检测时，待分析气体从通道中流过，由于扩散作用有一部分气体进入气体分析室，其中所含的氧气受磁场吸引流向检测元件。由于检测元件（电阻丝）通有固定电流，温度较高（200~400℃左右），氧气到达附近时便被加热，所受的磁感应强度下降。同时，后进入气体分析室的氧气温度低，所受的磁感应强度大，因此将下沉至检测元件，并将先进入的热氧气逐出气室，形成磁风。与环形检测器相似，待分析气体含氧量的高低可直接影响磁风流速的大小，因此通过对检测元件（电阻丝）阻值的测量可测定待分析气体的氧气含量。

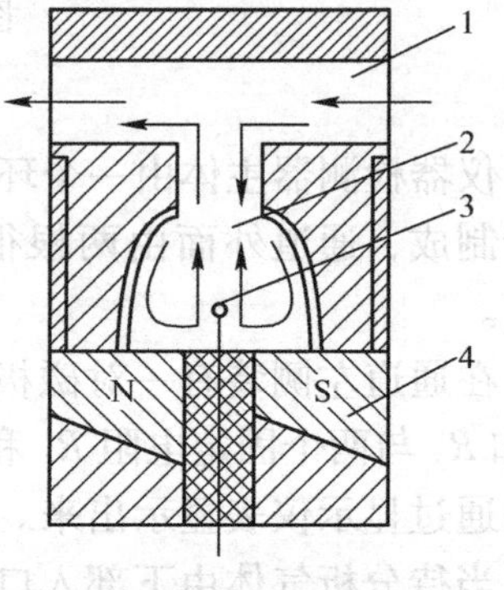

图6-12　扩散式检测单元示意图

1—气体通道　2—气体分析室

3—检测元件　4—永久磁铁极靴

通常一个氧量分析仪不只采用一个检测单元，而是由四个相同的单元组件组成检测器。两个检测单元相串联作为一组，其中一组通入待分析气体，另一组通入参比气体。检测线路一般多采用双桥式线路，线路具体结构与热导式气体分析仪双桥测量线路相似，所不同的只是两个桥路（检测电桥和参比电桥），除包含检测单元或参比单元外，尚需两个固定电阻，其他则没有区别。

2）压力平衡式热磁氧量分析仪

测速式热磁氧量分析仪具有明显的非线性，虽然通过改变通道的方向可以提高仪器的适用范围，但对于中间一段氧气含量（例如40%~80%）的测量仍然有一定的困难。解决这一问题比较彻底的方法是采用压力平衡（或压力补偿）测量法。

根据前面的分析，中间通道内的磁风是由磁力密度差 Δf 造成的。此磁力密度差引起通道两端的压力差为

$$\Delta p_{\mathrm{m}} = \varphi_{\mathrm{O_2}} K_1 p \left(\frac{1}{T_1^2} - \frac{1}{T_2^2}\right) H_{\mathrm{M}}^2 \tag{6-34}$$

式中，Δp_{m} 为磁力密度差引起通道两端的压差；p 为气体的工作压力；H_{M} 为最大磁场强度；T_1、T_2 为气体进入通道前后的热力学温度；K_1 为常数，$K_1 = \dfrac{AM_{\mathrm{O_2}}}{2R}$。

由式（6-34）可以看出，中间通道磁力密度所引起的压差是和待分析气体氧气的含量成正比的。当在通道出口侧引入一个已知压力 Δp_{e}，并且使 $\Delta p_{\mathrm{e}} = \Delta p_{\mathrm{m}}$，则可以在通道内造成压力平衡状态，此时磁风流速为零。很明显压力 Δp_{e} 的大小可以直接反映待分析气体的氧气含量。

构成压力 Δp_{e} 的方法有几种，其中图 6-13 是一种典型压力平衡式热磁氧量分析仪原理简图。图中已知的补偿压力 Δp_{e} 由压力源产生，压差 $\Delta p_{\mathrm{m}} - \Delta p_{\mathrm{e}}$ 用热线风速计通过测量通道内的磁风流速间接测量。整个仪器为一闭环负反馈系统。当 $\Delta p_{\mathrm{e}} = \Delta p_{\mathrm{m}}$ 时，磁风流速为零，此时检测桥路输出 $\delta U = 0$。当 $\Delta p_{\mathrm{e}} \neq \Delta p_{\mathrm{m}}$，例如 $\Delta p_{\mathrm{e}} < \Delta p_{\mathrm{m}}$ 时，桥路输出 $\delta U > 0$，此信号经放大器放大后作为压力源的输入信号，调节压力输出，使 Δp_{e} 增加，趋于 Δp_{m}，直至 $\Delta p_{\mathrm{e}} = \Delta p_{\mathrm{m}}$。此补偿压力由仪表显示，直接指示待分析气体的氧气含量。

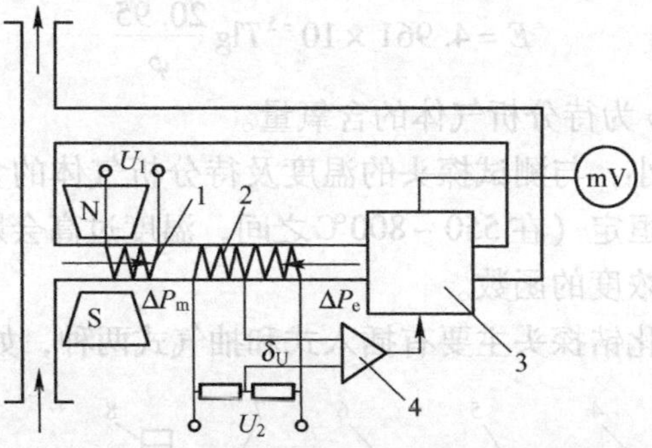

图 6-13 压力平衡式热磁氧量分析仪原理简图

1—加热线圈 2—热线风速计 3—补偿压力源 4—放大器

图中的压力源可以是离心泵，由伺服电动机带动，通过改变伺服电动机电压的大小调节泵的转速，进而改变补偿压力。压力源也可以是一个固定转速的离心泵，通过改变泵口进入通道闸门的开度，改变补偿压力的大小。

这种测量方法的优点是可以测量任何浓度的氧气，而且仪表可以实现线性刻度（例如通过改变闸板的几何形状），缺点是该分析仪结构复杂，成本高。

6.3.2 氧化锆氧量分析仪

氧化锆氧量分析仪也称为氧化锆氧量计，是电化学式成分分析仪中发展比较晚的一种。它出现于 20 世纪 60 年代，由于具有结构简单、工作可靠、灵敏度高、稳定性好、响应速度快、安装使用方便等优点，因此发展很快。到 20 世纪 70 年代，美国、英国以及日本等国家已经有成熟的产品。我国在此方面成熟较晚，20 世纪 70 年代初开始研制，目前已有一些厂

家生产出正式产品。

氧化锆氧量计可以应用于硫酸、空气分离、燃烧系统等多组分气体的氧量分析以及熔融金属的含氧测定。

1. 基本原理

氧化锆氧量计是根据浓差电池原理工作的。仪器的检测器是氧化锆测试探头，又称电化学电池。它由两个半电池组成，如图 6-14 所示。探头中间夹层由氧化锆（ZrO_2）晶体组成，晶体内掺杂有一定比例的氧化钙（CaO）杂质。在夹层两侧用涂敷和烧结的方法各制作一层金属铂电极。铂极板厚一般在几到几十微米，极板为多孔疏松结构。在极板外面各焊上一段铂丝作为引线。测试时，检测器一侧通参比气体，另一侧通待分析气体。当参比气体和待分析气体含氧浓度不同时，测试探头便输出一个与两侧氧气浓度相关的输出电势，称为浓差电动势。通过对浓差电动势的测量，即可测出待分析气体的氧气含量。

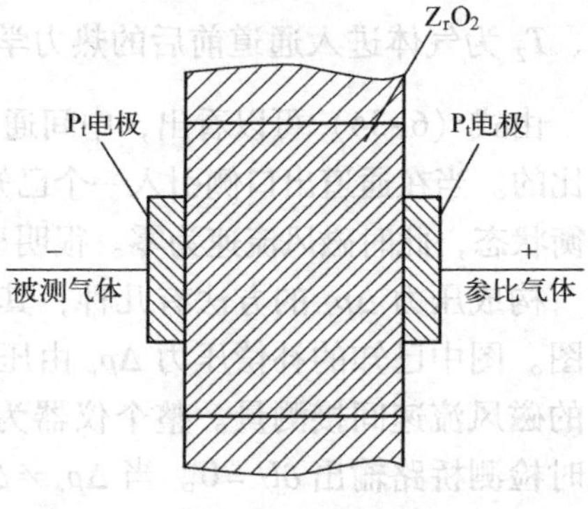

图 6-14　氧化锆浓差电池原理示意图

浓差电动势 E（以 V 为单位）可由下列数值方程计算：

$$E = 4.961 \times 10^{-5} T \lg \frac{20.95}{\varphi} \tag{6-35}$$

式中，T 为热力学温度；φ 为待分析气体的含氧量。

可见浓差电动势的大小，与测试探头的温度及待分析气体的含氧浓度有关。在测试时，一般都使探头的温度保持恒定（在 550 ~ 800℃之间，温度过高会影响使用寿命），因此浓差电动势只是待测气体含氧浓度的函数。

属于气体分析用的氧化锆探头主要有插入式和抽气式两种，如图 6-15 和图 6-16 所示。

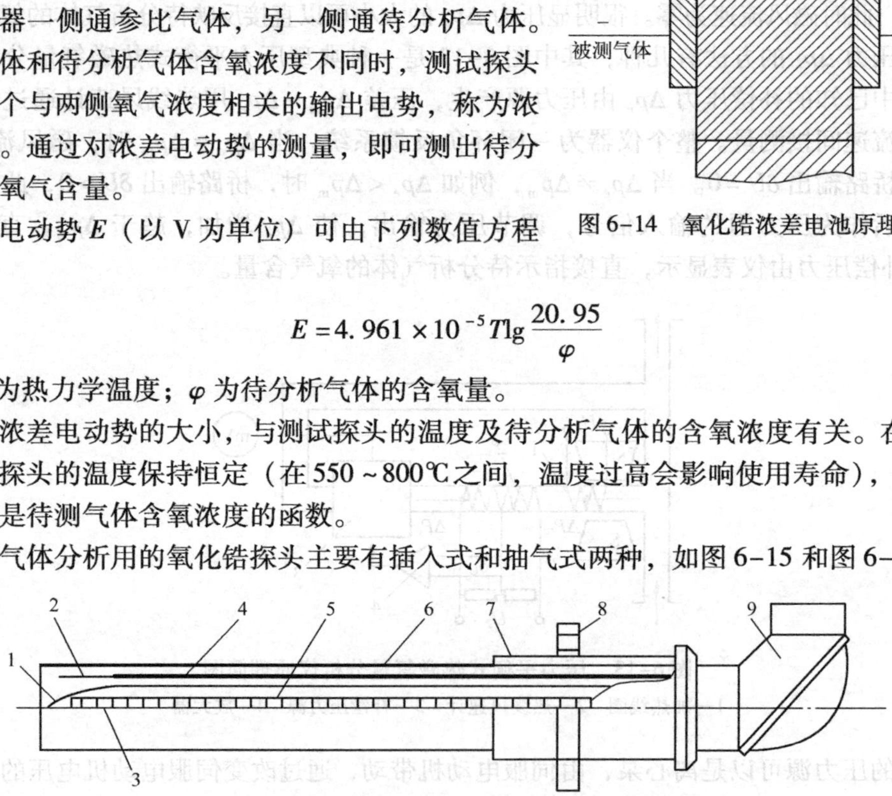

图 6-15　插入式氧化锆探头结构示意图

1—氧化锆管　2—多孔铂电极　3—内铂电极　4—铂丝引线　5—氧化铝管
6—碳化硅过滤器　7—金属套管　8—法兰　9—接线盒

2. 探头型式与结构

图 6-15 是插入式氧化锆探头结构示意图，它的主要部件是氧化锆测氧元件，由氧化锆管、多孔铂电极、铂丝引线三部分组成。氧化锆管直径一般为 10 mm 左右，壁厚约 1 mm，长约 150 mm，一端封死。要求质地致密，相对密度大于 5.5 ~ 5.9 g/cm³，以防止分子扩散的可能。多孔铂电极分为内外两个，极板厚度为几至几十毫米。铂丝引线直接焊在极板上，直径约零点几毫米。整个测氧元件置于碳化硅过滤器内，测试探头靠法兰连接可直接插入到测

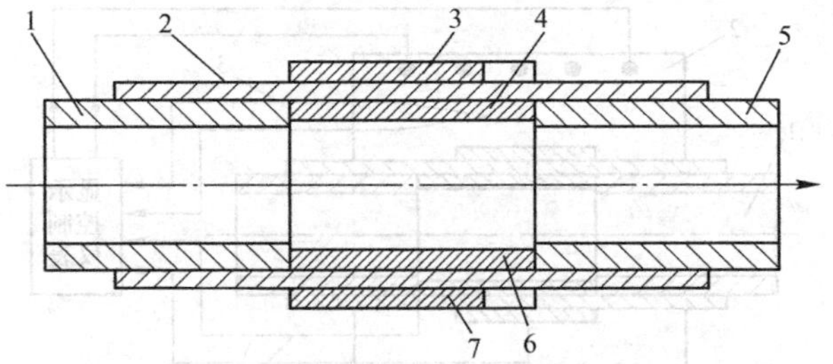

图 6-16　两端开口抽气式探头结构示意图

1、5—氧化铝管　2—氧化锆管　3—外铂电极　4—内铂电极　6—内电极引线　7—外电极引线

量管道内。被测气体从探头外面通过，经碳化硅过滤器与测氧元件接触。在氧化锆管内部通入空气，作为参比电极。

插入式探头又可分为加热恒温式和非加热式两种。加热式和非加热式的探头内部结构几乎完全一样，所不同的只是加热式在探头的顶端有一个加热器，加热器由温度控制器控制，温度一般控制在 700 ~ 800℃之间的某一温度。这种探头主要应用于被测气体温度低于 500℃的场合。

抽气式探头结构比较简单，图 6-16 是两端开口抽气式探头结构示意图。这种探头没有外面保护套管和碳化硅过滤器，只是在氧化锆管里面装有两段氧化锆管。在测试时，通常将探头置于自制的加热器内，温度一般控制在 700 ~ 800℃，加热器要求中间等温区应不小于 1 cm。被测气体由抽气装置抽出，通入加热恒温的测试针头，探头外面通入参比气体（空气）。测温热电偶可置于测试探头与加热器之间。

抽气式探头除两端开口式结构外，也有类似于插入式探头一端开口的结构。这种一端开口的抽气式探头，也是外面通过待测气体，而探头内部则通入空气作为参比电极。

由原理分析可知，氧化锆探头输出的浓差电动势与待测氧气含量之间是非线性的关系，因此氧量计除可采用直接测量线路外，为了提高仪器的准确度，在信号处理系统中还经常采用线性化处理环节。

此外，氧化锆探头输出的浓差电动势极易受温度变化的影响。当温度增高时，含量测量值减小。其次，对于同样的温度变化在仪表全量程的不同位置（即不同测试含量处）所引起的测量误差是不同的，因此利用公式进行误差修正时，必须逐点进行。实际上一般都是根据公式事先制好一个全量程的温度误差修正表，在测量时可以直接查表修正。

为减小温度误差对测量结果的影响，目前在氧化锆氧量计信号处理系统中多采用温度补偿措施。此外对氧化锆探头进行恒温控制，尽量减小温度的波动幅度，也是提高测量准确度的有效方法。

图 6-17 是一种采用加热恒温控制探头的氧化锆氧量计原理框图。

利用氧化锆探头测氧含量应满足以下条件。

1）氧化锆浓差电势与氧化锆探头的工作温度成正比。所以氧化锆探头应处于恒定温度下工作或采取温度补偿措施。

2）为了保证测量的灵敏度，探测器工作温度还应选择其合适的工作温度，工作温度选择较低，其灵敏度下降，工作温度过低时，氧化锆内阻愈高，正确测量其电势较困难。工作温度选择较高时，因烟气中的可燃性物质会与氧迅速化合而形成燃料电池，使输出增大。目

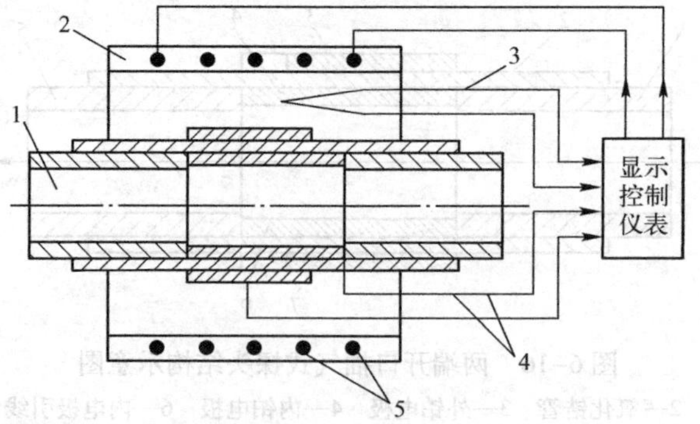

图 6-17　采用加热恒温探头的氧化锆氧量计原理框图
1—开口抽气式探头　2—加热器　3—热电偶　4—内外铂电极　5—加热炉丝

前氧化锆探头工作温度一般为 800℃左右。

3）在使用过程中，应保持待测气体压力与参比气体压力相等，只有这样，待测气体和参比气体氧的分压之比才能代表上述两种气体的含量之比。

4）由于氧浓差电池有使两侧氧浓度趋于一致的倾向，因此，必须保证待测气体和参比气体都要有一定的流速，即需要连续采样分析。

6.4　pH 值的自动测量

许多工业生产都涉酸碱度的测定，酸碱度对氧化、还原、结晶、生化等过程都有重要的影响。在化工、纺织、冶金、食品、制药等工业中要求能连续、自动地测出酸碱度，以便监督、控制生产过程的正常进行。酸度在化学、化工常用 pH 值，即氢离子的浓度来表示。

氢离子浓度的测定通常采用两种方法：一种是酸碱指示剂法，它利用某些指示剂颜色随离子浓度而改变的特性，以颜色来确定离子浓度范围。颜色可以用比色或分光比色法确定，另一种是电位测定法，它利用测定某种对氢离子浓度有敏感性的离子选择性电极所产生的电极电位来测定 pH 值。这种方法的优点是使用简单、迅速，并能取得较高的准确度，在通常的 pH 值范围内，实验室多采用此法。

6.4.1　pH 计的结构

pH 计也称酸度计，主要用来测量水溶液的 pH 值，pH 定义如下

$$\mathrm{pH} = -\lg(\gamma_{\mathrm{H}} m_{\mathrm{H}}) \tag{6-36}$$

式中，γ_{H} 为氢单个离子的活度系数；m_{H} 为氢离子的摩尔浓度

pH 计是以电位法为原理的 pH 测定仪，它由电极组成的变换器和电子部件组成的检测器所构成，如图 6-18 所示。

交换器由参比电极、工作电极和外壳体所组成，当被测溶液流经交换器时，电极和被测溶液就形成一个化学原电池，两电极间产生一个原电动势，该电动势的大小与被测溶液的 pH 值成对数关系，它将被测溶液的 pH 值转换为电信号，这种转换工作完全由电极完成。常用的参比电极有甘汞电极、银－氯化银电极等。常用的指示电极有玻璃电极、锑电极等。

由于电极的内阻相当高，可达到 $10^9\ \Omega$，所以它要求信号的检测电路的输入阻抗至少要

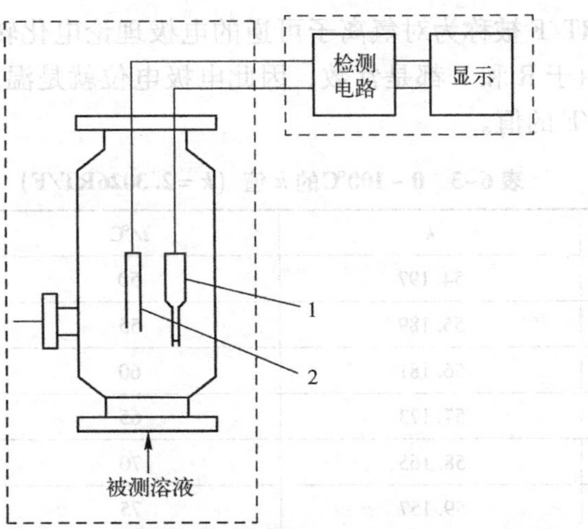

图 6-18　pH 计组成示意图

1—甘汞电极　2—玻璃电极

达到 10^{11} Ω 以上，电路采用两方面的稳定措施：一是选用具有高输入阻抗的放大元件，例如场效应管、变容二极管或静电计管；二是电路设计有深度负反馈，它既增加了整机的输入阻抗，又增加了整机的稳定性能，这是 pH 计检测电路的特点，测量结果的显示可以用电流，也可将电流信号转换为电压信号，用电子电位计指示、记录。

应用于工业流程分析的酸度计，其变换器与检测器分成两个独立的部件，变换器装于分析现场，而检测器则安装在就地仪表盘或中央控制室内，信号电势可作远距离传送，其传送线为特殊的高阻高频电缆，如用普通电缆时，则灵敏度下降，误差增加。

由于仪表的高阻特性，要求接线端子保持严格的清洁，一旦污染后，绝缘性能可以下降几个数量级，降低了整机的灵敏度和准确度。实际使用中出现灵敏度与准确度下降的一个主要的原因是传输线两端的绝缘性能下降，所以保持接线端子的清洁是仪器能正常工作的一个不可忽略的因素。

6.4.2　电位式 pH 计

1. 电位法测量 pH 计理论

电位法测量 pH 的原理来源于能斯特公式。如把一支对氢离子可逆的电极和一只参比电极放入到溶液中，就组成了下列原电池。

对 H^+ 可逆的电极 | 被测液(αH^+) ‖ 参比电极

由于原电池中参比电极的电位在一定条件下是不变的，那么原电池的电动势的数值就随着被测溶液中氢离子活度而变。因此，可以通过测量原电池的电动势，计算溶液中的 pH 值。氢离子选择电极符合能斯特方程。

电极电位为

$$E = E_0 + 2.3026\,\frac{RT}{F}\lg\alpha H^+ = -2.3026\,\frac{RT}{F}pH \tag{6-37}$$

式中，E_0 为氢电极的标准电位，规定其值为 0；R 为气体常数（8.314 $J \cdot K^{-1} mol^{-1}$）；T 为热力学温度（$273.15 + t$）℃K；F 为法拉第常数（$9.649 \times 10^4\ mol^{-1}$）；$\alpha H^+$ 为氢离子的活度。

在式中的2.3026RT/F被称为对氢离子可逆的电极理论电化转换系数。当被测溶液pH值变化1个单位时，由于R和F都是常数，因此电极电位就是温度的函数。表6-3是0～100℃的$k=2.3026RT/F$的值。

表6-3　0～100℃的k值（$k=2.3026RT/F$）

t/℃	k	t/℃	k
0	54.197	50	64.118
5	55.189	55	65.110
10	56.181	60	66.102
15	57.173	65	67.094
20	58.165	70	68.086
25	59.157	75	69.078
30	60.149	80	70.070
35	61.141	85	71.062
38	61.737	90	72.054
40	62.133	95	73.046
45	63.126	100	74.038

2. 电位法测量pH计的实用定义

在测量pH值溶液的原电池中，由于参比电极的电位随温度变化而变化等原因，使得无液界电位的原电池装置复杂，操作困难。因此，pH值的测量实际上采用的是有液界电位的原电池。它是用相对已知的pH_s标准溶液测定pH_x比值的，由下列原电池组成

H^+可逆电极│被测溶液‖盐桥溶液│参比电极

被测溶液为已知pH_S标准溶液时，原电池电动势为

$$E_S=E_{参}+E_j+2.3026\frac{RT}{F}pH_S \tag{6-38}$$

当被测溶液为未知的pH_X时，原电池电动势为

$$E_X=E_{参}+E_j+2.3026\frac{RT}{F}pH_X \tag{6-39}$$

式中，$E_{参}$为参比电极电位；E_j为指示电极电位。

若两次测定中$E_{参}$和E_j均保持不变（测定中，一定条件下$E_{参}$是不变的，E_j的变化很小），则有

$$pH_X=pH_S+\frac{E_x-E_s}{2.3026RT/F} \tag{6-40}$$

上式称为pH的实用定义，由此可以看出pH_s标准溶液是测量的基准。

6.4.3　pH值测量及应用

1. 实验室用酸度计

实验室用酸度计一般采用补偿法电位测量原理。对测量线路的要求是在整个系统接通时，被测电池（即电极对产生的电动势）必须在没有电流通过的情况下进行。否则，将会

引起电解及电极的极化作用，造成测量误差。这就是为什么要求采用补偿法测量的原因。

酸度计的测量部分就是一般的电位计或电桥，图 6-19 是一种实验室用酸度计测量线路原理图。工作电流 i 由电池 E_b 供给，整个回路由电阻 R_1 和滑线电阻 R_2、R_3 及 R_4 组成，其中 R_3 供调节工作电流 i 用，滑线电阻 R_2 根据其触点的位置可以取出电压降 U_c 作为发送器电动势的补偿电压，电阻 R_4 作为改变仪表的刻度用，即抵消单位 pH 所产生的电动势 $\Delta E/\Delta pH$ 所必须的压降，在更换电极或待测溶液温度不同时，往往需要作这样的调整。

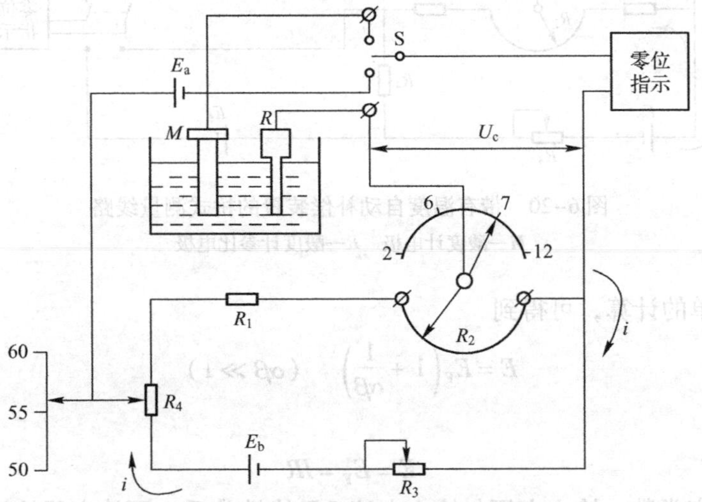

图 6-19　实验室用酸度计测量线路原理图

M—酸度计电极　R—酸度计参比电极　E_a—标准电池　E_b—电池组

在进行测量时，通过切换开关 S 接通电极，即接通上面触点，改变滑线电阻 R_2 上的触点位置，以改变抵消电压 U_c。当 U_c 等于发送器的电动势时，零位指示器指"零"，因此触点的位置就对应于不同的 pH 值。

在测量进行之前，必须先调整额定工作电流 i。将切换开关 S 接通标准电池 E_a，即接通下面的触点。i 的额定值是这样确定的：R_4 上滑动触点移至 R_4 顶端的极限位置时，零位指示器应指示"零"点，否则应改变电阻 R_3 的值使之满足这种要求，从这里也不难想到通过 R_4 改变仪表刻度的方法。

图 6-20 表示另一种测量线路，它与图 6-19 中的电路主要区别在于沿线电阻 R_2 不是串联在电仪器线路中，而是接在电桥上；此外，还有温度补偿环节，用来自动校正由于待测溶液的温度变化而引起 k ($k=2.3RT/F$) 的改变，以及电极标准电位的改变。

图中 R_4 是工作电流 i 的校验电阻（相当于图 6-19 中的 R_4+R_1），通过在它上面的电压降与标准电池 E_s 的电动势进行比较，调整电阻 R_3 使 i 保持额定值。电桥由四个固定电阻组成，通过它们之间不同的匹配关系可以改变仪表的刻度。电阻 R_1 供调整仪表的零点用。温度自动补偿装置主要是与电桥并联的电阻 R_T。它与电极一样，插在待测溶液中直接感受待测溶液的温度变化。ε 值及电极的标准电位均随温度增大而加大，温度补偿电阻 R_T 的值也是如此。因此当溶液温度升高时，R_T 增加，通过桥臂电流加大，只要 R_T 值及温度系数选配合适就可达到温度补偿的目的。

为了提高仪表的稳定性，常采用深度负反馈放大电路。图 6-21 表示这种酸度计的反馈

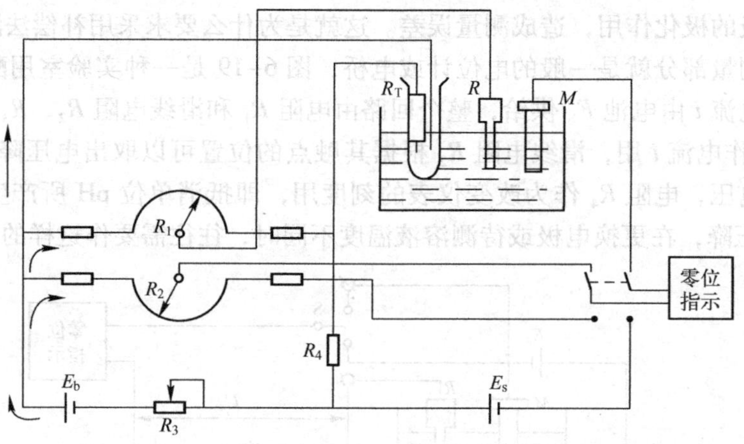

图 6-20　带有温度自动补偿装置的桥式测量线路

M—酸度计电极　R—酸度计参比电极

原理图。通过简单的计算，可得到

$$E=E_F\left(1+\frac{1}{\alpha\beta}\right)\quad(\alpha\beta\gg 1)\tag{6-41}$$

即

$$E=E_F=IR\tag{6-42}$$

因为 R 为固定常数，输入电压与输出电流 I 呈线性关系，而放大器的放大倍数变化在指示器上并无显著影响，这样就达到了高度稳定的目的。

此外，深度负反馈放大器能提高仪器的输电阻抗，即

$$R_i=R_0(1+\alpha\beta)\tag{6-43}$$

式中，R_i 为等效输电阻抗；R_0为输入电阻抗。

当 $\alpha\beta\gg 1$ 时，输入阻抗 R_i 为 R_0的 $\alpha\beta$ 倍。因此使输入阻抗大大提高。

2. pH G 型工业酸度计

pH G 型工业酸度计可在线测量，并具有抗恶劣条件，可长期运行等特点。测量电极采用金属锑，参比电极采用固体电极，电动机结构坚固、性能稳定。锑电极表面的清洗采用机械刮片式，清洗效果良好。pH G 传感器结构如图 6-22a、b 所示。

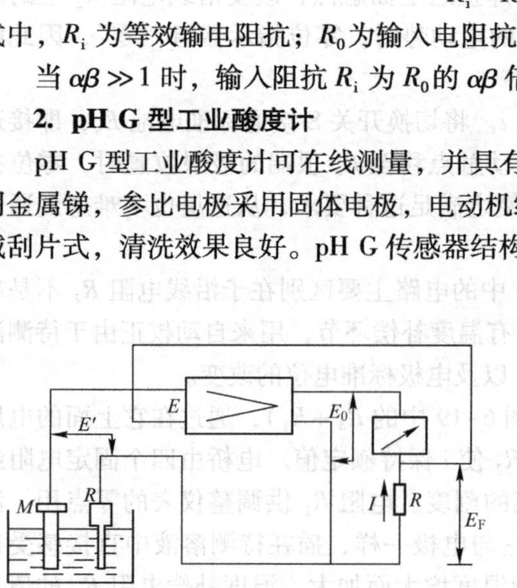

图 6-21　酸度计反馈原理图

E—输入电压　E′—净输入电压

E_F—反馈电压　E_O—输出电压

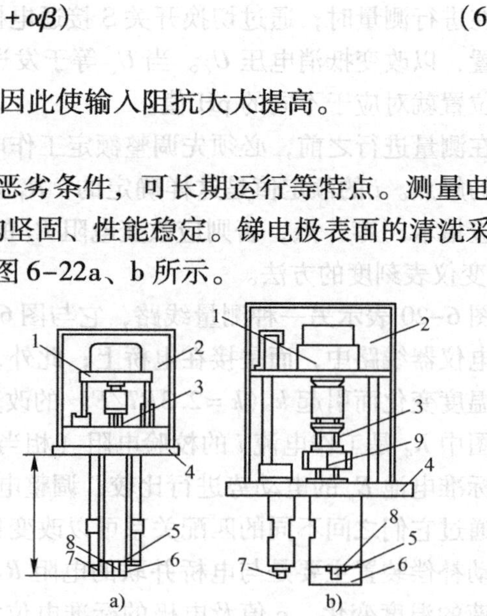

图 6-22　pH G 型工业酸度计结构图

1—电动机　2—防护罩　3—压簧　4—法兰

5—锑电动机　6—刮片　7—固参　8—转轴　9—可调螺丝

3. 复合针型 pH 计

（1）指示电极

取 $\varphi 90\ \mu m$ 钨丝约 5 cm，用喷灯对其尖端进行灼烧，然后浸泡于饱和 KNO_3、NaOH、$NaNO_2$溶液中片刻后，在马弗炉中于 650℃左右保温 30 min，取出冷却至室温，用 1.0 mol/L 的 HCl 热溶液煮洗，以水冲洗后转入 1.0 mol/L 的 NaOH 热溶液中荡洗，以水冲洗并擦干后放置于 6 mol/L 的 NaOH、2 mol/L 的 KNO_3、1 mol/L 的 $NaNO_2$混合液中浸泡约 2 h，取出清洗并擦干后再浸入含 0.5 mol/L 的 CrO_3、4 mol/L 的 H_3PO_4混合液中浸泡约 8 h，取出以水冲净。经以上过程处理过的钨丝可以作为指示电极使用。

（2）参比电极

取不锈钢注射针头，自尖端 1.0 cm 处经特殊工艺处理后，镀氯化银后可作为参比电极使用。

（3）组装成复合电极

将处理过的钨丝指示电极经绝缘后插入参比电极，引出电极引线，针尖及针头尾端均用 914 黏合剂封接，组装成复合电极，如图 6-23 所示。

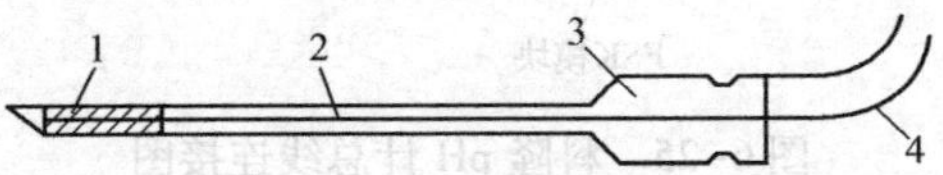

图 6-23　复合 pH 传感针结构示意图

1—镀层　2—钨丝　3—不锈钢注射针头　4—电极引线

4. 离子膜 pH 计

根据电化学原理，玻璃电极的玻璃膜与水接触形成水合胶层。H^+能迁出或迁入胶层，每当 H^+进入或离开玻璃膜时，胶层的电中性会被破坏，这样，在界面上就会形成电位，该电位的大小取决于溶液胶层中 H^+的活度。同时，参比电极与溶液接触产生一个近似恒定的电位。这样，与溶液接触的一对电极偶便存在一个电位差 E，其大小与 H^+活度呈对应关系。根据能斯特方程，便可求得溶液的 pH 值。

另外，可采用深度负反馈结构，使输入阻抗进一步提高，输出阻抗减小，从而大大提高系统稳定性，其原理如图 6-24 所示。

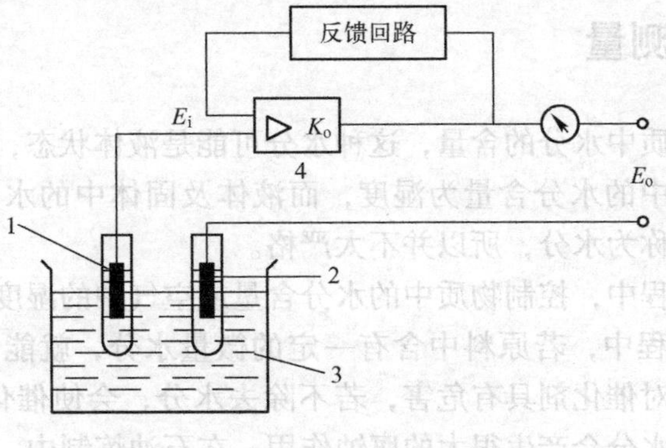

图 6-24　离子膜 pH 计负反馈原理

1—指示电极　2—参比电极　3—被测溶液　4—放大器

E_O—输出电压　E_i—输入电压　K_O—放大器增益

5. 智能一体化具有总线功能的 pH 计

常规 pH 计的测量系统需保证传感器和 pH 显示仪表的相互配套。随着传感技术、电子技术、总线技术的发展及应用，国外生产厂家已推出了具有变送器功能和总线功能的智能型 pH 变送器。德国科隆公司所推出的两线制电流输出 SMARTSENS pH 变送器通过现场总线与过程控制系统直接相连，可实现单点或多点现场安装。SMARTSENS pH 变送器将所有数据存储并使用 HART 协议将信号通过总线双向传输至过程控制及资产管理系统、手操器、PC 机和其他外围设备。SMARTSENS pH 变送器可用任何 HART 手操设备操作，并免费提供 HART DD 或 FDT/DTM 管理资源和过程控制系统软件。在测量现场回路智能型 pH 变送器最多可安装 64 个。科隆 pH 计总线连接如图 6-25 所示。

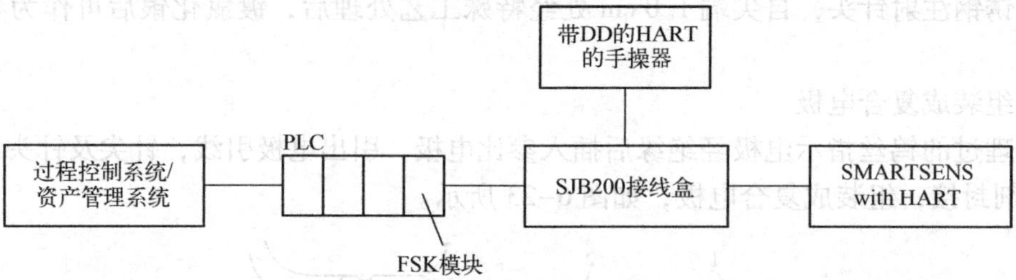

图 6-25　科隆 pH 计总线连接图

SMARTSENS 智能型 pH 变送器，能够通过 SMARTBRIDGE（USB 接口电缆）与 PC 直接连接，能够通过 PACTwave™（FDT/DTM）进行离线标定，或通过 HART DD 进行在线标定。SMARTSENS 智能型 pH 变送器剖面图如图 6-26 所示。

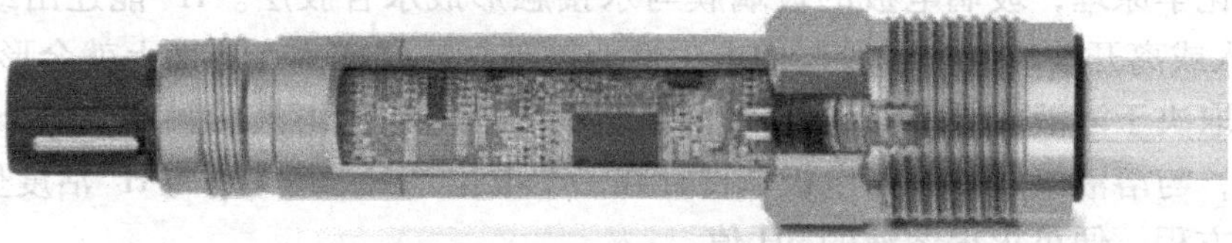

图 6-26　SMARTSENS 智能型 pH 变送器剖面图

6.5　湿度的自动测量

物质的湿度就是物质中水分的含量，这种水分可能是液体状态，也可能是蒸气状态。一般习惯上称空气或气体中的水分含量为湿度，而液体及固体中的水分含量称为水分或含水量，但在气体中有时也称为水分，所以并不太严格。

在很多化学生产过程中，控制物质中的水分含量或空气中的湿度具有重要的作用。例如在一些化工厂的聚合过程中，若原料中含有一定的微量水分，就能大大降低聚合产品的性能。在很多场合，水分对催化剂具有危害，若不除去水分，会使催化剂失效。对某些物质，如氯化氢等，其中存在水分会产生很大的腐蚀作用。在石油炼制中，原料、精制及裂化等工序中的物料湿度也是个重要的因素，将会直接影响燃料的消耗量、产品质量以及设备的安全运转。因此湿度的测量及控制对某些生产过程是必不可少的。

6.5.1 湿度的表示方法

空气或其他气体中湿度的表示方法如下。

1）绝对湿度。每单位体积（在一定温度及压力条件下）混合气体中所含的水蒸气量，单位以 g/m^3 表示。

2）百分含量。水蒸气在混合气体中所占的体积分数，单位以%表示。在微量情况下用百万分之几表示，符号就用 δL/L 表示，这里一般也是以体积计算。

3）水蒸气分压。水蒸气分压是指在湿气体的压力一定时，湿气体中水蒸气的分压力，单位以 mmHg 表示。

4）露点温度。在一定温度下，气体中所能容存的水蒸气含量是有限的，超过此限度就会凝结成液体露滴，此时的水蒸气量称之为此温度下饱和水蒸气量。温度越高，饱和水蒸气量越大。相当于水蒸气量达到饱和时的温度称为露点。

5）相对湿度。相对湿度 φ 是指每立方米的湿气体中所含水蒸气的质量与在相同条件（同温度同压力）下可能含有最大限度水蒸气质量之比。相对湿度有时也称水蒸气的饱和度。单位是以%表示。

各种湿度的表示方法之间有一定关系，知道某种表示方法的湿度数值后，就可以换算成用其他表示方法的数值。例如相对湿度 φ 可以有以下几种关系表示。

$$\varphi=\frac{\rho_a}{\rho_s} \tag{6-44}$$

式中，ρ_a 为湿气体中水蒸气的密度；ρ_s 为在相同温度下饱和水蒸气的密度。

$$\varphi=\frac{p_a}{p_s} \tag{6-45}$$

式中，p_a 为湿气体中水蒸气的分压；p_s 为在相同温度下饱和水蒸气的分压。

$$\varphi=\frac{p_D}{p_t} \tag{6-46}$$

式中，p_D 为湿气体在露点温度 t_D 时的饱和水蒸气的分压；p_t 为湿气体在温度 t_t 时的饱和水蒸气压。

ρ_s 及 p_s 或 p_t 在各种温度下的数值可从有关手册中直接查得，因此知道 ρ_a、p_a、露点温度 t_D 后就很容易求得 φ 的大小。反之，有了 φ 值及湿气体的温度 t 后，也可求得 ρ_a、p_a、露点温度 t_D 等。

6.5.2 干湿球湿度计

干湿球湿度计是一种使用十分广泛的湿度计，在气象、空调、工业部门常用来测量和调节空气的相对湿度。它是由一个两支完全相同的温度计组成的，如图 6-27 所示。其中一支作为干球温度计，用来直接测量被测空气的温度，称为干球温度 t_d；另一支作为湿球温度计，在其球部缠上一层洁净的纱布，并用蒸馏水保持湿润，用来测量湿球温度 t_m。在规定的通风条件下，干球温度表指示气流的温度，湿球温度表由于球部纱布水分的蒸发而吸热，指示出较低的温度。干球温度和湿球温度取决于当时环境的空气相对湿度。

当棉纱套上的水分蒸发时，就会吸收湿球温度计感温部分的热量，使湿球温度计的温度降低；水蒸发越快，则温度下降越大。但是水的蒸发速度与空气相对湿度的高低有关，相对湿度越高，水的蒸发也越慢，空气在饱和湿度时，水分停止蒸发，干湿球温度相等。因此干湿球温度计的温差与周围空气的相对湿度有一定的关系，当空气是静止的或其流速固定不变时，这个关系是单值的。测得干湿球温差，就可以用下面公式计算相对湿度

$$\varphi=\frac{p}{p_s}=\frac{p_m-Ap(t_d-t_m)}{p_s} \tag{6-47}$$

式中，φ 为相对湿度（比值×100%）；p_s 为干球温度时的饱和水汽压力；p 为干球温度时的水汽压力；p_m 为湿球温度时的饱和水汽压力；t_d 为干球温度；t_m 为湿球温度；A 为仪器常数。

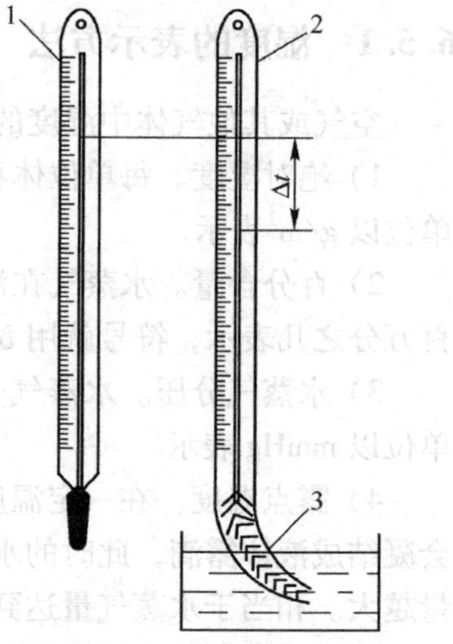

图 6-27　干湿球湿度计示意图

1—干球温度计；2—湿球温度计；3—棉纱吸水套管；Δt—温差

6.5.3　露点湿度计

露点是气体中水汽达到饱和结露时的温度。一种未饱和的气体，如将它的温度慢慢降低，其中含的水汽开始冷凝成露时的温度就是露点。在这一露点温度时的饱和水汽分压与未饱和气体原来温度时的水汽分压相等。水汽分压可以表示气体的绝对湿度，露点也是一种常用的表示绝对湿度的方法。如果使一个光亮的金属表面缓慢的冷却，直到与表面接触的空气中的水汽，开始发生冷凝结露时为止，当最初结露时，该表面的温度就是露点。在一小室中维持空气中水分含量不变，将空气直接冷却至达到饱和，水汽会凝结在一片冷凉的镜面上，利用仪器侦测水汽凝结初发生时的温度，即为露点温度。再由计算可显示水汽压及相对湿度。

如果空气的温度为 T_a，露点生成的温度为 T_d；则湿空气的相对湿度可以通过下式算出

$$\varphi=\frac{\text{在露点温度}(T_d)\text{时的饱和水汽分压}}{\text{在原来温度}(T_a)\text{时的饱和水汽分压}}\times 100\% \tag{6-48}$$

式中，饱和水汽压的数值可以通过查表得到，在0℃以下，水汽达到饱和时，水在镜面上结冰，此时的温度又叫霜点。

1. 光电冷凝式露点计

被测湿气进入露点测量室时掠过冷镜面，当镜面温度高于湿气的露点温度时，镜面呈干燥状态，此时光电检露装置中光源发出的光照在镜面上，几乎完全发射，由光电传感器感应到并输出光电信号，经控制回路比较、放大、驱动热电泵，对镜面制冷。当镜面温度降至湿气露点温度时，镜面上开始结露（霜），光照在镜面上出现漫反射，光电传感器感应到的反射信号随之减弱，此变化经控制回路比较、放大后调节热电泵激励，使其制冷功率适当减小，最后，镜面温度保持在样气露点温度上。镜面温度由一紧贴在冷镜面下方的铂电阻温度传感器感应，并显示在显示窗上。

光电冷凝式露点计的工作原理如图 6-28 所示，被测样气由样气进口 1 进入测量室，由样气出口 2 逸出。当气体经过镜面 7 时，镜面被热交换半导体制冷器 8 冷却至露点。镜面由

光源 4 照明，并通过光敏桥 3 来检测。当露滴在镜面形成时，光反射的变化可通过直接光检测器 6 的降低来确定。不同露点的光散射由散射检测器 5 产生影响，使桥路趋于平衡，对放大器减少输入信号，并成比例地控制晶闸管整流器 12 供给热交换半导体制冷器的功率。脉冲电路 11 为控制电路。这样连续使镜面保持在恒定露点的温度。露点温度由测温元件 9 来测量。

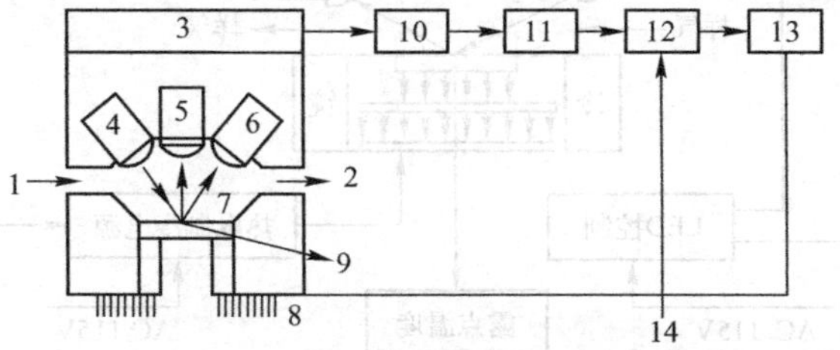

图 6-28　光电冷凝式露点计原理图

1—样气进口　2—样气出口　3—光敏桥　4—光源　5—散射光检测器
6—直接光检测器　7—镜面　8—热交换半导体制冷器　9—测温元件　10—放大器
11—脉冲电路　12—晶闸管整流器　13—直流电源　14—交流电源

在测量过程中，随着温度的降低，被测气体中的水汽接近饱和状态，由于引力作用，水分子吸附在镜面上形成一层薄薄的水膜。这是形成露的第一阶段。当镜面温度继续下降时，水膜的厚度逐渐增加，这是形成露的第二阶段。在这一阶段内，自由表面对水分子的引力与水膜的表面张力之间的力量对比开始发生变化，后者的影响逐渐起支配作用。此时冷却表面上的任何不稳定因素，例如镜面上的微小伤口等，都会使水膜缩聚成液滴。随着镜面温度的进一步下降，露滴开始出现，通过显微镜可以看到孤立生长而且分布不规则的露滴，然后露层以很快的速度在表面上扩散，此时可以认为液—气平衡开始，即达到露点。

2. 普通冷镜露点计

普通冷镜露点计是指采用热电制冷获得露或霜，用光电方法判断露点，并由铂电阻温度计测定露点的光电露点计。图 6-29 是其原理框图。借助热电制冷在镜面上形成露或霜，这些细小水滴靠光电检测系统来确定。光电信号送往反馈系统以控制镜面的加热或冷却，使整个测量过程保持一定的露层厚度。这种类型的露点计广泛用于精密实验室测量，并作为检定的传递标准，此外它也用于许多准确度要求高的工业领域的测量。

图 6-29 中，镀金或镀铑的纯铜镜镜面受热电制冷电源控制，发光二极管发出高强度的光照射镜面，镜面反射的光通过光敏晶体管或光探测器来检测。一排隔开的发光二极管和光敏晶体管用于补偿光学元件中温度引起的误差。两只光敏晶体管都在一个调节平衡的桥路中，控制热电制冷电源的电流，即可控制镜面温度。

3. 氯化锂露点计

氯化锂露点计的工作原理是利用氯化锂饱和水溶液的饱和水汽分压随温度而变化进行工作的。通过测量氯化锂饱和溶液的饱和水汽分压与被测气体的水汽分压相等，即达到平衡时盐溶液的温度，称为平衡温度，来确定被测气体的露点。由于这种露点计结构简单、性能稳定、寿命很长，因此使用甚广。

氯化锂露点计构造如图 6-30 所示。当在两极之间通以交流电压时，有电流流过氯化锂溶液而产生热效应。假设起初氯化锂蒸汽分压与周围水汽分压相等，也即处于平衡状态。如果周围被测气体的湿度（或水汽分压）增加，则氯化锂溶液吸收水分而变稀，电导率变大，

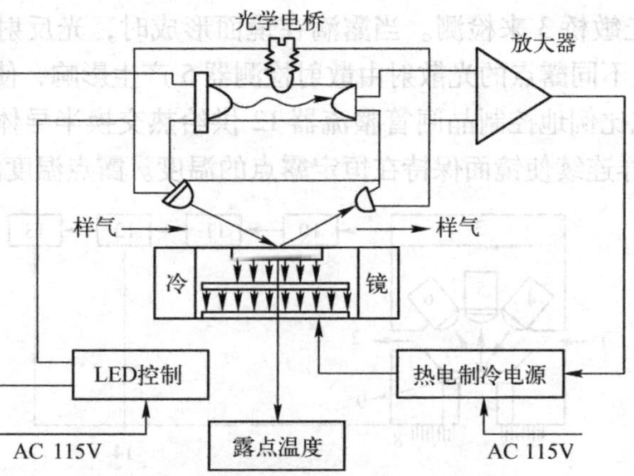

图 6-29　普通冷镜露点计的原理框图

电流变大，温度升高，氯化锂蒸汽分压增加，直至与周围气体的水汽分压相等而达到新的平衡，以后如果温度继续上升，则氯化锂溶液过饱和，电导率变小，仍自行恢复原平衡温度。如果周围被测气体湿度（或水汽分压）降低，则氯化锂溶液将蒸发出水分而变浓，结果电导率、电流和温度都减小，直至平衡。此时元件的平衡温度比原来降低（但仍高于环境温度）。由此可见氯化锂溶液的蒸汽分压工作于一种自动调节过程，经过几次反复，就与周围水汽分压平衡；周围水汽分压变化时，测量的平衡温度也随着变化，通过温度计即可测出平衡温度并转变为露点。测量元件有四根引线，两根为电阻温度计引线，另两根为加热电极引线，电阻温度计接至测量仪表，加热电极接至电源箱。

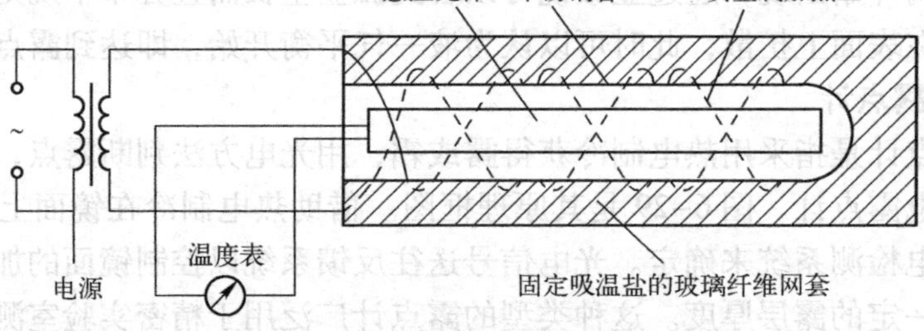

图 6-30　氯化锂露点计结构示意图

露点和水汽分压都是表示绝对湿度的方法，它们之间有一定的对应关系（如露点 0℃时，水汽分压为 611.9 Pa），也可以说，露点就是对应于水汽分压的饱和温度。氯化锂露点计就是采用氯化锂电导加热式测量元件来测量气体中的水汽分压的。氯化锂盐可吸收空气中的水分而潮解。在同一温度时，潮解形成的饱和溶液的蒸汽压比纯水的饱和气压要低。氯化锂饱和盐溶液的饱和气压随着温度的升高而增大。如果在某一温度下，当周围的水汽压等于氯化锂的饱和水汽压时，水汽与氯化锂溶液中水分的交换就会达到平衡（即吸收和放出的量相等）。此时如果空气中的水分增加或减少，氯化锂将会吸收或放出水分。如果空气中的水汽不变，而改变氯化锂饱和溶液的温度，同样也会发生吸收或放出水分。

6.5.4　电解式湿度计

电解式湿度计的敏感元件是电解池。被测气体穿过电解池时，其中的水汽全部被涂在电极上的五氧化二磷（P_2O_5）薄膜所吸收。当在电极的两端加一直流电压时，吸收的水被电

解为氢和氧。其化学反应方程如下

$$P_2O_5 + xH_2O \rightarrow P_2O_5 \cdot xH_2O \tag{6-49}$$

$$P_2O_5 \cdot xH_2O \rightarrow P_2O_5 + xH_2 + \frac{x}{2}O_2 + \text{电流} \tag{6-50}$$

按照法拉第第二定律，析出 1 g 任何物质所需的电量约为 96500C，因此有

$$m = \frac{ItM}{96500} \quad \text{或} \quad I = 96500\,\frac{m}{tM} \tag{6-51}$$

式中，I 为电解电流（A）；t 为电解时间（s）；m 为 t 秒时间内被分解的水的质量（g）；M 为 $\frac{1}{2}H_2O$ 的摩尔质量，即 $M\left(\frac{1}{2}H_2O\right)$，其值为 9.01 g/mol。

电解电流的值不仅是水分含量的函数，而且是流速、压力和温度的函数。从上式和气体状态方程可得湿度计的电解电流 I 为

$$I = k\,\frac{vCp}{T} \times 10^{-6} \tag{6-52}$$

式中，I 为电解电流（μA）；k 为常数（=46.53）；v 为被测气体流速（mL/min）；C 为气样的湿度（mL/m³）；p 为气体压力（Pa）；T 为热力学温度（℃）。

图 6-31 是电解式湿度计的原理图，仪器主要由电解池、电路部分及气流系统组成。试样湿气从样气入口 3 进入仪器分为两路，一路由旁通阀 2 和旁通流量计 1 经样气出口 8 排出，另一路干燥管 4、电解池 5、流量调节器 6 及流量计 7 排出。电解电流由电源部分供电及表头测量，也可用记录仪记录。气体流量用流量调节器（或针阀）调节为恒定值（一般为 100 mL/min）。为了提高仪器的反应速度，可采用高速取样，将旁通阀开大。

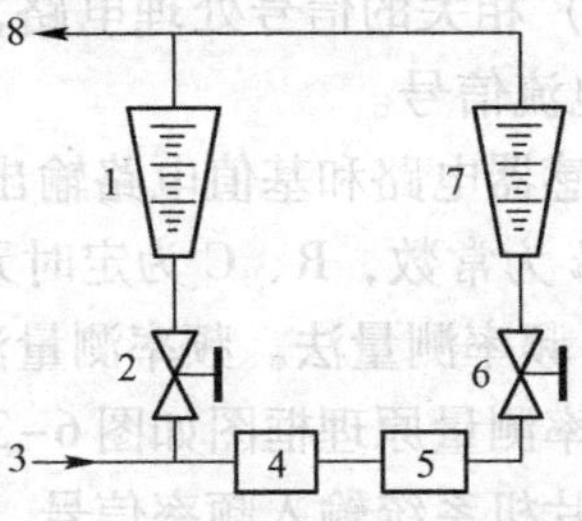

图 6-31　电解式湿度计的原理图

1—旁通流量计　2—旁通阀　3—样气入口
4—干燥管　5—电解池　6—流量调节器
7—流量计　8—样气出口

电解式湿度计的测量系统如图 6-32 所示。气体进入仪器之后分为两路：一路经过滤器进入电解池，通过压力调节器，节流阀和转子流量计控制气体的流速；另一路通过旁路放空。电路部分包括直流电源、微安表和电极。为了减小气流和环境温度的波动对测量造成的影响，仪器最好在恒温条件下工作，或将电解池置于恒温装置中，并使气体经过热交换之后才进入电解池。

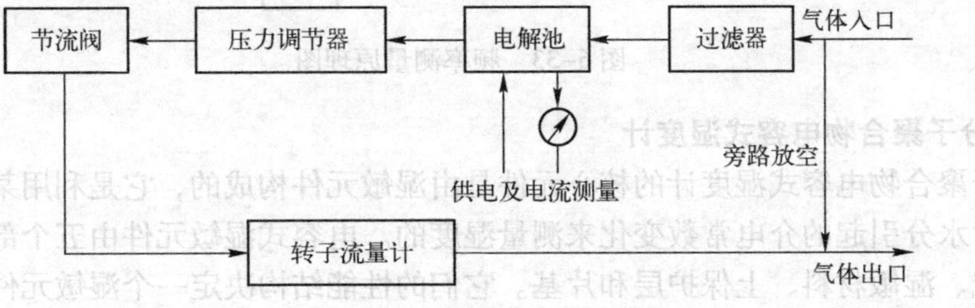

图 6-32　电解式湿度计的测量系统

6.5.5 电容式湿度计

1. 工作原理

电容式湿度传感器是利用某些物质吸附水汽后，其电介质的介电常数发生变化，从而引起电容量的改变而工作的。湿敏膜与基体组成电极，当膜吸湿后，两极电容变化，电容量随湿度变化而变化。电容式湿度计用的电介质通常有两类：有机高分子介质和陶瓷。近年来，等离子体复合膜和玻璃陶瓷作为介质的电容式湿度传感器得到较快发展。

2. 测量电路

电容式湿度计常采用的测量电路有两种：一种是基于脉冲调宽原理的模拟法，另一种是引入单片机的频率测量法。

1）脉冲调宽模拟法。脉冲调宽电路由脉冲发生电路、测量电路、差动放大器、信号处理和 V/I 转换电路五部分组成。脉冲发生电路产生一个宽度稳定的脉冲信号，用它调制单稳态触发器，其定时元件为 R、C，输出一个与 RC 成正比的脉宽信号。由于其湿度为 0% RH 时，电容值不为 0，所以同时引入一基值电路以便在进行信号处理前得到零点，同时基值电路也用来实现温度补偿。两路信号经滤波差动放大后，得到与湿度电容（线性变化）相关的信号处理电路，实现零点和量程调节，最后送入 V/I 转换电路，得到 4 ~ 20 mA电流信号。

传感器电路和基值电路输出信号的脉宽与 RC 成正比：N = kRC。式中，N 为输出信号脉宽，k 为常数，R、C 为定时元件，这种测量方法最大误差为 ±5%。

2）频率测量法。频率测量法是把电容接入振荡电路中，通过测量频率得到相应的电容值。频率测量原理框图如图 6-33 所示。将电容接入调频振荡电路，输出一个相关的频率，作为单片机系统输入频率信号，同时，输入相应的温度信号进行数据处理，输出湿度值和相应的温度值。硬件电路由调频振荡电路、温度信号电路和单片机系统电路组成。频率测量法的最大相对误差为 2%（20℃时）。由于单片机的引入，大大提高了系统的稳定性和准确度；更能直观地显示出测量结果，并可与其他设备交换信息。

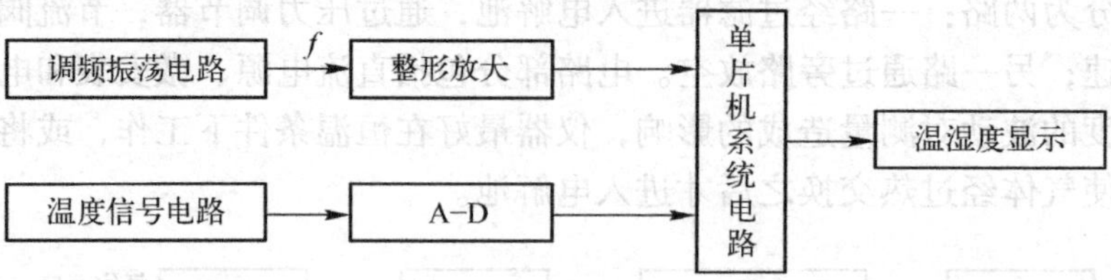

图 6-33 频率测量原理图

3. 高分子聚合物电容式湿度计

高分子聚合物电容式湿度计的核心元件是由湿敏元件构成的，它是利用某些物质因吸收和解吸所含水分引起的介电常数变化来测量湿度的。电容式湿敏元件由五个部分构成：上下电极、引线、湿敏材料、上保护层和片基。它们的性能结构决定一个湿敏元件的品质。当水汽穿过上保护层和上电极被介质吸附后，引起吸湿层介电常数变化，导致上下电极电容器的电容量变化，该变化和介质吸附的水汽量即大气的湿度有关。电容量与环境相对湿度的关系为

$$C_U = \frac{\varepsilon_0 \varepsilon_U S}{d} \tag{6-53}$$

式中，C_U 为相对湿度为 U 时高分子聚合物的电容量；ε_0 为真空介电常数；ε_U 为相对湿度为 U 时高分子聚合物电容式湿敏材料的介电常数；S 为电容式传感器的有效电极面积；d 为高分子感湿膜的厚度。

该电容式湿度计最初使用醋酸纤维素以及衍生物制成，目前，大多采用的是醋酸丁酸纤维，该材料可抑制吸附水量及分子之间相互作用。不但响应速度快、而且湿滞也小。聚醋酸乙烯、聚甲基丙烯酸甲酯、醋酸丁酸纤维素湿敏元件在吸脱湿过程中，湿滞回差 <1.5% RH。特别是醋酸丁酸纤维素湿敏元件，温度系数非常小（-0.1% RH/℃）。其中纤维素的脂化度和乙酰基丁酰基含量是重要条件。此外，增塑剂的掺入量和老化条件等对湿敏特性也有影响。通过适当的优化条件制成的湿敏元件其测试准确度可达 ±1% RH。

聚酰亚胺也是一种耐高温的可制作电容式湿敏计的优质材料。在聚酰亚胺两端，合成带乙炔基的低聚合物。在低聚合物状态下，用溶剂溶解，涂在衬底上形成薄膜，加热后得到具有立体结构的不易溶解于水的聚酰亚胺。由于这种材料在固化时，没有脱离水，在硬化膜上很难生成微孔。因而它是一种耐水性好的湿敏材料。

由该材料制作的湿敏元件，其响应速度快，几乎没有湿滞现象，温度系数小，耐溶剂性（丙酮）也很好。注入丙酮蒸气后特性稍有偏离，但很快就回到初始值，使其稳定性大有改善。目前用该材料已做成 FET 型湿度传感器。

用硅树脂做电容式湿度传感器由于它是由疏水性物质制成，具有耐热和抗溶剂等优良特性。陶瓷式电容湿度传感器用 $BaTiO_3-BaSnO_2P$ 型半导体多孔陶瓷材料制作的多功能传感器，由于这种材料的介电常数随湿度变化很大，所以利用电容量随湿度的变化，低湿度下测湿度，在高温下（300℃以上）测还原性气体湿度。通过控制陶瓷组分的分散性、孔径和粒度等，大大改善了元件的敏感特性。

6.5.6 压电晶体振荡式湿度计

1. 测量原理

采用具有压电效应的晶体制成压电晶体振子，因物理、化学性能稳定而被广泛应用。这种压电晶体振子的振荡频率的衰减率与重量成正比，其形状如图 6-34 所示，在约 9 MHz AT 切割型压电晶体振子的两面被蒸镀上金电极，再在上面形成对湿度敏感而牢固的薄膜，膜上吸附的水分质量（Δm）与压电晶体振子的频率变化（Δf）之间存在着下列比例关系

$$\Delta f = -2.3 \times 10^6 f^2 \Delta m / A \tag{6-54}$$

式中，Δf 为频率变化量（Hz）；f 为频率（MHz）；A 为薄膜的面积（cm^2）；Δm 为薄膜上吸附的水分质量（g）。

由此式可检测出压电晶体振子的频率变化量，从而求出湿度值。

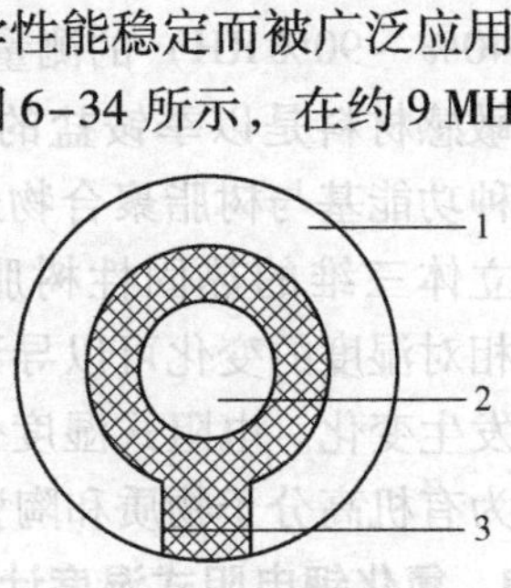

图 6-34 压电晶体振荡式湿度传感器结构图

1—石英振子 2—感湿膜 3—金电极

2. 湿度计结构与功能

采用压电晶体振荡式水分传感器的 MAH 湿度计的基本结构如图 6-35 所示。进入湿度

计的样气被分成两路：一路测量气体；另一路通过干燥器，成为干燥气体。当测量气体被导入测量池时，其中的水分被薄膜吸附，使压电晶体振子的质量增加，从而使振荡频率减小；再将干燥气体导入测量池，因薄膜吸附的水分已被除去，故其频率还原。将测量气体与干燥气体固定周期交替导入测量池，测出各自的振荡频率，即可从其频率差求出湿度。此外，由于测量池置于恒温槽内，故不易受到环境温度的影响。

这种湿度计敏感度高，能检测微量水分，响应速度快，共存气体产生的干扰影响小，可进行稳定的湿度测量。

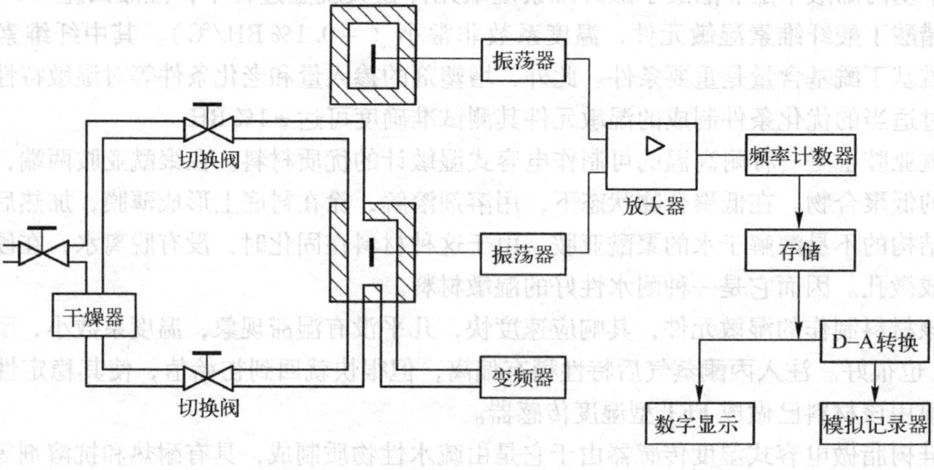

图 6-35　MAH 湿度计的基本结构

6.5.7　电阻式湿度计

许多物质在空气湿度增高或降低时，具有吸湿和放湿的性能，其中有些物质的电阻随着吸收水分多少的变化而变化，用这种物质作为湿敏材料，可以制成许多种类的湿敏元件。电阻湿度计就是由装有湿敏元件的湿度变送器和电阻测量仪表组成。它是应用某些吸湿性能较好的物质吸附水汽后，其电阻率变化的原理来测定相对湿度。这种传感器一般适用于中等湿度（40% ~90% RH）的测量。

敏感材料是以季铵盐的聚合物溶液作基体，将这种功能基与树脂聚合物进行反应，可以产生具有立体三维的热固性树脂，具有较好的稳定性。相对湿度的变化可以导致阴极与阳极之间的电阻发生变化。电阻式湿度传感器所用的吸湿材料分为有机高分子物质和陶瓷两大类。

1. 氯化锂电阻式湿度计

氯化锂湿度计的湿敏元件分为柱状和片状两种。目前主要采用如图 6-36 所示的片状结构。其中元件的基片采用聚苯乙烯、聚碳酸酯、聚甲基丙烯酸甲酯等材料。梳状电极用纯金蒸镀而

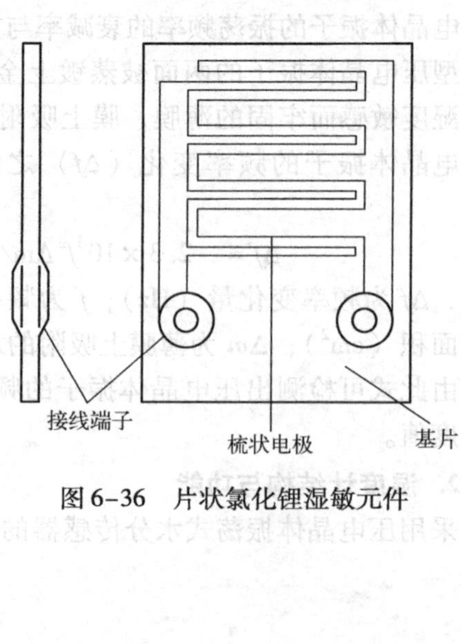

图 6-36　片状氯化锂湿敏元件

成；涂在柱状电极上的吸湿膜由氯化锂、聚乙烯醇、助剂的混合液浸涂干燥而成。测湿原理是湿敏层的电阻与所吸收水汽的量和温度有关。湿度大，吸水多，电阻下降；湿度小，吸水少，电阻增加。因此测定湿敏层的电阻即可知道空气的相对湿度。但实践表明，湿敏层的电阻还与温度有关。因此其阻值表现为湿度和温度的函数。

$$R=R(\varphi,t) \tag{6-55}$$

氯化锂元件的电阻与湿度的关系一般用近似公式或经验公式表示。实验表明式（6-55）为指数函数，可采用如下经验方程

$$R(\varphi,t)=ke^{-\alpha U-\beta t} \tag{6-56}$$

式中，R（φ，t）为湿敏层的电阻；φ 为空气的相对湿度；t 为空气的温度；k、α、β 为常数。式中指数上的负号表示湿敏层的电阻值随空气的相对湿度和温度的增加而减小。通过试验方法，在恒温条件下改变相对湿度和在恒湿条件下改变温度，由上式可分别求得 α 与 β 的数值

$$\alpha=\frac{\ln R_1-\ln R_2}{\varphi_2-\varphi_1} \tag{6-57}$$

$$\beta=\frac{\ln R_1-\ln R_2}{t_2-t_1} \tag{6-58}$$

湿敏层的电阻与环境温度有关，如果环境温度发生变化，元件与环境之间必然产生热交换，这样将导致湿敏层温度随之变化，从而使电阻也发生变化。

氯化锂元件对湿度变化的灵敏度可近似地用下述微分式表示

$$\frac{\partial R}{\partial\varphi}=\frac{l^2e}{m}\,\frac{\partial\Lambda/\partial\varphi}{\Lambda^2} \tag{6-59}$$

式中，l 为电极距离（mm）；e 为氯化锂的摩尔质量（g/mol）；m 为氯化锂的质量（g）；Λ 为氯化锂的当量电导（cm^2/Ω）；R 为湿敏层的电阻（Ω）；φ 为空气（或其他气体）的相对湿度（%）。

由上式可见，电极距离增大，灵敏度增加；氯化锂的质量大，灵敏度则下降。另外，使用聚乙烯醇和添加某些助剂，除了增强湿敏层的附着能力和力学性能外，还能改善离子的移动速度。因此，元件的性能和几何尺寸、电极距离、湿敏层的成分和纯度以及厚度等因素有关。

2. 陶瓷湿度传感器

陶瓷湿度传感器采用金属氧化物半导体陶瓷湿敏元件。这种元件的感湿体，是一种经过高温烧结的多孔陶瓷体，它具有吸水性，容易吸附空气中的水汽，并且很快达到平衡。金属氧化物的电阻随所吸水分的量而变化，半导体陶瓷湿敏元件就是利用这种特性工作的。

陶瓷湿敏元件的种类很多，其中以铬酸镁、氧化钛高温烧结型元件最为优越，它具有高度的物理、化学稳定性和热稳定性，体积小、测量范围宽（1% ~100% RH）。测量温度可高达 150℃、最高承受温度可达 600℃。这种元件上装有一个小型加热线圈，可周期性地自动通电，把元件加热到 360℃的温度，将元件上的灰尘、盐、酸、油雾等污染物质烧掉，实现自洁，这样对保持元件的稳定性和测量准确度有显著作用。元件的响应速度小于 10s，灵敏度高，加工制造比较简易，原材料便宜，因此很有发展前途。

陶瓷湿度传感器的结构如图 6-37 所示。

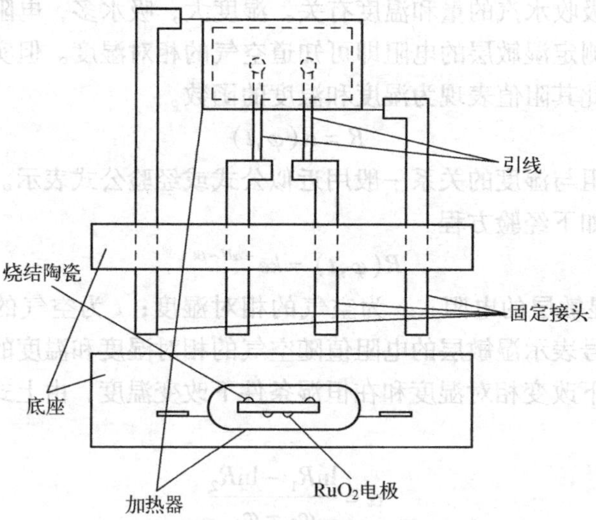

图 6-37　陶瓷传感器的结构示意图

在烧结陶瓷薄片的两个平面上涂覆一层 RuO_2 作为电极，用铂铱合金作电极引线。经烘烤成型的 RuO_2 层也是一种多孔物质，它几乎不影响水汽的吸附与解吸的平衡时间，同时其膨胀系数同烧结体接近，因而具有相当高的黏合强度。清洁传感器所需要的高温热源位于传感器的边缘。这是采用旁热法，也可以采用直热法，即用大电流通过电极，在短时间内达到 500℃的高温，利用陶瓷烧结体本身具有的高温热敏电阻特性自行控制加热温度。

6.6　密度的自动测量

在化工及石油生产过程中，有很多场合需要对介质的密度进行测量，以确认生产过程的正常进行或对产品质量进行检查。例如在蒸发、吸收和蒸馏操作中常常需要通过密度的检查以确定产品的质量。另外，现在生产上常常要求测量生产过程中的物料或产品的质量流量，即从所测得体积流量信号及物料的密度信号，通过运算得到质量流量。这时亦涉及密度的测量问题。介质的密度是指单位体积中介质的质量，它与地区的重力加速度大小无关，其常用单位 kg/m^3。下面介绍几种常见的自动测量密度的方法。

6.6.1　密度测量的基本概念

密度是指在一定状态的温度和压力下，单位体积物质（包括固体、液体和气体）的质量，常用克/厘米³（g/cm^3）、千克/米³（kg/m^3）等单位表示。

其定义式为

$$\rho = \frac{m}{V} \tag{6-60}$$

式中，m 为物质质量；V 为物质体积；ρ 为物质密度。

相对密度的定义与密度不同。固体和液体的相对密度是指该物质的密度与水的密度的比值。气体的相对密度是指气体的密度与空气密度之比。相对密度是一个比值，所以没有单位。

因为相对密度和温度有关，液体或固体相对密度是指在工作温度物质的密度与在4℃时水的密度之比，水的密度在4℃时最大（为1000 kg/m³）。气体或蒸汽的相对密度是指在标准状态下（压力101325 N/m²，热力学温度273°K）气体密度与空气密度之比，这是因为气体的体积随温度或压力的变化而变化。

6.6.2 液体密度的测量

1. 浮子式密度计

浮子式是基于浮力定律，通过浸在液体中的浮子位移或者浮力变化变换成各种电或机械检测信号来测定密度的方法。常见浮子式密度计如图6-38所示。

(1) 漂浮浮子法

1) 测量原理。浮子部分浸入并垂直漂浮在液体中，测量时的密度变化由干管的高度决定，测量原理如图6-37所示。浸没高度与液体密度的关系如下

$$\Delta h=\left(h+\frac{D^2}{d^2}H\right)\frac{\Delta\rho}{\rho+\Delta\rho} \tag{6-61}$$

式中，ρ 为液体密度；d 为浮子上部干管直径；D 为浮子下部即躯体直径；H 为浮子下部高度；h 为浸没部分高度；$\Delta\rho$ 为密度变化；Δh 为浸没高度变化。

2) 连续记录式密度传感器。图6-39是一种连续记录式密度传感器，整个浮子可在液体中上下漂浮，由此可以通过浮子2上轴杆（干管）3连接的记录仪4记录密度。

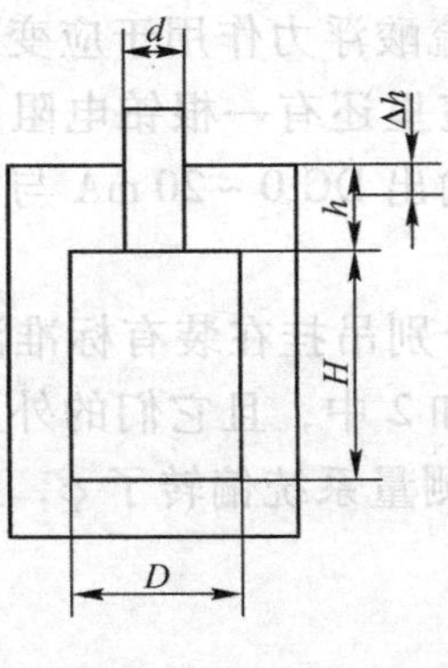

图6-38 漂浮浮子法测量原理示意图

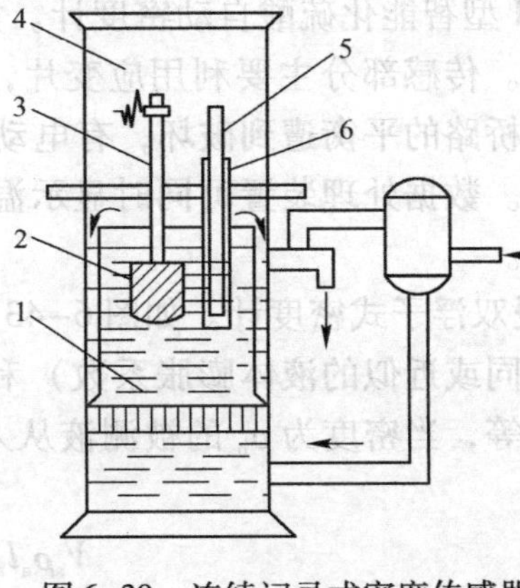

图6-39 连续记录式密度传感器

1—测定容器 2—浮子 3—轴杆（干管）
4—记录仪 5—温度计 6—温度防护筒

3) 光电远传漂浮式密度计。图6-40是光电远传漂浮式传感器，浮子装在导向圆筒2中，在浮子上方装有遮光板7，向下液体密度变化，浮子上下移动，遮光板7就随其在具有纵向狭缝的小室中移动。灯泡6通过狭缝使光线向下射到光敏电阻8上，该电阻值大小由遮光板移动的位置决定。

(2) 全浸浮子法

这种方法原理与上相同，但传感元件全部浸没于被测液体中。

1) MD-A型自动密度计。这种国产仪器是以薄板悬臂梁式测力传感器检测浮力变化的自动密度计，密度计测量系统如图6-41所示。

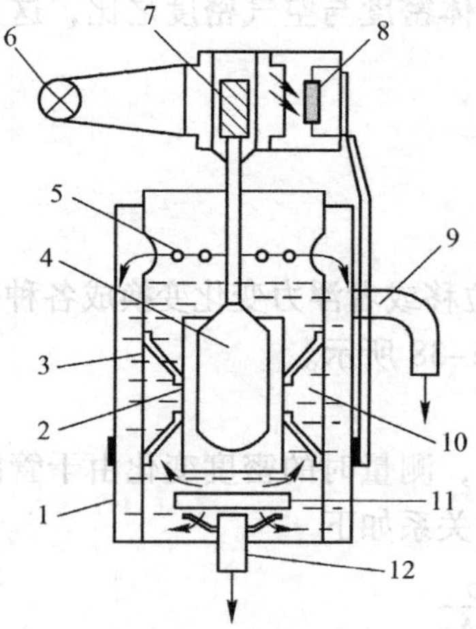

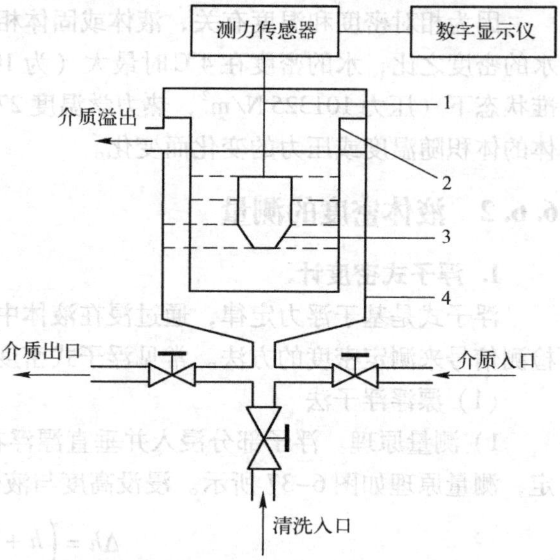

图 6-40 光电远传漂浮式密度计
1—外壳 2—导向圆筒 3—外圆筒 4—浮子 5—溢流孔 6—灯泡 7—遮光板 8—光敏电阻 9—溢流管 10—内圆筒 11—缓冲挡板 12—管道

图 6-41 MD-A 型自动密度计测量系统
1—吊丝 2—缓冲室 3—浮子 4—测量容器

2）NZM 型智能化硫酸自动密度计。如图 6-42 所示，系统由检测和数据处理装置两大部分组成。传感部分主要利用应变片，即压敏电阻桥将硫酸浮力作用于应变片上，应变片受压后桥路的平衡遭到破坏，有电动势输出，在浮子室里还有一根铂电阻用来测硫酸溶液温度。数据处理装置可同时显示温度和密度，并能输出 DC 0～20 mA 与密度对应的模拟信号。

3）全浸双浮子式密度计。如图 6-43 所示，两个浮子分别吊挂在装有标准液（与被测液具有相同或近似的液体膨胀系数）和被测液的圆筒 1 和 2 中，且它们的外形尺寸和质量基本相等，当密度为 ρ_b 的被测液从入口流入圆筒时，测量系统偏转了 φ，此时平衡方程式为

$$V_a\rho_a l_a\cos\varphi = V_b\rho_b l_b \tag{6-62}$$

当密度增加 $\Delta\rho$，测量系统偏转 β 角时，平衡方程为

$$V_a\rho_a\cos(\varphi+\beta) = V_b(\rho_1+\Delta\rho)l_b\cos\beta \tag{6-63}$$

式中，φ 为被测液体密度为 ρ_b 时测量系统的偏转角；β 为被测液体密度变化 $\Delta\rho$ 时测量系统的偏转角；V_a 为浮子 a 的体积；V_b 为浮子 b 的体积。

从上式可得被测液体密度的变化 $\Delta\rho$ 为

$$\Delta\rho = \rho_b\frac{\sin\varphi\sin\beta}{\cos\varphi\cos\beta} = \rho_b\tan\varphi\tan\beta \tag{6-64}$$

如密度 ρ_b 和 φ 角为已知数，则密度的变化值可以由偏转角 β 的大小来表示。

2. 静压式密度计

在液体不同深度处的静压大小决定于液体的深度和液体的密度，静压式密度计就是依据这一原理来测量液体的密度。它是把一根管子插入被测液体中，在管中通入压缩空气（或

氮气），调整阀门，使管中保持少量气泡逸出液面，此时管中气体压力与液体静压相等，如液柱高度为一定，则由气体压力即可表示液体的密度值。静压式密度计也称为吹气式密度计。

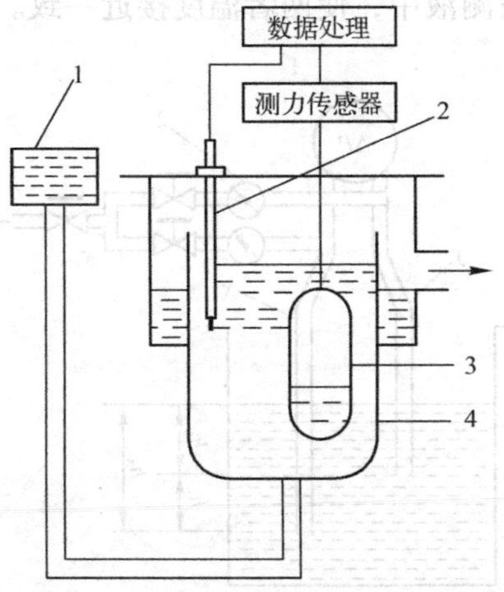

图 6-42　NZM 型智能化硫酸自动密度计
1—稳流槽　2—温度计　3—浮子　4—浮子室

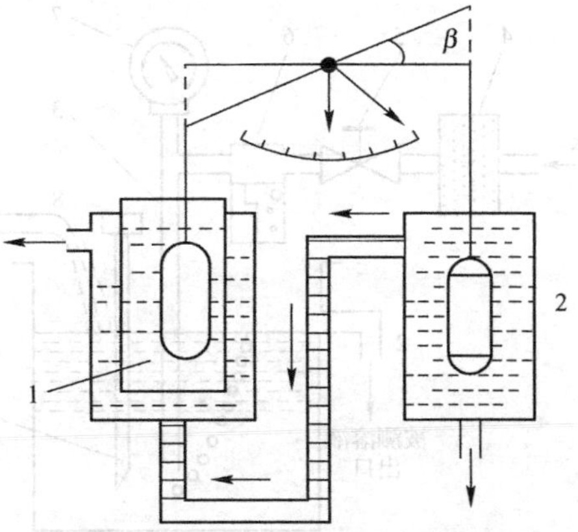

图 6-43　全浸双浮子式密度计
1—标准液圆筒　2—被测液圆筒

(1) 吹泡静压法

1）单管式静压密度计。如图 6-44 所示，被测液体 8 连续流入容器，并由液面出口 2 流出，保持液位高度不变；将一根金属管 3 垂直插入液体中一定深度；使压缩空气经过滤器 4、调节阀 5、转子流量计 6（或气泡显示瓶），进入金属吹气管，管子上端装有一只指示液体密度值的压力计 7，压力计上有总压力和密度两种刻度，1 为温度计。

2）双管静压式密度计。单管式静压密度计只适用于在大气压力下工作的容器和液面高度保持不变的情况。当用于高压密封容器时或液体变化时，就需要采用双管式密度计。

这种密度计的结构如图 6-45 所示。在容器中 1 垂直插入长短不同的两根吹泡管 x 和 y，往两根管里送进气体。在液体中的管端流出的气体量相同时，管内的压力差是根据两根管端之间的高度差和液体密度决定的值，即两管内的压差 Δp 为

$$\Delta p = p_x - p_y = (h_x - h_y)\rho g = h\rho g \tag{6-65}$$

式中，p_x 为管 x 内的压力；p_y 为管 y 的压力；h_x 为管 x 在液面以下的长度；h_y 为管 y 在液面以下的长度；h 为管 x 和 y 的管端间的距离；ρ 为液体密度；g 为重力加速度。

由此，若液体密度从 ρ_1 变到 ρ_2，则压力差从 $h\rho_1 g$ 变到 $h\rho_2 g$。这样，当管端间的长度 h 一定时，则通过压力表测得压力差，即可求出液体密度。另外，若式中的 $h_y=0$，即液面一定的话，就是用一根管子的情况。

这种方法的关键问题是测量时通入两管的气体流量要稳定且保持一致。因两管管端间的距离一定（由两管安装位置决定），至于液面变动的影响，是不重要的。

3）参比管静压式密度计。这种密度计有两个容器，一个盛有标准液的参比容器；另一个为流入被测流体的被测容器。两支吹泡管分别插入两个容器中，如图 6-46 所示。使气体流经过滤器和压力计后分为两路，一路经过流量计，进入标准液体，然后放空；而测量气路进入被测液体，此时，两气路中的气体压力分别近似于标准液从测量液相应深度（吹泡管

在液体中插入深度）处的静压值。设标准液的密度（已知）为ρ_a，被测液的密度为ρ，一般使用两根吹泡管的插入深度为H，则两路的气压压差为$\Delta p = H(\rho - \rho_a)$。用差压计6测出压差，就可求出密度值。为了补偿环境温度对密度的影响，标准液体应选择与测量液体有相同的温度膨胀系数；有时可将盛标准液的压力管浸在被测液中，使两者温度接近一致。

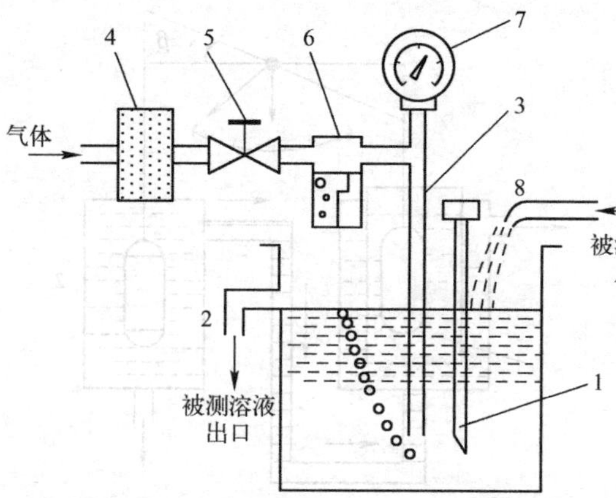

图6-44 单管式静压密度计

1—温度计 2—液面出口 3—金属管
4—过滤器 5—调节阀 6—转子流量计
7—压力计 8—被测液体

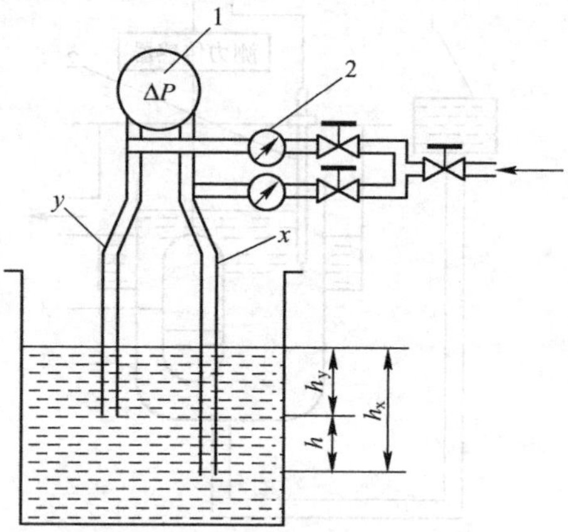

图6-45 双管式静压密度计

1—压力计 2—转子流量计

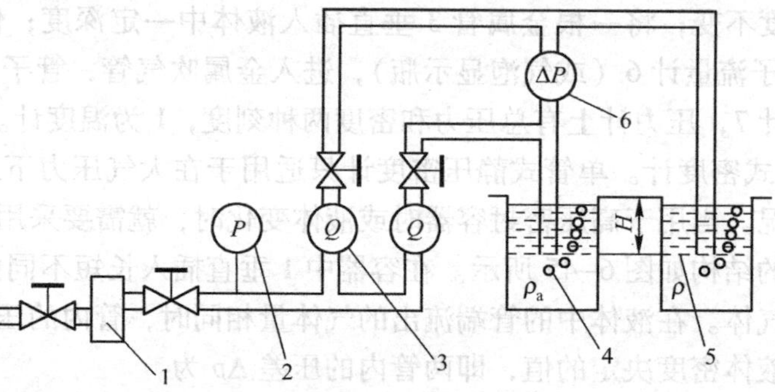

图6-46 参比管静压式密度计

1—过滤器 2—压力计 3—流量计 4—标准液 5—被测液 6—差压计

（2）补偿式静压密度计

当需要测量密度（或比重）微小变化的时候，可以采用补偿管结构，如图6-47所示。

补偿管插入深度为h_1，在被测液容器中，短管插入深度为h_2，长管与短管（被测容器中）的插入深度的差距为Δh。补偿管压力和被测液容器中短管压力相加（因两管相串联）施加于差压计一侧，长管液压$h_2 + \Delta h$施加于另一侧，此时压力表指示值应该为补偿管液压与Δh段液压之和。

假如两个容器中液体相同（或都是水），并使h_1长度等于Δh长度，则差压计指示为零，表示从差压计零点作为密度的起始点。例如需要0.9～1.1的密度范围，则使刻度从0.9开始至1.1满度，在差压计变化范围内相当于0.2的密度变化量程。

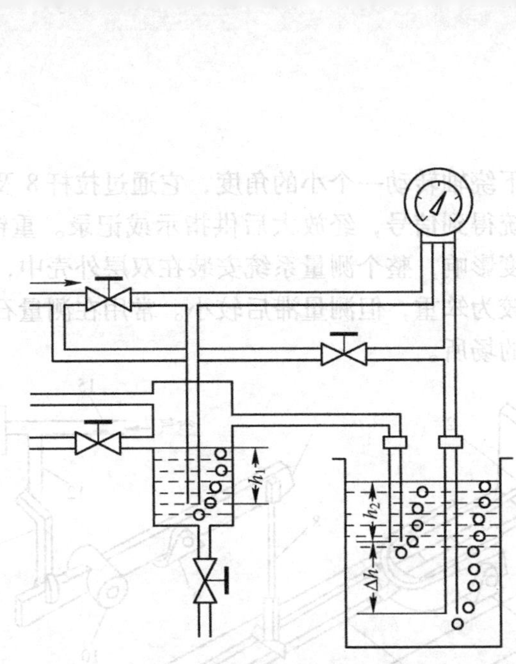

图 6-47　补偿式静压密度计

3. 重力式密度计

一定体积的质量决定于该液体的密度，测得质量，就能知道液体的密度值。重力式密度计结构有多种形式。图 6-48 所示为弹簧管重力式密度计结构示意图。被测液体的进、出口管与螺旋弹簧管 4 相通，而螺旋弹簧管与测量容器 2 相通。液体由下面的入口处经螺旋弹簧管进入测量容器 2 后，最后由上面的螺旋弹簧管及出口管排出。螺旋弹簧管承担测量容器及液体的全部质量。当由于液体密度发生变化而使质量改变时，容器 2 在螺旋弹簧管的弹性作用下做上下移动；移动量经顶杆 3 传到指示记录机构。为了减轻测量容器的质量，以减小螺旋弹簧管的负载，可在外筒 1 中装上水（或其他与被测液体密度相近的液体）。此时，所减轻的质量等于与容器 2 有相同体积的水的质量。这样可以用较细螺旋管来增加测量灵敏度。

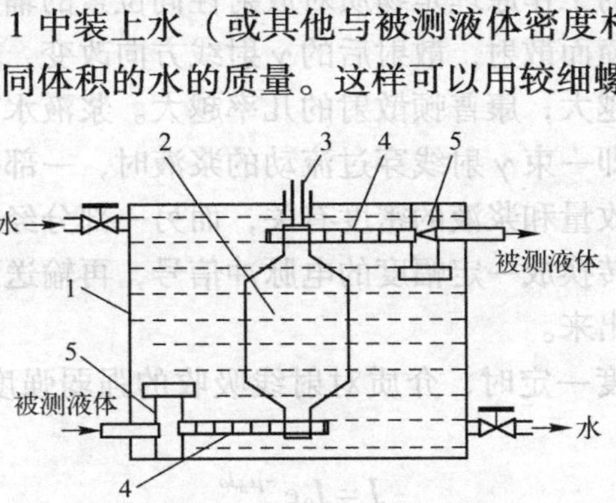

图 6-48　弹簧管重力式密度计
1—外筒　2—测量容器　3—顶杆　4—螺旋弹簧管　5—支柱

螺旋弹簧管所承受的质量为

$$M = V(\rho_X - \rho_1) + m \tag{6-66}$$

式中，V 和 m 分别为容器 2 的体积及质量；ρ_1 为水的密度；ρ_X 为被测液体的密度。

在此忽略了容器 2 的壁厚度，认为其内外体积相等。但这种仪器的测量滞后较大，并且当液体中有沉淀物时，会增加测量误差。

图 6-49 所示为气动重力式密度计。被测液体连续地流过 U 形测量管 5。此测量管可以绕轴座 4 上的轴做微小的转动。进、出口管通过软管 2 与测量管相通。当被测液体密度变化

时，测量管在重力的作用下绕轴转动一个小的角度，它通过拉杆 8 及秤杆 7 改变喷嘴与挡板间的距离，使气动测量系统得到信号，经放大后供指示或记录。重锤 10 可以左右移动，以平衡零位。为减小环境温度影响，整个测量系统安装在双层外壳中，内部有加热系统，以保持恒温，这种仪器的结构较为笨重，但测量滞后较小。常用在测量石灰乳等密度上。重力式密度计应安装在没有震动的场所。

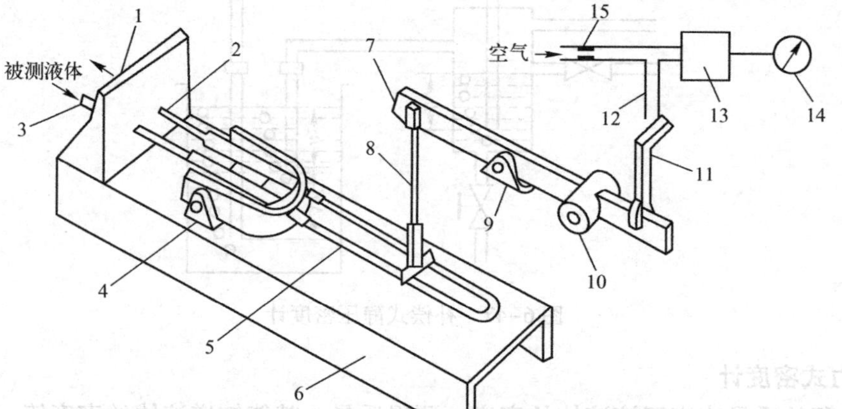

图 6-49　气动重力式密度计

1—出口管　2—软管　3—进口管　4—轴座　5—测量管　6，9—支座　7—秤杆　8—拉杆　10—重锤　11—挡板　12—喷嘴　13—气动放大器　14—显示仪　15—恒气阻

4. 放射性同位素密度计

放射性同位素密度计的工作原理是物质对放射性同位素的辐射的吸收作用。γ 射线与物质原子的外围电子进行碰撞而散射，散射后的 γ 射线方向改变，能量减小，这就是通常的康普顿散射效应。物质密度越大，康普顿散射的几率越大。浆液水灰比的检测原理就是基于浆液对 γ 射线的吸收作用，即一束 γ 射线穿过流动的浆液时，一部分射线因和浆液中的原子发生相互作用而被吸收，吸收量和浆液的密度有关，而另一部分经探测器内的闪烁检测组件和前置放大器把 γ 射线光子转换成一定幅度的电脉冲信号，再输送到灌浆仪主机计算机系统进行数据处理并显示和打印出来。

在辐射通过的介质厚度一定时，介质对射线吸收的强弱强度与介质密度有关，其关系如下

$$J = J_0 e^{-\mu_m l \rho} \tag{6-67}$$

式中，$e = \dfrac{1}{\mu_m l}\ln\left(\dfrac{J_0}{J}\right)$；$J_0$、$J$ 为 γ 辐射通过介质前后的辐射强度；μ_m 为介质的质量吸收系数；l 为穿过介质的厚度；ρ 为介质的密度。

由上式可得

$$\rho = \frac{1}{\mu_m l}\ln\left(\frac{J_0}{J}\right) \tag{6-68}$$

如果密度为 ρ_1 液体与密度为 ρ_2 的第二种介质相互混合，则混合物的密度 ρ 与重量浓度 S 有如下关系

$$S=\frac{l_2}{l_1 l_2}\cdot\frac{l-l_1}{l} \tag{6-69}$$

因此通过测量密度，也可以测量介质的浓度。

γ 射线有很强的穿透能力，因此在工业上测量介质的密度所用的放射性仪表中大多用 γ 射线密度计。图 6-50 是 γ 射线密度计的基本原理图。

常用的 γ 放射线源有钴 60^{60}（Co）。半衰期 $T^{1/2}$ 为 5.3 年，γ 粒子能量为 1.25MeV（兆电子伏特），及铯 137（Cs^{147}），半衰期 $T^{1/2}$ 为 33 年，γ 粒子能量为 0.66MeV。当射线束穿透介质时，会被物资的原子吸收，引起放射性活度的衰减，通过测量活度就可得到介质的密度。

放射源和检测器分别相对安放在被测介质的两侧。当放射出的 γ 射线透过被测物后被介质吸收一部分，活度得到减弱。使用检测器检其活度。检测器接收到的射线强弱反映出管道中介质的密度大小。检测的输出信号经放大器放大后，供指示或记录介质的密度。图 6-51 所示为几种常用的放射源与检测器的安装方式。

γ 射线式密度计几乎可以适用于任何液体、固体和气体介质的密度测量，其最大特点是采取非接触测量方式。因此可适用于高温、高压、高黏度、强腐蚀、易燃、低温、剧毒以及强电磁场干扰等恶劣环境。

除了以上描述的利用物质对 γ 射线吸收作用测量密度以外，也可以利用物质对 γ 射线的散射作用测量密度，这种测量方式主要应用在土壤的密度测量等方面。

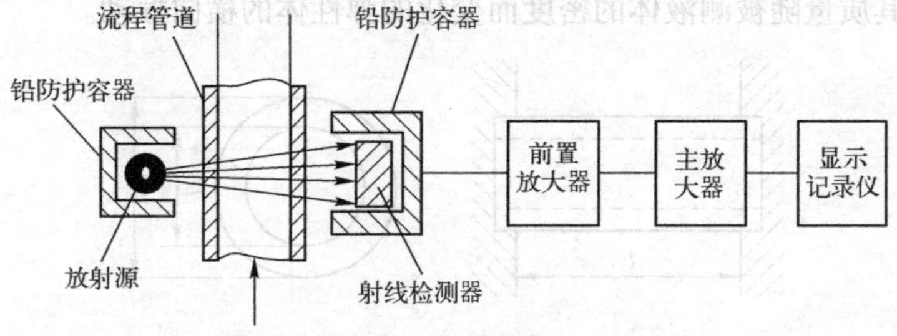

图 6-50　γ 射线密度计的基本原理图

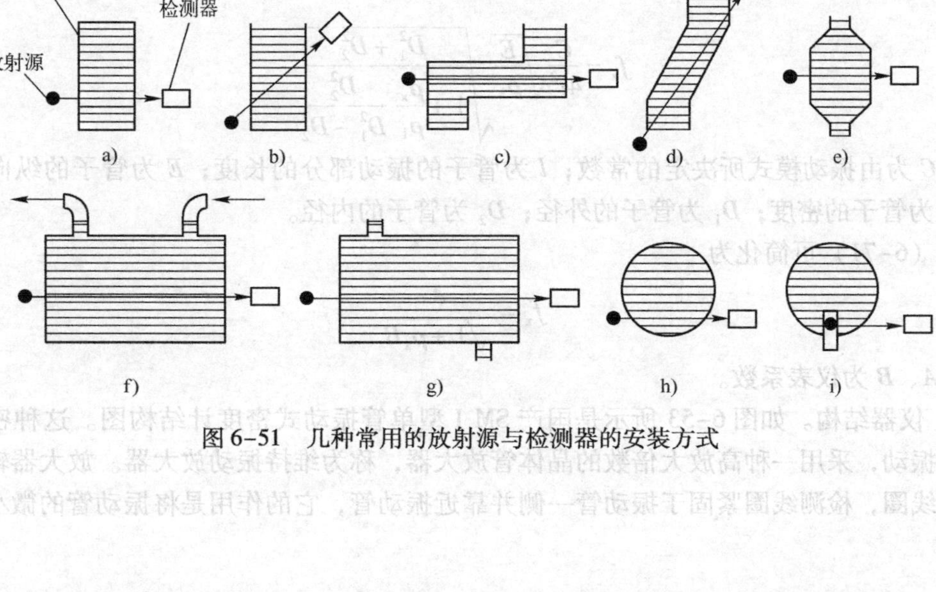

图 6-51　几种常用的放射源与检测器的安装方式

5. 振动式密度计

振动法是一种基于物体（振动系统）振动与其密度关系的原理测量密度的方法。当一个音叉受外力作用产生振动时，它的自然频率 f 可用以下公式表示

$$f = K\frac{\delta}{l}\sqrt{\frac{E}{\rho}} \tag{6-70}$$

式中，δ 为音叉的厚度；l 为音叉叉部的长度；E 为音叉材料的弹性模量；ρ 为音叉材料的密度；K 为常数。

如果 δ、l、E 均为固定不变，则密度与振动频率有一定的关系，测定振动频率的变化，即可测出密度的变化。下面介绍几种结构不同的振动式密度计。

（1）单管振动式密度计

1）测量原理。为了提高仪器准确度，振动管材料的膨胀系数和弹性系数要越小越好，对振动管的强度要求不高，因为振动管的振幅极小。振动管内外都有液体，液体的压力对振动管无影响。这种密度计同时能用于高压液体密度的测量。其结构简单，工作稳定，能适应高温、高压条件。

如图 6-52 所示，截面均匀的直管中充满被测液体，设其轴向流动是自由的，使这个管子作横向振动，液体因受管壁的约束而大体上作为一个整体振动，由于液体内部的相对位移极小，故测量受黏滞性的影响也是很小的。于是，内部充满液体的截面均匀的管子的横向振动，可以看做是其质量随被测液体的密度而变化的弹性体的横向振动。

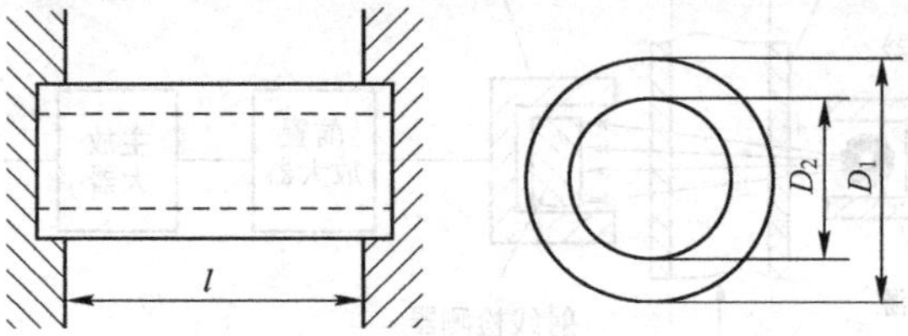

图 6-52　单管振动式密度计原理图

当在截面均匀的直管中充满密度为 ρ_x 的被测液体时，给出横向自由振动频率 f_x 的原理公式为

$$f_x = \frac{C}{4l^2}\sqrt{\frac{E}{\rho_1}}\sqrt{\frac{D_1^2 + D_2^2}{1 + \frac{\rho_x}{\rho_1}\frac{D_2^2}{D_1^2 - D_2^2}}} \tag{6-71}$$

式中，C 为由振动模式所决定的常数；l 为管子的振动部分的长度；E 为管子的纵向弹性模量；ρ_1 为管子的密度；D_1 为管子的外径；D_2 为管子的内径。

式（6-71）可简化为

$$f_x = \frac{A}{\sqrt{1 + \rho_x B}} \tag{6-72}$$

式中，A、B 为仪表系数。

2）仪器结构。如图 6-53 所示是国产 SM I 型单管振动式密度计结构图。这种密度计为了维持振动，采用一种高放大倍数的晶体管放大器，称为维持振动放大器。放大器输入端接一检测线圈，检测线圈紧固于振动管一侧并靠近振动管，它的作用是将振动管的微小振动转

换为电信号并送到放大器进行放大。而在放大器输出端接一激振线圈。激振线圈位于振动管的另一侧，也紧靠振动管，它的作用则是将经放大的电信号转变为机械能作用于振动管上，以补充振动动能量损耗，当各参数选择适当，即可使振动管维持稳定振动。

振动管是振动式密度计仪表的“心脏”，它在很大程度上直接决定了仪表的性能，因而对管材要求比较严格，SM Ⅰ型密度计采用了恒弹性合金钢管，它有很高的机械谐振性能值和很好的弹性，磁导性能好，温度系数小等优越性。振动管被固定于两端的“振动管固定座”上，固定应结实牢靠，固定座再和质量较大的底台连接起来形成一个振动单元，此单元与外界均采用软连接，以减少干扰，使振动稳定。

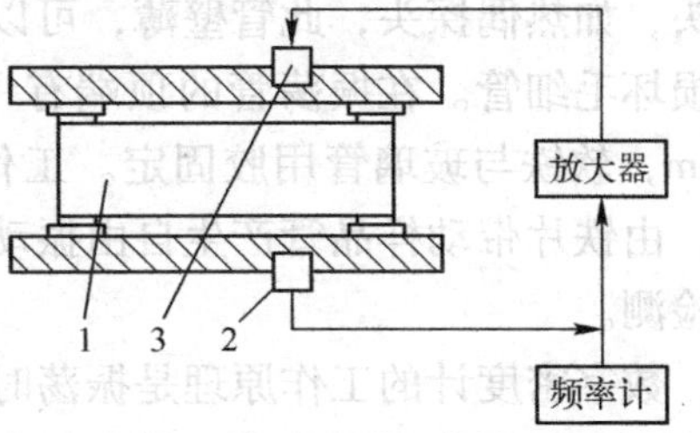

图 6-53　SM Ⅰ型单管振动式密度计结构图

1—振动管　2—激振线圈　3—检测线圈

(2) 双管振动式密度计

双管振动式密度计的振动频率与密度的关系和单管形式相同，结构如图 6-54 所示，仪器由两支平行的振动管构成。在两管中间，置有一个电磁驱动线圈和两个检测线圈，当线圈中通以脉冲激励电流时，两个振动管受到磁力作用，就像音叉振动一样，按其自然振动频率产生机械振动，同时在检测线圈中产生振动频率电流，当被测液体注入管中时，振动管的质量增大，它的自然频率也随着降低。

在结构上，除有上面双管并列组成的振动子外，还有一种体积比它小的双管贯通型结构的密度计，其振动管结构如图 6-55 所示，它是一种音叉结构，一端是大质量的底盘，上面装有两根外径 7 mm、壁厚 0.15 mm 的薄壁不锈钢管（SUS316），它们的自由端用质量远比底盘小的连接器连接起来。这种音叉如图中所示，以中央为波腹振动，被测液体在管中流动，用插入在连接器中的铂电阻 Pt100 测定测温，用于密度的标准温度换算。

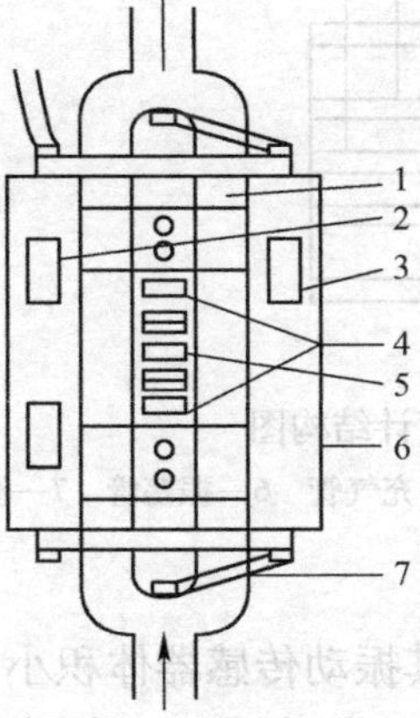

图 6-54　双管振动式密度计结构图

1—双振动管　2—维持放大器　3—驱动电路　4—检测线圈　5—驱动线圈　6—机壳　7—铂电阻温度计

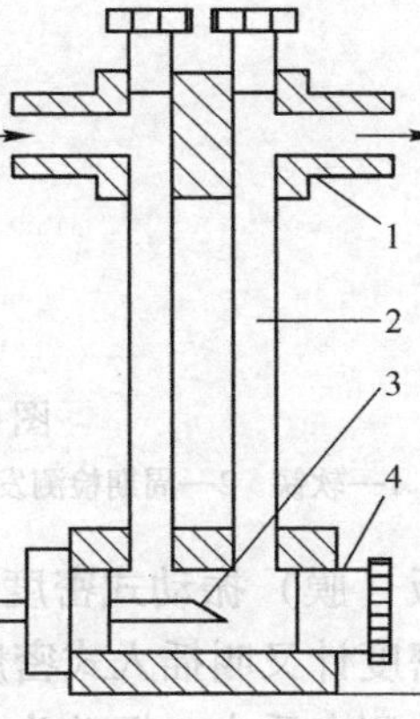

图 6-55　双管贯通型密度计振动管结构图

1—底座　2—振荡管　3—测温电阻　4—排池螺钉　5—压电元件

(3) U 形管振动式数字密度计

U 形管振动式数字密度计的结构如图 6-56 所示。仪器的测试管由玻璃制成，振荡管由

U 形硅硼制成，底部开口，测密度时，将样品由开口外注满 U 形管，该管置于双层的圆柱玻璃管的中央，该管两端封死，并且充有热传导性能极高的气体，当恒温气体流经玻璃管时，借助这种气体可迅速使样品管达到恒定的温度，中间的附属毛细管用于插入测温的传感探头，如热偶探头，此管壁薄，可以快速传导热量，因此，在插传感探头时要十分小心，以免损坏毛细管。在振荡管的顶端有一薄铁片，薄铁片的另一端是自由的，并与软铁相距约 1 mm，软铁与玻璃管用胶固定。工作时，软铁受到电场的激发，被磁化吸引铁片。当断电后，由铁片带动样品管产生自由振动。振动频率由周期检测发送器检测，发送器连到检测系统检测。

数字密度计的工作原理是振荡时有其自身的振荡频率，装入液体后振荡管的质量发生变化从而引起振荡频率改变，用空气和水作为标准来标定仪器，通过测出空气和纯水的振荡周期，则可以测出试样的密度。

密度计的自由振荡周期与被测液体密度关系式为

$$f = \frac{1}{2\pi}\sqrt{\frac{c}{\rho V + m}} \tag{6-73}$$

式中，f 为振荡管的自由振荡频率；c 为含有弹性系数的常数；ρ 为振荡管内所装液体的密度；V 为振荡管内液体体积；m 为振荡管的质量。

式（6-73）可简化为

$$\rho = \frac{1}{A}(T^2 - B) \tag{6-74}$$

式中，A、B 为常数；T 为周期。

通过分别测出密度为 ρ_1 的纯水和密度为 ρ_2 的空气的周期 T_1 和 T_2，则可算出 A 和 B，进而计算出被测液体密度值。

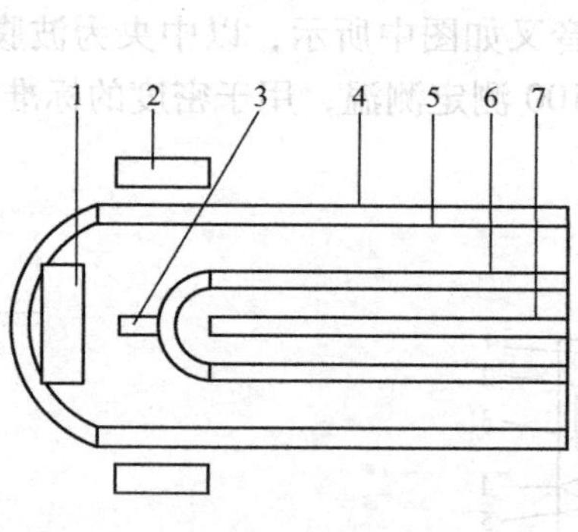

图 6-56　U 形管振动式数字密度计结构图

1—软铁　2—周期检测发送器　3—薄铁片　4—套管　5—充气管　6—振荡管　7—测温管

（4）板（膜）振动式密度计

这种密度计又叫插入式密度计，如图 6-57 所示，其振动传感器体积小，可以直接插入管道内的被测介质中。振动头由双层薄壁环和一个两端嵌焊在内环上的蒙乃尔合金薄片组成。内环内壁及蒙乃尔合金薄片表面镀金以耐腐蚀，激振体为一磁驱动铁心，采用磁致伸缩材料，在交流信号作用下敲击圆环，使合金薄片以其固有频率作简谐振动，振动频率信号由压电元件检出，放大后反馈到激励线圈，以维持合金薄片的固有振动。该固有频率与被测液体密度有关，而与液体的流速、黏度无关。

合金薄片的谐振频率和被测液体密度的计算式为

$$f=\frac{f_0}{\sqrt{1+\frac{\rho}{\rho_{\rm p}}\frac{l}{\delta}}} \tag{6-75}$$

式中，ρ 为液体密度；$\rho_{\rm p}$ 为振动片密度；l 为振动片长度；δ 为振动片厚度；f_0 为薄片在真空（$\rho=0$）情况下的谐振频率。

若把液体的密度变换成薄片谐振频率 f 的函数，则上式变为

$$\rho=A'T^2+B' \tag{6-76}$$

式中，$A'=f_0^2\left(\frac{\delta}{l}\right)\rho_{\rm p}$；$B'=\rho_{\rm p}\left(\frac{\delta}{l}\right)$；$T=\frac{1}{f}$。

对于一定的薄片，A'，B' 为常数，则被测液体的密度就是谐振周期二次方函数。

插入式密度计最大工作压力为 3.4 MPa，工作温度在 −55 ~ 120℃之间，不确定度为 0.25%，测量范围为 0.5 ~ 1.5 g/cm³。

6. 电容式密度计

（1）测量原理

电容式液体密度计测量原理图如图 6-58 所示，在测量前，将浮子挂在和弹性导轨刚性连接的挂钩上，浮子的重力使弹性导轨在弹性范围内向下产生初变形，当样品池通过升降台，升起并使浮子置于被测液体中时。在浮力的作用下，浮子及弹性导轨向上产生位移，由于浮力小于浮子的重力，该位移亦小于弹性导轨的初变形。h_0 为加上浮子后弹性导轨的最大变形量，h 为浮子受到液体浮力后导轨产生的形变。在弹性范围内有下式成立

$$h_0=Km_0g=K\rho_0Vg \tag{6-77}$$

$$h=KV(\rho_0-\rho)g \tag{6-78}$$

式中，m_0 为浮子在空气中的质量；ρ_0 为浮子密度；V 为浮子体积；K 为弹簧常数；ρ 为液体密度；g 为重力加速度。

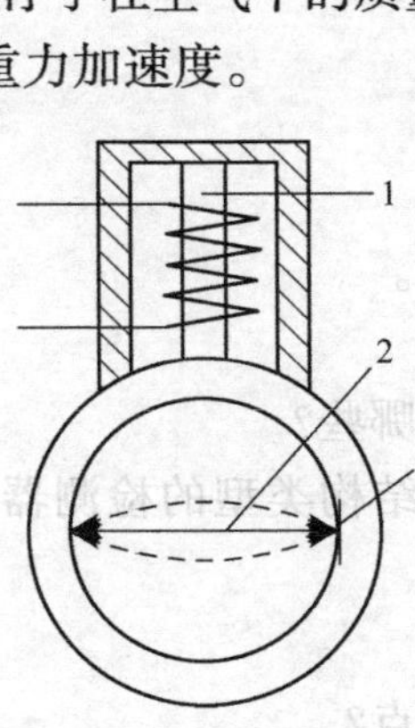

图 6-57　板（膜）振动式密度计

1—磁驱动铁心　2—振动薄片　3—压电元件

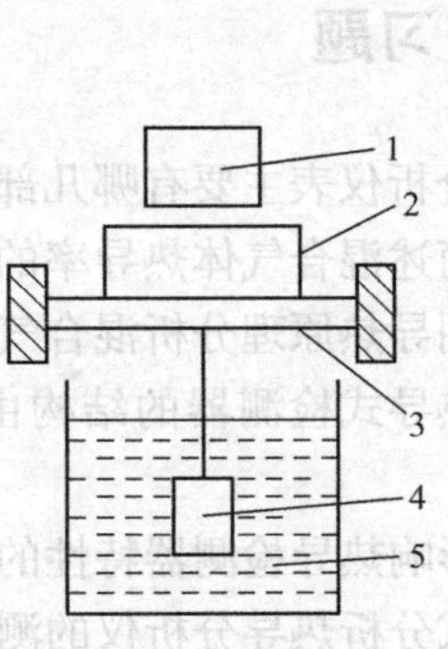

图 6-58　电容式密度计原理图

1—电容上极板　2—电容动极板　3—弹性导轨　4—浮子　5—样品池

（2）电路原理

图 6-59 为电容密度计的电路原理图，A 是高增益负反馈放大器，电容传感器 C 接在负

反馈电路中，C_0 为输入电容，V_0 为参考电压。C 可由下式确定

$$C=\varepsilon_0\varepsilon(A/s) \tag{6-79}$$

式中，A 为电容的有效面积；s 为电容两板的间隙；ε 为电容在介质中的介电常数；ε_0 为电容在真空中的介电常数；H_0 为弹性导轨未加浮子时电容两极板的间隙。

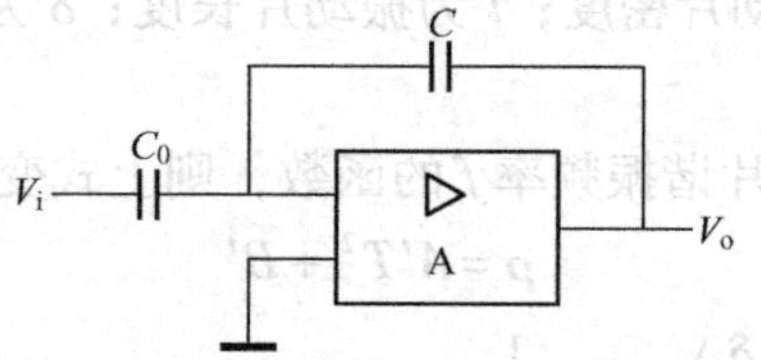

图 6-59　电容式密度计电路原理图

由理想运算电路原理可知

$$V_0=-(C_0/C)V_i \tag{6-80}$$

将式（6-77）～（6-79）代入可得

$$V_0=\frac{C_0V_i}{\varepsilon_0\varepsilon S}[s_0+KV(\rho_0-\rho)g] \tag{6-81}$$

$$\rho=\rho_0+\frac{s_0}{KVg}+\frac{1}{KVg}\frac{\varepsilon_0\varepsilon A}{C_0V_i} \tag{6-82}$$

简化为

$$\rho=K_1+K_2V_0 \tag{6-83}$$

式中，K_1、K_2 为常数。

在电路中用电平移动的方法，可以将 K_1 消除，因此上式可变为

$$\rho=K_2V_0 \tag{6-84}$$

则被测液体的密度 ρ 只和电路输出电压 V_0 有关，且为线性关系。

思考题与习题

6.1　分析仪表主要有哪几部分组成？简述各部分的作用。

6.2　简述混合气体热导率的含义。

6.3　用导热原理分析混合气体中待测气体成分的条件有哪些？

6.4　热导式检测器的结构由哪些内容组成？有哪几种结构类型的检测器？有哪些优缺点？

6.5　影响热导检测器特性的因素有哪些？如何处理？

6.6　试分析热导分析仪的测量线路有哪几种？各有何特点？

6.7　简述通过测出混合气体总磁化率间接测出氧含量的含义。

6.8　简述测速式热磁氧量分析仪的结构组成？试分析其工作过程。

6.9　试写出氧化锆分析器浓差电势表达式。利用氧化锆探头测氧含量应满足哪些条件？

6.10　简述 pH 计测量酸、碱、盐溶液的含义。

6.11　简述 pH 计测量系统的组成，测量过程中使用什么电极？其作用是什么？

6.12　pH 计传感器电极的基本结构有哪些形式？常规 pH 计传感器与显示仪表配接测量应注意哪些问题？

6.13　简述 pH 计传感器常用电极有哪几种？

6.14　湿度的表示方法有哪几种？如何定义？

6.15　各种湿度计的工作原理和使用条件是什么？

6.16　液体密度计的测量方法有哪几种？简述其结构组成及工作过程。

6.17　简述分析仪表的主要性能指标有哪些？

6.18　简述分析仪表与常规测量仪表的共同点及不同点。

第7章　测量显示仪表

在工业生产、现代化的农业生产以及其他许多领域中，除了需要用各种传感器、变送器把被测参数的大小检测出来，还要把这些测量值准确无误地指示、记录或用字符、数字、图形等形式显示出来。测量显示仪表就具备了这样的功能。它接受传感器或变送器送来的信号，然后经过测量线路和显示装置，最后以适当的形式将被测参数的值显示或记录下来。显示仪表提供生产所必需的数据，让操作者了解生产的全过程，更好地操纵、管理生产。

在早期，对有关参数的检测与显示往往是在一块仪表中完成的，例如指针式压力表。这样的仪表只能做就地指示，而不能在控制中心集中使用。随着生产的发展，生产规模不断扩大，生产过程向高度自动化方向发展，与此同时，所需检测的工艺参数日益增多，准确度要求也相应提高，检测信号必须传送实行集中显示和控制，显然那些只能就地指示的仪表已不能满足需要。在这样的背景下，一种能远距离接受被测信号的显示型仪表便诞生和发展起来了。现在显示仪表已形成一个整体，由于非电量电测、非电量电转换技术的发展，使电子式显示仪表在显示仪表体系中占有重要的地位。

电子式显示仪表一般又分为模拟式、数字式和图像显示三大类。所谓模拟式显示仪表，是以指针或记录笔的偏转角或位移量来显示被测参数连续变化的。这类仪表又分为直接式和平衡式两种。直接式线路简单，价格低，但准确度差；平衡式线路结构复杂，价格贵，但准确度较高。这两种模拟仪表目前还在使用。尤其是直接式模拟显示仪表，因其价格低，使用方便，在一些中小型工厂还经常用到它们。

数字式显示仪表是以数字形式直接显示被测参数，其测量速度快，抗干扰性能好，准确度高，读数直观，具有自动报警、自动量程切换、自动检测、参数自整定等功能，其性能远优于模拟式显示仪表。随着大规模集成电路的不断发展，数字式显示仪表的成本越来越低。又由于计算机集成芯片不断地融入到数字式显示仪表的设计中，使这类微机化数字化显示仪表的功能越来越强，显示手段也越来越丰富，不少原本属于图像显示的方法和技术都用于微机化的数显仪表中。不带微机集成芯片的纯粹的数字式显示仪表已逐渐被微机化的数显仪表所取代。显然和模拟式比较，数字式显示仪表更适合于生产的集中监视与控制，更适合于应用在大中型企业自动化程度高的生产流水线上。

图像显示则是把工艺参数不仅用文字符号表示而且配以图像、动画等手段在大屏幕上显示出来，它是现代大型企业计算机控制系统的一个终端设备。随着微机的普及，其性能越来越高，价格越来越低，微机和传感器直接结合，微机就是仪表，微机的显示屏就是仪表的显示屏。虚拟仪表就此诞生。由于化工参数种类繁多，所处生产条件也各有不同，因而自动检测这些参数的检测仪表（也称测量仪表）也是琳琅满目、多种多样。以微机软、硬件为平台的“虚拟仪表”原则上都可取代这些品种繁多的仪器仪表。

测量仪器发展至今，大体可分为四个阶段：模拟仪器、数字化仪器、智能仪器和虚拟仪器。虚拟仪器是当今最新的一种仪表形态。如果把前三种测量仪器归属于传统仪器，那么虚拟仪器则完全颠覆了传统仪器的设计观念，是未来仪器发展的一个重要方向。

本章将对上述几类测量显示仪表进行分析、介绍。考虑到本课程的地位，本章并不是就某一型号的模拟显示仪表或微机化的数字显示仪表做详细分析，仅仅是以它们为例子，对基本原理进行分析、介绍。读者通过学习完全能将这些基本理论和基本方法融会贯通，举一反三地解决今后工作中碰到的实际问题。本章的内容也是为了满足读者学习后继专业课程的需要。

7.1 模拟显示仪表

7.1.1 动圈式模拟显示仪表概述

动圈式模拟显示仪表是在我国发展较早的一种模拟显示仪表，是当年我国自行统一设计、定型，在全国各个仪表厂共同生产，实际使用也是最多的一种仪表，其内部结构如图 7–1所示。由于它具有体积小、质量轻、结构简单、价格低、指示清晰，既能对参数单独显示（如 XCZ 型），又能对参数显示加以控制（如 XCT 型）等优点，因而一直被不少企业所采用，尤其是在中小型企业中。

动圈式模拟显示仪表的输入信号是直流毫伏标准信号。只要采用适当的传感器和变送器，它不但可测量显示温度值，还可测量显示以及控制其他许多参数。

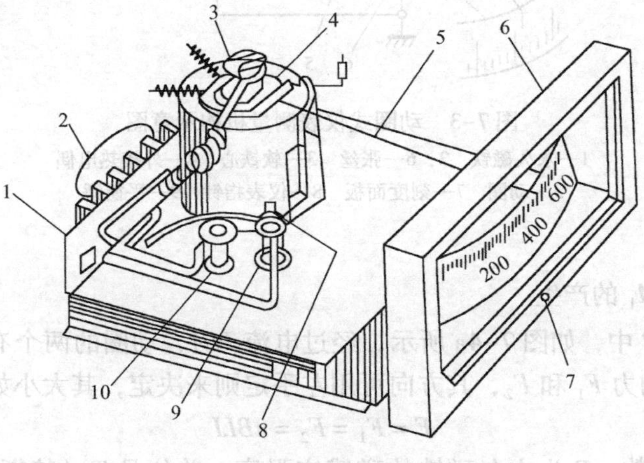

图 7–1　动圈式显示仪表内部结构

1—后板　2—接线端子　3—上弹片组　4—磁钢　5—指针　6—表框　7—机械零点
8—热敏电阻　9—并联补偿电阻　10—串联电阻

7.1.2 动圈仪表的组成和工作原理

1. 组成

动圈式显示仪表的组成如图 7–2 所示。它由测量线路和测量机构两部分组成。测量机构是核心，对于不同的型号，测量机构都是相同的，而测量线路各不相同。图 7–3 就是动圈式仪表测量机构示意图。

永久磁铁 1（包括极靴）和圆柱形软铁芯 3 形成辐射磁场，使两者之间气隙中各处的磁场均匀，并使动圈 5 在气隙中转动时，切割磁力线的有效边缘始终与磁场垂直。

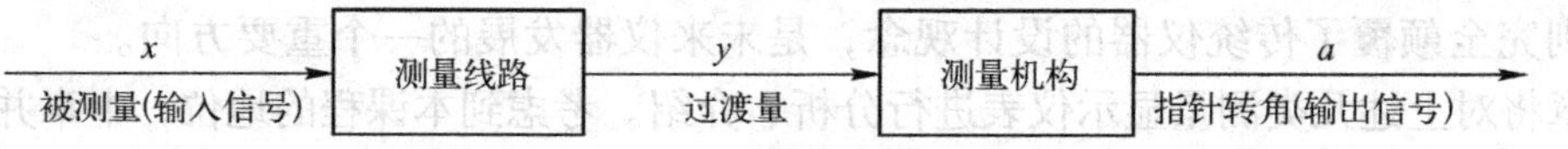

图7-2　动圈式显示仪表组成

两根张丝2、6两端固定在仪表的机架上，共同支承动圈5，输入电流一进一出也是由这上、下两根张丝连通到动圈5上。动圈5用漆包线绕制成无骨架线框，电流通过该线圈产生动力矩，使线圈在磁场中转动，带动指针8，在刻度面板7上移动，并指向某一值。指针上的平衡锤9可用来调节整个转动机构的动平衡。动圈5一转动，使上、下张丝变形，从而又产生一个反力矩，该反力矩最终和动力矩达到平衡，指针便稳稳地指向某一值。“动圈式仪表”由此得名。

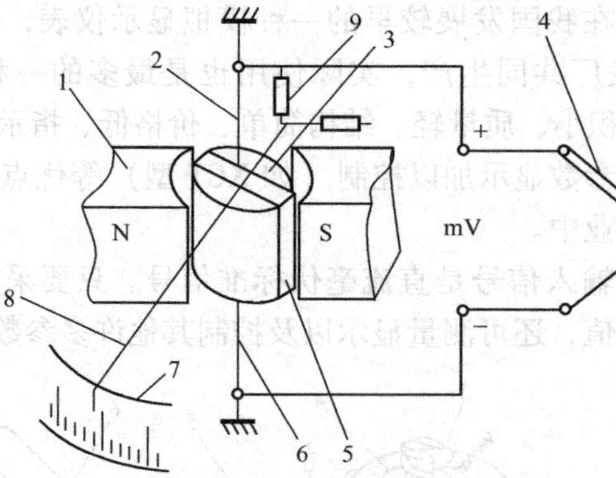

图7-3　动圈式仪表测量机构示意图

1—永久磁铁　2，6—张丝　3—软铁心　4—外接热电偶

5—动圈　7—刻度面板　8—仪表指针　9—平衡锤

2. 工作原理

(1) 转动力矩 M_1 的产生

动圈置于磁场 B 中，如图7-4a所示，经过电流 I 时，动圈的两个有效边 L 分别受到大小相等、方向相反的力 F_1 和 F_2，其方向可用左手定则来决定，其大小如下式

$$F = F_1 = F_2 = nBLI \tag{7-1}$$

式中，n 为动圈的匝数；B 为永久磁铁的磁感应强度，单位是T（特斯拉）；L 为有效边长度，单位是m；I 为流过的电流，单位是A。

由图7-4b可知，动圈绕旋转轴的转动力矩为

$$M_1 = 2rF\cos\beta \tag{7-2}$$

将式（7-1）代入式（7-2）得

$$M_1 = 2rnBLI\cos\beta = C_1 I\cos\beta \tag{7-3}$$

式中，$2r$ 为动圈的宽度，单位是m；β 为久磁铁磁力线与动圈平面的夹角。

C_1 为常数，且 $C_1 = 2rnBL$，它与动圈的尺寸、匝数、磁感应强度有关。当仪表定型生产后，这些参数便固定下来。

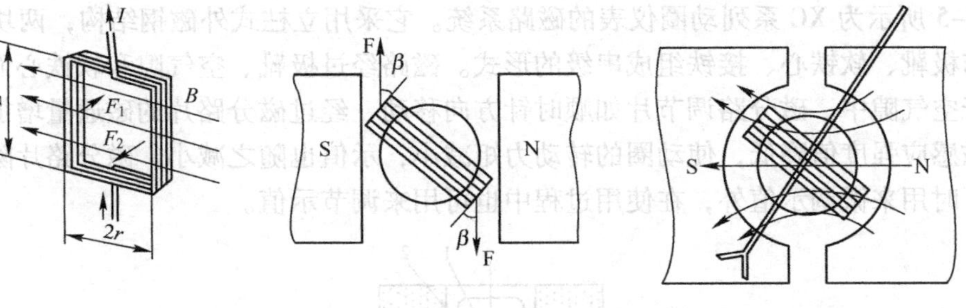

图 7–4　动圈测量机构工作原理

由式（7–3）可知 M_1 不仅与 I 有关，还与夹角 β 的大小有关。由于 $\cos\beta$ 的非线性，使得仪表的刻度也不均匀。因此必须消除 β 的变化，以保证仪表输出的线性变化。为此将永久磁铁的极靴设计成如图 7–4c 的形状，这样磁力线与动圈平面的夹角在动圈转动的范围内趋向于 0°，则 $\cos\beta=1$，式（7–3）便可写成

$$M_1 = 2rnBLI\cos\beta = C_1 I\cos\beta = C_1 I \tag{7–4}$$

可见转动力矩 M_1 与输入电流 I 成正比。

（2）反作用力矩 M_2

动圈受作用产生偏转，偏转角设为 α。要使一定的电流 I 产生一定的偏转角 α，必须在动圈上加一个与偏转角成正比的反作用力矩 M_2，不然的话，电流产生的力矩将使动圈一直转到指针卡死为止。这时即使电流撤消了，由于没有反作用力矩，动圈处于静止状态，动圈也回不到仪表的原点处。反作用力矩由支撑动圈的张丝扭转而产生，反作用力矩 M_2

$$M_2 = C_2\alpha \tag{7–5}$$

式中，C_2 和张丝的几何尺寸（长度、宽度与厚度）、张丝的材料以及张力的大小有关。同样，仪表设计定型了，C_2 也是一个常数，称 C_2 为仪表常数。显然 M_2 和 α 成正比关系。

（3）转动力矩与反作用力矩的平衡

当动圈产生偏转，并带动指针指在某一刻度不动时，这时仪表测量机构的转动力矩与反作用力矩也达到平衡，即

$$M_1 = M_2$$

分别把式（7–4）、式（7–5）代入并作适当整理后可得

$$\alpha = \frac{C_1}{C_2}I = KI \tag{7–6}$$

式中，K 是动圈测量机构的灵敏系数，即单位电流引起动圈偏转角的变化。K 越大，测量机构就越灵敏。显然 K 也是常数，因而仪表的刻度是线性的。

3. 测量机构

（1）磁分路调节片

永久磁铁即使是同一种型号，其磁感应的强度的强弱相差还是相当大的。为了保证动圈仪表磁感应强度 B 的恒定，有必要用磁分路调节片将强度大的磁感应强度分流掉一部分。

图 7-5 所示为 XC 系列动圈仪表的磁路系统。它采用立柱式外磁钢结构，两块半圆环形的磁钢与极靴、软铁心、接铁组成串级的形式。磁路经过极靴、空气隙和软铁心而闭合，动圈则置于空气隙中。磁分路调节片如顺时针方向移动，经过磁分路片的磁通量增加，而空气隙中的磁感应强度值降低，使动圈的转动力矩减小，示值也随之减小。磁分路片除了在仪表校验出厂时用来微调示值外，在使用过程中也可用来调节示值。

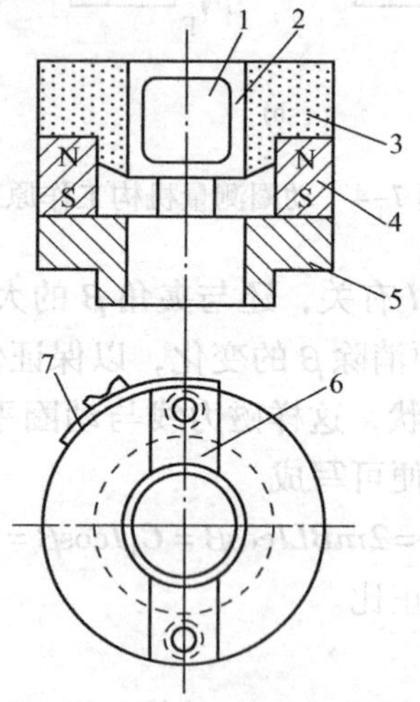

图 7-5 磁路系统

1—软铁心 2—空气隙 3—极靴 4—磁钢 5—接铁
6—压铸铝 7—磁路分路调节片

（2）动圈

动圈采用无框架结构，提高了测量机构的灵敏度和品质因素。虽然，这会使仪表的阻尼特性有所变差，但仍能满足要求。另外，在决定动圈的匝数和电阻值时，要考虑下列两个因素。

1）匝数越多，转动力矩越大。但匝数一多，必然增加其质量和电阻值，使品质因素下降，阻尼时间增大。

2）动圈电阻值小，可使仪表的灵敏度提高。为了保证一定的匝数，XC 系列的仪表采用 44 号漆包线绕制。虽然用锰铜丝绕制可以免去温度补偿，但由于其电阻率过大，为了保证一定的匝数，又不能让动圈的电阻值过大，因而不采用锰铜丝绕制，而用漆包铜线绕制。

（3）温度补偿电阻

因为动圈是由铜线绕制，而铜在温度每变化 10℃，其阻值变化约为 4%，所以当仪表在工业现场工作，一年四季，环境温度变化很大，动圈的电阻值必然变化很大。这样即使输入信号不变，示值却变化会很大，这就是环境温度对动圈仪表正常测量的干扰。这种干扰主要反映在动圈的阻值上。为了使动圈仪表在 0 ~ 50℃ 范围内正常测量，必须对测量机构进行温度补偿，通常用热敏电阻 R_T 作为补偿元件。

负温度系数的热敏电阻 R_T 随温度升高其电阻值降低，与动圈的铜丝电阻的变化趋势正好相反。由于热敏电阻 R_T 的特性非线性严重，且特性曲线过于陡，如图 7-6 所示中的 R_T 曲线。如果 R_T 和一个锰铜电阻 R_B 并联，令它们的并联值为 R_K，从图 7-6 中可知 R_K 的变化趋于线性，且与动圈电阻 R_D 几乎成轴对称分布。将 R_K 与 R_D 串联，便可很好地进行温度补偿。定型生产的动圈仪表采用一只在 20℃时为 68Ω 的热敏电阻 R_T 与一只 50Ω 的锰铜电阻 R_B 并联。由图 7-6 可知串联后总的电阻 R 基本上不随温度变化。但它毕竟不是平的直线，为了得到更好的补偿特性，通常取 20℃和 50℃两点使之得到全补偿。

（4）量程和阻尼调整电阻 $R_{串}$ 与 $R_{并}$

为了使统一的表头组件适用于不同的量程，就必须加一个量程调整电阻 $R_{串}$。测量机构中的表头是以最小量程所需要的灵敏度来设计的，当测量大信号时，只需在表头上串联一个电阻 $R_{串}$，就可使流过动圈的电流减小。调节 $R_{串}$ 的大小，便可使仪表指针在测量大信号上限时也正好指在满度刻度上。$R_{串}$ 由锰铜丝绕制，它不随温度变化。同时 $R_{串}$ 的加入，提高了仪表的输入阻抗，从而使信号源内阻的变化对测量准确度的影响减小，如图 7-7 所示。

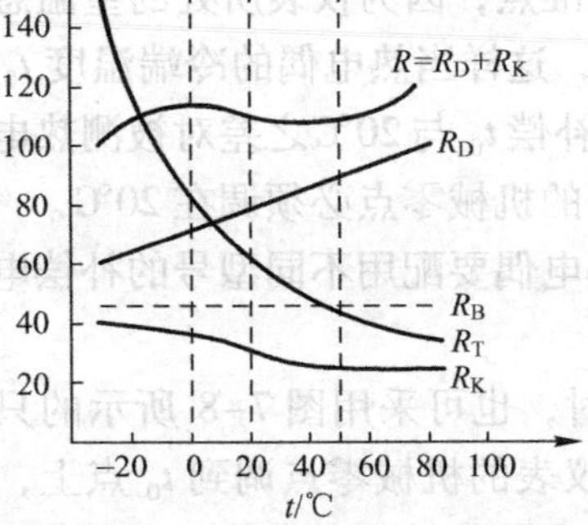

图 7-6　温度补偿电阻的作用

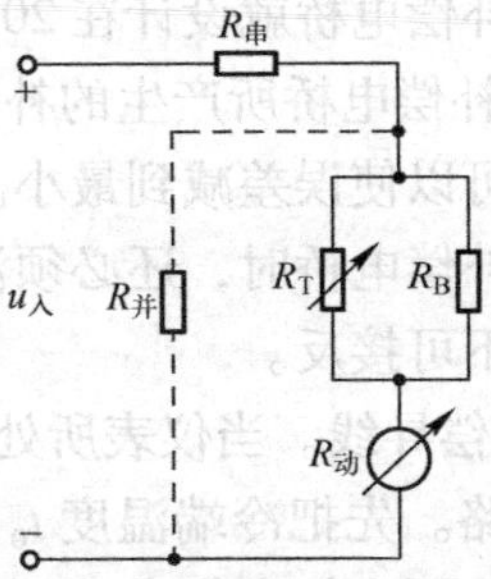

图 7-7　具有温度补偿的测量机构线路

在大量程的动圈仪表中，$R_{串}$ 往往取值较大时才能满足量程的需要。由于 $R_{串}$ 较大，虽然提高了仪表的精度，但仪表的阻尼特性变差了。因为动圈在运动过程中切割磁力线感应产生“反电动势”，由于 $R_{串}$ 较大，反电动势在回路中形成的阻尼电流较小，使得阻尼作用不够，成为欠阻尼。为了解决这个矛盾，可在动圈两端并联上一个电阻 $R_{并}$，如图 7-7 中用虚线所画。这样从动圈两端往外看，电阻减小了，由反电动势所产生的阻尼电流增大，提高了仪表的阻尼能力。当然如果增加了 $R_{并}$，就必须重新调节量程电阻 $R_{串}$。

由于对配热电偶的动圈仪表在大量程的情况下，$R_{串}$ 并不很大，阻尼已足够，因此不必并联 $R_{并}$。对配热电阻的 XCZ 指示型仪表，在大量程情况下，$R_{串}$ 较大，但考虑到它不带调节功能，即使指针快速多次摆动，也不会产生调节问题，且对于指示型仪表也希望指针动作灵敏一些，因此也不采用 $R_{并}$。只有对配热电阻的又带调节功能的 XCT 型仪表才采用 $R_{并}$，以防止阻尼过小，导致调节功能产生误动作。

7.1.3　测量线路

1. XCZ 型配热电偶的动圈仪表的测量线路

动圈仪表要求输入的信号是毫伏信号，因此，当用热电偶测温时，它与动圈仪表可直接相连，其线路如图 7-8 所示，为了让配热电偶的动圈仪表正常工作，必须注意下列几个问题。

（1）热电偶的冷端补偿

动圈仪表内部无冷端补偿装置，它直接按照热电偶的分度表进行刻度的，也就是说，它是在热电偶冷端处于0℃条件下刻度的。如果热电偶的冷端不是0℃，那么动圈测量仪表的读数是不准确的，并产生一个随冷端温度变化而变化的误差。因此在实际测温中，必须考虑有关冷端补偿问题。

1）使用冷端补偿电桥和补偿导线。当仪表所处的室温在较大范围变化时，最好将冷端补偿电桥和补偿导线一起配合使用，其测量线路如图7-9所示。不难发现，它是在图7-8的基础上加了一个补偿电桥而已。

应该注意，热电偶的热电势和桥路补偿电压两者随温度变化的特性是不完全一样的。在温度变化较小时，补偿电压U_{ab}与温度的关系可认为是线性的，而热电偶的热电特性则是非线性的，因此温度补偿将是不完全的，误差仍会存在。但如果选取一小段较小的温度范围（比如0~50℃），并通过合理的设计，可以使桥路输出的补偿电压U_{ab}与热电偶冷端的附加电势E_{AB}（t_0，0）近似相等，这就减小了因补偿不完全而带来的误差。为了进一步减小这种误差，通常在0~50℃的温度范围内，选取20℃为基准点，因为仪表所处的室温总是接近20℃的。因此补偿电桥就设计在20℃时平衡（$U_{ab}=0$），这样当热电偶的冷端温度t_0高于或低于20℃时，补偿电桥所产生的补偿电压U_{ab}只要能够补偿t_0与20℃之差对被测热电势的影响，显然这样可以使误差减到最小。应当注意此时仪表的机械零点必须调在20℃。

使用冷端补偿电桥时，还必须注意不同分度号的热电偶要配用不同型号的补偿电桥，还要注意极性，不可接反。

2）只用补偿导线。当仪表所处的室温是基本恒定时，也可采用图7-8所示的只用补偿导线的测量线路。先把冷端温度t_0测量出来，然后把仪表的机械零点调到t_0点上，相当于把E_{AB}（t_0，0）预先加在仪表上，这样仪表的读数就是实际的被测温度值。

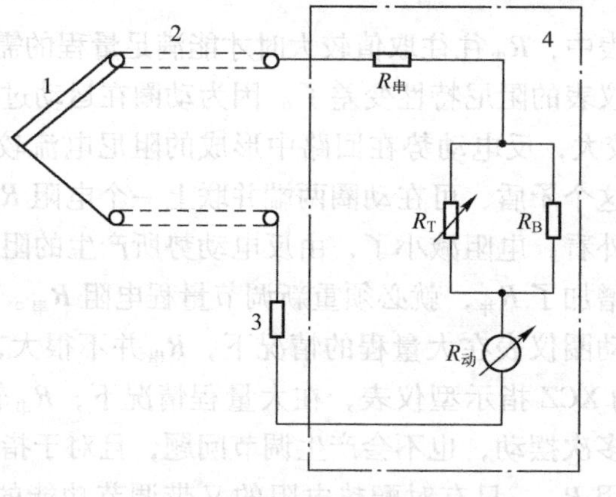

图7-8　XCZ型配热电偶的动圈仪表的测量线路

1—热电偶　2—补偿导线和连接导线　3—外线调整电阻　4—动圈测量机构

（2）外线路电阻

由于动圈仪表是通过电流来测量直流毫伏信号的，因此相同的毫伏值输入，如测量回路的电阻值不同，流过动圈的电流就不同，仪表示值也不同，这是不能允许的。为了保证动圈仪表测量的准确性，规定动圈仪表的线路电阻一律为15 Ω。外线路电阻包括热电偶自身的电阻$R_热$、补偿电桥等效电阻$R_补$、铜导线接线电阻$R_铜$以及为补足15 Ω用锰铜丝绕制的调整电阻$R_调$，即

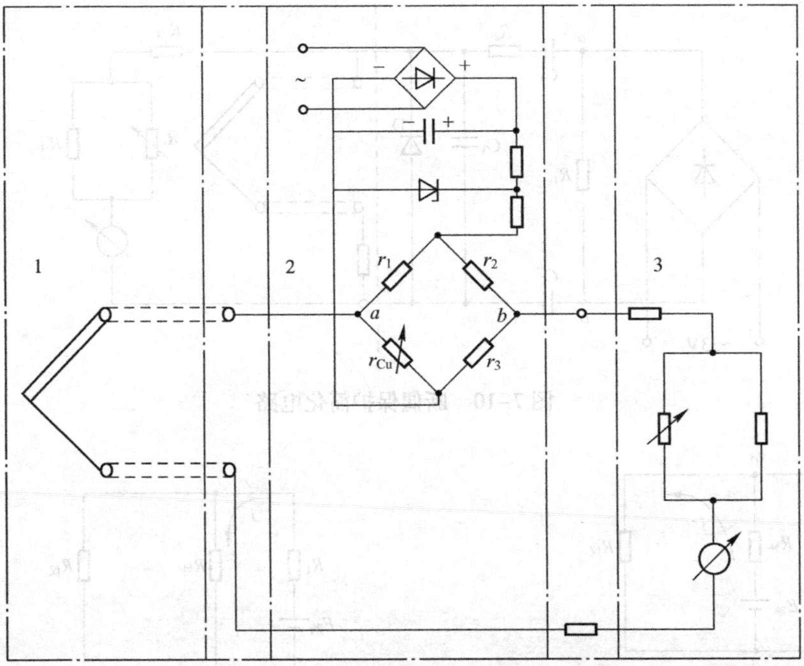

图 7-9　配用冷端补偿电桥的测量线路

1—热电偶　2—冷端补偿电桥及桥路稳压电源　3—动圈测量机构

$$R_{外}=R_{热}+R_{桥}+R_{补}+R_{铜}+R_{调}=15\,\Omega$$

应当注意，$R_{热}$是热电偶实际测温时的电阻值，而不是室温时的电阻值。特别是材质为铂铑、铂一类的热电偶，长 1 m 左右，在室温时 $R_{热}$约为 1 Ω。当它插入深度为 0.5 m，温度为 1300℃左右的实际测温处，其 $R_{热}$便上升到 5 Ω。因此必须以 $R_{热}=5\,\Omega$ 为基准来调节 $R_{调}$，使 $R_{外}$准确等于 15 Ω，这样才能大幅减小测量误差。这一点在使用时往往被忽略，从而产生不该有的系统误差。

（3）断偶保护线路

仪表在使用过程中，有可能发生热电偶断丝的现象，这是由于测量回路开路，电流为 0，仪表指针回到机械零点处，仿佛被测温度很低，很容易造成误判，并一直加热不止，从而引发事故。为了避免发生这样的事故，专门设计了断偶保护线路。当热电偶一旦发生断丝时，能使动圈仪表的指针偏向满度，并不断抖动以便让操作人员发现。

断偶保护线路的简化如图 7-10 所示。它由 33 V 交流电压经桥式整流后通过电容 C_1、C_2 耦合到配热电偶的动圈仪表测量线路上。这个附加上去的断偶保护电路对原测量系统会不会产生影响？如会产生影响，将有什么影响？现分析如下。

设断偶保护电路附加上去的电势为 $E_{断}$，内阻为 R_1，由于是电容耦合，所以 R_1 非常大；热电偶产生的电势为 $E_{热}$，内阻以及接线电阻 $R_{外}=15\,\Omega$；动圈仪表的内阻 $R_{仪}$约有 200 Ω。画出热电偶测温时的等效线路，如图 7-11 所示。在正常测温时，附加的电势 $E_{断}$对仪表有没有影响呢？图 7-12 是利用叠加原理画出的附加电势 $E_{断}$对测量系统产生影响的等效线路，因为 R_1 很大，$R_{外}$很小，且 $R_{仪}\gg R_{外}$，由 $E_{断}$产生的电流流向 $R_{仪}$可谓微乎其微了。所以正常测温时，附加的电势 $E_{断}$对仪表几乎没有影响。

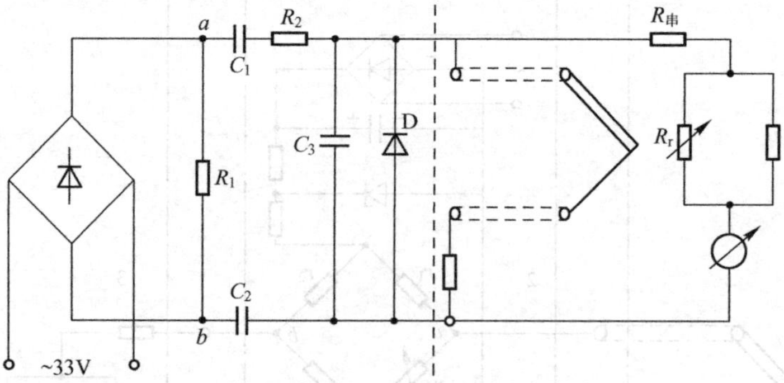

图 7-10　断偶保护简化电路

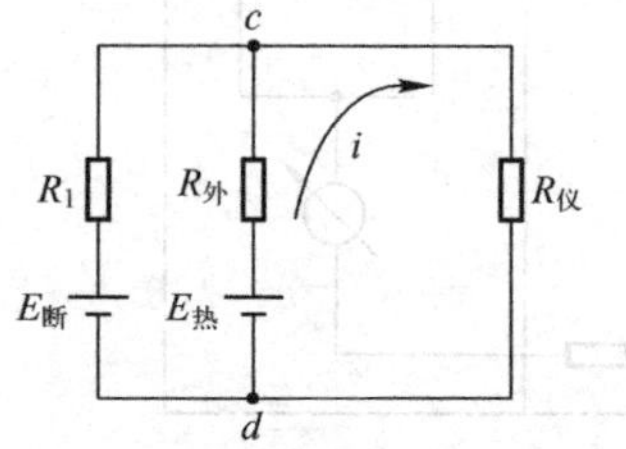

图 7-11　测量系统等效线路

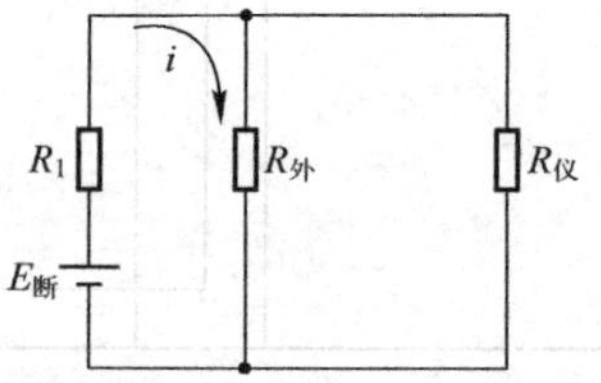

图 7-12　$E_{断}$ 对测量系统产生影响的等效线路

热电偶一旦断丝，即 $R_{外}$ 开路，产生的电流只能流向 $R_{仪}$，只要调节 R_2（如图 7-10 所示）的大小，可使仪表指针指在满度并不断抖动。$E_{断}$ 是一个脉冲电势，加了电容 C_3，可使仪表指针抖动且不会过分。

同理，也可画出热电势 $E_{热}$ 的等效图，由于内阻为 $R_1 \gg R_{仪}$，所以由 $E_{热}$ 产生的电流几乎不会被 R_1 分流。

总之断偶保护线路接到配热电偶的动圈仪表线路上是必须的。在正常工作状态，不会对仪表的工作带来影响。一旦热电偶断丝，断路保护线路的作用便充分显露出来。

2. XCZ 型配热电阻动圈仪表的测量线路

当动圈仪表与热电阻或其他电阻型传感器配合显示被测参数时，其输入信号为电阻变化值。为了利用统一的标准的测量机构，必须将电阻值转换成毫伏信号，这时动圈仪表的测量线路如图 7-13 所示。由图 7-13 可知，完成电阻值到毫伏信号的转换是由不平衡电桥来实现的。其中 R_t 为热电阻，R_0、R_2、R_3、R_4 均为锰铜电阻，R_1 为热电阻与仪表之间的每根接线的电阻值，它们共同组成电桥的 4 个桥臂。

（1）不平衡电桥的转换原理

该不平衡电桥是这样设计的，即 $R_3 = R_4$，$R_1 + R_2 = R_{t0} + R_1 + R_0$，其中 R_{t0} 是对应于仪表刻度起点的热电阻值，此时电桥处于平衡状态，电桥输出为 0。当被测温度增加时，热电阻 R_t 也随着增加，电桥失去平衡，电桥输出随之增大，因此流经动圈的电流增大，指针产生偏转，指针所示的位置即为被测温度。若被测温度越高，桥路输出的不平衡电压越大，指针偏转的角度也越大。不平衡电桥就这样将电阻信号转换成电压信号。不平衡电桥后面的测量线路与测毫伏信号的测量线路完全相同。

R_0 是调零电阻。当 R_t 相应于仪表刻度起点，即 $R_t = R_{t0}$时，若仪表指针不指在零点，则可以调节 R_0，使仪表指针指在起始点上。当 R_t 相应于仪表刻度终点温度的阻值时，可调节 $R_{串}$使指针指在满度刻度位置上。

由于不平衡电桥的供电电源电压的波动对仪表的测量准确度有直接影响，故对它有较高的要求。从图 7-13 中可知，它采用两级硅稳压管稳压，并加入铜补偿电阻以克服环境温度变化而产生的影响，从而使该电源电压具有较好的温度稳定性和较小的纹波系数。

(2) 三线制接法

由于把热电阻引入桥路的连接导线会使电阻值会随环境温度而变化，如果把热电阻的连接导线都接在一个桥臂上，只需要两根连接导线，如图 7-14 虚线所示，但这种“两线制”的接法会给仪表带来较大的附加误差，因为环境温度发生变化，两根导线电阻的变化值全部叠加在热电阻的变化值上。为此工业上常采用三线制接法（如图 7-13 所示）。三线制接法将两根导线分别连接在相邻的两个桥臂上，当导线电阻变化时，可以互相抵消一部分，大大减小了导线电阻对仪表读数的影响。从不平衡电桥的原理可知，只有在仪表的刻度起点，连接导线的电阻的变化才能全部互相抵消。但在仪表刻度的其他点，连接导线的温度附加误差依然存在。当仪表指针位于满度时，此附加误差达到最大值。即便如此，“三线制接法”的最大附加误差仍远小于“两线制接法”的最大附加误差。

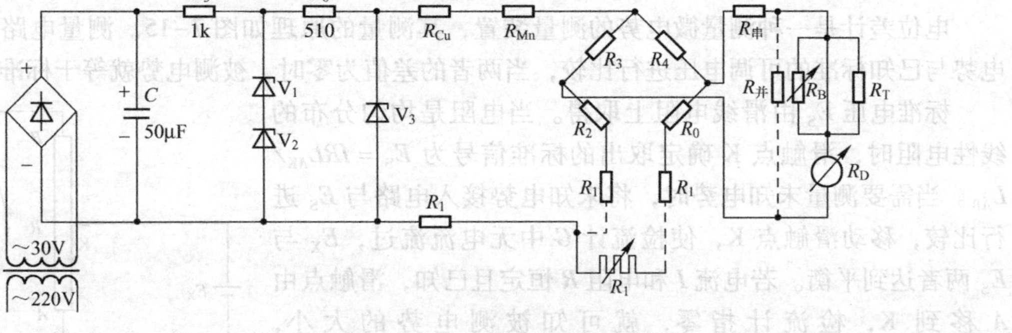

图 7-13　配热电阻动圈仪表的测量线路

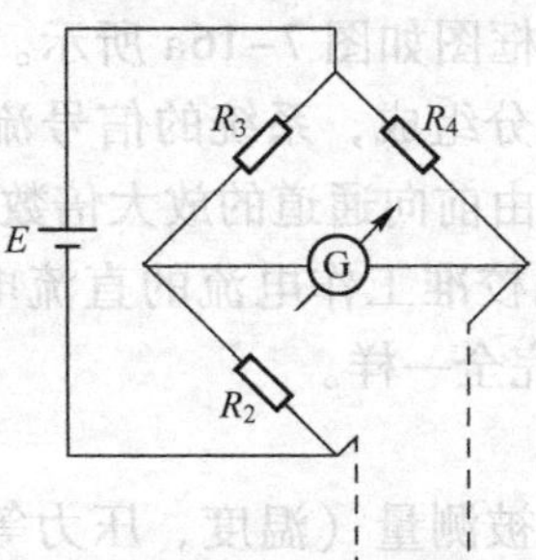

图 7-14　连接导线接在同一桥臂内

3. 动圈仪表量程改变

在实际工作中，有时要改变测温范围；有时会遇到已有的动圈仪表和热电偶不匹配，为了把已有的仪表利用起来，就必须将该动圈仪表改变量程。

前面已经介绍，测量线路中的串联电阻$R_{串}$是可以改变量程的。因此在测量机构不变的情况下（即张丝力矩等都不变），动圈仪表量程改变只需要重新确定$R_{串}$之值即可。

7.1.4 自动平衡显示仪表

自动平衡显示仪表是模拟仪表的另一个大类。相对于动圈仪表来说，它的结构较为复杂，组成环节较多，但它的准确度高，性能稳定，因而目前不少单位还在应用。

动圈仪表的各环节是以串联方式连接，信号在各环节之间沿单一方向传递，环节的增加或环节内放大倍数的增加，都会使仪表的总误差增加，影响仪表的准确度。所以动圈仪表的精度较低，一般情况下最高准确度等级只有1级。而自动平衡式显示仪表由于各环节构成了一个闭环系统，这种结构方式在提高系统准确度、增加系统灵敏度和系统稳定性等方面都有较大的优越性，因而自动平衡式显示仪表的性能优于动圈仪表。

常用的自动平衡式显示仪表主要有自动平衡式电子电位差计和自动平衡式电子电桥两种，它们分别用于电势和电阻信号的测量。

1. 电位差计的工作原理

电子电位差计属于自动平衡显示仪表，它是利用补偿原理进行测量的。其测温准确度要比动圈式仪表高，一般为0.5级。同时，它又是一种能够连续显示和记录被测量参数变化情况的自动化仪表，如将它配用不同的变送器，就可以测量不同的参量。

电位差计是一种测量微电势的测量装置，其测量的原理如图7-15。测量电路是将被测电势与已知标准的可调电压进行比较，当两者的差值为零时，被测电势就等于标准电压。

标准电压E_S由滑线电阻上取得。当电阻是均匀分布的线性电阻时，滑触点K确定取出的标准信号为$E_S=IRL_{AK}/L_{AB}$。当需要测量未知电势时，将未知电势接入电路与E_S进行比较，移动滑触点K，使检流计G中无电流流过，E_X与E_S两者达到平衡。若电流I和电阻R恒定且已知，滑触点由A移到K，检流计指零，就可知被测电势的大小，即$E_X=IR_{AK}$。

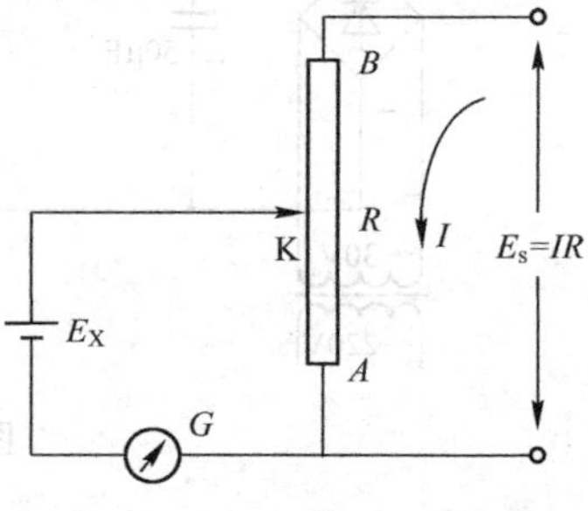

图7-15 电位差计测量原理

整个测量系统的信号传递流程框图如图7-16a所示。信号传递由前向通道和反馈通道两部分组成，系统的信号流程形成一个闭环系统，系统的灵敏度由前向通道的放大倍数决定，准确度则取决于反馈通道的准确度。图7-16b为采用标准电池校准工作电流的直流电位差计的工作电路示意图，其工作原理和图7-15所示的测量原理完全一样。

2. 平衡电桥的工作原理

在化工测量中，也常常将一些被测量（温度、压力等）转换为电阻变化进而再转换为电压信号进行测量。除可采用不平衡电桥形式将其转换为电势信号进行测量外，也可采用平衡电桥用电阻比较的方法予以测量。

手动平衡电桥的基本原理如图7-17所示，R_2、R_4为固定桥臂，R_3为可变的测量桥臂（如热电阻），R_1是由滑线电阻构成的可调桥臂。在初始状态下，桥路处于平衡状态。$R_1R_4=R_2R_3$，这时检流计中无电流流过。当测量桥路电阻R_3发生变化时，可调节R_1，使电桥重新处于平衡状态，由 R_1 的变化来确定被测电阻的变化量。图 7-18 是配热电阻的平衡电桥，R_t 即为热电阻。仔细分析一下便可获知，图 7-18 是由图 7-17 变化而来，基于电桥平衡这一原理没有任何变化。

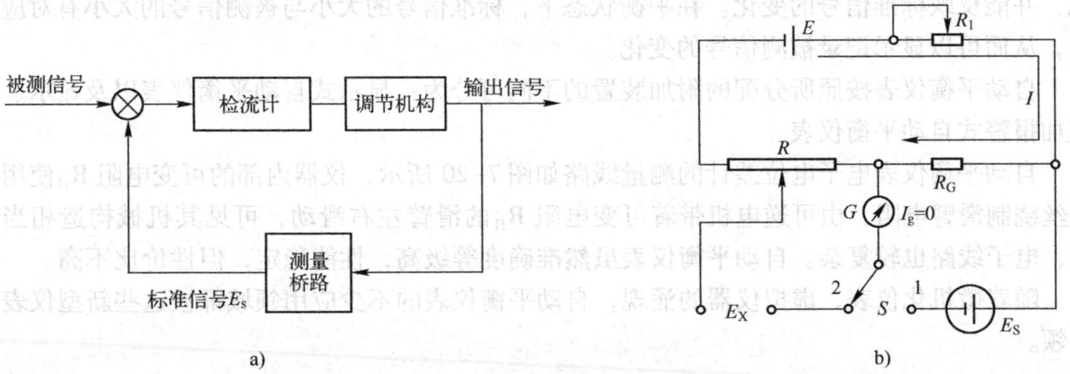

图 7-16　测量系统原理图

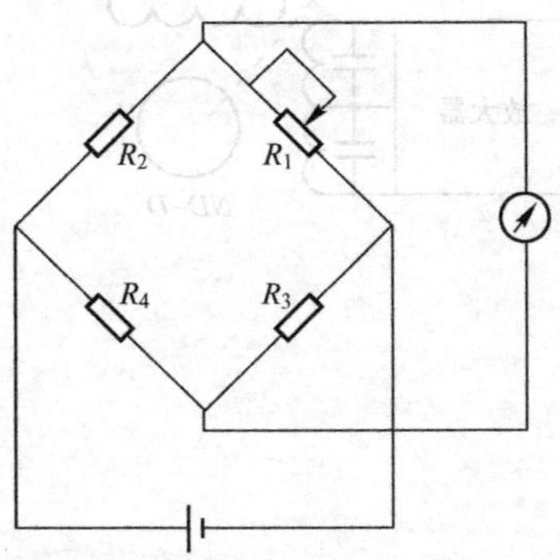

图 7-17　手动平衡电桥的工作原理

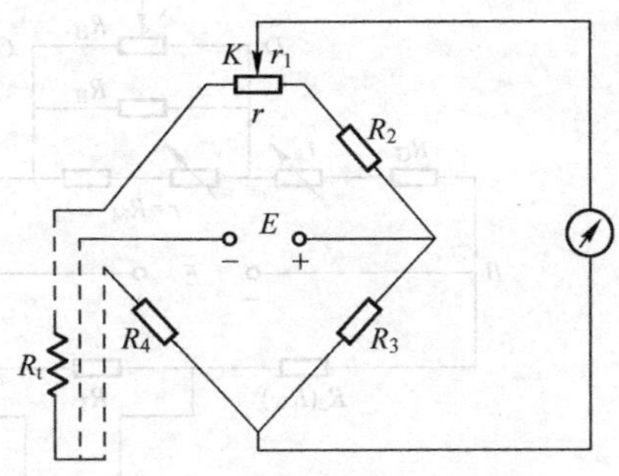

图 7-18　配热电阻的平衡电桥

3. 自动平衡仪表的组成

自动平衡仪表虽然具体分为自动平衡式电子电位差计和自动平衡式电子电桥两种，但其基本的组成环节是相似的，如图 7-19 所示。

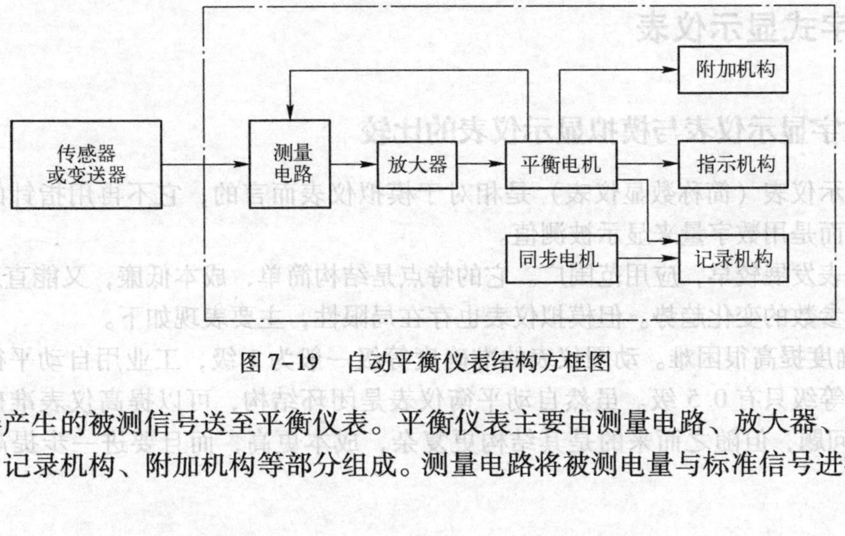

图 7-19　自动平衡仪表结构方框图

传感器产生的被测信号送至平衡仪表。平衡仪表主要由测量电路、放大器、平衡电机与指示机构、记录机构、附加机构等部分组成。测量电路将被测电量与标准信号进行比较，比较的结果送放大器。在比较结果不为零时，放大器产生的输出信号控制平衡电机的旋转，平衡电机的旋转动作通过平衡机构调整测量电路的标准信号，直到最后放大器的输入为零，平衡机构停止运动，系统达到平衡状态。在这个过程中，平衡机构的运动控制着标准信号的变化，并能反映标准信号的变化。在平衡状态下，标准信号的大小与被测信号的大小有对应关系，从而可以显示记录被测信号的变化。

自动平衡仪表按照所分配的附加装置的不同可分为：显示式自动平衡仪表以及显示、调节加报警式自动平衡仪表。

自动平衡仪表电子电位差计的测量线路如图 7-20 所示，仪器内部的可变电阻 R_H 使用金属丝绕制滑臂电阻，由可逆电机带着可变电阻 R_H 的滑臂左右滑动，可见其机械构造相当笨重，电子线路也较复杂。自动平衡仪表虽然准确度等级高，性能稳定，但性价比不高。

随着微机化仪表、虚拟仪器的涌现，自动平衡仪表的不少应用领域都被这些新型仪表所占领。

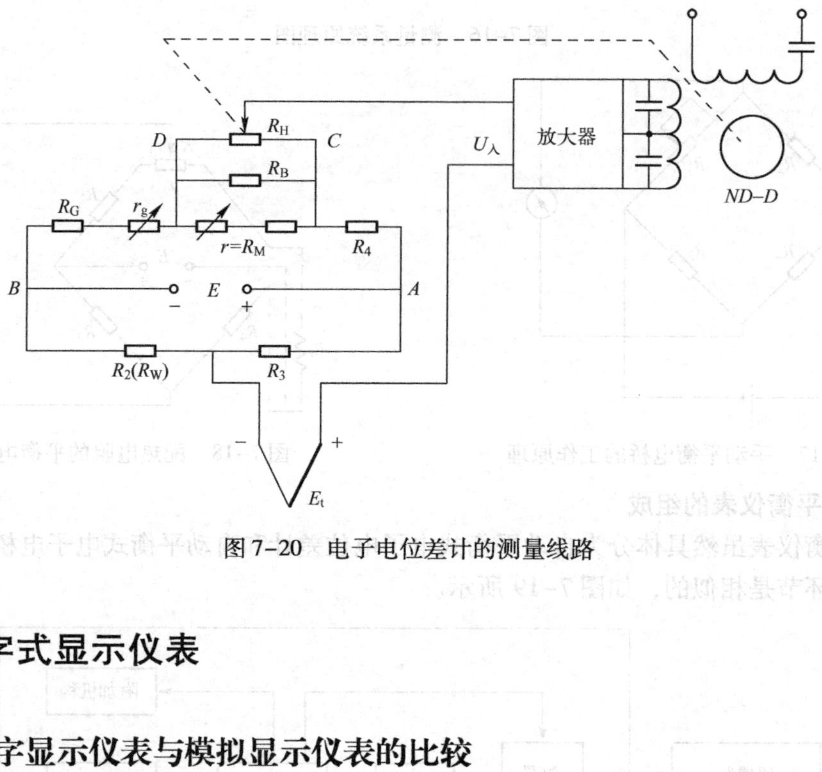

图 7-20　电子电位差计的测量线路

7.2　数字式显示仪表

7.2.1　数字显示仪表与模拟显示仪表的比较

数字显示仪表（简称数显仪表）是相对于模拟仪表而言的，它不再用指针的位移来显示被测量，而是用数字量来显示被测值。

模拟仪表发展较早，应用范围广。它的特点是结构简单，成本低廉，又能直观、清晰地反映出被测参数的变化趋势。但模拟仪表也存在局限性，主要表现如下。

1）准确度提高很困难。动圈仪表的准确度等级一般为 1 级，工业用自动平衡式显示仪表的准确度等级只有 0.5 级。虽然自动平衡仪表是闭环结构，可以提高仪表准确度，高于 0.5 级并无问题，但随之而来的是其结构更复杂，成本更高，而且要进一步提高准确度很困难。

2）测量速度慢。动圈仪表和自动平衡式仪表显示平衡时间一般在3～5s。虽然有小于1s的快速仪表，但其成本相当高，而且如要进一步提高速度，极为困难。因此对于被测参数变化极快的参数，这类模拟仪表几乎无法正常工作。

3）不利于信息处理加工。在现代化的生产过程中，通常要求将各路测量信息通过计算机及时地按事先设计的程序进行处理。要对所记录的历史信息进行分析、统计和处理，模拟仪表难以胜任。

此外，模拟仪表的传输距离也受到限制，环境干扰对此类仪表的影响也很大。

相比较于模拟仪表，数字显示仪表有以下许多优点。

1）精度高。通用数字电压表，达到0.05级的精度等级毫无难度；而模拟仪表要达到0.2级的准确度等级就很困难了。

2）误差很小。数字显示，直观、清楚。随着LED、液晶等显示器件的应用，读数视角更加宽广。色彩更加丰富，这样大大减轻了观察者的视觉疲劳。读数无误差，其不确定度只与最后一位数的量值大小有关。

3）传输距离几乎不受限制。数字信号采用脉冲传输，以一定形式进行编码，与计算机联机方便，有利于数据处理。仪表的量程和极性可以自动转换，因而量程较宽。还可以自动检查故障，自动报警以及完成预先制定的种种逻辑动作。

7.2.2 数字显示仪表的组成

实现数字显示的关键是把连续变化的模拟量变换成数字量，完成这个功能的装置称为模数转换装置（Analog to Digital），简称A-D转换器。同样也可以将数字量转换成模拟量，简称D-A转换。A-D及D-A转换是数字显示技术及计算机参与生产过程所必不可少的手段。

数显仪表大致有以下三种组成方案。

图7-21a方案就是用模拟的方法来解决线性化问题。因而准确度一般只能达到0.5～0.2级。除了A-D转换以及数字显示外，该方案的设计思路与模拟仪表相似。

图7-21b方案是普通的用数字化手段实现非线性补偿的方案。图7-21c方案是引入了微处理芯片（CPU芯片）。由于CPU具有强大的运算功能和逻辑判断功能，它可以运行程序来完成非线性补偿功能以及其他各种模拟仪表无法完成的功能。这类数显仪表即前面提及的“微机化仪表”和“智能仪表”。这类仪表将代表设计与应用的主流。

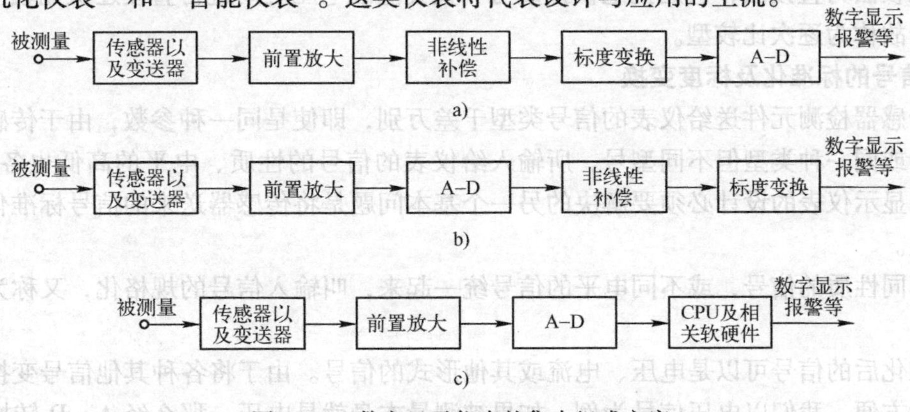

图7-21 数字显示仪表的集中组成方案

a）模拟非线性补偿方案 b）数字式非线性补偿方案 c）智能仪表、微机化数显仪表

1. 模数转换

在数字式显示仪表中，为了实现数字显示，需要将连续变化的模拟量转换成数字量，就必须用一定的量化单位使连续量的采样值整量化，这样才能得到近似的数字量。量化单位越小，整量化的误差也就越小，数字量就越接近于连续量本身的值，但这也同时对模数转化装置的频率响应、前置放大器的稳定性等要求越来越高。

石油、化工、食品和生物医药等工业生产过程中被测参数绝大多数是连续变化的模拟量，是各种各样的物理量与化学量。通常检测元件把这些参数变换成电参数的模拟量，这里主要讨论电模拟量的模数转换技术。更为通用的是将直流电压信号转变成数字量。

A-D 转换器实际上是一个编码器，理想的 A-D 转换器其输入输出的函数关系可以表示为

$$D=[u_x/u_R] \tag{7-7}$$

式中，D 为数字输出信号；u_x 为模拟量输入信号；u_R 为量化单位。式中的恒等号和括号的定义是 D 最接近比值"u_x/u_R"，而比值 u_x/u_R 和 D 之间的差值即为量化误差。量化误差是模数转换中不可避免的误差。在实际应用中经常把 D 写成二进制的数学表达式

$$D = a_1 2^{-1} + a_2 2^{-2} + \cdots + a_{n-1} 2^{-(n-1)} + a_n 2^{-n} = \sum_{i=1}^{n} a_i 2^{-i} \tag{7-8}$$

式中，a_i 为第 i 位数字码；n 是位数。

表征 A-D 转换器性能的技术指标有多项，其中最重要的是转换器的准确度与转换速度。

电模拟量的 A-D 转换器按其工作原理又可分成很多类，在数字显示仪表中常用下列几种。

1）逐次比较电压反馈编码型，简称逐次比较型。

2）双积分型，又称 $u-t$ 转换型。

3）电压频率转换型，又称叫 $u-f$ 转换型。

4）脉冲宽度调制型，简称调制型。

后三种属于间接法，先转换成某一中间量，再由中间量转换成数字量。这三种类型的 A-D转换器其中间量分别为"时间间隔 t"、"频率 f"以及"正负脉冲宽度之差 Δt"。第一种逐次比较法为直接法，它是把电模拟量与一整套基准电压之间进行直接逐次比较而得到的数字量，故称为逐次比较型。

2. 信号的标准化及标度变换

由传感器检测元件送给仪表的信号类型千差万别，即使是同一种参数，由于传感器的不同类型，或同一种类型但不同型号，所输入给仪表的信号的性质、电平的高低也各不相同。为此数字显示仪表的设计必须要解决的另一个基本问题是将传感器送来的信号标准化并进行标度变换。

将不同性质的信号，或不同电平的信号统一起来，叫输入信号的规格化，又称为信号的标准化。

标准化后的信号可以是电压、电流或其他形式的信号。由于将各种其他信号变换成电压信号最为方便，我们以电压信号为例。如果被测量本身就是电压，那么经 A-D 转换后仅是将电压值以数字形式显示输出就可。然而对工业过程参数测量用的数显仪表，都要求用被测

参数的形式显示，例如显示：温度、压力、流量、物位、质量等。就是说，如果要测量质量，选用质量传感器将被测量转换成电压信号，再经 A－D 转换后变为数字形式，显示仪表显示该电压值，该电压值代表的是质量：克或千克。这就存在一个量纲还原问题。通常把这一还原过程叫“标度变换”。

图 7-22 为一般数字仪表组成的原理框图。其刻度方程为

$$y = S_1 S_2 S_3 x = Sx \tag{7-9}$$

式中，x 为模拟输入量；y 为数字量输出；S 为数显仪表总的灵敏度或称为总的“标度变换”系数；S_1，S_2，S_3 分别为模拟部分、模数转换部分、数字部分的灵敏度或“标度变换”系数。因此所谓标度变换就是改变 S 值来实现的，这样便可使所显示数字值的单位和被测参数的单位相一致。通常当模数转换器 A－D 集成芯片某一型号确定后，其 S_2 也就固定了，这时要改变标度变换系数 S，则可以通过改变模拟部分的转换系数 S_1 来达到目的。例如在传感器和 A－D 转换器之间往往要加一级前置放大器，改变前置放大器的放大系数就是改变模拟部分的转换系数 S_1。当然也可以通过改变数字部分的转换系数 S_3 来实现。前者称为模拟量的标度变换，后者称为数字量的标度变换。因此标度变换可以在模拟部分进行，也可以在数字部分进行，也可以两者结合进行。

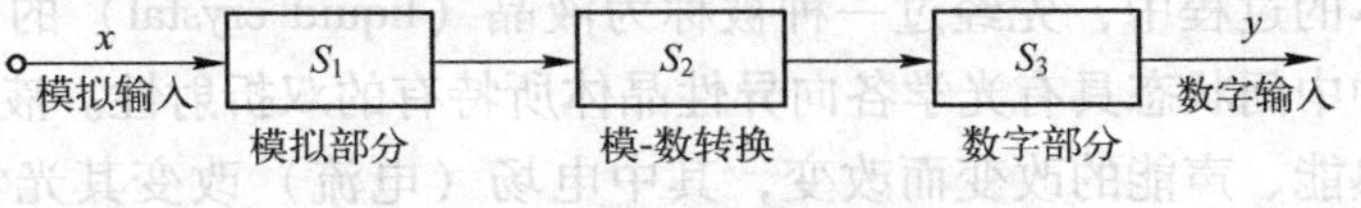

图 7-22　数字仪表组成的原理框图

随着集成电路技术的发展，已经出现集成数字运算器，其标度变换的准确度大小优于模拟量标度变换。随着智能化、微机化仪表的出现与普及、由于 CPU 参与运算与判断，标度变换和非线性补偿可同时一体实现，微机化仪表的优越性更加突显出来。因此我们对纯粹的模拟量的标度变换、数字量的标度变换原理就不展开分析了。

3. 非线性补偿

非线性补偿有时又称为“线性校正”。非线性补偿的目的就是要减少非线性误差，提高仪表的准确度。由于数显仪表为二或十进制数码，它是通过等量化而取得的，且为线性递增或递减，因此非线性的输入信号和线性化的数码输出之间的矛盾较为突出，只有采取必要的补偿措施，才能保证数字显示的准确度。所谓“非线性补偿”就是将数字仪表非线性输入信号转换为线性化的数字显示过程中所采取的各种补偿措施。

非线性补偿的方法很多，归纳起来大致有以下 4 种。

1）直接采用非线性刻度。此法大多用在模拟仪表中。

2）缩小仪表工作范围，取非线性特性小的一段近似为一根直线看待；或工作范围虽然较大，但用数段折线来逼近原非线性曲线。此法仍属于近似法，适用于模拟仪表和一般的数字显示仪表。

3）采用非线性补偿专用电路或集成芯片，也存在一定的近似性，一般用于数字式仪表中。

4）公式计算法或查表法，此法几乎不存在近似性，显示准确度大大提高。显然只能是智能化的或微机化的数显仪表才能采用此方法。因为有 CPU，可以编制程序用“软件”的方法进行线性校正。

非线性补偿装置（“硬件”）可以放在 A－D 转换器之前，称之为“模拟式”线性化；还可以放在 A－D 转换器之中，称之为“线性化 A－D 专用集成芯片”；也可以放在 A－D 转换器之后，称之为“数字式”线性化。上面谈到智能化数显仪表可以编制程序用软件方法进行线性化，虽然没有“硬件”，但由于软件编程也是放在 A－D 转换器之后，此法归属于“数字式”线性化。

7.2.3 数字显示仪表的显示器件

数字显示仪表的标志就是仪表的输出直接为数字显示，而不是靠指针的移动，对比刻度读出有关数值。从市场规模来看，小型平板式显示技术依次为液晶、发光二极管、等离子体和真空荧光。本节讨论其中应用最广泛的发光二极管和液晶显示器件这两种显示技术。

1. 液晶显示（LCD）

液晶显示器是各类新型显示技术中最受重视、研究投入最多的一种。除了仪表，其他诸如计算机的显示、手机的显示等应用比比皆是。作为手提式计算机显示器的彩色液晶显示屏早已普及。液晶显示器的前景无疑是巨大的。

液晶显示的原理：固体加热到熔点就会变成液体，但是有些物质具有特殊的分子结构，它从固体变成液体的过程中，先经过一种被称为液晶（liquid crystal）的中间状态，然后才能变为液体。这种中间状态具有光学各向异性晶体所特有的双折射性。液晶的光学性质也会随电场、磁场、热能、声能的改变而改变，其中电场（电流）改变其光学特性的效应称为液晶的电光效应。液晶之所以会产生电光效应的物理机理虽然比较复杂，但就其本质而言，就是液晶分子在电场的作用下，改变了原先的排列，从而产生电光效应。

2. 发光二极管显示（LED）

固体材料在电场激发下发光称为电致发光效应。半导体的 PN 结就是“电致发光”的固体材料之一。

发光原理：P 型半导体和 N 型半导体接触时，在界面上形成 PN 结，当在 PN 结施加正向电压时，会使耗尽层减薄，势垒高度降低，能量较大的电子和空穴分别注入 P 区或 N 区，同 P 区的空穴和 N 区的电子复合，同时以光的形式辐射出多余的能量。

掺硅砷化镓发光二极管 LED 所发的光波长为 975 nm，是一种不可见的红外线。人们已研制成一种“红外－可见光”转换发光粉，只要将这种发光粉涂覆在二极管的表面，就可以转换成可见光。

LED 显示器的优缺点：所谓 LED 的优缺点都是相对于 LCD 而言的。

LED 亮度高，色彩丰富。用 LED 制作的点阵式大屏幕广告牌无论白天还是黑夜，在室内还是室外都一样熠熠生辉。功耗也很小，但比 LCD 要稍高，显示屏也没有 LCD 的薄。总之，LED 的优点还是十分突出的，这也是 LED 被广泛采用的原因。

7.3 微机化检测仪表

随着大规模和超大规模集成电路、计算机技术、通信网络技术的不断发展，微机化仪表和智能化仪表诞生了，标志着仪器仪表的研制与生产进入了一个崭新的阶段。

将计算机的软硬件技术和仪器仪表的设计相结合，大致形成了两个分支：一是计算机仪表（含虚拟仪表）；二是智能仪表。智能仪表又称为微机化仪表（Instruments Based on Microprocessor），发展迅速，是目前世界各国仪器仪表工业的主打产品，目前开发生产已成规模。

所谓计算机仪表，用户只要采购含有相关功能的仪表的硬件模块，这些模块都已做成标准插件，将采购的模块直接插到通用微机的总线扩展槽内或通用串行 USB 接口上，于是一台个人计算机仪表的硬件便构成了。它既是计算机，又是仪表。因为它不但具有微机的所有功能，而且增加了某种仪表所具有的特殊功能。在相关软件的支持下，它能将温度、流量、压力和电压等参数的测量值、给定值等一并在微机显示屏上显示出来。所显示的图形美观形象，色彩丰富，信息量大。用户可借助鼠标单击微机显示屏上那些仿真的虚拟的操作按钮进行操作。“虚拟仪表”由此而得名。

第二个分支是智能仪表。为了与传统仪器仪表相对应，习惯上将仍具有仪表外形的、内部装有 CPU 等芯片的可以编程监控的仪表叫做智能仪表，或称微机化仪表。智能仪表一般都具有量程自动切换、自校正、自诊断等含有一定人工智能分析能力；传统仪表中难以实现的问题如通信、复杂的公式计算以及非线性校正等问题，对于智能仪表而言，只需软、硬件设计配合得当即可顺利解决。硬件结构更为简单，且稳定、可靠。与传统仪器仪表相比，性能价格比都大为提高。功能之强是传统的模拟仪表、数字仪表所不能比拟的。

普通的传统模拟式仪表和数字式仪表内部都没有微处理器芯片或 CPU，因此没有运算处理功能。一般只能检测和显示一个测量点的一种被测参数，而微机化仪表组成的检测系统，巡回检测多个测量点或多种被测参数并非难事。微机化仪表既能检测和显示被测量数据，又能采集和记录被测量数据。如果和上位机——微型计算机相连的话，功能将更为强大，不仅可扩大测量功能和测量范围，提高测量准确度，而且还可以实现测量工作的智能化和网络化。

所以，微机化检测仪表已是现代仪表工业的主要发展方向。

7.4 最新的检测技术

7.4.1 生物传感器

1. 生物传感器的概念

生物传感器技术是重要的医学检验技术之一，是现代生物技术与微电子学、化学、光学、热学等多学科交叉结合的产物。其研究始于 20 世纪 60 年代，最先出现利用酶的催化过程和催化的专一性构成具有灵敏度高、选择性强的酶传感器。随后又出现了免疫传感器、微生物传感器、细胞传感器和组织切片传感器。20 世纪 70 年代末至 80 年代又出现了酶热敏电阻型和生物化学发光式生物传感器。这些传感器改变了消耗试剂、破坏试样的传统生化检验方法，直接分析并能反复使用，操作简单，可得到电信号输出，便于自动测量，这些优势有力地促进了医学基础研究、临床诊断和环境医学的发展。

生物传感器（Biosensor）是对生物物质敏感并将其浓度转换为电信号进行检测的仪器。它是由固定化的生物敏感材料作识别元件（包括酶、抗体、抗原、微生物、细胞、组织切片、核酸、细胞膜、生物膜等生物活性物质）与适当的理化换能器及信号放大装置构成的分析工具或系统。生物传感器具有接收器与转换器的功能。

生物传感器的基本结构包括两个主要部分：一是生物分子识别元件（感受器），是具有分子识别能力的固定化生物活性物质，为生物传感器信号接收或产生部分；二是信号转换器（换能器），属于仪器组件的硬件部分，为物理信号转换组件（主要有电化学电极、光学检测元件、热敏电阻、场效应晶体管、压电石英晶体、表面等离子共振器等）。当待测物与分子识别元件特异性结合后，所产生的复合物通过信号转换器转变为可以输出的电信号、光信号等，从而达到分析检测的目的。

传统传感器中的信号感受器完全是由非生命物质组成的，而生物传感器与传统的各种物理传感器和化学传感器的最大区别在于生物传感器的感受器中含有生命物质。例如，将一定的植物细胞或动物细胞作为感受器，可以制成各种细胞传感器；用生物组织作感受器可制成组织传感器（或称为组织电极）；将一些特定的细胞器从细胞里分离出来作为感受器，可制成细胞器或传感器；将微生物作为感受器可制成微生物传感器；将生物分子如蛋白质、核酸等作为感受器已成为现代生物传感器发展的主流。

2. 生物传感器的特点

与传统的传感器技术相比，生物传感器具有如下特点。

1）测定范围广泛。根据生物反应的特异性和多样性，理论上可制成测定所有生物物质的传感器。

2）生物传感器是由选择性好的生物材料构成的分子识别原件，因此一般不需要对样品进行预处理，样品中的被测组分的分离和检测同时完成，且测定时一般不需要加入其他试剂。

3）采用固定化生物活性物质作敏感基元（催化剂），价格昂贵的试剂可以重复多次使用，克服了过去酶分析试剂费用高和化学分析繁琐复杂的缺点。

4）测定过程简单迅速。这类传感器主要是在无试剂条件下操作（缓冲液除外），因此，较传统的生物学或化学分析法操作简单、迅速、准确、响应快，样品用量少。

5）准确度和灵敏度高。一般相对误差不超过1%。由于生物敏感膜分子的高度特异性和灵敏性，对一些含量极低的检测对象也能检测出来。

6）生物传感器体积小，检测方法简便、准确、快速，可以实现连续在线检测，容易实现自动分析。

7）专一性强，只对特定的待测物起反应，而且不受颜色、浊度的影响。

8）可进入生物体内。如安放于静脉或动脉中的葡萄糖传感器，能持续不断地检测血糖含量，并将指令传给植入人体的胰岛素泵，控制胰岛素的释放量，从而使糖尿病人病情得到控制。

9）生物传感器成本低，便于推广普及。

3. 生物传感器的分类

生物传感器的分类有多种方法，常用的分类方法有以下几种。

1）根据传感器输出信号的产生方式，可分为亲和型生物传感器、代谢型生物传感器和催化型生物传感器。

2）根据生物传感器中信号检测器（分子识别元件）上的敏感物质分类。生物传感器与其他传感器的最大区别在于生物传感器的信号检测中含有敏感的生命物质。根据敏感物质的不同，生物传感器可分为酶传感器、微生物传感器、组织传感器、细胞及细胞器传感器、基因传感器、免疫传感器等。生物学工作者习惯于采用这种分类方法。

3）根据生物传感器的信号转换器分类。生物传感器中可以利用电化学电极、场效应晶体管、热敏电阻、光电器件、声学装置等作为生物传感器中的信号转换器。因此可将传感器分为电化学生物传感器、半导体生物传感器、热学型生物传感器、光学型生物传感器、声学型生物传感器等。电子工程学工作者习惯于采用这种分类方法。

4）根据检测对象的多少，分为以单一化学物质作为检测对象的单功能型生物传感器和同时检测多种微量化学物质的多功能型生物传感器。

5）根据生物传感器的用途可分为免疫传感器、药物传感器等。

4. 生物传感器的应用

目前，生物传感器应用较多的领域有医疗检测、环境监测、发酵工业、食品工业、生物工程、农业、畜牧等与生命科学关系密切的领域，如图 7-23 所示。例如，临床上用免疫传感器等生物传感器来检测体液中的各种化学成分，为医生的诊断提供了依据；发酵工业中使用生物传感器在线分析系统，为发酵的自动控制提供了新的基础平台；生物工程产业中用生物传感器检测生物反应器内各种物理、化学、生物的参数变化以便加以控制；环境监测中用生物传感器检测大气和水中各种污染物质的含量，食品行业中用生物传感器检测食品中营养成分和有害成分的含量、食品的新鲜程度等。随着社会的进一步信息化，生物传感器必将获得越来越广泛的应用。

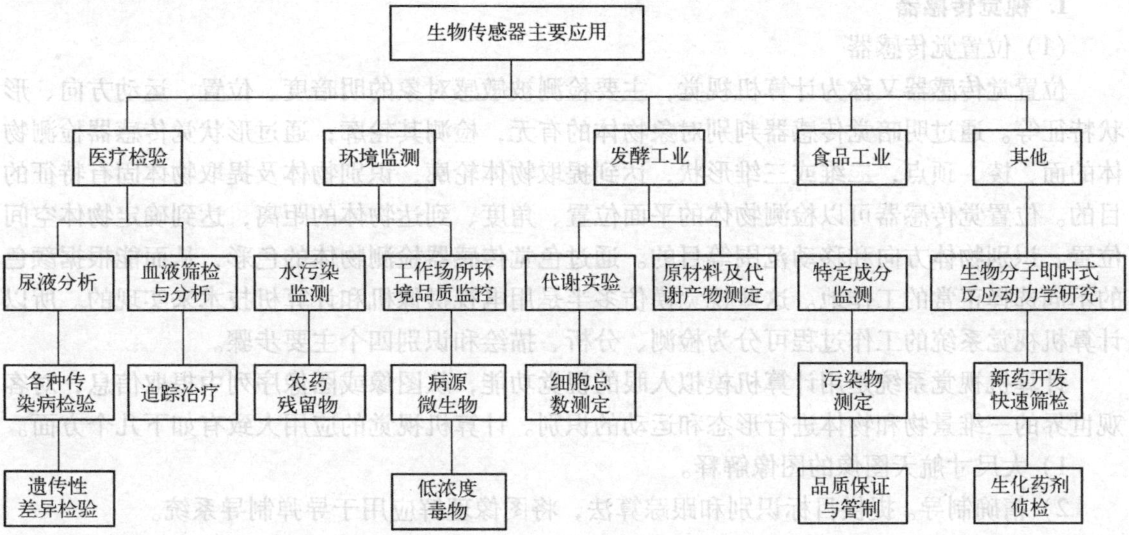

图 7-23　生物传感器的主要应用领域

7.4.2　仿生传感器

当前，仿生技术在国内外发展迅速，已成为一门相当热门的技术。众所周知，人体就是一部相当复杂的机器，在身体内集成了各种各样既灵敏又精确的传感器。如何去仿造人类的（或其他生物的）这种高度发达的传感器成为了现今科学家研究的热点。仿生传感器又可细分成“触觉”、“压觉”、“接近觉”和“视觉”等多种仿生传感器。

仿生传感器是目前热门的研究领域。人们对自身的各种感觉，如视觉、听觉、嗅觉和思维等行为进行模拟，研制出了能自动捕获和处理信息，能模仿人类行为的装置，这就是仿生传感器。当今世界各国对此类传感器的研制和开发都非常重视，机器人使用的传感器就是仿生传感器的典型应用。由国际人工智能协会策划的机器人足球世界杯 RoboCup 每年组织一次，并且还要举行这一领域的学术研讨。机器人足球世界杯实际上就是以足球为载体的前沿高科技研究和对抗，它集中反映了自动控制、信息处理、仿生传感器、仿生材料、模糊神经网络、决策与对策等前沿研究技术实力的水平。

美国加利福尼亚伯克利大学正在开发一种机器苍蝇，大小与果蝇相仿，它能进行战场侦察、气体探测和充当通气管道“检察员”。最近我国的科研人员研制出了一种蛇形机器人，它实现了像蛇一样的“无肢运动”，是机器人运动方式的一个突破。这种机器人可用于危险作业、抢险救灾、军事探测等领域，它被国际机器人业界称为“最富于现实感的机器人”。

从目前的发展现状来看，最热门的研究领域也许是各种类型的仿生传感器，而且在触感、刺激以及视听辨别等方面已有最新研究成果问世。从实用的角度考虑，多功能传感器中应用较多的是各种类型的多功能触觉传感器，譬如人造皮肤触觉传感器就是其中之一。一般，仿生传感器可分为外部传感器和内部传感器两大类。内部传感器的功能是检测运动学和力学参数，让机器人按规定进行工作。外部传感器（感觉传感器）的功能是识别外部环境，为机器人提供信息来应付环境的种种变化。所谓的感觉传感器其功能是尽可能再现人的视觉、触觉、听觉、冷热觉、病觉、味觉等感觉。

1. 视觉传感器

（1）位置觉传感器

位置觉传感器又称为计算机视觉，主要检测被敏感对象的明暗度、位置、运动方向、形状特征等。通过明暗觉传感器判别对象物体的有无，检测其轮廓；通过形状觉传感器检测物体的面、棱、顶点，二维或三维形状，达到提取物体轮廓，识别物体及提取物体固有特征的目的。位置觉传感器可以检测物体的平面位置、角度、到达物体的距离，达到确定物体空间位置、识别物体方向和移动范围等目的。通过色觉传感器检测物体的色彩，从而能根据颜色的不同选择正常的工作地。这些视觉模仿多半是用电视摄像机和计算机技术来实现的。所以计算机视觉系统的工作过程可分为检测、分析、描绘和识别四个主要步骤。

计算机视觉系统是用计算机模拟人眼的视觉功能，从图像或图像序列中提取信息，对客观世界的三维景物和物体进行形态和运动的识别。计算机视觉的应用大致有如下几个方面。

1）大尺寸航天图像的图像解释。

2）精确制导。提供目标识别和跟踪算法，将图像理解应用于导弹制导系统。

3）视觉导航。支持陆地侦察车辆的导航、应用任务，包括道路跟踪、地形分析、障碍防撞和目标识别。

4）工业视觉。图像分割自动建模以及可视反馈会使先进的设计和制造技术变的很容易实现。

计算机视觉与人类视觉各有其自身特点和优势，可以在不同情况或不同领域发挥各自的作用。如计算机视觉系统更适合于结构环境的定量测量，而人的视觉系统适合于复杂的、非结构化环境的定性解释。从性能比较看，计算机视觉系统的分辨能力和处理速度远不如人的视觉系统，但它的感光范围远远超过了人眼，不仅可以探测可见光，还可以探测紫外线和红外线。

(2) 人工视网膜

人的视网膜分为几层，其中一层带有感光体，有两种感光细胞，即视杆细胞和视锥细胞。这些感光细胞把摄入的光转变成电信号，通过视网膜传递到神经节细胞。信息经视神经进入大脑，信号在大脑内经过“翻译”，于是就有了视力。目前，世界上有很多科研机构在研究人工视网膜，他们所采用的方法各有不同，侧重点和使用范围也不相同。如“人造硅片视网膜”是块轻巧微型的硅晶片，放在视网膜底层，晶片把摄像产生的光能转化成电流脉冲并传递给植在大脑视觉皮层的电极，电极阵列刺激脑细胞，产生人工视觉。其目的是用于除了脑皮质损伤以外的所有盲人恢复视觉。

2. 听觉传感器

具有语音识别功能的传感器称为听觉传感器。听觉传感器是人工智能装置。包括声音检测转换和语音信息处理两部分。它能使机器人实现“人-机”通话，赋予机器人这些智慧的技术称为语音处理系统。实现这项技术的大规模集成电路已在20世纪80年代末就商品化了，其芯片代表型号有：TMS320C25FNL、TMS320C25GBL、TMS320C30GBL和TMS320C50PQ等。

“人工耳蜗”又称为电子耳蜗，是目前唯一使全聋患者恢复听觉的装置。人工耳蜗的研制也有了很大的进展，从开始只帮助聋哑病人唇读的单通道装置，发展到能使病人打电话听电话的多通道装置。

3. 触觉传感器

触觉传感器是模仿人的皮肤触觉功能的传感器。用来感知被接触物体的特性以及传感器接触对象物体后自身的状况，例如是否握牢对象物体和对象物体是否在传感器停步位等。触觉传感器还能感知物体表面特征和物理性能，如柔软性、弹性、硬度、粗糙度、材质等。触觉传感器传统的有机械或差动变压器式、含碳海绵、导电橡胶等，后来又发展受压变形的介质引起两端电容变化的原理，利用可视弹性膜与物体接触引起的成像原理，各种压电材料受压后引起电荷发生变化的原理，如压电晶体等，把它们制成类似人的皮肤的薄膜，感知外界压力等。另外在制作工艺上也有很大改进，如利用半导体集成工艺，以获得高输入阻抗和较高的抗干扰能力。

触觉传感器要解决“触觉”和“压觉”两方面内容。触觉是检测夹持器或执行器与对象物之间“有无接触”的部位和形状，即有接触还是无接触，其传感器输出信号多数为开关信号。压觉是检测夹持器或执行器与对象物之间的力感觉。即接触力的大小及分布，其传感器输出信号通常为模拟信号。

常用的触觉传感器有探针式触觉传感器、变面积式触觉传感器和硅电容式触觉传感器。

4. 接近觉传感器

接近觉传感器的作用主要有以下几方面。

1）在接触对象前得到必要的信息，以便准备后继动作，如机械手离对象较远时，使之高速运动；而离对象物较近时，则减速靠近或离开。

2）发现前方障碍物时限制行程，避免碰撞。

3）获取对象物表面各点的距离信息，从而测出对象物的表面形状。

接近觉传感器分为非接触式和接触式两类。非接触式接近传感器又可分为气动式、电容式、电磁感应式、超声波式和光电式。接触式接近觉传感器同触觉传感器较为接近，常用的接触式接近觉传感器为触须传感器。

与视觉传感系统相比，触觉传感器在结构上要简单得多，价钱也便宜得多。因此，给机器人安装上触觉传感器，使机器人具有一定的触觉感知能力，具有非常重要的意义。

其他仿生传感器还有力觉、滑觉、嗅觉传感器等。

总之向大自然学习、向人类自己学习是仿生学永恒的主题，也是仿生传感器发展的方向。我们现在所研发的机器人的很多技术是靠仿生传感器来实现的，比如电子眼、电子鼻、触觉传感器、接近觉传感器等。而在当今社会高科技工业日益发达，工业、医学、军事等领域越来越多地需要依靠机器人来完成人类很难完成的复杂任务。因此，发展研究仿生学是一个很有前途、很热门的专业，我们需要抓住机遇，在仿生技术上更上一层楼。

7.4.3　一体化测量技术

1. 综述

传感器在科学研究和技术开发中，特别是在信息技术、现代制造以及生产过程自动化技术中，起着不可替代的作用。随着社会和科学技术的进步和发展，人们对传感器的需求越来越多，要求也越来越高。

但在实际应用中，单一功能的传感器往往不能满足越来越高的系统要求。例如，一个液压系统的工作是否正常，关键取决于两个主要工作参数即压力和流量是否处于正常的工作状态，以及系统温度、泵组功率等重要辅助参数的正常与否。因此进行液压系统状态检测和故障诊断，最关键的就是压力、流量、温度、功率参数的可靠获取。通过不同应用领域的广泛调研和多次实验发现，传统的用三种传感器分别测量的方法，即使传感器精度很高，仍难以达到理想的测试结果。因为首先三种传感器在安装上必然存在位置差别，所测出的压力、流量、温度实际上并不是同一测量点的数值，距离测试模型的同点、同时、实时测量有很大差距。其次，三种传感器的分别接入系统，在接入过程中会引起过多泄漏，或互相干扰，从而影响测试的准确性，同时也增加了测试的复杂性。为了克服上述确定，就需要一种将三种传感器三位一体集成的设计思想，即在同一传感器主体上同时构造三个传感器，使三个参数的实测值集中在一点。这就是一体化测量技术的本质。

“一体化”是指根据某种目的或某种要求，按照系统工作原理，将相互关联的系统或子系统整合成一个宏观有序、整体最优的大系统，形成远远大于系统简单相加的整体效能。

2 . 一体化传感器结构模式

如前所述，通常情况下一个传感器只能用来探测一种物理量，但在许多应用领域中，为了能够完美而准确地反映客观事物和环境，往往需要同时测量大量的物理量。由若干种敏感元件组成的多功能传感器则是一种体积小巧而多种功能兼备的新一代探测系统，它可以借助于敏感元件中不同的物理结构或化学物质及其各不相同的表征方式，用单独一个传感器系统来同时实现多种传感器的功能。随着传感器技术和微机技术的飞速发展，目前已经可以生产出来将若干种敏感元件总装在同一种材料或单独一块芯片上的一体化多功能传感器。

概括来讲，多功能传感器系统主要的执行规则和结构模式包括以下方面。

1）多功能传感器系统由若干种各不相同的敏感元件组成，可以用来同时测量多种参数。譬如，可以将一个温度探测器和一个湿度探测器配置在一起（即将热敏元件和湿敏原件分别配置在同一个传感器承载体上）制造成一种新的传感器，这样，这种新的传感器就能够同时测量温度和湿度。

2）将若干种不同的敏感元件精巧的制作在单独的一块硅片中，从而构成一种高度综合化和小型化的多功能传感器。由于这些敏感元件是被总装在同一块硅片中的，它们无论何时都工作在同一种条件下，所以很容易对系统误差进行补偿和校正。

3）在不同的激励条件下，同一个敏感元件将表现出来不同的特征。而在电压、电流或温度等激励条件均不相同的情况下，由若干种敏感元件组成的一个多功能传感器的特征可想而知将会是多么的千差万别。有时候简直就相当于是若干个不同的传感器一样，其多功能特征将十分丰富。

7.4.4 网络化仪表和网络传感器

1. 网络化仪表和网络化传感器概述

(1) 产生背景

由于计算机微电子等技术的迅猛发展，测量技术与仪器仪表的研制也在不断取得进步和发展，相继诞生了智能仪器、PC 仪器、虚拟仪器及互换性虚拟仪器等计算机自动测量系统。由于测量领域和范围在不断地拓宽，计算机与现代仪器设备间的界限也日渐模糊，现今更有计算机就是仪器的说法。而近年来随着 Internet 的出现并异常迅速地渗透到人们工作、生活的各个方面，这为测量与仪表技术带来了新的发展空间和机遇。网络化测量技术与具备网络功能的新型仪器应运而生。网络化仪器可以把信息系统与测量系统通过 Internet 连接起来实现资源共享，能高效地完成各种复杂艰巨的测量控制任务，从而促进了现代测量技术向网络化仪器测量的方向发展。

(2) 网络化仪器的应用

网络技术和计算机总线技术的不断进步，再加上测控任务的复杂化以及远程监测任务等迫切需求，促进了监控仪器向网络化的方向快速发展。

在网络化仪器环境条件下，被测对象可通过测试现场的普通仪器设备，将测得数据（信息）通过网络传输给异地的精密测量设备或高档次的微机化仪器去分析、处理；能实现测量信息的共享；可掌握网络结点处信息的实时变化的趋势。此外，也可通过具有网络传输功能的仪器将处理过的数据传回至原端，即现场。

所以网络化仪器在智能交通、楼宇信息化、工业自动化、环境监测、远程医疗、石油化工以及电站等众多领域得到越来越广的应用。

(3) 网络化仪器的软、硬件

网络化仪器包括基于总线技术的分布式测控仪器、虚拟仪器、网络化智能传感系统等。网络化仪器将适合于各个行业，这也是虚拟仪器和网络化智能传感器越来越被广泛应用的原因之一。

目前企业内部信息网的主流是基于 web 的信息网络 Internet。其开放性的互联通信标准，使 Internet 成为基于 TCP/IP 协议的开放系统，能方便地与外界连接，尤其是与 Internet 连接，借助 Internet 的相关技术，会给企业的经营和管理带来极大便利。反过来，Internet 技术应用开发也主动面向工业的测控系统，并开始对传统的测控系统产生越来越大的影响。

软件是网络化测试仪器开发的关键。UNIX、Windows NT、Netware 等网络化计算机操作系统，现场总线，标准的计算机网络协议，和 Internet 有关的 TCP/IP 等，在开放性、稳定性、可靠性方面均有很大优势，采用他们很容易实现测控网络的体系结构。在开发软件方面，比如 NI 公司的 LabVIEW 和 LabWindows/CVI、HP 公司的 VEE、微软公司的 VB、VC 等，都有开发网络应用项目的工具包。

2. 基于现场总线技术的网络化仪表测控系统

（1）网络化仪表的网络结构

现场总线控制系统（Fieldbus Control System，FCS）是当前世界上最新型的控制系统。是由（Programmable Controller，PLC）以及 DCS（Distributed Control System）发展而来的第五代过程控制系统。是近年来控制系统发展的方向。它是应用在工业生产现场的，用于实现在智能测量仪表、控制单元、执行机构和其他现场设备之间进行数字信息交换的通信网络。

现场总线使数字通信总线一直延伸到现场仪表，使许多现场仪表可通过一条总线进行双向多信息数字通信，从而取代传统使用的 4 ~ 20mA 模拟传输方式。这样通过现场总线组成网络化仪表测控系统如图 7-24 所示。

现场总线种类繁多，图 7-24 所示的结构，具有一定的代表性。

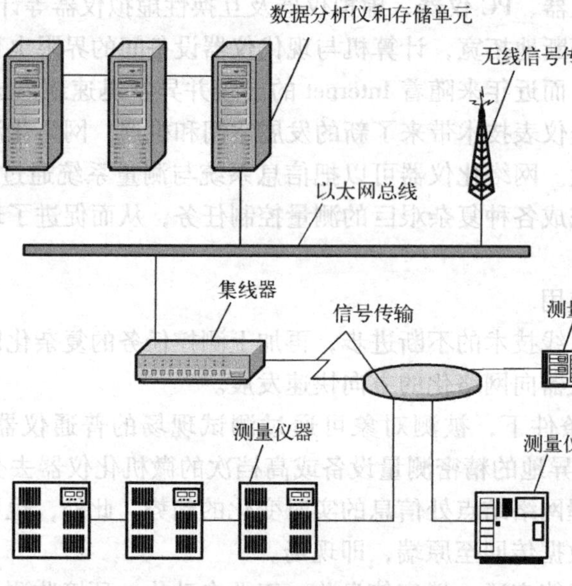

图 7-24　网络化仪表的测控系统

（2）现场总线控制系统的关键要点

FCS 具有开放性、互操作性和互换性、全数字化等特点，最关键的有三点。

1）FCS 系统的核心是总线协议，即总线标准。采用双绞线、光缆或无线电方式传输数字信号，减少大量导线，提高了可靠性和抗干扰能力。FCS 从传感器、变送器到调节控制器、智能阀门等各种类型的二次仪表都用数字信号，这就使我们很容易准确地处理复杂的信号。同时数字通信的查错功能可检出传输中的误码，大大保证并能提高信号传送的质量。

FCS 可以将 PID 控制彻底分散到现场设备（field device）中。基于现场总线的 FCS 又是全分散、全数字化、全开放和可互操作的新一代生产过程自动化系统，它将取代现场一对一的 4 ~ 20 mA 模拟信号线，给传统的工业自动化控制系统体系结构带来革命性的变化。

2）FCS 系统的基础是数字智能现场装置，控制功能下放到现场仪表中，控制室内的仪表装置主要完成数据处理、监督控制、优化控制、协同控制和管理自动化等功能。数字智能现场装置是 FCS 系统的硬件支撑，是基础。从传感器、变送器到阀门执行机构等都是微机化的、智能的。道理很简单，FCS 系统执行的是自动控制装置与现场装置之间的双向数字通信现场总线信号制。现场装置必须遵循统一的总线协议，即相关的通信规定，具备数字通信功能，能实现双向数字通信。再一点，现场总线的一大特点就是要增加现场一级控制功能。

3）FCS 系统的本质是信息处理现场化。对于一个控制系统，无论是采用 DCS 还是采用基于现场总线技术的网络化仪表测控系统，系统需要处理的信息量至少是一样多的。实际上，采用现场总线后，可以从现场得到更多的信息。现场总线系统的信息量没有减少，甚至增加了，而传输信息的线缆却大大减少了。这就要求一方面要大大提高线缆传输信息的能力，另一方面要让大量信息在现场就地完成处理，减少现场与控制机房之间的信息往返。可以说现场总线的本质就是信息处理的现场化。由现场智能仪表完成数据采集、数据处理、控制运算和数据输出等功能。现场仪表的数据（包括采集的数据和诊断数据）通过现场总线传送到控制室的控制设备上，控制室的控制设备用来监视各个现场仪表的运行状态，保存智能仪表上的数据，同时完成少量现场仪表无法完成的高级控制功能。

（3）突出的特点

与传统测控仪表相比，基于现场总线的仪表单元具有如下特点：

1）彻底网络化。从最底层的传感器和执行器到上层的监控/管理系统，均通过现场总线网络实现互联，同时还可进一步通过上层监控/管理系统连接到企业内部网甚至 Internet。

2）一对 N 结构。一对传输线，N 台仪表单元，双向传输多个信号，接线简单，工程周期短，安装费用低，维护容易，彻底抛弃了传统仪表一台仪器、一对传输线只能单向传输一个信号的缺陷。

3）可靠性高。现场总线采用数字信号传输测控数据，抗干扰能力强，准确度高；而传统仪表由于采用模拟信号传输，往往需要提供辅助的抗干扰和提高准确度的措施。

4）操作性好。操作员在控制室即可了解仪表单元的运行情况，且可以实现对仪表单元的远程参数调整、故障诊断和控制过程监控。

5）综合功能强。现场总线仪表单元是以微处理器为核心构成的智能仪表单元，可同时提供检测、变换和补偿功能，实现一表多用。

6）组态灵活。不同厂商的设备既可互联也可互换，现场设备间可实现互操作，通过进行结构重组，可实现系统任务的灵活调整。

现场总线网络测控系统，现场设备、各种仪器仪表都嵌入在相互联系的现场数字通信网络中，可靠性高，稳定性好，抗干扰能力强，通信速率快，造价相对低廉且维护成本低。现场总线网络测控系统目前已在实际生产环境中得到成功的应用，由于其内在的开放式特性和互操作能力，基于现场总线的 FCS 系统已有逐步取代 DCS 的趋势。

3. 面向 Internet 的网络化仪表测控系统

当今时代，以 Internet 为代表的计算机网络的迅速发展及相关技术的日益完善，突破了传统通信方式的时空和地域，使更大范围内的通信变得十分容易。Internet 拥有的硬件和软件资源正在越来越多的领域中得到应用，比如电子商务、网上教学、远程医疗、远程数据采集与控制、高档测量仪器设备资源的远程实时调用、远程设备故障诊断等。与此同时，高性能、高可靠性、低成本的网关、路由器、中继器及网络接口芯片等网络互联设备的不断进步，又方便了 Internet 与不同类型测控网络、企业网络间的互联。利用现有 Internet 的互联都十分方便。这就是面向 Internet 的网络化仪表测控系统。

4. 网络化传感器

（1）概述

传统的传感器只具有信号采集功能。它只能输出模拟信号，不具备信号的数字化和信号处理功能。智能传感器是传感器与微型计算机结合的产物。它把微型计算机芯片与传感器集成，使传感器兼具信号检测、信号处理与编程控制的功能。网络化智能传感器即在智能传感器技术上融合通信技术和计算机技术，使传感器具备自检、自校、自诊断及网络通信功能，从而实现信息的“采集”、“传输”和“处理”，真正成为统一协调的一种新型智能传感器。

（2）网络化传感器的特点

1）网络化智能传感器使传感器由单一功能、单一检测向多功能和多点检测发展；从“被动”检测向“主动”进行信息处理方向发展；从就地测量向远距离实时在线测控发展。

2）网络化使得传感器可以就近接入网络，传感器与测控设备间再无须点对点连接，传感器可通过总线串在一起，几十个传感器只用一根 3 芯线。大大减少了现场线缆，方便现场布线。节省投资，易于系统维护，也使系统更易于扩充。

3）网络化仪器的特点主要是可以实现资源共享，使一台仪器为更多的用户所使用，降低了测量系统的成本。对于有危险的环境恶劣的数据采集，可以实行远程采集，并将采集的数据放在服务器中供用户使用。重要的数据实行多机备份，能够提高系统的可靠性。

4）由于传感器输出的就是数字信号，传输过程中没有精度的损失，系统精度可以保证。系统环节少，由传感器出来直接进入采集器，系统可能发生故障的环节少、便于维护。

任何一个智能传感器可以就近接入网络，而信息可以在整个网络覆盖的范围内传输。由于采用统一的网络协议，不同厂家的产品可以互换，互相兼容。网络化可以使测量人员不受时间限制随时随地地获取所需要的信息，因此可以说“网络就是仪表”。

（3）网络化传感器的基本结构

网络化智能化传感器一般由信息采集单元、数据处理单元和网络接口单元组成。这三个单元可以是采用不同芯片构成“合成式”的，也可能是单片式结构。其基本结构如图 7-25 所示。

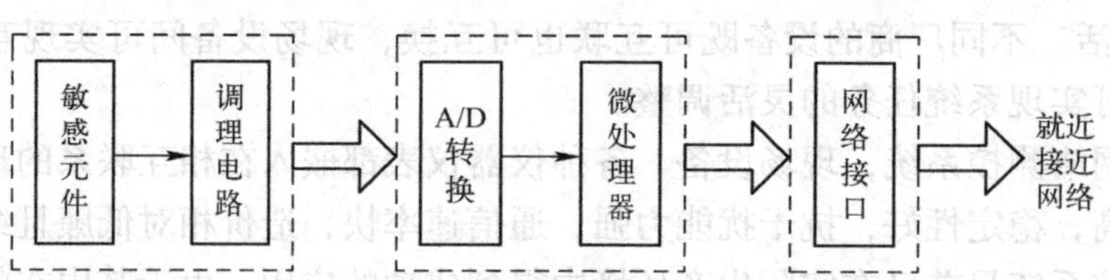

图 7-25　网络化智能传感器的基本结构

网络化智能传感器的核心是嵌入式微处理器。嵌入式微处理器具有微体积、微功耗、可靠性高、抗干扰能力强等特点。带有高速 CMOSFlash/EEPROM。片内可以集成多个通道的 A/D 转换模块。完成信号数据的采集、处理（如数字滤波、非线性补偿、零点漂移与温度补偿、自诊断与自保护等）和数据输出调度（包括数据通信和控制量本地输出）。因此，传感器的线性度和测量精度大大提高。同时，由于传感器已进行了大量的信息处理，不但减少了测控系统中主控站的工作量，而且减少了系统的信息传输量，可以使系统的可靠性和实时性大大提高。

（4）网络化传感器应用

网络化传感器已应用在对江河的水文监测中，从源头到入海口，在关键测控点用传感器对水位、流量、雨量进行实时在线监测。网络化传感器就近登陆网络，组成分布式流域网络化水文监控系统，对全流域及其动向进行在线监控。随着计算机网络技术的推广与普及，网络化传感器必将得到更广泛的应用。

除了上述几个方面之外，新测量技术还体现在光导与光纤传感器、超声传感器的新应用、微波传感器、射线传感器、生物组织传感器、超导传感器以及纳米技术等方面，测量新技术新应用可谓日新月异。

可以断定传感器的研制，检测技术的发展会向着集成化、微型化、智能化、网络化、微机化和复合多功能化方向不断发展。我们有理由相信检测新技术一定会在我国工农业生产、航天航空、遥感遥测、深海开发和基因工程等领域发挥其更大的作用。

思考题和习题

7.1 动圈模拟仪表为什么要加一个反作用力矩 M_2？

7.2 数字式显示仪表的组成结构有哪些？各有什么特点？

7.3 由传感器检测元件送给仪表的信号为什么要标准化以及标度变换？

7.4 试分析视觉传感器和触觉传感器的差异。它们分别适合在哪些恶劣环境中工作？

7.5 什么是生物传感器，其特点有哪些？

7.6 什么是网络化仪器？与传统仪器相比有何优点？

7.7 什么是网络化传感器？

附录

附录 A　常用热电偶分度表

附表 A-1　铂铑$_{10}$－铂热电偶分度表

（参比端温度为 0℃）

分度号：S　　　　（单位：μV）

温度/℃	0	1	2	3	4	5	6	7	8	9
-50	-236									
-40	-194	-199	-203	-207	-211	-215	-219	-244	-228	-232
-30	-150	-155	-159	-164	-168	-173	-177	-181	-186	-190
-20	-103	-108	-112	-117	-122	-127	-132	-136	-141	-145
-10	-53	-58	-63	-68	-73	78	-83	-88	-93	-98
-0	0	-5	-11	-16	-21	-27	-32	-37	-42	-48
0	0	5	11	16	22	27	33	38	44	50
10	55	61	67	72	78	84	90	95	101	107
20	113	119	125	131	137	143	149	155	161	167
30	173	179	185	191	197	204	210	216	222	229
40	235	241	248	254	260	267	273	280	286	292
50	299	305	312	319	325	332	338	345	352	358
60	365	372	378	385	392	399	405	412	419	426
70	433	440	446	453	460	467	474	481	488	495
80	502	509	516	523	530	538	545	552	559	566
90	573	580	588	595	602	609	617	624	631	639
100	646	653	661	668	675	683	690	698	705	713
110	720	727	735	742	750	758	765	773	780	788
120	795	803	811	818	826	834	841	849	857	865
130	872	880	888	896	903	911	919	927	935	942
140	950	958	966	974	982	990	998	1006	1013	1021
150	1029	1037	1045	1053	1061	1069	1077	1085	1094	1102
160	1110	1118	1126	1134	1142	1150	1158	1167	1175	1183
170	1191	1199	1207	1216	1224	1232	1240	1249	1257	1265
180	1273	1282	1290	1298	1307	1315	1323	1332	1340	1348
190	1357	1365	1373	1382	1390	1399	1407	1415	1424	1432
200	1441	1449	1458	1466	1475	1483	1492	1500	1509	1517
210	1526	1534	1543	1551	1560	1569	1577	1586	1594	1603
220	1612	1620	1629	1638	1646	1655	1663	1672	1681	1690
230	1698	1707	1716	1724	1733	1724	1751	1759	1768	1777
240	1786	1794	1803	1812	1821	1829	1838	1847	1856	1865
250	1874	1882	1891	1900	1909	1918	1927	1936	1944	1953
260	1962	1971	1980	1989	1998	2007	2016	2025	2034	2043
270	2052	2061	2070	2078	2087	2096	2105	2114	2123	2132
280	2141	2151	2160	2169	2178	2187	2196	2205	2214	2223
290	2232	2241	2250	2259	2268	2277	2287	2296	2305	2314
300	2323	2332	2341	2350	2360	2369	2378	2387	2396	2405
310	2415	2424	2433	2442	2451	2461	2470	2479	2488	2497
320	2507	2516	2525	2534	2544	2553	2562	2571	2581	2590
330	2599	2609	2618	2627	2636	2646	2655	2664	2674	2683
340	2692	2702	2711	2720	2730	2739	2748	2758	2767	2776
350	2786	2795	2805	2814	2823	2833	2842	2851	2861	2870
360	2880	2889	2899	2908	2917	2927	2936	2946	2955	2965
370	2974	2983	2993	3002	3012	3021	3031	3040	3050	3059
380	3069	3078	3088	3097	3107	3116	3126	3135	3145	3154
390	3164	3173	3183	3192	3202	3212	3221	3231	3240	3250

（续）

温度/℃	0	1	2	3	4	5	6	7	8	9
400	3259	3269	3279	3288	3298	3307	3317	3326	3336	3346
410	3355	3365	3374	3384	3394	3403	3413	3423	3432	3442
420	3451	3461	3471	3480	3490	3500	3509	3519	3529	3538
430	3548	3558	3567	3577	3587	3596	3606	3616	3626	3635
440	3645	3655	3664	3674	3684	3694	3703	3713	3723	3732
450	3742	3752	3762	3771	3781	3791	3801	3810	3820	3830
460	3840	3850	3859	3869	3879	3889	3898	3908	3918	3928
470	3938	3947	3957	3967	3977	3987	3997	4006	4016	4026
480	4036	4046	4056	4065	4075	4085	4095	4105	4115	4125
490	4134	4144	4154	4164	4174	4184	4194	4204	4213	4223
500	4233	4243	4253	4263	4273	4283	4293	4303	4313	4323
510	4332	4342	4352	4362	4372	4382	4392	4402	4412	4422
520	4432	4442	4452	4462	4472	4482	4492	4502	4512	4522
530	4532	4542	4552	4562	4572	4582	4592	4602	4612	4622
540	4632	4642	4652	4662	4672	4682	4692	4702	4712	4722
550	4732	4742	4752	4762	4772	4782	4793	4803	4813	4823
560	4833	4843	4853	4863	4873	4883	4893	4904	4914	4924
570	4934	4944	4954	4964	4974	4984	4995	4005	4015	5025
580	5035	5045	5055	5066	5076	5086	5096	5106	5116	5127
590	5137	5147	5157	5167	5178	5188	5198	5208	5218	5228
600	5239	5249	5259	5269	5280	5290	5300	5310	5320	5331
610	5341	5351	5361	5372	5382	5392	5402	5413	5423	5433
620	5443	5454	5464	5474	5485	5495	5505	5515	5526	5536
630	5546	5557	5567	5577	5588	5598	5608	5618	5629	5639
640	5649	5660	5670	5680	5691	5701	5712	5722	5732	5743
650	5753	5763	5774	5784	5794	5805	5815	5826	5836	5846
660	5857	5867	5878	5888	5898	5909	5919	5930	5940	5950
670	5961	5971	5982	5992	6003	6013	6024	6034	6044	6055
680	6065	6076	6086	6097	6107	6118	6128	6139	6149	6160
690	6170	6181	6191	6202	6212	6223	6233	6244	6254	6265
700	6275	6286	6296	6307	6317	6328	6338	6349	6360	6370
710	6381	6391	6402	6412	6423	6434	6444	6455	6465	6476
720	6486	6497	6508	6518	6529	6539	6550	6561	6571	6582
730	6593	6603	6614	6624	6635	6646	6656	6667	6678	6688
740	6699	6710	6720	6731	6742	6752	6763	6774	6784	6795
750	6806	6817	6827	6838	6849	6859	6870	6881	6892	6902
760	6913	6924	6934	6945	6956	6967	6977	6988	6999	7010
770	7020	7031	7042	7053	7064	7074	7085	7096	7107	7117
780	7128	7139	7150	7161	7172	7182	7193	7204	7215	7226
790	7236	7247	7258	7269	7280	7291	7302	7312	7323	7334
800	7345	7356	7367	7378	7388	7399	7410	7321	7432	7443
810	7454	7465	7476	7487	7497	7508	7519	7530	7541	7552
820	7563	7574	7585	7596	7607	7618	7629	7640	7651	7662
830	7673	7684	7695	7706	7717	7728	7739	7750	7761	7772
840	7783	7794	7805	7816	7827	7838	7849	7860	7871	7882
850	7893	7904	7915	7926	7937	7948	7959	7970	7981	7992
860	8003	8014	8026	8037	8048	8059	8070	8081	8092	8103
870	8114	8125	8137	8148	8159	8170	8181	8192	8203	8214
880	8226	8237	8248	8259	8270	8281	8293	8304	8315	8326
890	8337	8348	8360	8371	8382	8393	8404	8416	8427	8438
900	8449	8460	8472	8483	8494	8505	8517	8528	8539	855
910	8562	8573	8584	8595	8607	8618	8629	8640	8652	8663

（续）

温度/℃	0	1	2	3	4	5	6	7	8	9
920	8674	8685	8697	8708	8719	8731	8742	8753	8765	8776
930	8787	8798	8810	8821	8832	8844	8855	8866	8878	8889
940	8900	8912	8923	8935	8946	8957	8969	8980	8991	9003
950	9014	9025	9037	9048	9060	9071	9082	9094	9105	9117
960	9128	9139	9151	9162	9174	9185	9197	9208	9219	9231
970	9242	9254	9265	9277	9288	9300	9311	9323	9334	9345
980	9357	9368	9380	9391	9403	9414	9426	9437	9449	9460
990	9472	9483	9495	9506	9518	9529	9541	9552	9564	9576
1000	9587	9599	9610	9622	9633	9645	9656	9668	9680	9691
1010	9703	9714	9726	9737	9749	9761	9772	9784	9795	9807
1020	9819	9830	9842	9853	9865	9877	9888	9900	9911	9923
1030	9935	9946	9958	9970	9981	9993	10005	10016	10028	10040
1040	10051	10063	10075	10086	10098	10110	10121	10133	10145	10156
1050	10168	10180	10191	10203	10215	10227	10238	10250	10262	10273
1060	10285	10297	10309	10320	10332	10344	10356	10367	10379	10391
1070	10403	10414	10426	10438	10450	10461	10473	10485	10497	10509
1080	10520	10532	10544	10556	10567	10579	10591	10603	10615	10626
1090	10638	10650	10662	10674	10686	10697	10709	10721	10733	10745
1100	10757	10768	10780	10792	10804	10816	10828	10839	10851	10863
1110	10875	10887	10899	10911	10922	10934	10946	10958	10970	10982
1120	10994	11006	11017	11029	11041	11053	11065	11077	11089	11101
1130	11113	11125	11136	11148	11160	11172	11184	11196	11208	11220
1140	11232	11244	11256	11268	11280	11291	11303	11315	11327	11339
1150	11351	11363	11375	11387	11399	11411	11423	11435	11447	11459
1160	11471	11483	11495	11507	11519	11531	11542	11554	11566	11578
1170	11590	11602	11614	11626	11638	11650	11662	11674	11686	11698
1180	11710	11722	11734	11746	11758	11770	11782	11794	11806	11818
1190	11830	11842	11854	11866	11878	11890	11902	11914	11926	11939
1200	11951	11963	11975	11987	11999	12011	12023	12035	12047	12059
1210	12071	12083	12095	12107	12119	12131	12143	12155	12167	12179
1220	12191	12203	12216	12228	12240	12252	12264	12276	12288	12300
1230	12312	12324	12336	12348	12360	12372	12384	12397	12409	12421
1240	12433	12445	12457	12469	12481	12493	10505	12517	12529	12542
1250	12554	12566	12578	12590	12602	12614	12626	12638	12650	12662
1260	12675	12687	12699	12711	12723	12735	12747	12759	12771	12783
1270	12796	12808	12820	12832	12844	12856	12868	12880	12892	12905
1280	12917	12929	12941	12953	12965	12977	12989	13001	13014	13026
1290	13038	13053	13062	13074	13086	13098	13111	13123	13135	13147
1300	13159	13171	13183	13195	13208	13220	13232	13244	13256	13268
1310	13280	13292	13305	13317	13329	13341	13353	13365	13377	13390
1320	13402	13414	13426	13438	13450	13462	13474	13487	13499	13511
1330	13523	13535	13547	13559	13572	13584	13596	13608	13620	13632
1340	13644	13657	13669	13681	13693	13705	13717	13729	13742	13754
1350	13766	13778	13790	13802	13814	13826	13839	13851	13863	13875
1360	13887	13899	13911	13924	13936	13948	13960	13972	13984	13996
1370	14009	14021	14033	14045	14057	14069	14081	14094	14106	14118
1380	14130	14142	14154	14166	14178	14191	14203	14215	14227	14239
1390	14251	14263	14276	14288	14300	14312	14324	14336	14348	14360
1400	14373	14385	14397	14409	14421	14433	14445	14457	14470	14482
1410	14494	14506	14518	14530	14542	14554	14567	14579	14591	14603
1420	14615	14627	14639	14651	14664	14676	14688	14700	14712	14724
1430	14736	14748	14760	14773	14785	14797	14809	14821	14833	14845

（续）

温度/℃	0	1	2	3	4	5	6	7	8	9
1440	14857	14869	14881	14894	14906	14918	14930	14942	14954	14966
1450	14978	14990	15002	15015	15027	15039	15051	15063	15075	15087
1460	15099	15111	15123	15135	15148	15160	15172	15184	15196	15208
1470	15220	15232	15244	15256	15268	15280	15292	15304	15317	15329
1480	15341	15353	15365	15377	15389	15401	15413	15425	15437	15449
1490	15461	15473	15485	15497	15509	15521	15534	15546	15558	15570
1500	15582	15594	15606	15618	15630	15642	15654	15666	15678	15690
1510	15702	15714	15726	15738	15750	15762	15774	15786	15798	15810
1520	15822	15834	15846	15858	15870	15882	15894	15906	15918	15930
1530	15942	15954	15966	15978	15990	16002	16014	16026	16038	16050
1540	16062	16074	16086	16098	16110	16122	16134	16146	16158	16170
1550	16182	16194	16205	16217	16229	16241	16253	16265	16277	16289
1560	16301	16313	16325	16337	16349	16361	16373	16385	16396	16408
1570	16420	16432	16444	16456	16468	16480	16492	16504	16516	16527
1580	16539	16551	16563	16575	16587	16599	16611	16623	16634	16646
1590	16658	16670	16682	16694	16706	16718	16729	16741	16753	16765
1600	16777	16789	16801	16812	16824	16836	16848	16860	16872	16883
1610	16895	16907	16919	16931	16943	16954	16966	16978	16990	17002
1620	17013	17025	17037	17049	17061	17072	17084	17096	17108	17120
1630	17131	17143	17155	17167	17178	17190	17202	17214	17225	17237
1640	17249	17261	17272	17284	17296	17308	17319	17331	17343	17355
1650	17366	17378	17390	17401	17413	17425	17437	17448	17460	17472
1660	17483	17495	17507	17518	17530	17542	17553	17565	17577	17588
1670	17600	17612	17623	17635	17647	17658	17670	17682	17693	17705
1680	17717	17728	17740	17751	17763	17775	17786	17798	17809	17821
1690	17832	17844	17855	17867	17878	17890	17901	17913	17924	17936
1700	17947	17959	17970	17982	17993	18004	18016	18027	18039	18050
1710	18061	18073	18084	18095	18107	18118	18129	18140	18152	18163
1720	18174	18185	18196	18208	18219	18230	18241	18252	18263	18274
1730	18285	18297	18308	18319	18330	18341	18352	18362	18373	18384
1740	18395	18406	18417	18428	18439	18449	18460	18471	18482	18493
1750	18503	18514	18525	18535	18546	18557	18567	18578	18588	18599
1760	18609	18620	18630	18641	18651	18661	18672	18682	18693	

附表 A–2　镍铬 – 镍硅电偶分度表

（参比端温度为 0℃）

分度号：K　　　　（单位：μV）

温度/℃	0	1	2	3	4	5	6	7	8	9
–270	–6458									
–260	–6441	–6444	–6446	–6448	–6450	–6452	–6453	–6455	–6456	6457
–250	–6404	–6408	–6413	–6417	–6421	–6425	–6429	–6432	–6435	6438
–240	–6344	–6351	–6358	–6364	–6370	–6377	–6382	–6388	–6393	–6399
–230	–6262	–6271	–6280	–6289	–6297	–6306	–6314	–6322	–6329	–6337
–220	–6158	–6170	–6181	–6192	–6202	–6213	–6223	–6233	–6243	–6252
–210	–6035	–6048	–6061	–6074	–6087	–6099	–6111	–6123	–6135	–6147
–200	–5891	–5907	–5922	–5936	–5951	5965	–5980	–5994	–6007	–6021
–190	–5730	–5747	–5763	–5780	–5797	–5813	–5829	–5845	–5861	–5876
–180	–5550	–5569	–5588	–5606	–5624	–5642	–5660	–5678	–5695	–5713
–170	–5354	–5374	–5395	–5415	–5435	–5454	–5474	–5493	–5512	–5531

（续）

温度/℃	0	1	2	3	4	5	6	7	8	9
-160	-5141	-5163	-5185	-5207	-5228	-5250	-5271	-5292	-5313	-5333
-150	-4913	-4936	-4960	-4983	-5006	-5029	-5052	-5074	-5097	-5119
-140	-4669	-4694	-4719	-4744	-4768	-4793	-4817	-4841	-4865	-4889
-130	-4411	-4437	-4463	-4490	-4516	-4542	-4567	-4593	-4618	-4644
-120	-4138	-4166	-4194	-4221	-4249	-4276	-4303	-4330	-4357	-4384
-110	-3852	-3882	-3911	-3939	-3968	-3997	-4025	-4054	-4082	-4110
-100	-3554	-3584	-3614	-3645	-3675	-3705	-3734	-3764	-3794	-3823
-90	-3243	-3274	-3306	-3337	-3368	-3400	-3431	-3462	-3492	-3523
-80	-2920	-2953	-2986	-3081	-3050	-3083	-3115	-3147	-3179	-3211
-70	-2587	-2620	-2654	-2688	-2721	-2755	-2788	-2821	-2854	-2887
-60	-2243	-2278	-2312	-2347	-2382	-2416	-2450	-2485	-2519	-2553
-50	-1889	-1925	-1961	-1996	-2032	-2067	-2103	-2138	-2173	-2208
-40	-1527	-1564	-1600	-1637	-1673	-1709	-1745	-1782	1818	-1854
-30	-1156	-1194	-1231	-1268	-1305	-1343	-1380	-1417	-1453	1490
-20	-778	-816	-854	-892	-930	-968	-1006	-1043	-1081	-1119
-10	-392	-431	-470	-508	-574	-586	-624	-663	-701	-739
-0	0	-39	-79	-118	-157	-197	-236	-275	-314	-353
0	0	39	79	119	158	198	238	277	317	357
10	397	437	477	517	557	597	637	677	718	758
20	798	838	879	919	960	1000	1041	1081	1122	1163
30	1203	1244	1285	1326	1366	1407	1448	1489	1530	1571
40	1612	1653	1694	1735	1776	1817	1858	1899	1941	1982
50	2023	2064	2106	2147	2188	2230	2271	2312	2354	2395
60	2436	2478	2519	2561	2602	2644	2689	2727	2768	2810
70	2851	2893	2934	2976	3017	3059	3100	3142	3184	3225
80	3267	3308	3350	3391	3433	3474	3516	3557	3599	3640
90	3682	3723	3765	3806	3848	3889	3931	3972	4013	4055
100	4096	4138	4179	4220	4262	4303	4344	4385	4427	4468
110	4509	4550	4591	4633	4674	4715	4756	4797	4838	4879
120	4920	4961	5002	5043	5084	5124	5165	5206	5247	5288
130	5328	5369	5410	5450	5491	5532	5572	5613	5653	5694
140	5735	5775	5815	5856	5896	5937	5977	6012	6058	6098
150	6138	6179	6219	6259	6299	6339	6380	6420	6460	6500
160	6540	6580	6620	6660	6701	6741	6781	6821	6861	6901
170	6941	6981	7021	7060	7100	7140	7180	7220	7260	7300
180	7340	7280	7420	7460	7500	7540	7579	7619	7659	7699
190	7739	7779	7819	7859	7899	7939	7979	8019	8059	8099
200	8138	8178	8218	8258	8298	8338	8378	8418	8458	8499
210	8539	8579	8619	8659	8699	8739	8779	8819	8860	8900
220	8940	8980	9020	9061	9101	9141	9181	9222	9262	9302
230	9343	9383	9423	9464	9504	9545	9585	9626	9666	9707
240	9747	9788	9828	9869	9909	9950	9991	10031	10072	10113
250	10153	10194	10235	10276	10316	10357	10398	10439	10480	10520
260	10561	10602	10643	10684	10725	10766	10807	10848	10889	10930
270	10971	11021	11053	11094	11135	11176	11217	11259	11300	11341
280	11382	11423	11465	11506	11547	11588	11630	11671	11712	11753
290	11795	11836	11877	11919	11960	12001	12043	12084	12126	12167
300	12209	12250	12291	12333	12374	12416	12457	12499	12540	12582
310	12624	12665	12707	12748	12790	12831	12873	12915	12956	12998
320	13040	13081	13123	13165	13206	13248	13290	13331	13373	13415
330	13457	13498	13540	13582	13624	13665	13707	13749	13791	13833
340	13874	13916	13958	14000	14042	14084	14126	14167	14209	14251

（续）

温度/℃	0	1	2	3	4	5	6	7	8	9
350	14293	14335	14377	14419	14461	14503	14545	14587	14629	14671
360	14713	14755	14797	14839	14881	14923	14965	15007	15049	15091
370	15133	15175	15217	15259	15301	15343	15385	15427	15469	15511
380	15554	15596	15638	15680	15722	15764	15806	15849	15891	15933
390	15975	16017	16059	16102	16144	16186	16228	16270	16313	16335
400	16397	16439	16482	16524	16566	16608	16651	16693	16735	16778
410	16820	16862	16904	16947	16989	17031	17074	17116	17158	17201
420	17243	17285	17328	17370	17413	17455	17497	17540	17582	17624
430	17667	17709	17752	17794	17837	17879	17921	17964	18006	18049
440	18091	18134	18176	18218	18261	18303	18364	18388	18431	18473
450	18516	18558	18601	18643	18686	18728	18771	18813	18856	18898
460	18941	18983	19026	19068	19111	19154	19196	19239	19281	19324
470	19366	19409	19451	19494	19537	19579	19622	19664	19707	19705
480	19792	19835	19877	19920	19962	20005	20048	20090	20133	20175
490	20218	20261	20303	20346	20389	20431	20474	20516	20559	20602
500	20644	20687	20730	20772	20815	20857	20900	20943	20985	21028
510	21071	21113	21156	21199	21241	21284	21326	21369	21412	21454
520	21497	21540	21582	21625	21668	21710	21753	21796	21838	21881
530	21924	21966	22009	22052	22094	22137	22179	22222	22265	22307
540	22350	22393	22435	22478	22521	22563	22606	22649	22691	22734
550	22776	22819	22862	22904	22947	22990	23032	23075	23117	23160
560	23203	23245	23288	23331	23373	23416	23458	23501	23544	23586
570	23629	23671	23714	23757	23799	23842	23884	23927	23970	24012
580	24055	24097	24140	24182	24225	24267	24310	24353	24395	24438
590	24480	24523	24565	24608	24650	24693	24735	24778	24820	24863
600	24905	24948	24990	25033	25075	25118	25160	25203	25245	25288
610	25330	25373	25415	25458	25500	25543	25585	25627	25670	25712
620	25755	25797	25840	25882	25924	25967	26009	26052	26094	26136
630	26179	26221	26263	26306	26348	26390	26433	26475	26517	26560
640	26602	26644	26687	26729	26771	26814	26856	26898	26940	26983
650	27025	27067	27109	27152	27194	27236	27278	27320	27363	27405
660	27447	27489	27531	27574	27616	27658	27700	27742	27784	27826
670	27869	27911	27953	27995	28037	28079	28121	28163	28205	28247
680	28289	28332	28374	28416	28458	28500	28542	28584	28626	28668
690	28710	28752	28794	28835	28877	28919	28961	29003	29045	29087
700	29129	29171	29213	29255	29297	29338	29380	29422	29464	29506
710	29548	29589	29631	29673	29715	29757	29798	29840	29882	29924
720	29965	30007	30049	30090	30132	30174	30216	30257	30299	30341
730	30382	30424	30466	30507	30549	30590	30632	30674	30715	30757
740	30798	30840	30881	30923	30964	31006	31047	31089	31130	31172
750	31213	31255	31296	31338	31379	31421	31426	31504	31545	31586
760	31628	31669	31710	31752	31793	31834	31876	31917	31958	32000
770	32041	32082	32124	32165	32206	32247	32289	32330	32371	32412
780	32453	32495	32536	32577	32618	32659	32700	32742	32783	32824
790	32865	32906	32947	32988	33029	33070	33111	33152	33193	33234
800	33275	33316	33357	33398	33439	33480	33521	33562	33603	33644
810	33685	33726	33767	33808	33848	33889	33930	33971	34012	34053
820	34093	34134	34175	34216	34257	34297	34338	34379	34420	34460
830	34501	34542	34582	34623	34664	34704	34745	34786	34826	34867
840	34808	34948	34989	35029	35070	35110	35151	35192	35232	35273
850	35313	35354	35394	35435	35475	35516	35556	35596	35637	35677
860	35718	35758	35798	35839	35879	35920	35960	36000	36041	36081

（续）

温度/℃	0	1	2	3	4	5	6	7	8	9
870	36121	36162	36202	36242	36282	36323	36363	36403	36443	36484
880	36524	36564	36604	36644	36685	36725	36765	36805	36845	36885
890	26925	36965	37006	37046	37086	37126	37166	37206	37246	37286
900	37326	37366	37406	37446	37486	37526	37566	37606	34646	37686
910	37725	37765	37805	37845	37885	37925	37965	38005	38044	38084
920	38124	38164	38204	38243	38283	38323	38363	38402	38442	38482
930	38522	38561	38601	38641	38680	38720	38760	38799	38839	38878
940	38918	38958	38997	39037	39076	39116	39155	39195	39235	39274
950	39314	39353	39393	39432	39471	39511	39550	39590	39629	39669
960	39708	39747	39787	39826	39866	39905	39944	39984	40023	40062
970	40101	40141	40180	40219	40259	40298	40337	40376	40415	40455
980	40494	40533	40572	40611	40651	40690	40729	40768	40807	40846
990	40885	40924	40963	41002	41042	41081	41120	41159	41198	41237
1000	41276	41315	41354	41393	41431	41470	41509	41548	41587	41626
1010	41665	41704	41743	41781	41820	41859	41898	41937	41976	42014
1020	42053	42092	42131	42169	42208	42247	42286	42342	42363	42402
1030	42440	42479	42518	42556	42595	42633	42672	42711	42749	42788
1040	42826	42865	42903	42942	42890	43019	43057	43096	43134	43173
1050	43211	43250	43288	43327	43365	43403	43442	43480	43518	43557
1060	43595	43633	43672	43710	43748	43787	43825	43863	43901	43940
1070	43978	44016	44054	44092	44130	44169	44207	44245	44283	44321
1080	44359	44397	44435	44473	44512	44550	44588	44626	66664	44702
1090	44740	44778	44816	44853	44891	44929	44967	45005	45043	45081
1100	45119	45157	45194	45232	45270	45308	45346	45383	45421	45459
1110	45497	45534	45572	45610	45647	45685	45723	45760	45798	45836
1120	45873	45911	45948	45986	46024	46061	46099	46136	46174	46211
1130	46249	46286	46324	46361	46398	46436	46473	46511	46548	46585
1140	46623	46660	46697	46735	46772	46809	46847	46884	46921	46958
1150	46995	47033	47070	47107	47144	47181	47218	47256	47293	47330
1160	47367	47404	47441	47478	47515	47552	47589	47626	47663	47700
1170	47737	47774	47811	47848	47884	47921	47958	47995	48032	48069
1180	48105	48142	48179	48216	48252	48289	48326	48363	48399	48436
1190	48473	48509	48546	48582	48619	48656	48692	48729	48765	48802
1200	48838	48875	48911	48948	48984	49021	49057	49093	49130	49166
1210	49202	49239	49275	49311	49348	49384	49420	49465	49493	49529
1220	49565	49601	49637	49674	49710	49746	49782	49818	49854	49890
1230	49926	49962	49998	50034	50070	50106	50142	50178	50214	50250
1240	50286	50322	50358	50393	50429	50465	50501	50537	50572	50608
1250	50644	50680	50715	50751	50787	50822	50858	50894	50929	50965
1260	51000	51036	51071	51107	51142	51178	51213	51249	51284	51320
1270	51355	51391	51426	51461	51497	51532	51567	51603	51638	51673
1280	51708	51744	51779	51814	51849	51885	51920	51955	51990	52025
1290	52060	52095	52130	52165	52200	52235	52270	52305	52340	52375
1300	52410	52445	52480	52515	52550	52585	52620	52654	52689	52724
1310	52759	52794	52828	52863	52898	52932	52967	53002	53037	53071
1320	53106	53140	53175	53210	53244	53279	53313	53348	53382	53417
1330	53451	53486	53520	53555	53589	53623	53658	53692	53727	53761
1340	53795	53830	53864	53898	53932	53967	54001	54035	54069	54104
1350	54138	54172	54206	54240	54274	54308	54343	54377	54411	54445
1360	54479	54513	54547	54581	54615	54649	54683	54717	54751	54785
1370	54819	54852	54886							

附表 A–3　镍铬 – 康铜（铜镍）电偶分度表

（参比端温度为 0℃）

分度号：E　　　　　　　　　　　　　　　　　　　　（单位：μV）

温度/℃	0	1	2	3	4	5	6	7	8	9
−270	−9835									
−260	−9797	−9802	−9808	−9813	−9817	−9821	−9825	−9828	−9831	−9833
−250	−9718	−9728	−9737	−9746	−9754	−9762	−9770	−9777	−9784	−9790
−240	−9604	−9617	−9630	−9642	−9654	−9666	−9677	−9688	−9698	−9709
−230	−9455	−9471	−9487	−9503	−9519	−9534	−9548	−9563	−9577	−9591
−220	−9274	−9293	−9313	−9331	−9350	−9368	−9386	−9404	−9421	−9438
−210	−9063	−9085	−9107	−9129	−9151	−9172	−9193	−9214	−9234	−9254
−200	−8825	−8850	−8874	−8899	−8923	−9847	−8971	−8994	−9017	−9040
−190	−8561	−8588	−8616	−8643	−8669	−8696	−8722	−8748	−8774	−8799
−180	−8273	−8303	−8333	−8362	−8391	−8420	−8449	−8477	−8505	−8533
−170	−7963	−7995	−8027	−8059	−8090	−8121	−8152	−8183	−8213	−8243
−160	−7632	−7666	−7700	−7733	−7767	−7800	−7833	−7866	−7899	−7931
−150	−7279	−7315	−7351	−7387	−7423	−7458	−7493	−7528	−7563	−7597
−140	−6907	−6945	−6983	−7021	−7058	−7096	−7133	−7170	−7206	−7243
−130	−6516	−6556	−6596	−6636	−6675	−6714	−6753	−6792	−6831	−6869
−120	−6107	−6149	−6191	−6232	−6273	−6314	−6355	−6396	−6436	−6476
−110	−5681	−5724	−5767	−5810	−5853	−5896	−5939	−5981	−6023	−6065
−100	−5237	−5282	−5327	−5372	−5417	−5461	−5505	−5549	−5593	−5637
−90	−4777	−4824	−4871	−4917	−4963	−5009	−5055	−5101	−5147	−5192
−80	−4302	−4350	−4398	−4446	−4494	4542	−4589	−4636	−4684	−4731
−70	−3811	−3861	−3911	−3960	−4009	−4058	−4107	−4156	−4205	−4254
−60	−3306	−3357	−3408	−3459	−3510	−3561	−3611	−3661	−3711	−3761
−50	−2787	−2840	−2892	−2944	−2996	−3048	−3100	−3152	−3204	−3255
−40	−2255	−2309	−2362	−2416	−2469	−2523	−2576	−2629	−2682	−2735
−30	−1709	−1765	−1820	−1874	−1929	−1984	−2038	−2093	−2147	−2201
−20	−1152	−1208	−1264	−1320	−1376	−1432	−1488	−1543	−1599	−1654
−10	−582	−639	−697	−754	−811	−868	−925	−982	−1039	−1095
−0	0	−59	−117	−176	−234	−292	−350	−408	−466	−524
0	0	59	118	176	235	294	354	413	427	532
10	591	651	711	770	830	890	950	1010	1071	1131
20	1192	1252	1313	1373	1434	1495	1556	1617	1678	1740
30	1801	1862	1924	1986	2047	2109	2171	2233	2295	2357
40	2420	2482	2545	2607	2670	2733	2795	2858	2921	2984
50	3048	3111	3174	3238	3301	3365	3429	3492	3556	3620
60	3685	3749	3813	3877	3942	4006	4071	4136	4200	4265
70	4330	4395	4460	4526	4591	4656	4722	4788	4853	4919
80	4985	5051	5117	5183	5249	5315	5382	5448	5514	5581
90	5648	5714	5781	5848	5915	5982	6049	6117	6184	6251
100	6319	6386	6454	6522	6590	6658	6725	6794	6862	6930
110	6998	7066	7135	7203	7272	7341	7409	7478	7547	7616
120	7685	7754	7823	7892	7962	8031	8101	8170	8240	8309
130	8379	8449	8519	8589	8659	8729	8799	8869	8940	9010
140	9081	9151	9222	9292	9363	9434	9505	9576	9647	9718
150	9789	9860	9931	10003	10074	10145	10217	10288	10360	10432
160	10503	10575	10647	10719	10791	10863	10935	11007	11080	11152
170	11224	11297	11369	11442	11514	11587	11660	11733	11805	11878
180	11951	12024	12097	12170	12243	12317	12390	12463	12537	12610
190	12684	12757	12831	12904	12978	13052	13126	13199	13273	13347

附录 A-3　镍铬-康铜（铜镍）电偶分度表　（续）

（参比端温度为0℃）

温度/℃	0	1	2	3	4	5	6	7	8	9
200	13421	13495	13569	13644	13718	13792	13866	13941	14015	14090
210	14164	14239	14313	14388	14463	14537	14612	14687	14762	14837
220	14912	14987	15062	15137	15212	15287	15362	15438	15513	15588
230	15664	15739	15815	15890	15966	16041	16117	16193	16269	16344
240	16420	16496	16572	16648	16724	16800	16876	16952	17028	17104
250	17181	17257	17333	17409	17486	17562	17639	17715	17792	17868
260	17945	18021	18098	18175	18252	18328	18405	18482	18559	18636
270	18713	18790	18867	18944	19021	19098	19175	19252	19330	19407
280	19484	19561	19639	19716	19794	19871	19948	20026	20103	20181
290	20259	20336	20414	20492	20569	20647	20725	20803	20880	20958
300	21036	21114	21192	21270	21348	21426	21504	21582	21660	21739
310	21817	21895	21973	22051	22130	22208	22286	22365	22443	22522
320	22600	22678	22757	22835	22914	22993	23071	23150	23228	23307
330	23386	23464	23543	23622	23701	23780	23858	23937	24016	24095
340	24174	24253	24332	24411	24490	24569	24648	24727	24806	24885
350	24964	25044	25123	25202	25281	25360	25440	25519	25598	25678
360	25757	25836	25916	25995	26075	26154	26233	26313	26392	26472
370	26552	26631	26711	26790	26870	26950	27029	27109	27189	27268
380	27348	27428	27507	27587	27667	27747	27827	27907	27986	28066
390	28146	28226	28306	28386	28466	28546	28626	28706	28786	28866
400	28946	29026	29106	29186	29266	29346	29427	29507	29587	29667
410	29747	29827	29908	29988	30068	30148	30299	30309	30389	30470
420	30550	30630	30711	30791	30871	30952	31032	31112	31193	31273
430	31354	31434	31515	31595	31676	31756	31837	31917	31998	32078
440	32159	32239	32320	32400	32481	32562	32642	32723	32803	32884
450	32965	33045	33126	33207	33287	33368	33449	33529	33610	33691
460	33772	33852	33933	34014	34095	34175	34256	34337	34418	34498
470	34579	34660	34741	34822	34902	34983	35064	35145	35226	35307
480	35387	35468	35549	35630	35711	35792	35873	35954	36034	36115
490	36196	36277	36358	36439	36520	36601	36682	36763	36843	36924
500	37005	37086	37167	37248	37329	37410	37491	37572	37653	37734
510	37815	37896	37977	38058	38139	38220	38300	38381	38462	38543
520	38624	38705	38786	38867	38948	39029	39110	39191	39272	39353
530	39434	39515	39596	39677	39758	39839	39920	40001	40082	40163
540	40243	40324	40405	40486	40567	40648	40729	40810	40891	40972
550	41053	41134	41215	41296	41377	41457	41538	41619	41700	41781
560	41862	41943	42024	42105	42185	42266	42347	42428	42509	42590
570	42671	42751	42832	42813	42994	43075	43156	43236	43317	43398
580	43479	43560	43640	43721	43802	43883	43963	44044	44125	44206
590	44286	44367	44448	44529	44609	44690	44771	44851	44932	45013
600	45093	45174	45255	45335	45416	45497	45577	45658	45738	45819
610	45900	45980	46061	46141	46222	46302	46383	46463	46544	46624
620	46705	46785	46866	46946	47027	47107	47188	47268	47349	47429
630	47509	47590	47670	47751	47831	47911	47992	48072	48152	48233
640	48313	48393	48474	48554	48634	48715	48795	48875	48955	49035
650	49116	49196	49276	49356	49436	49517	49597	49677	49757	49837
660	49917	49997	50077	50157	50238	50318	50398	50478	50558	50638
670	50718	50798	50878	50958	51038	51118	51197	51277	51357	51437
680	51517	51597	51677	51757	51837	51916	51996	52076	52156	52236
690	52315	52395	52475	52555	52634	52714	52794	52837	52953	53033

（续）

温度/℃	0	1	2	3	4	5	6	7	8	9
700	53112	53192	53272	53351	53431	53510	53590	53670	53749	53829
710	53908	53988	54067	54147	54226	54306	54385	54465	54544	54624
720	54703	54782	54862	54941	55021	55100	55179	55259	55338	55417
730	55497	55576	55655	55734	55814	55893	55972	56051	56131	56210
740	56289	56368	56447	56526	56606	56685	56764	56843	56922	57001
750	57080	57159	57238	57317	57396	57475	57554	57633	57712	57791
760	57870	57949	58028	58107	58186	58265	58343	58422	58501	58580
770	58659	58738	58816	58895	58974	59053	59131	59210	59289	59367
780	59446	59525	59604	59682	59761	59839	59918	59997	60075	60154
790	60232	60311	60390	60468	60547	60625	60704	60782	60860	60939
800	61017	61096	61174	61253	61331	61409	61488	61566	61644	61723
810	61801	61879	61958	62036	62114	62192	62271	62349	62427	62505
820	62583	62662	62740	62818	62896	62974	63052	63130	63208	63286
830	63354	63442	63520	63598	63676	63754	63832	63910	63988	64066
840	64144	64222	64300	64377	64455	64533	64611	64689	64766	64844
850	64922	65000	65077	65155	65233	65310	65388	65465	65543	65621
860	65698	65776	65853	65931	66008	66086	66163	66241	66318	66396
870	66473	66550	66628	66705	66782	66860	66937	67017	67092	67169
880	67246	67323	67400	67478	67555	67632	67709	67786	67863	67940
890	68017	68094	68171	68248	68325	68402	68479	68556	68633	68710
900	68787	68863	68940	69017	69094	69171	69247	69324	69401	69477
910	69554	69631	69707	69784	69860	69937	70013	70090	70166	70243
920	70319	70396	70472	70548	70625	70701	70777	70854	70930	71006
930	71082	71159	71235	71311	71387	71463	71539	71615	71692	71768
940	71844	71920	71996	72072	72147	72223	72299	72375	72451	72527
950	72603	72678	72754	72830	72906	72981	73057	73133	73208	73284
960	73360	73435	73511	73586	73662	73738	73813	73889	73964	74040
970	74115	74190	74266	74341	74417	74492	74567	74643	74718	74793
980	74869	74944	75019	75095	75170	75245	75320	75395	75471	75546
990	75621	75696	75771	75847	75922	75997	76072	76147	76223	76298
1000	76373									

附录 B 常用热电阻分度表

附表 B-1 工业用铂热电阻分度表

分度号：Pt_{100} $R_0 = 100.00\,\Omega$ $\alpha = 0.003850$ （单位：Ω）

温度/℃	0	1	2	3	4	5	6	7	8	9
-200	18.52									
-190	22.83	22.40	21.97	21.54	21.11	20.68	20.25	19.82	19.38	18.95
-180	27.10	26.67	26.24	25.82	25.39	24.97	24.54	24.11	23.68	23.25
-170	31.34	30.91	30.49	30.07	29.64	29.22	28.80	28.37	27.95	27.52
-160	35.54	35.12	34.70	34.28	33.86	33.44	33.02	32.60	32.18	31.76
-150	39.72	39.31	38.89	38.47	38.05	37.64	37.22	36.80	36.38	35.96
-140	43.88	43.46	43.05	42.63	42.22	41.80	41.39	40.97	40.56	40.14
-130	48.00	47.59	47.18	46.77	46.36	45.94	45.53	45.12	44.70	44.29
-120	52.11	51.70	51.29	50.88	50.47	50.06	49.65	49.24	48.83	48.42
-110	56.19	55.79	55.38	54.97	54.56	54.15	53.75	53.34	52.93	52.52
-100	60.26	59.85	59.44	59.04	58.63	58.23	57.82	57.41	57.01	56.60
-90	64.30	63.90	63.49	63.09	62.68	62.28	61.88	61.47	61.07	60.66
-80	68.33	67.92	67.52	67.12	66.72	66.31	65.91	65.51	65.11	64.70
-70	72.33	71.93	71.53	71.13	70.73	70.33	69.93	69.53	69.13	68.73
-60	76.33	75.93	75.53	75.13	74.73	74.33	73.93	73.53	73.13	72.73
-50	80.31	79.91	79.51	79.11	78.72	78.32	77.92	77.52	77.12	76.73
-40	84.27	83.87	83.48	83.08	82.69	82.29	81.89	81.50	81.10	80.70
-30	88.22	87.83	87.43	87.04	86.64	86.25	85.85	85.46	85.06	84.67
-20	92.16	91.77	91.37	90.98	90.59	90.19	89.80	89.40	98.01	88.62
-10	96.09	95.69	95.30	94.91	94.52	94.12	93.73	93.34	92.95	92.55
-0	100.00	99.61	99.22	98.83	98.44	98.04	97.65	97.26	96.87	96.48
0	100.00	100.39	100.78	101.17	101.56	101.95	102.34	102.73	103.12	103.51
10	103.90	104.29	104.68	105.07	105.46	105.85	106.24	106.63	107.02	107.40
20	107.79	108.18	108.57	108.96	109.35	109.73	110.12	110.51	110.90	111.29
30	111.67	112.06	112.45	112.83	113.22	113.61	114.00	114.38	114.77	115.15
40	115.54	115.93	116.31	116.70	117.08	117.47	117.86	118.24	118.63	119.01
50	119.40	119.78	120.17	120.55	120.94	121.32	121.71	122.09	122.47	122.86
60	123.24	123.63	124.01	124.39	124.78	125.16	125.54	125.93	126.31	126.69
70	127.08	127.46	127.84	128.22	128.61	128.99	129.37	129.75	130.13	130.52
80	130.90	131.28	131.66	132.04	132.42	132.80	133.18	133.57	133.95	134.33
90	134.71	135.09	135.47	135.85	136.23	136.61	136.99	137.37	137.75	138.13
100	138.51	138.88	139.26	139.64	140.02	140.40	140.78	141.16	141.54	141.91
110	142.29	142.67	143.05	143.43	143.80	144.18	144.56	144.94	145.31	145.69
120	146.07	146.44	146.82	147.20	147.57	147.95	148.33	148.70	149.08	149.46
130	149.83	150.21	150.58	150.96	151.33	151.71	152.08	152.46	152.83	153.21
140	153.58	153.96	154.33	154.71	155.08	155.46	155.83	156.20	156.58	156.95
150	157.33	157.70	158.07	158.45	158.82	159.19	159.56	159.94	160.31	160.68
160	161.05	161.43	161.80	162.17	162.54	162.91	163.29	163.66	164.03	164.40
170	164.77	165.14	165.51	165.89	166.26	166.63	167.00	167.37	167.74	168.11
180	168.48	168.85	169.22	169.59	169.96	170.33	170.70	171.07	171.43	171.80
190	172.17	172.54	172.91	173.28	173.65	174.02	174.38	174.75	175.12	175.49
200	175.86	176.22	176.59	176.96	177.33	177.69	178.06	178.43	178.79	179.16

温度/℃	0	1	2	3	4	5	6	7	8	9
210	179.53	179.89	180.26	180.63	180.99	181.36	181.72	182.09	182.46	182.82
220	183.19	183.55	183.92	184.28	184.65	185.01	185.38	185.74	186.11	186.47
230	186.84	187.20	187.56	187.93	188.29	188.66	189.02	189.38	189.75	190.11
240	190.47	190.84	191.20	191.56	191.92	192.29	192.65	193.01	193.37	193.74
250	194.10	194.46	194.82	195.18	195.55	195.91	196.27	196.63	196.99	197.35
260	197.71	198.07	198.43	198.79	199.15	199.51	199.87	200.23	200.59	200.95
270	201.31	301.67	202.03	202.39	202.75	203.11	203.47	203.83	204.19	204.55
280	204.90	205.26	205.62	205.98	206.34	206.70	207.05	207.41	207.77	208.13
290	208.48	208.84	209.20	209.56	209.91	210.27	210.63	210.98	211.34	211.70
300	212.05	212.41	212.76	213.12	213.48	213.83	214.19	214.54	214.90	215.25
310	215.61	215.96	216.32	216.67	217.03	217.38	217.74	218.09	218.44	218.80
320	219.15	219.51	219.86	220.21	220.57	220.92	221.27	221.63	221.98	222.33
330	222.68	223.04	223.39	223.74	224.09	224.45	224.80	225.15	225.50	225.85
340	226.21	226.56	226.91	227.26	227.61	227.96	228.31	228.66	229.02	229.37
350	229.72	230.07	230.42	230.77	231.12	231.47	231.82	232.17	232.52	232.87
360	233.21	233.56	233.91	234.26	234.61	234.96	235.31	235.66	236.00	236.35
370	236.70	237.05	237.40	237.74	238.09	238.44	238.79	239.13	239.48	239.83
380	240.18	240.52	240.87	241.22	241.56	241.91	242.26	242.60	242.95	243.29
390	243.64	243.99	244.33	244.68	245.02	245.37	245.71	246.06	246.40	246.75
400	247.09	247.44	247.78	248.13	248.47	248.81	249.16	249.50	249.85	250.19
410	250.53	250.88	251.22	251.56	251.91	252.25	252.59	252.93	253.28	253.62
420	253.96	254.30	254.65	254.99	255.33	255.67	256.01	256.35	256.70	257.04
430	257.38	257.72	258.06	258.40	258.74	259.08	259.42	259.76	260.10	260.44
440	260.78	261.12	261.46	261.80	262.14	262.48	262.82	263.16	263.50	263.84
450	264.18	264.52	264.86	265.20	265.53	265.87	266.21	266.55	266.89	267.22
460	267.56	267.90	268.24	268.57	268.91	269.25	269.59	269.92	270.26	270.60
470	270.93	271.27	271.61	271.94	272.28	272.61	272.95	273.29	273.62	273.96
480	274.29	274.63	274.96	275.30	275.63	275.97	276.30	276.64	276.97	277.31
490	277.64	277.98	278.31	278.64	278.98	279.31	279.64	279.98	280.31	280.64
500	280.98	281.31	281.64	281.98	282.31	282.64	282.97	283.31	283.64	283.97
510	284.30	284.63	284.97	285.30	285.63	285.96	286.29	286.62	296.95	287.29
520	287.62	287.95	288.28	288.61	288.94	289.27	289.60	289.93	290.26	290.59
530	290.92	291.25	291.58	291.91	292.24	292.56	292.89	293.22	293.55	293.88
540	294.21	294.54	294.86	295.19	295.52	295.85	296.18	296.50	296.83	297.16
550	297.49	297.81	298.14	298.47	298.80	299.12	299.45	299.78	300.10	300.43
560	300.75	301.08	301.41	301.73	302.06	302.38	302.71	303.03	303.36	303.69
570	304.01	304.34	304.66	304.98	305.31	305.63	305.96	306.28	306.61	306.93
580	307.25	307.58	307.90	308.23	308.55	308.87	309.20	309.52	309.84	310.16
590	310.49	310.81	311.13	311.45	311.78	312.10	312.42	312.74	313.06	313.39
600	313.71	314.03	314.35	314.67	314.99	315.31	315.64	315.96	316.28	316.60
610	316.92	317.24	317.56	317.88	318.20	318.52	318.84	319.16	319.48	319.80
620	320.12	320.43	320.75	321.07	321.39	321.71	322.03	322.35	322.67	322.98
630	323.30	323.62	323.94	324.26	324.57	324.89	325.21	325.53	325.84	326.16
640	326.48	326.79	327.11	327.43	327.74	328.06	328.38	328.69	329.01	329.32
650	329.64	329.96	330.27	330.59	330.90	331.22	331.54	331.85	332.16	332.48
660	332.79	333.11	333.42	333.74	334.05	334.36	334.68	344.99	335.31	335.62
670	335.93	336.25	336.56	336.87	337.18	337.50	337.81	338.12	388.44	338.75
680	339.06	339.37	339.69	340.00	340.31	340.62	340.93	341.24	341.56	341.87
690	342.18	342.49	342.80	343.11	343.42	343.73	344.04	344.35	344.66	344.97
700	345.28	345.59	345.90	346.21	346.52	346.83	347.14	347.45	347.76	348.07
710	348.38	348.69	348.99	349.30	349.61	349.92	350.23	350.54	350.84	351.15
720	351.46	351.77	352.08	352.38	352.69	353.00	353.30	353.61	353.92	354.22

(续)

温度/℃	0	1	2	3	4	5	6	7	8	9
730	354.53	354.84	355.14	355.45	355.76	356.06	356.37	356.67	356.98	357.28
740	357.59	357.90	358.20	358.51	358.81	359.12	359.42	359.72	360.03	360.33
750	360.64	360.94	361.25	361.55	361.85	362.16	362.46	362.76	363.07	363.37
760	363.67	363.98	364.28	364.58	364.89	365.19	365.49	365.79	366.10	366.40
770	366.70	367.00	367.30	367.60	367.91	368.21	368.51	368.81	369.11	369.41
780	369.71	370.01	370.31	370.61	370.91	371.21	371.51	371.81	372.11	372.41
790	372.71	373.01	373.31	373.61	373.91	374.21	374.51	374.81	375.11	375.41
800	375.70	376.00	376.30	376.60	376.90	377.19	377.49	377.79	378.09	378.39
810	378.68	378.98	379.28	379.57	379.87	380.17	380.46	380.76	381.06	381.35
820	381.65	381.95	382.24	382.54	382.83	383.13	383.42	383.72	384.01	384.31
830	384.60	384.90	385.19	385.49	385.78	386.08	386.37	386.67	386.96	387.25
840	387.55	387.84	388.14	388.43	388.72	389.02	389.31	389.60	389.90	390.19
850	390.48									

注：Pt_{10}热电阻的分度表可将Pt_{100}热电阻分度表中电阻值的小数点左移一位得到。

附表 B-2　工业用铜热电阻分度表

分度号：Cu_{50}　　$R_0 = 50.00\,\Omega$　　$\alpha = 0.004280$　　(单位：Ω)

温度/℃	0	1	2	3	4	5	6	7	8	9
-50	39.24									
-40	41.40	41.18	40.97	40.75	40.54	40.32	40.10	39.89	39.67	39.46
-30	43.55	43.34	43.12	42.91	42.69	42.48	42.27	42.05	41.83	41.67
-20	45.70	45.49	45.27	45.06	44.84	44.63	44.41	44.20	43.98	43.77
-10	47.87	47.64	47.42	47.21	46.99	46.78	46.56	46.35	46.13	45.92
-0	50.00	49.78	49.57	49.35	49.14	48.92	48.71	48.50	48.28	48.07
0	50.00	50.21	50.43	50.64	50.86	51.07	51.28	51.50	51.71	51.93
10	51.14	52.36	52.57	52.78	53.00	53.21	53.43	53.64	53.86	54.07
20	54.28	54.50	54.71	54.92	55.14	55.35	55.57	55.78	56.00	56.21
30	56.42	56.64	56.85	57.07	57.28	57.49	57.71	57.92	58.14	58.35
40	58.56	58.78	58.99	59.20	59.42	59.63	59.85	60.06	60.27	60.49
50	60.70	60.92	61.13	61.34	61.56	61.77	61.98	62.20	62.41	62.63
60	62.84	63.05	63.27	63.48	63.70	63.91	64.12	64.34	64.55	64.76
70	64.98	65.19	65.41	65.62	65.83	66.05	66.26	66.48	66.69	66.90
80	67.12	67.33	67.54	67.76	67.97	68.19	68.40	38.62	68.83	69.04
90	69.26	69.47	69.68	69.90	70.11	70.33	70.54	70.76	70.94	71.18
100	71.40	71.61	71.83	72.04	72.25	72.47	72.68	72.90	73.11	73.33
110	73.54	73.75	73.97	74.18	74.40	74.61	74.83	75.04	75.26	75.47
120	75.68	75.90	76.11	76.33	73.54	76.76	76.97	77.19	77.40	77.62
130	77.83	78.05	78.26	78.48	78.69	79.91	79.12	79.34	79.55	79.77
140	79.98	80.20	80.41	80.63	80.84	81.06	81.27	81.49	81.70	81.92
150	82.13									

分度号：Cu_{100}　　$R_0 = 100.00\,\Omega$　　$\alpha = 0.004280$　　(单位：Ω)

温度/℃	0	1	2	3	4	5	6	7	8	9
-50	78.49									
-40	82.82	82.36	81.94	81.50	81.08	80.64	80.20	79.78	79.34	78.92
-30	87.10	86.68	86.24	85.82	85.38	84.95	84.54	84.10	83.66	83.22
-20	91.40	90.98	90.54	90.12	89.68	89.26	88.82	88.40	87.96	87.54
-10	95.70	95.28	94.84	94.42	93.98	93.56	93.12	92.70	92.26	91.84

（续）

温度/℃	0	1	2	3	4	5	6	7	8	9
-0	100.00	99.56	99.14	98.70	98.28	97.84	97.42	97.00	96.56	96.14
0	100.00	100.42	100.86	101.28	101.72	102.14	102.56	103.00	103.43	103.86
10	104.28	104.72	105.14	105.56	106.00	106.42	106.86	107.28	107.72	108.14
20	108.56	109.00	109.42	109.84	110.28	110.70	111.14	111.56	112.00	112.42
30	112.84	113.28	113.70	114.14	114.56	114.98	115.42	115.84	116.28	116.70
40	117.12	117.56	117.98	118.40	118.84	119.26	119.70	120.12	120.54	120.98
50	121.40	121.84	122.26	122.68	123.12	123.54	123.96	124.40	124.82	125.26
60	125.68	126.10	126.54	126.96	127.40	127.82	128.24	128.68	129.10	129.52
70	129.96	130.38	130.82	131.24	131.66	132.10	132.52	132.96	133.38	133.80
80	134.24	134.66	135.08	135.52	135.94	136.38	136.80	137.24	137.66	138.08
90	138.52	138.94	139.36	139.80	140.22	140.66	141.08	141.52	141.94	142.36
100	142.80	143.22	143.66	144.08	144.50	144.94	145.36	145.80	146.22	146.66
110	147.08	147.50	147.94	148.36	148.80	149.22	149.66	150.08	150.52	150.94
120	151.36	151.80	152.22	152.66	153.08	153.52	153.94	154.38	154.80	155.24
130	155.66	156.10	156.52	156.96	157.38	157.82	158.24	158.68	159.10	159.54
140	159.96	160.40	160.82	161.26	161.68	162.12	162.54	162.98	163.40	168.84
150	164.27									

参考文献

[1] 陈忧先，左锋，董爱华．化工测量机仪表［M］．3 版．北京：化学工业出版社，2011.

[2] 杜维，张宏建，王会芹．过程检测技术及仪表［M］．2 版．北京：化学工业出版社，2010.

[3] 张毅，张宝芬，曹丽，等．自动检测技术及仪表控制系统［M］．3 版．北京：化学工业出版社，2012.

[4] 周征．自动检测技术实用教程［M］．北京：机械工业出版社，2008.

[5] 刘传玺，王以忠，袁照平，等．自动检测技术［M］．北京：机械工业出版社，2012.

[6] 梁森，欧阳三泰，王侃夫．自动检测技术及应用［M］．北京：机械工业出版社，2012.

[7] 余成波．传感器与自动检测技术［M］．2 版．北京：高等教育出版社，2009.

[8] 宋文绪，杨帆．传感器与检测技术［M］．2 版．北京：高等教育出版社，2009.

[9] 王俊峰，孟会启．现代传感器应用技术［M］．北京：机械工业出版社，2006.

[10] 孙传友，翁惠辉．现代检测技术及仪表［M］．北京：高等教育出版社，2006.

[11] 厉玉鸣．化工仪表及自动化［M］．5 版．北京：化学工业出版社，2011.

[12] 朱炳兴，王森．仪表工试题集：现场仪表分册［M］．2 版．北京：化学工业出版社，2002.

[13] 王森，符青灵．仪表工试题集：在线分析仪表分册［M］．北京：化学工业出版社，2011.

[14] 王永红．过程检测仪表［M］．北京：化学工业出版社，2010.

[15] 程蓓．过程检测仪表一体化教程［M］．北京：化学工业出版社，2012.

[16] 蔡武昌，应启戛．新型流量检测仪表［M］．北京：化学工业出版社，2007.

[17] 王克华．过程检测仪表［M］．北京：电子工业出版社，2013.

[18] 岳桂杰，保承军，徐宏彤．电磁流量计的选型与安装［M］．自动化与仪器仪表，2013（1）：133 – 134.

[19] 周真，王强，秦勇．电磁流量计极间信号干扰的建模与分析［J］．测控技术，2012，31（1）：132 – 134.

[20] 费业泰．误差理论与数据处理［M］．6 版．北京：机械工业出版社，2010.

[21] 胡岳，张涛．涡街流量计梯形旋涡发生体的研究［J］．化工自动化及仪表；2012（5）：580 – 584.

[22] 郑丹丹，唐兴华，张涛．上游单弯头和闸阀对涡街流量计测量性能影响［J］．天津大学学报，2011，44（12）：1124 ~ 1130.

[23] 王新峰，熊显潮，高敏忠．超声波流量计测量流体声速的实验方法［J］．物理学报，2011，60（11）：400 ~ 405.

[24] John R Taylor. An Introduction to Error Analysis—the Study of Uncertainties in Physical Measurement［C］. U. S.：California University Science Books，1997.

[25] 童刚，樊春玲，崔凤英，等．虚拟仪器实用编程技术［M］．北京：机械工业出版社，2008.

[26] 袁有臣．误差理论与测试信号处理［M］．北京：化学工业出版社，2011.

[27] 《工业自动化仪表与系统手册》编辑委员会．工业自动化仪表与系统手册（下册）［M］．北京：中国电力出版社，2008.

[29] 李玉思．物性分析仪器［M］．北京：化学工业出版社，2005.

[30] 陈晓助，陈宏．物性分析技术及仪表［M］．北京：机械工业出版社，2002.